高等学校计算机应用规划教材

ASP.NET 3.5 动态网站开发基础教程

韩颖　卫琳　陈伟　编著

清华大学出版社

北　京

内容简介

本书深入浅出、循序渐进地介绍了如何使用 ASP.NET 进行系统开发以及应该掌握的主要技术。全书共分 11 章，主要内容包括 ASP.NET 的概述和开发平台、C#新增功能、创建 Web 页面、常用的内置对象、常用服务器控件、CSS、主题和母版页的创建、数据访问和数据绑定控件、ASP.NET AJAX 控件、LINQ 技术和开发实例。

本教程涵盖基础知识，技术全面，内容翔实，结构合理，深入浅出，特别适合 ASP.NET 动态网站开发的初学者。读者可以利用本书附带的源代码和电子教案进行学习，方便易用。本书适合 ASP.NET 3.5 的初学者、高等院校计算机及相关大中专院校的学生，也可作为软件工程师和想利用 Visual Studio 2008 开发平台开发 Web 应用程序的人员以及社会培训班学员学习使用。

本书每章中的教学课件、实例源代码和习题答案可以到 http://www.tupwk.com.cn/downpage/index.asp 网站下载。

图书在版编目(CIP)数据

ASP.NET 3.5 动态网站开发基础教程/韩颖，卫琳，陈伟 编著. —北京：清华大学出版社，2010.4

(高等学校计算机应用规划教材)

ISBN 978-7-302-22342-9

Ⅰ. A… Ⅱ. ①韩…②卫…③陈… Ⅲ. 主页制作—程序设计—高等学校—教材 Ⅳ. TP393.092

中国版本图书馆 CIP 数据核字(2010)第 055677 号

责任编辑：胡辰浩(huchenhao@263. net) 袁建华
装帧设计：孔祥丰
责任校对：成凤进
责任印制：何 芊
出版发行：清华大学出版社 **地 址**：北京清华大学学研大厦 A 座
http://www. tup. com. cn **邮 编**：100084
社 总 机：010-62770175 **邮 购**：010-62786544
投稿与读者服务：010-62776969，c-service@tup. tsinghua. edu. cn
质 量 反 馈：010-62772015，zhiliang@tup. tsinghua. edu. cn
印 刷 者：北京鑫海金澳胶印有限公司
装 订 者：北京市密云县京文制本装订厂
经 销：全国新华书店
开 本：185×260 **印 张**：21.75 **字 数**：543 千字
版 次：2010 年 4 月第 1 版 **印 次**：2010 年 4 月第 1 次印刷
印 数：1～5000
定 价：33.00 元

产品编号：028905-01

前　言

随着互联网的不断发展和平台的多样性，越来越多的 Web 开发技巧呈现在用户面前，微软继 ASP.NET 2.0 之后，又推出了 ASP.NET Running on Framework 3.5(即 ASP.NET 3.5) 技术。ASP.NET 3.5 基于.NET Framework 3.5，并集成了 ASP.NET AJAX 技术，在 ASP.NET 2.0 的基础上增加了 LINQ、数据库实体类、ListView 等新技术，使得开发人员更加容易设计和开发 ASP.NET 网站。

本书全面地介绍了 ASP.NET 3.5 动态网站开发需要的基本技术，包括配置技术、内置对象、控件、导航、样式、主题、母版页、ADO.NET、LINQ 等。最后通过一个基于 ASP.NET 3.5 的网站实例，详细地分析了该网站的构架设计、数据层、应用层的实现。本书附带大量的实例以及详细的注释，示例虽然短小但能体现知识点的精髓，方便初学者深入学习。通过学习与实践，读者将具备基本的 ASP.NET 应用程序开发技能。

概括起来，本书具有以下主要特点：

- 易于学习、理解和应用。
- 分类讲解，方便读者深刻理解。
- 充分体现案例教学。本书以易学易用为重点，示例实用、知识丰富、步骤详细、学习效率高，特别适合入门者。
- 采用了最新的 Visual Studio 2008 开发工具，配有源代码和电子教案，加速学习。

全书共 11 章，各章的主要内容如下：

第 1 章详细地讲述了 ASP.NET 基础以及.NET 平台的历史，如何安装 Visual Studio 2008，开发动态网站的一般流程，ASP.NET 的程序结构，使读者对 ASP.NET 有一个整体的了解，为以后章节的学习打下基础。

第 2 章主要讲述了 C# 3.0 的新特性，主要有隐式类型的局部变量、对象和集合初始值设定项、对象和集合初始值设定项、扩展方法、匿名类型、Lambda 表达式、自动实现的属性。

第 3 章介绍了如何利用 ASP.NET 建立 Web 页面和创建 ASP.NET Web 页面所需的基础知识。包括 ASP.NET 网页代码模型和生命周期。了解网页代码模型和生命周期能够帮助读者高效地创建 ASP.NET 应用页面，最后，详细地讲述配置文件 Web.config 的配置方法。

第 4 章介绍了 ASP.NET 中常用的内置对象，包括 Request、Response、Session、Application 和 Server 的主要方法和属性，以及 Cookie 对象的使用方法。熟练掌握这些内置对象，可以开发出功能强大的应用程序。

第 5 章介绍了 Web 控件的种类和属性，包括标准控件、验证控件、登录控件、导航控件的使用方法，控件为开发人员提供了高效的应用程序开发方法，开发人员无需具有专业知识就能够实现复杂的应用操作。

第 6 章介绍了 CSS 和母版页对 ASP.NET 应用程序进行样式控制的方法和技巧。包括 CSS 的用法、CSS 和 Div 布局的方法、主题的创建和引用以及创建母版页和内容页的方法。

第 7 章介绍了 ADO.NET 的基本知识，详细地讲解了 ADO.NET 与数据库的连接方法，如何使用 Connection 对象连接到数据库、打开和关闭数据库的方法，利用 Command 和 DataAdapter 访问数据库的方法，了解使用 ODBC.NET Data Provider 和连接池技术。

第 8 章介绍了数据绑定技术、ASP.NET 3.5 提供的各种数据源控件(GridView、DataList、FormView、Datapager、DetailsView)和使用数据源控件连接到各种数据源的方法以及复杂数据绑定控件的功能和使用方法。

第 9 章介绍了 Ajax 的基础知识和 ASP.NET AJAX 控件，这是微软的客户端异步无刷新页面技术，在 ASP.NET 3.5 中，已经包含了此技术框架。

第 10 章介绍了 LINQ 的基本知识和如何使用 LINQ 进行数据库操作，包括如何将表生成实体类，了解 DataContext 类，如何使用 LINQ to SQL，并利用 LINQ 技术完成数据的基本查询、添加、删除和修改。

第 11 章通过一个综合实例将所学知识贯穿在一起。让读者有开发实际项目的体会，从而能够深刻地了解本书前面的知识并达到实战的能力。

本书由韩颖、卫琳、陈伟编著整理，石磊教授、陶永才博士给予了大力支持和帮助，同时侯垚森、景三东、何增辉、王战红、史海振、杨仕飞、张聪、陈文远、屠卫、李颖秋、姚培娟、薛正元、王晖、郭东东等付出了辛勤的劳动，在此一并向他们表示诚挚的感谢。

本书从 ASP.NET 基础知识讲起，图文并茂，通俗易懂，并配有大量实例和练习，便于读者理解与提高，非常适合初学者和有一定 ASP.NET 基础的人员使用。

在编写本书的过程中参考了相关文献，在此向这些文献的作者表示深深的谢意。由于时间较紧，书中难免有错误与不足之处，恳请专家和广大读者批评指正。我们的信箱是：huchenhao@263.net，电话 010-62796045。

作　者

2010 年 2 月

目　录

第1章 ASP.NET 3.5概述与开发平台

本章将介绍网站建设的基本原理、流程和创建网站的工具——ASP.NET 的基本概况。作为一种新型的 Web 开发技术，ASP.NET 基于 Microsoft 公司的.NET 框架，支持 C# 和 VB.NET 语言，是主流的网站开发平台之一。通过本章的学习，读者将了解如何安装、使用 ASP.NET 的集成开发环境——Visual Studio 2008，并能够建立简单的动态网站和页面。

本章的学习目标：

- 了解 ASP.NET 的发展历史、特点以及其他常见的网络程序设计技术
- 掌握安装 ASP.NET 的集成开发环境 VS2008 的方法
- 了解开发动态网站的一般流程并能够创建简单的动态网站
- 掌握 ASP.NET 的程序结构

1.1 ASP.NET 简介

ASP.NET 是 Microsoft 的 Active Server Pages 的新版本，是建立在微软新一代.NET 平台架构上、建立在公共语言运行库上，在服务器后端为用户提供建立强大的企业级 WEB 应用服务的编程框架。ASP.NET 为开发能够面向任何浏览器或设备的更安全的、更强的可升级性、更稳定的应用程序提供了新的编程模型和基础结构。使用 ASP.NET 提供的内置服务器控件或者第三方控件，可以创建既复杂又灵活的用户界面，大幅度减少了生成动态网页所需的代码，同时，ASP.NET 能够在服务器上动态编译和执行这些控件代码。

微软在发布 ASP.NET 1.0 时，根本没有期望这项技术能被广泛采用。但随着该技术的发展和完善，ASP.NET 很快变成了用微软技术开发 Web 应用的标准，沉重打击了其他 Web 开发平台的竞争者。后来，ASP.NET 有了一个修正版(ASP.NET 1.1)和两个更重要的版本(ASP.NET 2.0 和 ASP.NET 3.5)。目前，ASP.NET 作为 Windows 平台上流行的网站开发工具，能够提供各种方便的 Web 开发模型，利用这些模型用户可以快速地开发出动态网站所需的各种复杂功能。

1.1.1 ASP.NET 的历史

早期的 Web 程序开发是一件非常繁琐的事，一个简单的动态页面就需要编写大量的代码(一般用 C 语言)才能完成。

1996 年，Microsoft 推出了 ASP(Active Server Page)1.0 版。它允许使用 VBScript/JavaScript 这些简单的脚本语言编写代码，并允许将代码直接嵌入 HTML 中，从而使得设计动态 Web 页面变得简单。在进行程序设计时，ASP 能够通过内置的组件，实现了强大的功能(如 Cookie)。ASP 最显著的贡献就是推出了 ActiveX Data Objects(ADO)，它使得程序对数据库的操作变得十分简单。

1998 年，微软发布了 ASP 2.0 和 IIS 4.0。与前一版本相比，2.0 版最大的改进是外部的组件需要初始化。用户能够利用 ASP 2.0 和 IIS 4.0 建立各种 ASP 应用，而且每个组件都有了自己单独的内存空间，可以进行事务处理。

随后，微软开发了 Windows 2000 操作系统，其 SERVER 版系统提供了 IIS 5.0 和 ASP 3.0。此次升级，最主要的改变就是把很多事情交给 COM+来做，效率比以前的版本有很大提高，而且更稳定。

ASP.NET 是微软公司于 2002 年推出的新一代体系结构——Microsoft .NET 的一部分，用于在服务器端构建功能强大的 Web 应用，包括 Web 窗体(Web Form)和 Web 服务(Web Services)两部分。随着.NET 技术的出现，ASP.NET 1.0 也应运而生。ASP.NET 1.0 在结构上与前面的 ASP 截然不同，几乎完全是基于组件和模块化的。ASP.NET 1.0 允许开发者以一种非常灵活的方式创建 Web 应用程序，并把常用的代码封装到面向对象的组件中，这些组件可以由客户端用户通过事件来触发。同时，ASP.NET 提出了代码隐藏类(CodeBehind)的概念，把逻辑代码(.aspx.cs)和表现页面(.aspx)分离开来，使用户可以使用后台代码来控制页面的逻辑功能。

2003 年，Microsoft 公司发布了 Visual Studio.NET 2003(简称 VS 2003)，提供了在 Windows 操作系统下开发各类基于.NET 框架的全新应用程序的开发平台。

2005 年，.NET 框架从 1.0 升级到 2.0 版，Microsoft 公司发布了 Visual Studio.NET 2005(简称 VS 2005)。相应的 ASP.NET 1.0 也升级为 ASP.NET 2.0，新版本修正了以前版本中的一些 Bug 并在移动应用程序开发、代码安全以及对 Oracle 数据库和 ODBC 的支持等方面都做了很多改进。

2008 年，Visual Studio.NET 2008(简称 VS 2008)问世了，ASP.NET 相应的从 2.0 版升级到 3.5 版。ASP.NET 3.5 版最重要的新功能在于：支持 AJAX 的网站，改进了对语言集成查询(LINQ)的支持。这些改进提供了新的服务器控件和新的面向对象的客户端类型库等功能。

1.1.2 ASP 简介、ASP 与 ASP.NET 的区别

ASP(Active Server Pages)是 Microsoft 公司于 1996 年 11 月推出的 WEB 应用程序开发技术，它既不是一种程序语言，也不是一种开发工具，而是一种技术框架，无需使用微软的产品就能编写代码，能产生和执行动态、交互式、高效率的服务器端应用程序。运用 ASP 可以将 VBscript、javascript 等脚本语言嵌入到 HTML 中，可以快速完成网站的应用程序，无需编译，即可在服务器端直接执行。容易编写，使用普通的文本编辑器，如记事本就可以完成。由于脚本是在服务器端而不是客户端运行，所以用户端的浏览器不需要提供任何别的支持，这样大大提高了用户与服务器之间的交互速度。此外，它可以通过内置的组件实现更强大的

功能，如使用 ADO 可以轻松地访问数据库。

ASP 使用 VBS/JS 这样的脚本语言混合 html 来编程，而这些脚本语言属于弱类型、面向结构的编程语言，而非面向对象的，这就明显产生了以下几个问题：

- 代码逻辑混乱，难于管理：由于 ASP 是脚本语言混合 html 编程，所以很难看清代码的逻辑关系，并且随着程序的复杂性增加，使得代码的管理变得十分困难，甚至超出一个程序员所能达到的管理能力，从而造成这样那样的问题。
- 代码的可重用性差：由于是面向结构的编程方式，并且混合 html，所以，页面原型修改一点，可能整个程序都需要修改，更别提代码重用了。
- 弱数据类型造成潜在的出错可能：尽管弱数据类型的编程语言使用起来会方便一些，但相对于它所造成的出错几率是远远得不偿失的。

以上是语言方面的弱点，在功能方面 ASP 同样存在问题：第一是功能太弱，一些底层操作只能通过组件来完成，在这点上远远比不上 PHP/JSP；其次是缺乏完善的纠错/调试功能，这方面 ASP/PHP/JSP 差不多。

那么，ASP.NET 有哪些改进呢？ASP.NET 摆脱了 ASP 使用脚本语言来编程的缺点，理论上可以使用任何编程语言，包括 C++、VB、JS 等，当然，最合适的编程语言还是 Microsoft 为.NET Framework 专门推出的 C#。首先，C#是面向对象的编程语言，而不是一种脚本，所以它具有面向对象编程语言的一切特性，比如封装性、继承性、多态性等，这就解决了 ASP 的那些弱点。封装性使得代码逻辑清晰，易于管理，并且应用到 ASP.NET 上就可以使业务逻辑和 HTML 页面分离，这样，无论页面原型如何改变，业务逻辑代码都不必做任何改动；继承性和多态性使得代码的可重用性大大提高，可以通过继承已有的对象最大限度地保护以前的开发，并且，C#和 C++、Java 一样提供了完善的调试/纠错体系。

ASP 与 ASP.NET 的区别：

- 开发语言不同

ASP.NET 和 ASP 的最大区别在于编程思维的转换，而不仅仅是功能的增强。ASP 仅仅局限于使用 non-type 脚本语言来开发，用户给 WEB 页中添加 ASP 代码的方法与客户端脚本中添加代码的方法相同，导致代码杂乱。ASP.NET 则允许用户选择并使用功能完善的 strongly-type 编程语言，也允许使用功能巨大的.NET Framework。

- 运行机制不同

ASP 是解释运行的编程框架，所以执行效率比较低。ASP.NET 是编译性的编程框架，运行的是服务器上编译好的公共语言运行时库代码，可以利用早期绑定，实施编译来提高效率。

- 开发方式

ASP 把界面设计和程序设计混在一起，维护和重用困难。ASP.NET 则把界面设计和程序设计以不同的文件分离开，复用性和维护性得到了提高。

1.1.3　ASP.NET 的优点

ASP.NET 是一种建立在通用语言上的程序构架，能被用于一台 Web 服务器来建立强大的 Web 应用程序。ASP.NET 提供了许多比现在的 Web 开发模式强大的优势。

ASP.NET 可完全利用.NET 框架的强大、安全、高效的平台特性。ASP.NET 是运行在服务器后端的，编译后的普通语言运行时代码，运行时早绑定、即时编译、本地优化、缓存服务、零安装配置、基于运行时代码受管与验证的安全机制等都为 ASP.NET 带来卓越的性能。对 XML、SOAP、WSDL 等 Internet 标准的支持更是为 ASP.NET 在异构网络里提供了强大的扩展性。

- 威力和灵活性

由于 ASP.NET 基于公共语言运行库，因此，Web 应用程序开发人员可以利用整个平台的威力和灵活性。.NET 框架类库、消息处理和数据访问解决方案都可以从 Web 无缝访问。ASP.NET 与语言无关，所以可以选择最适合应用程序的语言，或跨多种语言分割应用程序。另外，公共语言运行库的交互性保证在迁移到 ASP.NET 时保留基于 COM 的开发中的现有投资。

- 简易性

ASP.NET 使执行常见任务变得容易，从简单的窗体提交和客户端身份验证，到部署和站点配置。例如，使用 ASP.NET 页框架可以生成将应用程序逻辑与表示代码清楚分开的用户界面，和在类似 Visual Basic 的简单窗体处理模型中处理事件。另外，公共语言运行库利用托管代码服务(如自动引用计数和垃圾回收)简化了程序开发。

- 可管理性

ASP.NET 采用基于文本的分层配置系统，简化了应用服务器环境和 Web 应用程序的配置。由于配置信息是以纯文本形式存储的，因此可以在没有本地管理工具帮助的情况下应用新设置。这种“零本地管理”思想也扩展到了 ASP.NET 框架应用程序的部署。只需将必要的文件复制到服务器，即可将 ASP.NET 框架应用程序部署到服务器上。即使是在部署或替换运行的编译代码时也不需要重启服务器。

- 可伸缩性

ASP.NET 在设计时考虑了可缩放性，增加了专门用于在聚集环境和多处理器环境中提高性能的功能。另外，进程受到 ASP.NET 运行库的密切监视和管理，以便当进程行为不正常(泄漏、死锁)时，可以就地创建新进程，以帮助保持应用程序始终可用于处理请求。

- 自定义性和扩展性

ASP.NET 随附了一个设计周到的结构，它使开发人员可以在适当的级别“插入”代码。实际上，可以用自己编写的自定义组件，扩展或替换 ASP.NET 运行库的任何子组件。实现自定义身份验证或状态服务一直没有变得更容易。

- 安全性

借助内置的 Windows 身份验证和基于每个应用程序的配置，可以保证应用程序是安全的。

1.1.4　其他常见的网络程序设计技术

- PHP

PHP 是 Rasmus Lerdorf 于 1994 年开发的，其最初目的是帮助 Lerdorf 记录其个人网站的访问者。1995 年，他开发了一个名为个人主页工具(Personal Home Page Tool)的工具包，也就是 PHP 的第一个公开发布版本。后来，人们开始使用一个递归式的名字 PHP：Hypertext Preprocessor(超文本预处理器)，这使得它原来的名字逐渐被人们所遗忘。PHP 现在是一个开放源码的产品，其官方网站是 http://www.php.net，用户可以自由下载。

PHP 程序可以运行在 UNIX、Linux 及 Windows 操作系统上，对客户端浏览器没有特殊要求。PHP、MySQL 数据库和 Apache Web 服务器是一个比较好的组合。

PHP 也是将脚本语言嵌入 HTML 文档中，大量采用了 Perl、C++和 Java 的一些特性，其文件的扩展名是.php、.php3、.phtml。PHP 程序在服务器端执行，转化为标准的 HTML 文件后发送到客户端。

PHP 的主要优点是免费和开放源码，对于许多要考虑成本的商业网站，尤为重要。

- JSP

JSP 的全称是 Java Server Pages，是 Sun 公司于 1999 年 6 月开发的一种全新的动态页面技术。JSP 是 Java 开发阵营中最具代表性的解决方案，JSP 不仅拥有与 Java 一样的面向对象、便利、跨平台等优点和特性，而且还拥有 Java Servlet 的稳定性，并且可以使用 Servlet 提供的 API、JavaBean 及 Web 开发框架技术，使页面代码与后台处理代码分离，从而提高工作效率。在目前流行的 Web 程序开发技术中，JSP 是比较热门的一种。

JSP 其实就是将 Java 程序片段(Scriptlet)和 JSP 标记(Tag)嵌入普通的 HTML 网页中。当客户端访问一个 JSP 网页时，由 JSP 引擎解释 JSP 标记和其中的程序片段，生成所请求的内容，然后将结果以 HTML 的格式返回到客户端。

JSP 的主要优点是开放性、跨平台性，几乎可以运行在所有的操作系统上。而且采用先编译后运行的方式，能够提高执行效率。

1.1.5　ASP.NET 3.5 新增控件

在 ASP.NET 1.1 初期，开发人员抱怨微软自带的 ASP.NET 控件太少，无法满足日益增长的应用程序开发，而到了 ASP.NET 2.0 版本中，微软增加了数十种服务器控件用于应用程序的开发。这些服务器控件不仅在一定程度上实现了复杂的功能，还提升了应用程序的可维护性、可扩展性，同时，这些服务器控件也提高了 ASP.NET 应用程序的代码的复用性。

在 ASP.NET 3.5 中，微软虽然没有像 ASP.NET 1.1 到 ASP.NET 2.0 一样增加数十种服务器控件，但是，微软增加了 ListView 控件和 DataPager 控件两个颇受欢迎的服务器控件。使用 ListView 控件和 DataPager 控件能够快速地进行页面数据的呈现和布局，同时能够轻松的实现分页和数据更新等操作。

- ListView 控件

ListView 控件是 ASP.NET 3.5 中新增的数据绑定控件。ListView 控件是介于 GridView 控件和 Repeater 控件之间的另一种数据绑定控件，相对于 GridView 来说，它有着更为丰富的布局手段，开发人员可以在 ListView 控件的模板中编写任何 HTML 标记或者控件。

- DataPage 控件

DataPager 控件通过实现.NET 框架中的 IPageableItemContainer 接口实现了控件的分页。

在 ASP.NET 3.5 中，ListView 控件可以使用 DataPager 控件进行分页操作。如果要在 ListView 中使用 DataPager 控件，需要在 ListView 的 LayoutTemplate 模板中加入 DataPager 控件，DataPager 控件包括两种样式：一种是“上一页/下一页”样式，第二种是“数字”样式，方便开发人员实现不同的分页效果。另外，用户不仅能够使用微软为开发人员提供的服务器控件，Visual Studio 2008 还能够让开发人员创建用户控件和自定义控件，以满足应用程序中越来越大的开发需求。

1.2 ASP.NET 的开发环境

Visual Studio 系列产品被认为是世界上最好的开发环境之一，使用 Visual Studio 2008 能够快速构建 ASP.NET 应用程序并为 ASP.NET 应用程序提供所需的类库、控件和智能提示等支持，本节将介绍如何安装 Visual Studio 2008 以及 Visual Studio 2008 中各窗口的使用和操作方法。

1.2.1 安装 Visual Studio 2008

在安装 Visual Studio 2008 之前，首先要确保 IE 浏览器的版本为 6.0 或更高，同时，安装 Visual Studio 2008 开发环境的计算机配置要求如下所示。

- 支持的操作系统：Windows Server 2003、Windows Vista、Windows XP。
- 最低配置：1.6 GHz CPU，384 MB 内存，1024×768 显示分辨率，5400 RPM 硬盘。
- 建议配置：2.2 GHz 或更快的 CPU，1024 MB 或更大的内存，1280x1024 显示分辨率，7200 RPM 或更快的硬盘。
- 在 Windows Vista 上运行的配置要求：2.4 GHz CPU，768 MB 内存。

Visual Studio 2008 在硬件方面对计算机的配置要求如下所示。

- CPU：600MHz Pentium 处理器或 AMD 处理器或更高配置的 CPU。
- 内存：至少需要 128M 内存，推荐 256M 或更高。
- 硬盘：要求至少有 5GB 空间进行应用程序的安装，推荐 10G 或更高。
- 显示器：推荐使用 800×600 分辨率或更高。

当计算机满足以上条件后就能够安装 Visual Studio 2008 了，安装 Visual Studio 2008 的操作步骤如下。

(1) 单击 Visual Studio 2008 的光盘或 MSDN 版的 Visual Studio 2008(90 天试用版)中的 setup.exe 安装程序启动安装，如图 1-1 所示。

(2) 在 Visual Studio 2008 界面后，单击【安装 Visual Studio 2008】按钮可以进行 Visual Studio 2008 的安装，如图 1-2 所示。

图 1-1　Visual Studio 2008 安装界面

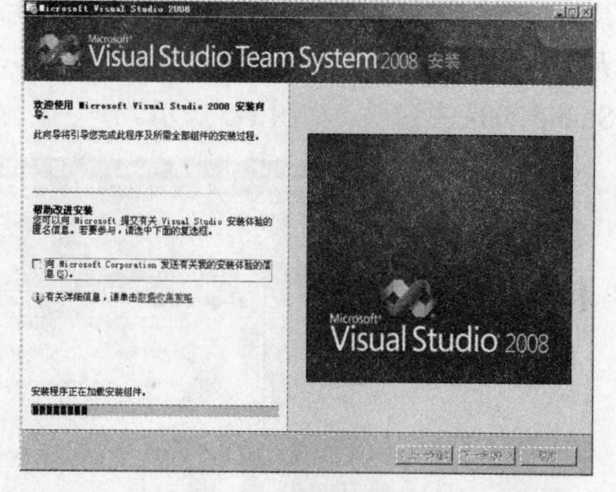

图 1-2　加载安装组件

在安装 Visual Studio 2008 之前，Visual Studio 2008 安装程序首先会加载安装组件，这些组件为 Visual Studio 2008 的顺利安装提供了基础保障，安装程序在完成组件的加载之前用户不能进行安装步骤的选择。

(3) 在安装组件加载完毕后，单击【下一步】按钮进行 Visual Studio 2008 的安装，用户可选择 Visual Studio 2008 的安装路径，如图 1-3 所示。

当用户选择安装路径后就能够进行 Visual Studio 2008 的安装。用户在选择路径前，可以选择相应的安装功能，用户可以选择【默认值】、【完全】或【自定义】。选择【默认值】将会安装 Visual Studio 2008 提供的默认组件，选择【完全】将安装 Visual Studio 2008 的所有组件，而如果用户只需要安装几个组件，则可以选择【自定义】进行组件的选择安装。

(4) 选择后，单击【安装】按钮就能够进行 Visual Studio 2008 的安装，如图 1-4 所示。

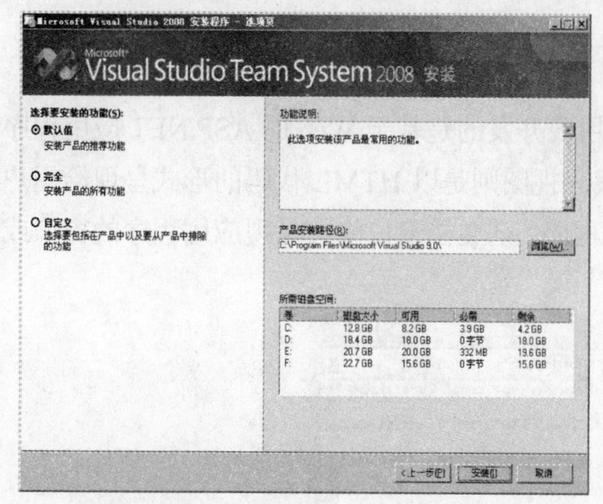

图 1-3　选择 Visual Studio 2008 安装路径

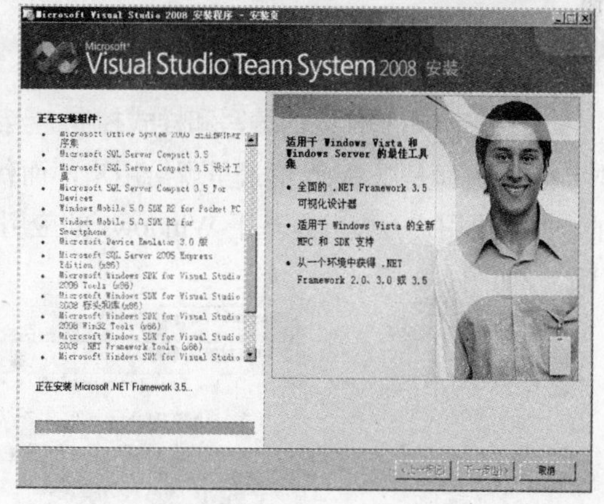

图 1-4　Visual Studio 2008 的安装

图 1-4 中的安装界面的左侧将显示安装列表的进度，当安装完毕后就会出现安装成功界面，说明已经在本地计算机中成功的安装了 Visual Studio 2008。

1.2.2　主窗口

安装完 Visual Studio 2008 之后就能够进行.NET 应用程序的开发了，Visual Studio 2008

极大地提高了开发人员对.NET 应用程序的开发效率，为了能够快速地进行.NET 应用程序的开发，就需要熟悉 Visual Studio 2008 开发环境。启动 Visual Studio 2008 以后，将呈现 Visual Studio 2008 主窗口，如图 1-5 所示。

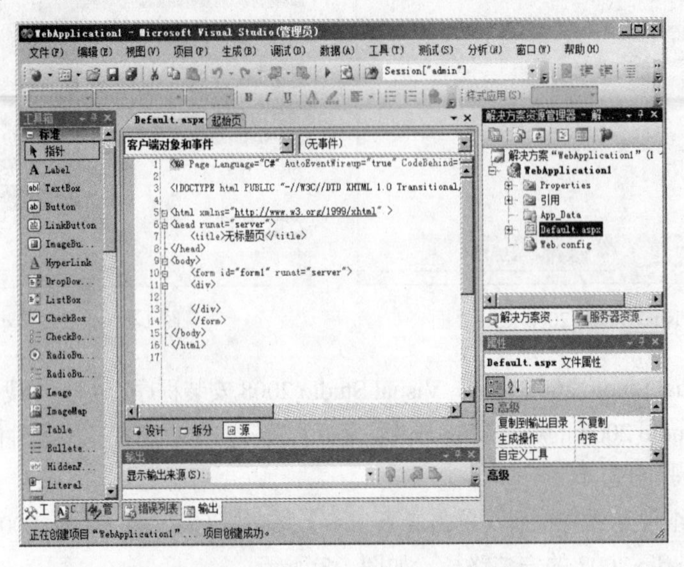

图 1-5　Visual Studio 2008 主界面

如图 1-5 所示，Visual Studio 2008 主窗口包括其他多个窗口，最左侧的是【工具箱】，用于服务器控件的存放；中间是文档窗口，用于应用程序代码的编写和样式控制；中下方是【错误列表】窗口，用于呈现错误信息；右侧是【资源管理器】窗口和【属性】窗口，用于呈现解决方案，以及页面及控件的相应属性。

1.2.3　文档窗口

文档窗口用于代码的编写和样式控制。当用户开发的是基于 Web 的 ASP.NET 应用程序时，文档窗口是以 Web 形式呈现给用户，而代码视图则是以 HTML 代码的形式呈现给用户的，而如果用户开发的是基于 Windows 的应用程序，则文档窗口将会呈现应用程序的窗口或代码，如图 1-6 所示。

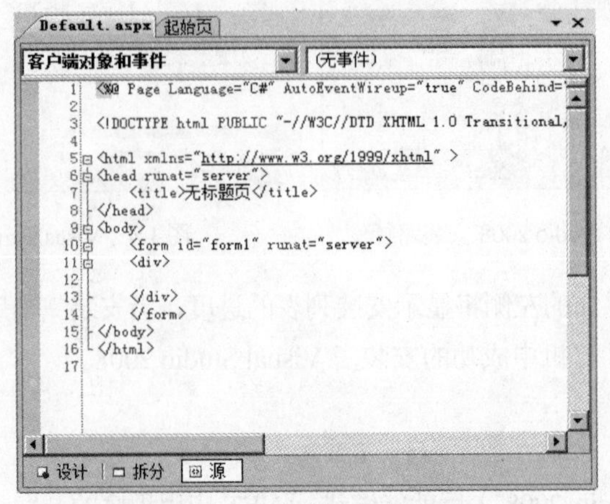

图 1-6　Web 程序开发文档窗口

当进行不同应用程序的开发时，文档窗口也会呈现为不同的样式，以方便开发人员进行应用程序的开发。在 ASP.NET 应用程序中，其文档窗口包括 3 个部分，如图 1-7 所示。

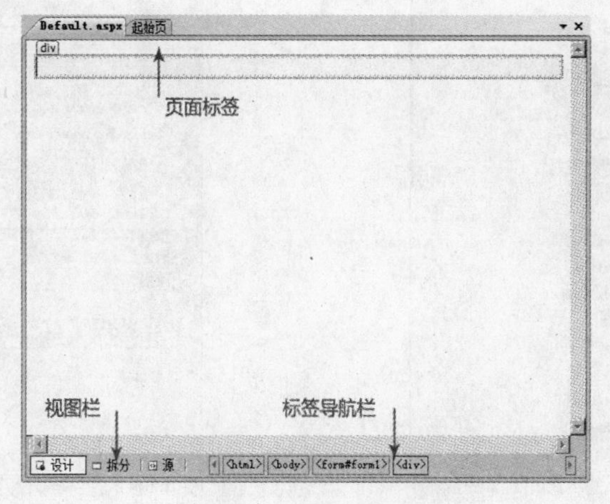

图 1-7　文档主窗口

正如图 1-7 所示，主文档窗口包括 3 部分，开发人员可以通过使用这 3 部分进行高效开发，这 3 部分的功能如下。

- 页面标签：当进行多个页面进行开发时，会呈现多个页面标签，当开发人员需要进行不同页面的交替时可以通过页面标签进行页面切换。
- 视图栏：用户可以通过视图栏进行视图的切换，Visual Studio 2008 提供了【设计】，【拆分】和【源代码】三种视图，开发人员可以选择不同的视图进行页面样式控制和代码的开发。
- 标签导航栏：标签导航栏能够进行不同标签的选择，当用户需要选择页面代码中的<body>标签时，可以通过标签导航栏进行标签或标签内内容的选择。

1.2.4　工具箱

Visual Studio 2008 主窗口的左侧为开发人员提供了【工具箱】，【工具箱】中包含了 Visual Studio 2008 对.NET 应用程序所支持的控件。对于不同的应用程序，【工具箱】中所呈现的工具也不同。【工具箱】是 Visual Studio 2008 的基本窗口，开发人员可以使用【工具箱】中的控件进行应用程序开发，如图 1-8 和图 1-9 所示。

如图 1-8 所示，系统默认为开发人员提供了数十种服务器控件用于应用程序的开发，用户也可以添加工具箱选项卡进行自定义组件的存放。Visual Studio 2008 为开发人员提供了不同类别的服务器控件，这些控件被分为不同的类别，开发人员可以按照需求进行相应类别控件的选择。开发人员还能够在【工具箱】中添加现有的控件。右击【工具箱】的空白区域，在弹出的快捷菜单中选择【选择项】命令，系统会弹出窗口用于开发人员对自定义控件的添加，如图 1-10 所示。

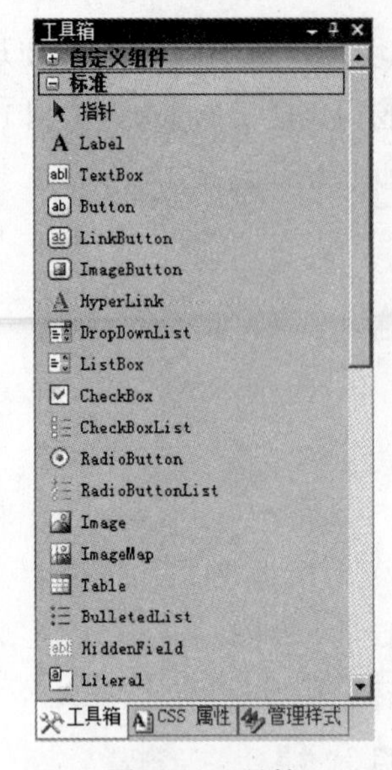

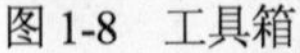

图 1-8　工具箱

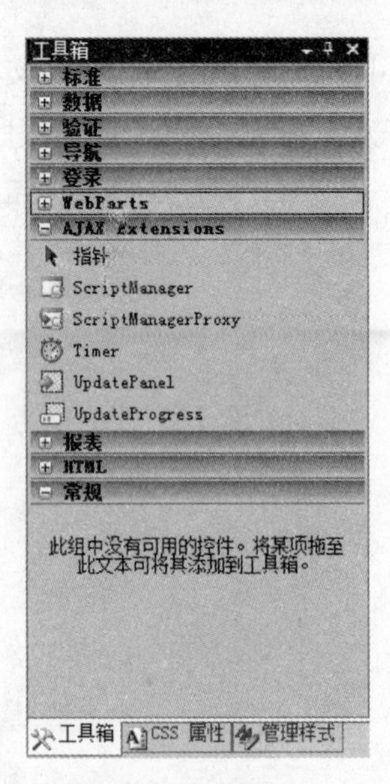

图 1-9　选择类别

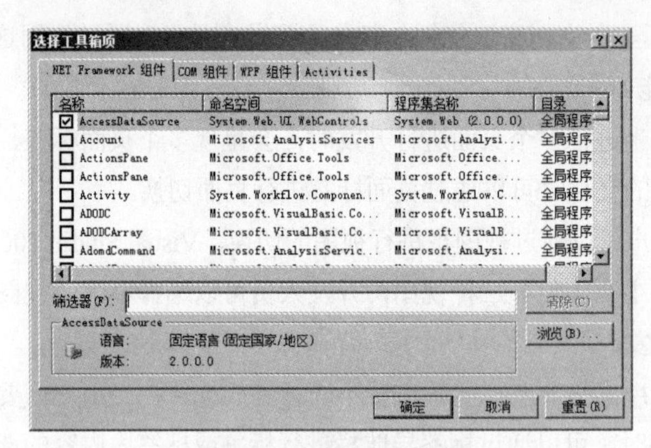

图 1-10　添加自定义组件

组件添加完毕后就能够在【工具箱】中显式，开发人员能够将自定义组件拖放在主窗口中进行应用程序中相应功能的开发而无需通过复杂编程实现。

1.2.5　错误列表窗口

在应用程序的开发中，通常会遇到错误，这些错误会在【错误列表】窗口中呈现，开发人员可以单击相应的错误进行错误的跳转。如果应用程序中出现编程错误或异常，系统会在【错误列表】窗口中呈现，如图 1-11 所示。

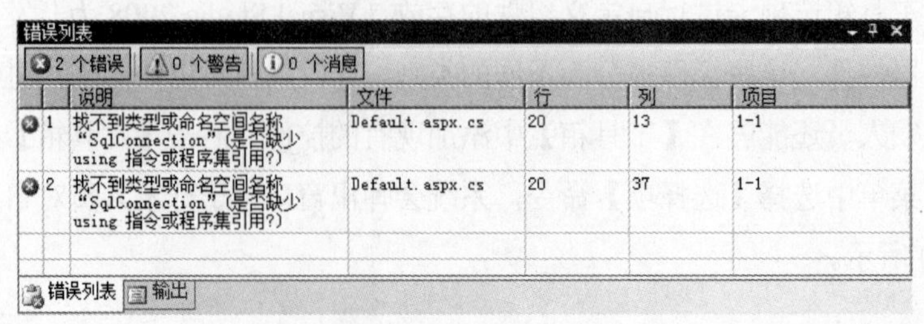

图 1-11　【错误列表】窗口

相对于传统的 ASP 应用程序编程而言，ASP 应用程序出现错误时并不能很好地将异常反馈给开发人员。这一方面是由于开发环境的原因，因为 Dreamware 等开发环境并不能原生地支持 ASP 应用程序的开发，另一方面是由于 ASP 本身是解释型编程语言，因而无法进行良好的异常反馈。

对于 ASP.NET 应用程序而言，在应用程序运行前，Visual Studio 2008 会编译现有的应用程序并进行程序中错误的判断。如果 ASP.NET 应用程序出现错误，则 Visual Studio 2008 不会让应用程序运行起来，只有修正了所有的错误后才能够运行。

在【错误列表】窗口中包含错误、警告和消息 3 个选项卡，这些选项卡中的错误的安全级别不尽相同。对于错误选项卡中的错误信息，通常是语法上的错误，如果存在语法上的错误则不允许应用程序的运行，而对于警告和消息选项卡中的信息安全级别较低，只是作为警告而存在，通常情况下不会危害应用程序的运行和使用，警告选项卡如图 1-12 所示。

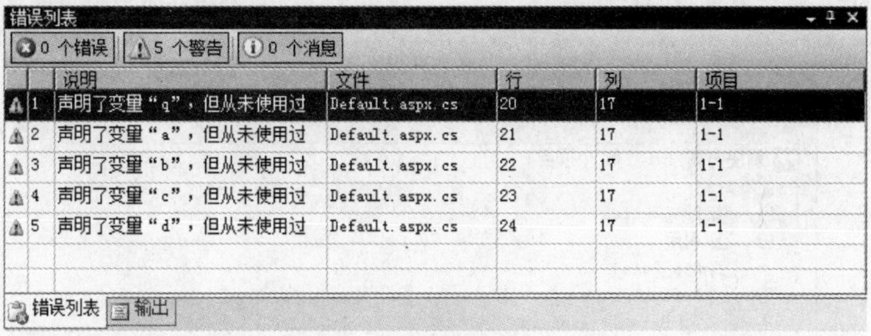

错误列表

0 个错误 | 5 个警告 | 0 个消息

	说明	文件	行	列	项目
1	声明了变量“q”，但从未使用过	Default.aspx.cs	20	17	1-1
2	声明了变量“a”，但从未使用过	Default.aspx.cs	21	17	1-1
3	声明了变量“b”，但从未使用过	Default.aspx.cs	22	17	1-1
4	声明了变量“c”，但从未使用过	Default.aspx.cs	23	17	1-1
5	声明了变量“d”，但从未使用过	Default.aspx.cs	24	17	1-1

错误列表　输出

图 1-12　警告选项卡

在应用程序中如果出现了变量未使用或者在页面布局中出现了布局错误，都可能会出现警告信息。双击相应的警告信息将会跳转到应用程序中的相应位置，方便开发人员检查错误。

1.2.6　解决方案资源管理器

在 Visual Studio 2008 的开发中，为了方便开发人员进行应用程序开发，在 Visual Studio 2008 主窗口的右侧会呈现一个【解决方案资源管理器】窗口。开发人员能够在【解决方案管理器】中进行相应文件的选择，双击后相应文件的代码就会呈现在主窗口，开发人员还能够单击【解决方案管理器】下方的【服务器资源管理器】窗口进行服务器资源的管理，【服务器资源管理器】还允许开发人员在 Visual Studio 2008 中进行表的创建和修改，如图 1-13、1-14 所示。

解决方案管理器就是对解决方案进行管理，解决方案可以想象成为一个软件开发的整体方案，这个方案包括程序的管理、类库的管理和组件的管理。开发人员可以在【解决方案资源管理器】中双击文件进行相应文件的编码工作，在【解决方案资源管理器】中也能够进行项目的添加和删除等操作，如图 1-15 所示。

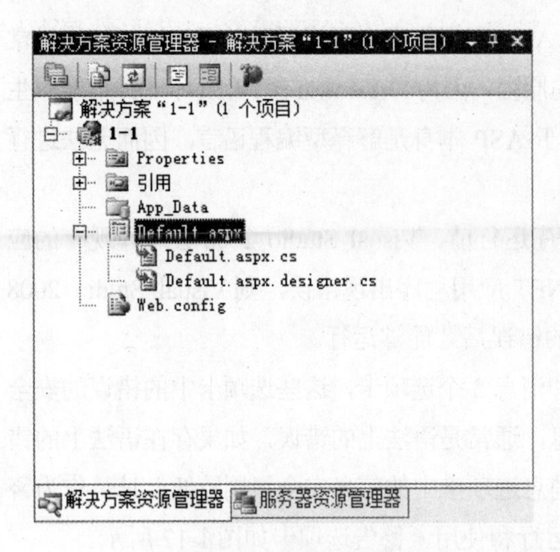

图 1-13　解决方案资源管理器

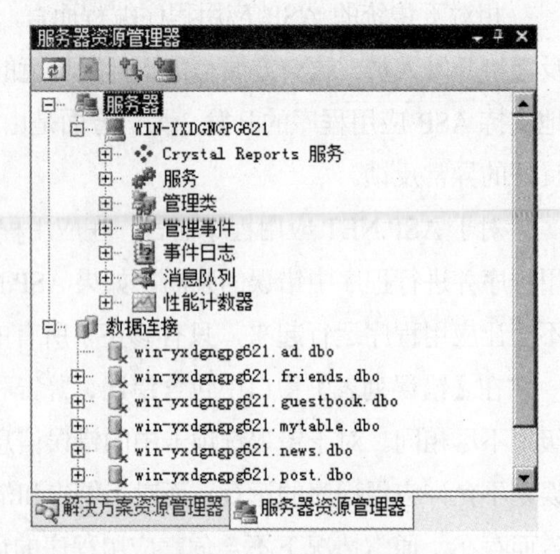

图 1-14　服务器资源管理器

图 1-15　解决方案资源管理器

在应用程序开发中，通常需要进行不同的组件开发，例如一个人开发用户界面，而另一个同事进行后台开发，在开发中，如果将不同的模块分开开发或打开多个 Visual Studio 2008 进行开发是非常不方便的。【解决方案资源管理器】就能够解决这个问题。将一个项目看成是一个“解决方案”，不同的项目之间都在一个解决方案中进行互相的协调和相互的调用。

1.2.7　属性窗口

Visual Studio 2008 提供了非常多的控件，方便开发人员进行应用程序的开发。每个服务器控件都有自己的属性，通过配置不同的服务器控件的属性可以实现复杂的功能。服务器控件的属性如图 1-16、1-17 所示。

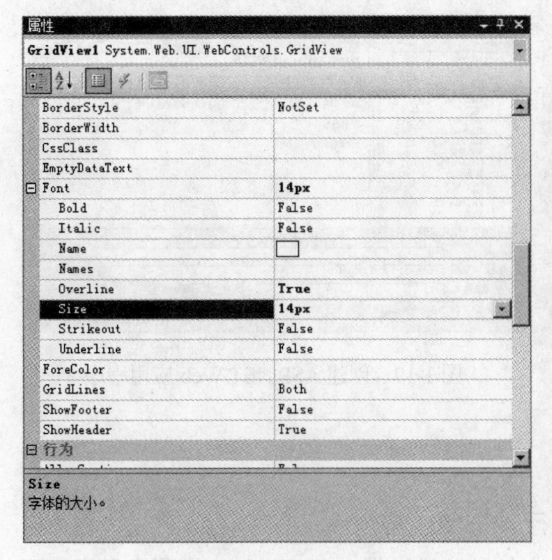

图 1-16　控件的样式属性

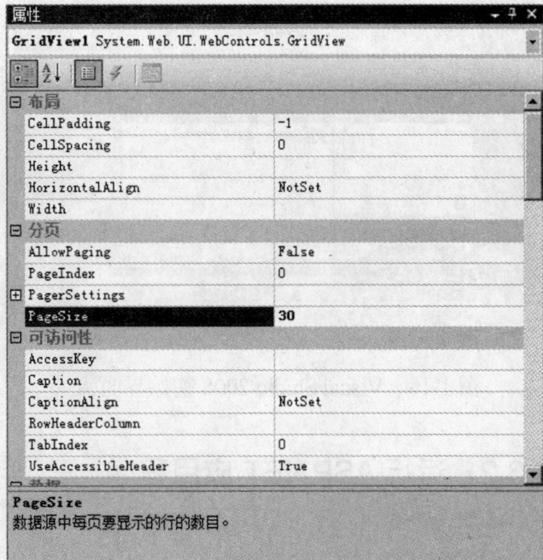

图 1-17　控件的数据属性

在控件的属性配置中，可以为控件进行样式属性的配置，包括字体的大小、字体的颜色、字体的粗细、CSS 类等相关的样式属性，有些控件还需要进行数据属性的配置。如图 1-17 所示将 GirdView 控件的 PageSize 属性(分页属性)设置为 30，则如果数据条目数大于 30 则该控件会自动按照 30 条目进行分页，免除了复杂的分页编程。

1.3　ASP.NET 应用程序基础

使用 Visual Studio 2008 和 SQL Server 2005 能够快速地进行应用程序的开发，同时能够创建负载高的 ASP.NET 应用程序。通常情况下，Visual Studio 2008 负责 ASP.NET 应用程序的开发，而 SQL Server 2005 负责应用程序的数据存储。

1.3.1　创建 ASP.NET 应用程序

使用 Visual Studio 2008 能够进行 ASP.NET 应用程序的开发，微软提供了数十种服务器控件方便开发人员快速地进行应用程序开发。

(1) 启动 Visual Studio 2008 应用程序，如图 1-18 所示。

(2) 选择【文件】|【新建项目】命令，打开【新建项目】对话框，如图 1-19 所示。

(3) 选择【ASP.NET Web 应用程序】选项，输入项目名称单击【确定】按钮就能创建一个最基本的 ASP.NET Web 应用程序。创建完成后系统会创建 default.aspx、default.aspx.cs、default.aspx.designer.cs 以及 Web.config 等文件用于应用程序的开发。

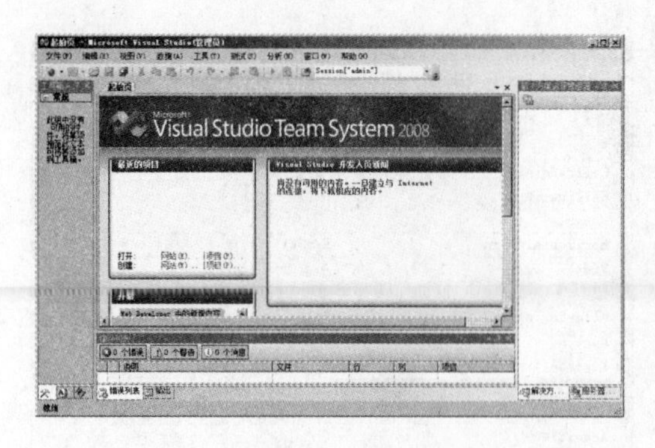

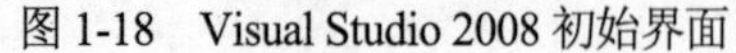

图 1-18　Visual Studio 2008 初始界面

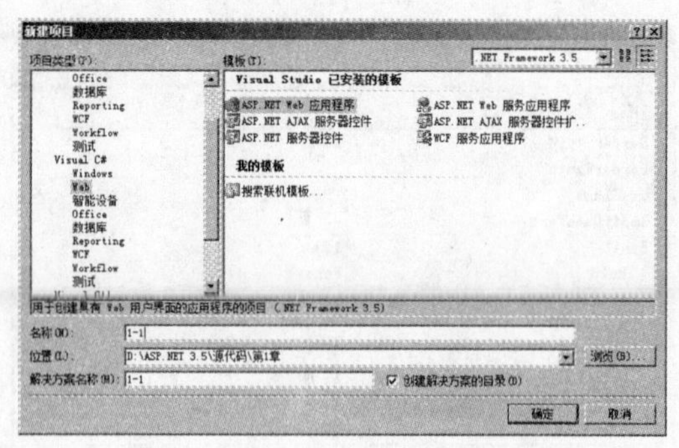

图 1-19　创建 ASP.NET Web 应用程序

1.3.2　运行 ASP.NET 应用程序

创建 ASP.NET Web 应用程序后就能够进行 ASP.NET 应用程序的开发了，开发人员可以在【解决方案资源管理器】窗口中添加相应的文件和项目进行 ASP.NET 应用程序和组件开发。Visual Studio 2008 提供了数十种服务器控件以便开发人员进行应用程序的开发。

完成应用程序的开发后，可以运行应用程序，选择【调试】|【启动调试】命令即可调试 ASP.NET 应用程序。开发人员也可以使用快捷键【F5】进行应用程序的调试，调试前，Visual Studio 2008 会选择是否启用 Web.config 进行调试，默认选择使用即可，如图 1-20 所示。

选择【修改 Web.config 文件以启动调试】选项进行应用程序的运行。在 Visual Studio 2008 中包含虚拟服务器，所以开发人员可以无需安装 IIS 即可进行应用程序的调试，如图 1-21 所示。但是一旦进入调试状态，就无法在 Visual Studio 2008 中进行 cs 页面以及类库等源代码的修改。

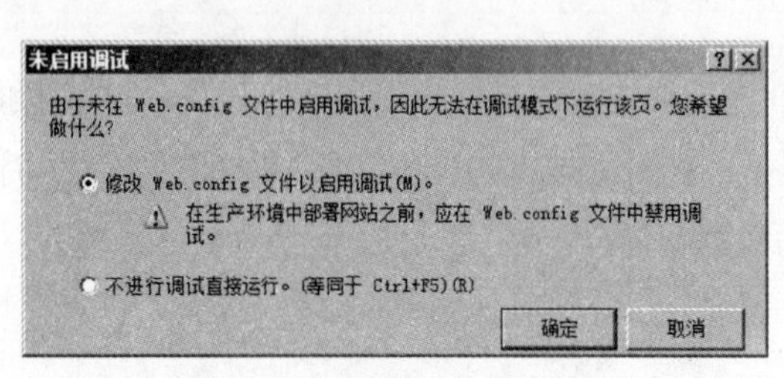

图 1-20　启用调试配置

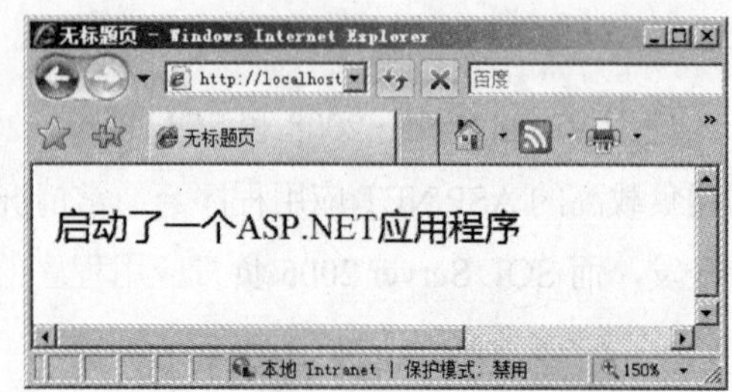

图 1-21　运行 ASP.NET 应用程序

1.3.3　编译 ASP.NET 应用程序

与传统的 ASP 应用程序开发不同的是，ASP.NET 应用程序能够将相应的代码编译成 DLL(动态链接库)文件，这样不仅能够提高 ASP.NET 应用程序的安全性，而且还能够提高 ASP.NET 应用程序的速度。在现有的项目中，打开相应的项目文件，其项目源代码都可以进行读取，如图 1-22 所示。

开发人员能够将源代码文件放置在服务器中进行运行，但是，将源代码直接运行会产生潜在的风险，例如用户下载 Default.aspx 或其他页面进行源代码的查看，这样就有可能造成源代码的泄露和漏洞的发现，这是非常不安全的。将 ASP.NET 应用程序代码编译成动态链接库能够提高安全性，就算非法用户下载了相应的页面也无法看到其源代码。

右击项目图标，从弹出的快捷菜单中选择【发布】命令发布 ASP.NET 应用程序，系统会弹出【发布 Web】对话框，如图 1-23 所示。

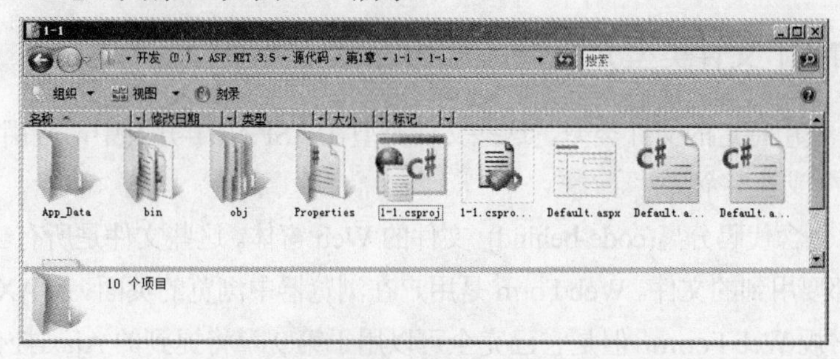

图 1-22　源代码文件

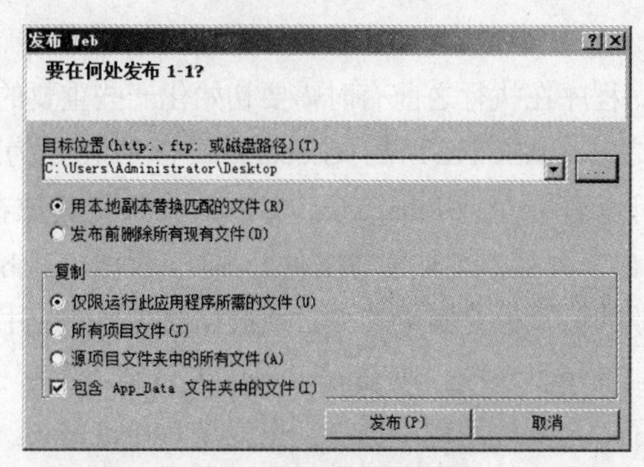

图 1-23　发布 Web

单击【发布】按钮，Visual Studio 2008 就能够将网站编译并生成 ASP.NET 应用程序，如图 1-24 所示。编译后的 ASP.NET 应用程序没有 cs 源代码，因为编译后的文件会存放在 bin 目录中并编译成动态链接库文件，如图 1-25 所示。

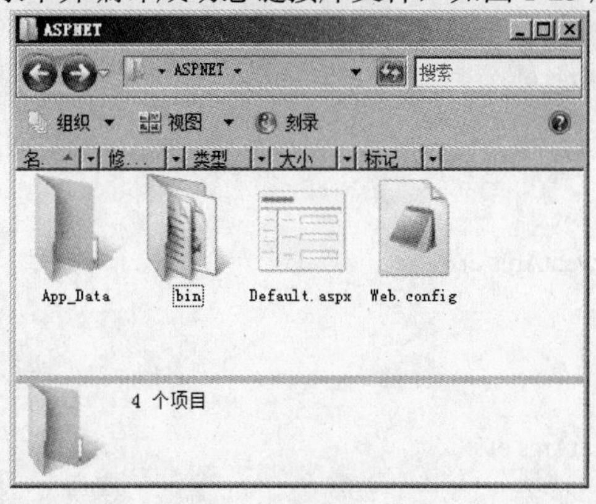
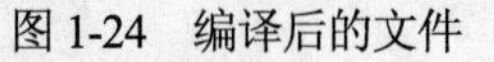

图 1-24　编译后的文件

图 1-25　动态链接库文件

如图 1-24 所示，在项目文件夹中只包含 Default.aspx 页面而没有包含 Default.aspx 页面的源代码 Default.aspx.cs 等文件，因为这些文件都被编译成为动态链接库文件。编译后的 ASP.NET 应用程序在第一次应用时会有些慢，在运行后，每次对 ASP.NET 应用程序的请求都可以直接从 DLL 文件中请求，从而提高应用程序的运行速度。

1.4　ASP.NET 程序结构

1.4.1　ASP.NET 文件类型介绍

ASP.NET 使用特定的文件类型。这些文件类型在 ASP.NET 开发中，应用程序可能包括如下类型的一个或者多个文件。

- .aspx：包含代码分离(code-behind) 文件的 Web 窗体。这些文件是所有 ASP.NET Web 站点都要用到的文件。Web Form 是用户在浏览器中浏览的页面。AJAX Web Form 类似于常规 Web Form，但是它已完全可以用于第 9 章将提到的 Ajax 控件。
- .asax：这个文件允许开发人员编写代码以处理全局 ASP.NET 程序事件。每个应用程序中都包括一个无法更改的 Global.asax 文件。

作为网络应用程序，程序在执行之前有时需要初始化一些重要的变量，而且这些工作必须发生在所有程序执行之前，ASP.NET 的 Global.asax 文件便是为此目的而设计的。每个 ASP.NET 应用程序都可以有一个 Global.asax 文件。一旦将其放在适当的虚拟目录中，ASP.NET 就会把它识别出来并且自动使用该文件。另外，由于 Global.asax 在网络应用程序中的特殊地位，它被存放的位置也是固定的。必须被存放在当前应用所在的虚拟目录的根目录下。如果放在虚拟目录的子目录中，则 Global.asax 文件将不会起任何作用。

在应用程序中添加了“全局应用程序类”，也就是 Global.asax。该文件是应用程序用来保持应用程序级的事件、对象和变量的。一个 ASP.NET 应用程序只能有一个 Global.asax 文件，且位于应用程序根目录下。

按照 VS2008 模板添加的应用程序如下所示。

```
<%@ Application Language="C#"%>
<script runat="server">
    void Application_Start(object sender,EventArgs e)
    {
        //在应用程序启动时运行的代码
    }
        void Application_End(object sender, EventArgs e)
    {
        //在应用程序关闭时运行的代码
    }
     void Application_Error(object sender, EventArgs e)
    {
        //在出现未处理的错误时运行的代码
    }
    void Session_Start(object sender, EventArgs e)
    {
        //在新会话启动时运行的代码
    }
```

```
</script>
```

在窗体页中，只能处理单个页面的事件，而在 Global.asax 文件中可以处理整个应用程序的事件。除了上述代码模板中列举的事件外，在 Global.asax 文件中还可以加入其他事件的处理函数。如表 1-1 所示列出了可以在 Global.asax 中处理的事件。

表 1-1　Global.asax 中处理的事件

事　件	说　明
Application_Start	在应用程序接收到第一个请求时调用，通常在此函数中定义应用程序级的变量或状态
Session_Start	类似与 Application_Start，不过是针对每个客户端第一次访问应用程序时调用
Application_BeginRequest	虽然在 VS2008 的代码模板中没有该事件的处理，不过可以在 Global.asax 中添加。该事件是在每个请求到达服务器，并且在处理该请求之前触发
Application_AuthenticateRequest	每个请求都会触发该事件，并且可以在此函数中设置自定义的验证
Application_Error	在应用程序中抛出任何错误时都会触发该事件。通常在此函数中提供应用程序级的错误处理或者记录错误事件
Session_End	以进程内模式使用会话状态时，如果用户离开应用程序将会触发该事件
Application_End	应用程序关闭时触发该事件。该函数很少使用，因为 ASP.NET 可以很好地关闭和清除内存对象

与页面指令一样，Global.asax 文件也可以使用应用程序指令，这些指令都可以包含特定于该指令的一个或多个属性/值对。下面列出了 ASP.NET 中支持的应用程序指令。

(1) @Application。定义 ASP.NET 应用程序编译器所使用的应用程序特定的属性，该指令只能在 Global.asax 文件中使用。

(2) @Import。显式将命名空间导入到应用程序中。

(3) @Assembly。在分析时将程序集链接到应用程序。

- .ashx：执行一个通用句柄的页面。
- .asmx：一个 ASP.NET Web 服务，包括相应的代码分离文件。可以被其他系统调用，包括浏览器，可以含有能在服务器上执行的代码。
- .ascx：Web 用户控件。最大的优势是含有可重复用在站点的多个页面中的页面片段。
- .config：含有用在整个站点中的全局配置信息，本章后面将介绍如何使用 web.config.
- .htm：一个标准的 HTML 页面。可用来显示 Web 站点中的静态 HTML。

- .css：一种在站点上使用的层叠式列表。含有允许定制 Web 站点的样式和格式的 CSS 代码。
- .sitemap：一种 Web 程序的站点地图。含有一个层次结构，表示站点中 XML 格式的文件。站点地图用于导航。
- .skin：用于指定 ASP.NETA theme 的文件。含有设计 Web 站点中的控件的信息。
- .browser：浏览器定义文件。
- .disco：一种可选择的文件。

也可以使用列表中没有的其他文件，这取决于程序被编译与配置的方式。

1.4.2　ASP.NET 文件夹

开发者在对程序进行设计时，应该将特定类型的文件存放在某些文件夹中，以方便今后开发中的管理和操作。ASP.NET 保留了一些文件名称和文件夹名称，程序开发人员可以直接使用，并且还可以在应用程序中增加任意多个文件和文件夹，如图 1-26 所示，而无须每次在给解决方案添加新文件时重新编译它们。ASP.NET 3.5 能够自动、动态地预编译 ASP.NET 应用程序，并为应用程序定义好一个文件夹结构，这些定义好的文件夹，就可以自动编译代码，在整个应用程序中访问应用程序主题，并在需要时使用全局资源。下面介绍这些定义好的文件夹及其工作方式。

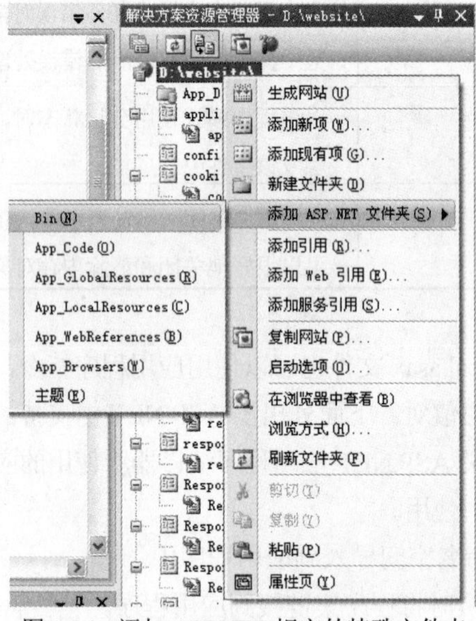

图 1-26　添加 ASP.NET 规定的特殊文件夹

1. App_Data 文件夹

App_Data 文件夹用于保存应用程序使用的数据库。它是一个集中存储应用程序所用数据库的地方。App_Data 文件夹可以包含 Microsoft SQL Express 文件(.mdf)、Microsoft Access 文件(.mdb)、XML 文件等。

应用程序使用的用户账户具有对 App_Data 文件夹中任意文件的读写权限。该用户账户默认为 ASP.NET 账户。在该文件夹中存储所有数据文件的另一个原因是，许多 ASP.NET 系统，从成员和角色管理系统到 GUI 工具，如 ASP.NET MMC 插件和 ASP.NET Web 站点管理工具，都构建为使用 App_Data 文件夹。

2. App_Code 文件夹

App_Code 文件夹在 Web 应用程序根目录下，它存储所有应当作为应用程序的一部分动态编译的类文件。这些类文件自动链接到应用程序，而不需要在页面中添加任何显式指令或声明来创建依赖性。App_Code 文件夹中放置的类文件可以包含任何可识别的 ASP.NET 组件——自定义控件、辅助类、build 提供程序、业务类、自定义提供程序、HTTP 处理程序等。

在开发时，对 App_Code 文件夹的更改将导致整个应用程序的重新编译。对于大型项目，这可能不受欢迎，而且很耗时。为此，鼓励大家将代码进行模块化处理到不同的类库中，按逻辑上相关的类集合进行组织。应用程序专用的辅助类大多应当放置在 App_Code 文件夹中。

App_Code 文件夹中存放的所有类文件应当使用相同的语言。如果类文件使用两种或多种语言编写，则必须创建特定语言的子目录，以包含用多种语言编写的类。一旦根据语言组织这些类文件，就要在 web.config 文件中为每个子目录添加设置，关于 web.config 文件将在第三章进行介绍。

3. Bin 文件夹

Bin 文件夹包含应用程序所需的，用于控件、组件或者需要引用的任何其他代码的可部署程序集。该目录中存在的任何.dll 文件将自动链接到应用程序。可以在 Bin 文件夹中存储编译的程序集，并且 Web 应用程序任意处的其他代码会自动引用该文件夹。典型的示例是为自定义类编译好的代码，然后可以将编译后的程序集复制到 Web 应用程序的 Bin 文件夹中，这样所有页都可以使用这个类。

Bin 文件夹中的程序集无需注册。只要.dll 文件存在于 Bin 文件夹中，ASP.NET 就可以识别它。如果更改了.dll 文件，并将它的新版本写入到了 Bin 文件夹中，则 ASP.NET 会检测到更新，并对随后的新页请求使用新版本的.dll 文件。下面我们介绍一下 Bin 文件夹的安全性。

将编译后的程序集放入 Bin 文件夹中会带来安全风险。如果是开发人员自己编写和编译的代码，那么我们了解代码的功能。但是，必须像对待任何可执行代码一样来对待 Bin 文件夹中已编译的代码。在完成代码测试并确信已了解代码功能之前，要对已编译的代码保持谨慎的态度。Bin 文件夹中程序集的作用范围为当前应用程序。因此，它们无法访问当前 Web 应用程序之外的资源或调用当前 Web 应用程序之外的代码。此外还应该注意，在运行时，程序集的访问级别由本地计算机上指定的信任级别确定。

App_Code 文件夹和 Bin 文件夹是 ASP.NET 网站中的共享代码文件夹，如果 Web 应用程序是要在多个页之间共享的代码，就可以将代码保存在 Web 应用程序根目录下的这两个特殊文件夹中的某个文件夹中。当创建这些文件夹并在其中存储特定类型的文件时，ASP.NET 将使用特殊方式进行处理。

1.4.3　其他文件夹介绍

1. App_Themes 文件夹

主题是为站点上的每个页面提供统一外观和操作方式的一种新方法。通过 skin 文件、CSS 文件和站点上服务器控件使用的图像来实现主题功能。所有这些元素都可以构建一个主题，并存储在解决方案的 App_Themes 文件夹中。把这些元素存储在 App_Themes 文件夹中，就可以确保解决方案中的所有页面都利用该主题，并把其元素应用于控件和页面的标记。

2. App_GlobalResources 文件夹

资源文件是一些字符串表，当应用程序需要根据某些事情进行修改时，资源文件可用于这些应用程序的数据字典。可以在该文件夹中添加程序集资源文件(.resx)，它们会动态编译，成为解决方案的一部分，供程序中的所有.aspx 页面使用。在使用 ASP.NET1.0/1.1 时，必须使用 resgen.exe 工具，把资源文件编译为.dll 或.exe，才能在解决方案中使用。而在 ASP.NET 3.5 中，资源文件的处理就容易多了。除了字符串之外，还可以在资源文件中添加图像和其他文件。

3. App_LocalResources 文件夹

App_GlobalResources 文件夹用于合并可以在应用程序范围内使用的资源。如果对构造应用程序范围内的资源不感兴趣，而对只能用于一个.aspx 页面的资源感兴趣，就可以使用 App_LocalResources 文件夹。可以把专用于页面的资源文件添加到 App_LocalResources 文件夹中，方法是构建.resx 文件，如下所示：

```
Default.aspx.resx
Default.aspx.fi.resx
Default.aspx.ja.resx
Default.aspx.en-gb.resx
```

现在，可以从 App_LocalResources 文件夹的相应文件中检索在 Default.aspx 页面上使用的资源声明。如果没有找到匹配的资源，就默认使用 Default.aspx.resx 资源文件。

4. App_Browsers 文件夹

该文件夹包含 ASP.NET 用于标识个别浏览器并确定其功能的浏览器定影(.browser)文件。.browser 文件是 XML 文件，可以标识向应用程序发出请求的浏览器，并理解这些浏览器的功能。在 C:\Windows\Microsoft.NET\Framework\v2.0.50727\CONFIG\Browsers 中有一个可全局访问的.browser 文件列表。另外，如果要修改这些默认的浏览器定义文件，只需将 Browsers 文件夹中对应的.browser 文件复制到应用程序的 App_Browsers 文件夹中，修改其定义即可。

1.5 本章小结

本章首先从 ASP 的历史、ASP.NET 的优点等方面对 ASP.NET 技术进行了简单的介绍。接下来介绍 ASP.NET 的开发环境的获取和安装方式，为用户进一步学习奠定了基础。并对其各个窗口的功能进行了说明。同时通过创建一个简单的网站对开发 ASP.NET 程序的一般步骤有一个概括的了解。

最后，对 ASP.NET 的程序结构进行了介绍，对 ASP.NET 开发网站的过程中创建的主要不同文件类型的功用和主要文件夹的使用做了详细讲解，为后面的网站开发做好基础。

1.6 上机练习

1.6.1 上机目的

安装 ASP.NET 的开发环境 VS 2008，并创建简单的动态网站。

1.6.2 上机内容和要求

(1) 安装 Visual Web Developer 2008，建立 ASP.NET 3.5 的运行环境。

(2) 使用 VS 2008 创建网站 lianxi1，并创建第一个页面 exam1.aspx。

(3) 单击页面 exam1.aspx 的设计标签，切换到页面设计窗口，在页面中键入：“这是我的第一个 ASP.NET 程序”。

(4) 运行该应用程序。

第2章　C# 3.0新增功能

C#是微软公司推出的 Visual Studio.NET 开发平台中的一种面向对象的编程语言。利用这种面向对象的、可视化的编程语言，结合事件驱动的模块设计，将使程序设计变得轻松快捷。本书不会对 C#语言的所有语法作详尽的讲解，本章只对 C# 3.0 和 C# 2.0 相比有哪些增进的特性和功能进行详细介绍。

本章的学习目标：

- 了解 C#语言
- 掌握 C#程序设计的方法
- 了解并掌握 C# 3.0 的新增功能

2.1　C#语言简介

C#(发音为 C Sharp)是由微软公司所开发的一种面向对象、运行于.NET Framework 之上的高级程序设计语言。C#是.NET 公共语言运行环境的内置语言。C#基于 C++写成，但又融入其他语言，如 Delphi、Java、VB 等。它完美地结合了 C/C++的强大功能、Java 的面向对象特征和 Visual Basic 的易用性，是一种简单的、类型安全的、面向对象的编程语言。C#旨在设计成为一种“简单、现代、通用”的面向对象程序设计语言。C#是微软专门为.NET 应用开发的语言，这从根本上保证了 C# 与.NET 框架的完美结合。在.NET 运行库的支持下，C#的优点表现得淋漓尽致。C#的突出优点包括：

- 简洁的语法。
- 精心的面向对象设计。
- 为使程序员容易迁移到这种语言，源代码的可移植性十分重要，尤其是对于那些已经熟悉 C 和 C++的程序员而言。
- 完整的安全性与错误处理。
- 灵活性与兼容性。

本章接下来的内容将详细介绍 C# 3.0 的新增特性。

2.2　隐式类型的局部变量

2.2.1　隐式类型局部变量的概念

隐式类型局部变量，是.Net Framework 3.5 的新特性，允许在定义局部变量时，事先不知道变量真正所指向的对象类型，由编译器在给该变量初始化时自动根据初始化对象的类型来决定该变量的类型。从 C# 3.0 开始，增加了一个变量声明关键字 var，这个声明和 JavaScript 的 var 类似，但也有不同。相同点是可以用 var 来声明任何类型的局部变量；不同点是它仅仅负责告诉编译器，该变量需要根据初始化表达式来推断变量的类型，而且只能是局部变量。

```
void DeclareImplicitVars()
{
    //隐含的根据对变量的初始化自动的决定变量的类型:
    var myInt = 0;                    //现在变量 myInt 的类型是：整型
    var myBool = true;                /现在变量 myBool 的类型是：布尔型
    var myString = "Time";            //现在变量 myString 的类型是：字符串型
    var Numbers = new int[] { 1, 3, 5 };          //现在变量 Numbers 的类型是：Int 型数组
}
```

以上的声明语句等价于：

```
void DeclareImplicitVars()
{
    int myInt = 0;
    boolean myBool = true;
    string myString = "Time";
    int Numbers = new int[] { 1, 3, 5 };
}
```

2.2.2　隐式类型局部变量的使用和限制

隐式类型局部变量的使用有如下限制：

(1) var 只能够用在方法中的局部变量上，而不能用在类成员上。

(2) 必须在定义的时候明确初始化，不能够让编译器无法决定变量的类型，因为定义变量依赖于赋值运算符右边的表达式。

例如：创建控制台应用程序，名字为 test，如图 2-1 所示。

图 2-1　创建控制台应用程序

如果有下面的语句：

```
using System;
using System.Collections.Generic;
using System.Linq;
using System.Text;
namespace test
{
        class Program
        {
            static void Main(string[] args)
            {
                var integer;
                integer = 13;
            }
        }
}
```

编译时会报“隐式类型的局部变量必须已初始化”错误。

(3) 在使用 var 声明一个局部变量后，它仍然具有强类型，可以做如下测试：在 main 函数中添加如下代码：

```
var integer = 13;
integer = " endofmonth";
```

编译时会报“错误 CS0029：无法将类型“string”隐式转换为“int””错误。

(4) 初始化表达式的编译期类型不可以是空(null)类型，编译器无法根据 null 来推断出局部变量的类型，如有下面的语句：

```
var integer = null;
```

编译时会报“错误 CS0815：无法将“<null>”赋予隐式类型的局部变量”错误。

(5) 不能将 var 型的变量作为方法的参数签名，方法的返回类型不可以是 var 型。var 仅仅是一个关键字，它并不是 C# 3.0 中的一种新的类型，而是负责告诉编译器，该变量需要根据初始化表达式来推断变量的类型。

(6) 初始化语句必须是一个表达式，初始化表达式不能包含其自身，但是可以是包含一个对象或集合初始化器的一个 new 表达式(即匿名类型)。如可以这样声明：

```
var myCar = new SpecialCar();          //现在变量 myCar 的类型是：SpecialCar
```

(7) var 的声明仅限于局部变量，也可以包含在 foreach、for、using 语句中。下面的使用是错误的：

```
class Program
{
```

```
    private var i = 10; //全局私有变量。
    static void Main(string[] args)
    { }
}
```

编译时会报“错误 CS0825: 上下文关键字“var”只能出现在局部变量声明中”错误。

【例 2-1】演示在 foreach 循环中使用隐式声明。

创建一个控制台应用程序，命名为 ImplicitlyforeachVar，在 Main 函数中添加如下代码：

```
using System;
using System.Collections.Generic;
using System.Linq;
using System.Text;
namespace ImplicitlyforeachVar
{
    class Program
    {
        static void Main(string[] args)
        {
            var NumbersArray = new string[] { "One","Two","Three","Four","Five"};
            //这里在 foreach 循环中使用隐式类型的变量
            foreach (var number in NumbersArray)
            {
                Console.WriteLine("当前的类型为{0}，值为{1}", number.GetType().ToString(),
                  number);
            }
        }
    }
}
```

程序的运行结果如图 2-2 所示，编译器正确的推断出了变量的类型。

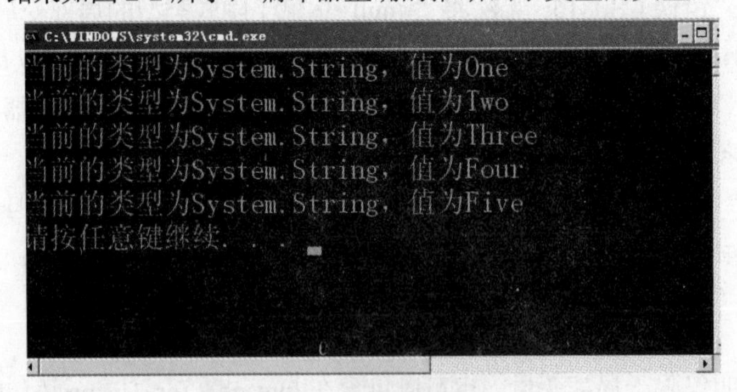

图 2-2　程序运行结果

【例 2-2】隐式类型的局部数组。

创建一个控制台应用程序，命名为 implicitlyArrays，在 Main 函数中添加如下代码：

```
using System;
using System.Collections.Generic;
using System.Linq;
using System.Text;
namespace implicitlyArrays
{
    class Program
    {
        static void Main(string[] args)
        {
            //整型数组
            var DoubleVar = new[] { 1.0, 4.4, 6.6, 8.0 };
            Console.WriteLine("DoubleVar 的类型：{0}", DoubleVar.ToString());
            //字符串数组
            var strVar = new[] { "隐式", null, "类型", "数组" };
            Console.WriteLine("strVar 的类型：{0}", strVar.ToString(),strVar);
            //二维数组
            var intArray = new[]{
            new[]{1,2,3,4},
            new[]{5,6,7,8}
            };
            Console.WriteLine("intArray 的类型：{0}", intArray.ToString(),intArray);
            // 字符串类型的二维数组
            var strArray = new[]{
            new[]{"One","Two","Three","Four"},
            new[]{"Five", "Six", "Seven"}
            };
            Console.WriteLine("strArray 的类型：{0}", strArray.ToString(),strArray);
        }
    }
}
```

程序的运行结果如图 2-3 所示。

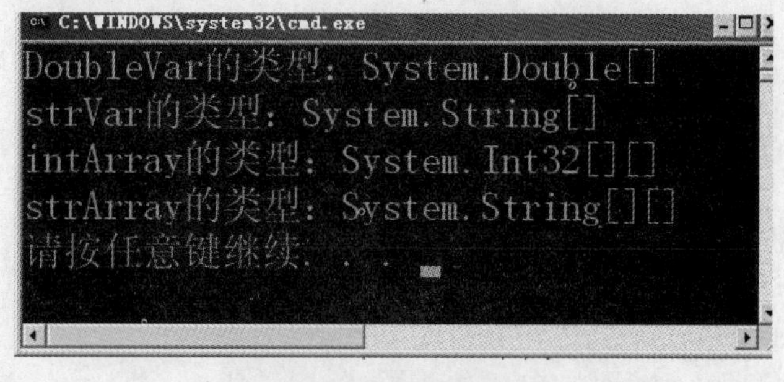

图 2-3　隐形类型的局部数组

2.3 对象和集合初始值设定项

使用对象和集合初始化值设定项，可以对创建的对象直接赋值，明显地简化了代码。

2.3.1 对象初始值设定项

C# 3.0 被希望来允许包含一个初始化符，从而指定一个新创建的对象或者 collection 的初始值。这使得开发人员能够一步结合声明和初始化。例如，可以这样定义 Point 类：

```
public class Point
{
   public int x ;
   public int y;
}
```

可以使用一个对象初始化符来声明和初始化一个 Point 对象，如下所示：

```
var myCoOrd = new Point{ x = 0, y= 0} ;
```

但是不能像下面这样定义创建对象并初始化：

```
var myCoOrd = new Point(0, 0) ;
```

因为类别 Point 没有定义能接收两个参数的构造函数。事实上，使用一个对象初始化符来初始化对象等同于调用一个无参数(默认)构造器并且给相关变量赋值。

使用对象初始化器，可以让程序员在实例化对象的时候就能直接进行赋值操作。例如，添加代码扩展上面的类 Point。

```
public class Point
{
      private int x;
      private int y;
      public int count;
public int X
      {
            get { return this.x; }
            set { this.x = value; }
      }
 public int Y
      {
            get { return this.y; }
            set { this.y = value; }
      }

 public Point()
```

```
        {
            this.x=0;
            this.y=0;
        }
     public Point(int xPos, int yPos)
        {
            this.x = xPos;
            this.y = yPos;
        }
    }
```

现在实例化一个 Point 对象，并对其成员进行初始化，有两种方法。

方法 1：使用空构造函数，手动给可访问的成员初始化。

```
static void Main(string[] args)
{
Point p1 = new Point();
p1.X = 1;
p1.Y = 1;
p1.count = 1;
}
```

方法 2：使用用户自定义的构造函数，给部分成员初始化，手动修改可访问的成员的值。

```
static void Main(string[] args)
{
Point p2 = new Point(1, 1);
p2.X = 2;
p2.Y = 2;
p2.count = 1;
}
```

C# 3.5 提供的新对象初始化器语法使程序员能够更加方便地初始化一个对象。

```
Point p1 = new Point { X = 1, Y = 1, count = 1 }; //实际作用同方法 1
```

或者

```
Point p1 = new Point() { X = 1, Y = 1, count = 1 };
Point p2 = new Point(1, 1) { X = 2, Y = 2, count = 1 };//实际作用同方法 2
```

2.3.2　集合初始值设定项

类似的，在 C# 3.0 中可以轻松地用一种更加简洁的方式给 collection 赋值，如下 C# 2.0 的代码：

```
List<string> animals = new List<string>();
```

```
animals.Add("monkey");
animals.Add("donkey");
animals.Add("cow");
animals.Add("dog");
animals.Add("cat");
```

可以缩短为：

```
List<string> animals = new List<string> {"monkey", "donkey", "cow", "dog", "cat" } ;
```

2.4 扩展方法

一旦某个类型被定义并编译后，除了重新编写这个类型并且编译以外，无法再往其内部添加、更新或者移除一些成员。C# 3.0 提供了扩展方法机制来帮助我们达到这样一个目的。C# 3.0 扩展方法是给现有类型添加一个方法。现有类型既可是基本数据类型(如 int、String 等)，也可以是用户自定义类。

例如：有一个 Car 类，它拥有 speed 成员和 SpeedDown 方法。

```
public class Car
{
    private double speed;
    public double SpeedDown (double down)
    {
        speed = speed -down;
        return speed;
    }
}
```

假如，以后有了 FastUp 的需求，就希望重新写这个类，C# 3.5 可以使用扩展方法来实现。

```
//扩展基本类型
// 必须建一个静态类，用来包含要添加的扩展方法
public static class ExtendedCar()
{
   //要添加的扩展方法必须为一个静态方法
    public static double FastUp(this Car car, double up)
    {
        car.speed = car.speed +up;
        return car.speed;
    }
}
```

需要注意的是：

(1) ExtendedCar 类必须是静态的。

(2) 扩展方法如 FastUp 必须是静态方法。对于静态方法，这并不成为一个要求，因为静态方法可以在一个静态类或普通类中存在。

(3) 扩展方法签名的第一个参数必须是需要进行方法扩展的类型，且必须有 this 关键字。定义扩展方法后，就可以使用扩展方法了。使用方法如下：

方法 1：直接使用扩展类型的成员调用该扩展方法

```
static void Main(string[] args)
{
    Car c = new Car();
    c.SpeedDown(10.0);
    c.FastUp(5.0);
}
```

方法 2：静态调用

```
static void Main(string[] args)
{
    Car c = new Car();
    c.SpeedDown(10.0);
    ExtendedCar.FastUp(c,5.0);
}
```

(4) 扩展方法是给现有类型添加一个方法。

(5) 扩展方法要通用对象来调用。尽管扩展方法本质上还是静态的，但是只能针对实例调用。如果在一个类中调用它们将会引发编译错误。调用它们的类实例是由声明中的第一个参数决定的，也就是有关键字 this 修饰的那个。

(6) 扩展方法可以带参数。有了普通的静态和实例类为什么还需要使用扩展方法呢？简单地说就是为了操作方便，系统对扩展方法提供了智能提示功能。例如，开发人员在过去的一段时间内开发了很多函数并且形成了一个库，那么，当其他程序员或者客户要使用这个函数库时，必须要知道定义了所需的静态方法的类名。

【例 2-3】 在类项目 test 中创建一个类，类名是 NewMethodClass，代码如下：

```
using System;
using System.Collections.Generic;
using System.Linq;
using System.Text;

namespace test
{
    public static class NewMethodClass
    {
        public static void welcome(this object obj)
        {
```

```
                Console.WriteLine("Welcome,This is ExtensionMethod!");
            }
        }
    }
```

在用户使用这个类中的方法时，智能提示将会弹出并且告诉开发人员可用的函数，只需要挑选所需要的即可，使用这种方法，程序员必须事先知道所要的函数和它的名称在哪个库中，使用扩展方法就不一样了，智能提示将会弹出，并且显示可以使用哪些扩展方法，如图2-4 所示。

```
static void Main(string[] args)
{
    object o = new object();
    o.
}
     Equals
     GetHashCode
     GetType
     ToString
     welcome
```

图 2-4　扩展方法的智能提示

只需选择需要的扩展方法，无须给出所需的参数名来指定数据类型。运行结果如图 2-5 所示。

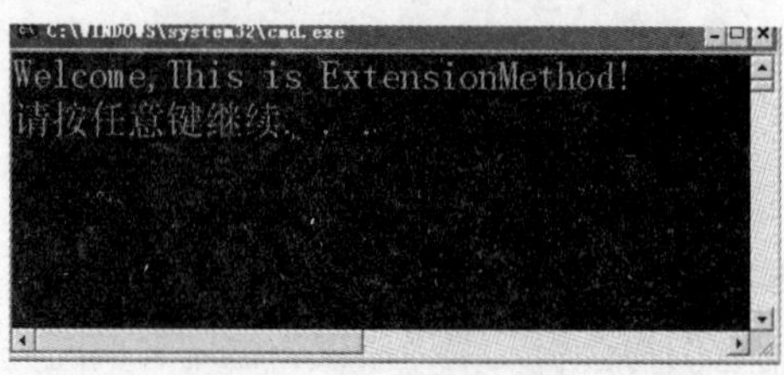

图 2-5　运行结果

在对象实例中调用静态方法，扩展方法提供了一个新的机制用来在对象实例上调用静态方法。但是和实例方法相比，它还是在功能上有诸多限制，因此应该保守的使用。

2.5　匿名类型

匿名类型提供了一种方便的方法，可以用来将一组只读属性封装到单个对象中，而无需首先显式定义一个类型。

2.5.1　匿名类型的概念

在某些情况下，程序员只需要临时地使用一个类型来表达一些信息，这个类只需要保存一些只读信息，此时，程序员不用显式的定义一个类，可以使用匿名类型。类型名由编译器生成，并且不能在源代码中使用。这些属性的类型由编译器推断。匿名类型是直接从对象派生的引用类型。尽管应用程序无法访问匿名类型，但编译器仍会为其提供一个名称。 如果两个或更多个匿名类型以相同的顺序具有相同数量和种类的属性，则编译器会将这些匿名类型视为相同的类型，并且它们共享编译器生成的相同类型信息。

- 匿名类型通常用在查询表达式的 select 子句中，以便返回源序列中每个对象的属性子集。
- 匿名类型是使用 new 运算符和对象初始值设定项(初始化器)创建的。
- 匿名类型是由一个或多个公共只读属性组成的类类型。不允许包含其他种类的类成员(如方法或事件)。如：如果需要记录某些对象的状态和使用对象提供的功能时，将会设计出一个符合需要的类。但如果仅仅是临时需要某个对象，不需要考虑重用的情况下，并且该对象也非常简单，就没有必要设计一个类，而是使用匿名类型。

【例 2-4】在 C# 2.0 中，只能通过显式构建一个 Book 类，然后在程序中为其实例化并赋值，代码如下：

```
using System;
using System.Collections.Generic;
using System.Linq;
using System.Text;
namespace AnonymousTypesDemo
{
    class Program
    {
        static void Main(string[] args)
        {
            //初始化一个 Book 类的实例
            Book book = new Book();
            book.BookName = "Asp.net3.5";
            book.Publish = " 清华大学出版社";
            book.Price = 70.5;
            //在控制台窗口中进行显示
            Console.WriteLine("书名是: {0}，Publish 出版社是: {1}，价格是: {2}", book.BookName,
book.Publish, book.Price);
        }
    }
    //定义了一个简单的书籍类
    public class Book
    {
        public string BookName { get; set; }
        public string Publish { get; set; }
        public double Price { get; set; }
    }
}
```

当使用匿名类型后，可以大大减少代码，如下所示：

```
using System;
using System.Collections.Generic;
using System.Linq;
using System.Text;
namespace AnonymousTypesDemo
{
    class Program
    {
        static void Main(string[] args)
        {
    var book = new { BookName = "Asp.net3.5", Publish = "清华大学出版社", Price = 70.5 };
    Console.WriteLine("书名是：{0}，ISBN 编号是：{1}，价格是：{2}", book.BookName, book.Publish,
book.Price);
        }
    }
}
```

运行结果如图 2-6 所示。

图 2-6　运行结果

2.5.2　匿名类型的使用和限制

匿名类型由编译器来推断出一个严格的类型，编译器是可以对其类型进行判定的，只是其类型的名字编程者不知道而已。如下面的语句：

```
var   p1= new { x=1,y=2 };//匿名类型
var   p2= new { x=3, y=4 };
var   p3= new { Xpos=5,y=6};
p1=p2;
p2=p3;
```

定义了 3 个对象后，第一条语句，给 p1 赋了一个匿名类型，在编译时，编译器使用对象初始化器推断的属性来创建一个新的匿名类型，该类型拥有 x 和 y 两个 int 属性，在运行时，会创建新类型的一个实例，同时 x 和 y 属性将会被设置为对象初始化器中指定的值 1 和 2；在编译器里封装了一些处理，下面这段代码描述了编译器针对匿名类型语句具体做了哪些工作：

```
class __Anonymous1
{
    private int x;
```

```
        private int y;
        publicint X{ get { return x; } set {x = value; } }
        public int Y { get { return y; } set { y = value; } }
    }
    __Anonymous1 noname = new __Anonymous1();
    P1.x=1;
    P1.y=2;
```

这段代码就是编译器在后台根据匿名类型解析类型，创建新类，初始化对象；如果创建了多个相似的匿名类型，C#编译器会发现，并且只生成一个类和它的多个实例。

匿名类型不能像属性一样包含不安全类型。上面定义中的第一个赋值 p1=p2 没有任何问题，说明编译器自动判断了它们两者的类型是相同的，从而可以赋值；而第二个赋值 p2=p3，则会报错：Cannot implicitly convert type 'AnonymousType#1' to 'AnonymousType#2'(不能隐含的转换匿名类型#1 到匿名类型#2)。因此，仅当同一匿名类型的两个实例的所有属性都相等时，这两个实例才相等。

定义匿名类型的时候，还需要注意，不能用 null 赋初值。如下面的语句：

```
    var p1 = new { x=null, y = 5 };
```

将报错：Cannot assign <null> to anonymous type property(不能给匿名类型属性赋 null)。

另外，匿名类型是由一个或多个只读属性组成的类类型，如，P1 可以通过 P1.x 和 P1.y 来访问，但是下面的语句：

```
    P1.y = 26;
```

则报错：Property or indexer 'AnonymousType#1.Y' cannot be assigned to -- it is read only。(匿名类型属性 Y 不能被设置，只能只读)

匿名类型最常见的使用方式是用其他类型的一些属性初始化匿名类型：

```
    MyObject[] ojbset = new MyObject[12];
    var vaobj =from obj in ojbset
        select new { obj.Name, obj.Number };
    foreach (var v in vaobj)
    {
        Console.WriteLine("Name={0}, Number={1}", v.Name, v.Number);
    }
```

这里的 MyObject 可能不只 Name 和 Number 两个属性，但只选了 Name 和 Number 这两个属性来初始化 vaobj 变量。另外，在将匿名类型分配给变量时，必须使用 var 构造初始化该变量，因为匿名类型不能用某类型来定义，而只能用 var。

匿名类型具有方法范围。也就是说，声明或定义的匿名类型，只能在声明或定义它的那个方法中使用，实际上，想定义匿名成员类型，根本是做不到的，如：private var ame;private var hehe = new { namea = "yyao", age = 24 };想通过这样的方式，将他们定义为某类的成员，则报错：The contextual keyword 'var' may only appear within a local variable declaration。

2.6　Lambda 表达式

“Lambda 表达式”是一个匿名函数，是一种高效的类似于函数式编程的表达式，Lambda 简化了开发中需要编写的代码量。它可以包含表达式和语句，并且可用于创建委托或表达式目录树类型，支持带有可绑定到委托或表达式树的输入参数的内联表达式。所有 Lambda 表达式都使用 Lambda 运算符=>，该运算符读作“goes to”。Lambda 运算符的左边是输入参数(如果有)，右边是表达式或语句块。Lambda 表达式 x => x * x 读作“x goes to x times x”。可以将此表达式分配给委托类型，如下所示：

```
delegate int del(int i);
del myDelegate = x => x * x;
int j = myDelegate(5); //j = 25
```

Lambda 表达式 Lambda 表达式是由.NET 2.0 演化而来的，也是 LINQ 的基础，熟练地掌握 Lambda 表达式能够快速地上手 LINQ 应用开发。

Lambda 表达式在一定程度上就是匿名方法的另一种表现形式。为了方便对 Lambda 表达式的解释，首先需要创建一个 People 类，示例代码如下。

```
public class People
{
    public int age { get; set; }                    //设置属性
    public string name { get; set; }                //设置属性
    public People(int age,string name)          //设置属性(构造函数构造)
    {
        this.age = age;                             //初始化属性值 age
        this.name = name;                           //初始化属性值 name
    }
}
```

上述代码定义了一个 People 类，并包含一个默认的构造函数能够为 People 对象进行年龄和名字的初始化。在应用程序设计中，很多情况下需要创建对象的集合，创建对象的集合有利于对对象进行搜索操作和排序等操作，以便在集合中筛选相应的对象。使用 List 进行泛型编程，可以创建一个对象的集合，示例代码如下。

```
List<People> people = new List<People>();       //创建泛型对象
People p1 = new People(21,"guojing");           //创建一个对象
People p2 = new People(21, "wujunmin");         //创建一个对象
People p3 = new People(20, "muqing");           //创建一个对象
People p4 = new People(23, "lupan");            //创建一个对象
people.Add(p1);                                 //添加一个对象
people.Add(p2);                                 //添加一个对象
people.Add(p3);                                 //添加一个对象
people.Add(p4);                                 //添加一个对象
```

上述代码创建了 4 个对象，这 4 个对象分别初始化了年龄和名字，并添加到 List 列表中。当应用程序需要对列表中的对象进行筛选时，例如需要筛选年龄大于 20 岁的人，就需要从列表中筛选，示例代码如下。

```
//匿名方法
IEnumerable<People> results = people.Where(delegate(People p) { return p.age > 20; });
```

上述代码通过使用 IEnumerable 接口创建了一个 result 集合，并且该集合中填充的是年龄大于 20 的 People 对象。细心的读者能够发现在这里使用了一个匿名方法进行筛选，因为该方法没有名称，通过使用 People 类对象的 age 字段进行筛选。

虽然上述代码中执行了筛选操作，但是，使用匿名方法往往不太容易理解和阅读，而 Lambda 表达式则更加容易理解和阅读，示例代码如下。

```
IEnumerable<People> results = people.Where(People => People.age > 20);
```

上述代码同样返回了一个 People 对象的集合给变量 results，但是，其编写的方法更加容易阅读，从这里可以看出 Lambda 表达式在编写的格式上和匿名方法非常相似。其实，当编译器开始编译并运行时，Lambda 表达式最终也表现为匿名方法。

使用匿名方法并不是创建了没有名称的方法，实际上编译器会创建一个方法，这个方法对于开发人员来说是不可见的，该方法会将 People 类的对象中符合 p.age>20 的对象返回并填充到集合中。相同地，使用 Lambda 表达式，当编译器编译时，Lambda 表达式同样会被编译成一个匿名方法进行相应的操作，但是与匿名方法相比，Lambda 表达式更容易阅读，Lambda 表达式的格式如下。

```
(参数列表)=>表达式或语句块
```

上述代码中，参数列表就是 People 类，表达式或语句块就是 People.age>20，使用 Lambda 表达式能够让人很容易地理解该语句究竟是如何执行的，虽然匿名方法提供了同样的功能，却不容易被理解。相比之下，People => People.age > 20 却能够很好地理解为“返回一个年纪大于 20 的人”。其实，Lambda 表达式并没有什么高深的技术，Lambda 表达式可以看作是匿名方法的另一种表现形式。Lambda 表达式经过反编译后，与匿名方法并没有什么区别。

比较 Lambda 表达式和匿名方法，在匿名方法中，“(”、“)”内是方法的参数的集合，这就对应了 Lambda 表达式中的“(参数列表)”，而匿名方法中“{”、“}”内是方法的语句块，这对应了 Lambda 表达式中“=>”符号右边的表达式或语句块项。Lambda 表达式也包含一些基本的格式，这些基本格式如下。

Lambda 表达式可以有多个参数、一个参数，或者没有参数。其参数类型可以隐式或者显式。示例代码如下：

```
(x, y) => x * y                 //多参数，隐式类型=> 表达式
x => x * 5                      //单参数，  隐式类型=>表达式
x => { return x * 5; }          //单参数，隐式类型=>语句块
(int x) => x * 5               //单参数，显式类型=>表达式
```

```
(int x) => { return x * 5; }   //单参数，显式类型=>语句块
() => Console.WriteLine()//无参数
```

上述格式都是 Lambda 表达式的合法格式，在编写 Lambda 表达式时，可以忽略参数的类型，因为编译器能够根据上下文直接推断参数的类型，示例代码如下。

```
(x, y) => x + y                //多参数，隐式类型=> 表达式
```

Lambda 表达式的主体可以是表达式也可以是语句块，这样就节约了代码的编写。

【例 2-5】传统方法，匿名方法和 Lamdba 表达式对比。

(1) 创建控制台应用程序 LamdbaPrictice。

(2) 在程序中添加 3 个函数，这 3 个函数分别使用传统的委托调用、使用匿名方法和 Lamdba 表达式方法完成同一功能，对比有什么不同。代码如下：

```
using System;
using System.Collections.Generic;
using System.Linq;
using System.Text;
namespace LambdaDemo
{
    class Program
    {
        static void Main(string[] args)
        {
            Console.WriteLine("传统的委托代码示例：");
            FindListDelegate();
            Console.Write("\n");
            Console.WriteLine("使用匿名方法的示例：");
            FindListAnonymousMethod();
            Console.Write("\n");
            Console.WriteLine("使用 Lambda 的示例：");
            FindListLambdaExpression();

        }
        //传统的调用委托的示例
        static void FindListDelegate()
        {
            //先创建一个泛型的 List 类
            List<string> list = new List<string>();
         list.AddRange(new string[] { "ASP.NET 课程", "J2EE 课程", "PHP 课程", "数据结构课程" });
            Predicate<string> findPredicate = new Predicate<string>(IsBookCategory);
            List<string> bookCategory = list.FindAll(findPredicate);
            foreach (string str in bookCategory)
            {
                Console.WriteLine("{0}\t", str);
```

```
            }
        }
        //谓词方法，这个方法将被传递给 FindAll 方法进行书书籍分类的判断
        static bool IsBookCategory(string str)
        {
            return str.EndsWith("课程") ? true : false;
        }
        //使用匿名方法来进行搜索过程
        static void FindListAnonymousMethod()
        {
            //先创建一个泛型的 List 类
            List<string> list = new List<string>();
         list.AddRange(new string[] { "ASP.NET 课程", "J2EE 课程", "PHP 课程", "数据结构课程" });
            //在这里，使用匿名方法直接为委托创建一个代码块，而不用去创建单独的方法
            List<string> bookCategory = list.FindAll
                (delegate(string str)
                {
                    return str.EndsWith("课程") ? true : false;
                }
                );
            foreach (string str in bookCategory)
            {
                Console.WriteLine("{0}\t", str);
            }
        }
        //使用 Lambda 来实现搜索过程
        static void FindListLambdaExpression()
        {
            //先创建一个泛型的 List 类
            List<string> list = new List<string>();
         list.AddRange(new string[] { "ASP.NET 课程", "J2EE 课程", "PHP 课程", "数据结构课程" });
            //在这里，使用了 Lambda 来创建一个委托方法
            List<string> bookCategory = list.FindAll((string str) => str.EndsWith("课程"));
            foreach (string str in bookCategory)
            {
                Console.WriteLine("{0}\t", str);
            }
        }

    }
}
```

程序的运行结果如图 2-7 所示。

```
C:\WINDOWS\system32\cmd.exe
传统的委托代码示例:
ASP.NET课程
J2EE课程
PHP课程
数据结构课程

使用匿名方法的示例:
ASP.NET课程
J2EE课程
PHP课程
数据结构课程

使用Lambda的示例:
ASP.NET课程
J2EE课程
PHP课程
数据结构课程
请按任意键继续. . .
```

图 2-7　运行结果

2.7　自动实现的属性

自动实现的属性(Auto-implemented properties)，说的是当属性访问器中不需要其他逻辑时，自动实现的属性可使属性声明变得更加简洁。在以前的 C#中，一般这样使用类的属性：

```
public class Sample
{
        private string sProperty;
        private string SProperty
          {
                get{return this.sProperty;}
                set {this.sProperty=value;}
          }
}
```

从上面的代码可以看出，这个属性只有存(set)取(get)逻辑，没有其他诸如动态分配、或是按条件存取的逻辑，在 C# 3.0 中，完全可以写成下面的形式：

```
public class Sample
{
     public string SProperty
     {
             get; set;
     }
}
```

从而不需要创建与该属性对应的私有变量。自动实现的属性必须同时声明 get 和 set 访问器。若要创建 readonly 自动实现属性，则需要给予它 private set 访问器。

在没有给属性赋值之前，编译器会根据其类型赋默认值。使用自动属性也有一些限制：

(1) 不能使用 Automatic Property 定义 Read-Only 或者 Write-Only 的属性，也就是说下面的语句是错误的：

```
public string SampleProperty { get; } //编译错误
public string SampleProperty { set; }//编译错误
```

(2) 如果需要使读访问器和写服务器的访问级别不同，可以在 set 或者 get 前加上相应的访问控制符。例如：

```
public string SampleProperty { get; protected set; }
```

2.8　本 章 小 结

本章简要介绍了微软为.NET 框架专门开发的 C# 3.0 语言和以前的 C#语言相比新增的特性。新的特性主要有：隐式类型的局部变量，对象和集合初始值设定项，对象和集合初始值设定项，扩展方法，匿名类型，Lambda 表达式，自动实现的属性。

2.9　上 机 练 习

2.9.1　上机目的

练习 C# 3.5 语言编程。

2.9.2　上机内容和要求

1. 编写一个控制台应用程序，接收一个长度大于 3 的字符串，完成下列功能：

(1) 输出字符串的长度。

(2) 输出字符串中第一个出现字母 a 的位置。

(3) 在字符串的第 3 个字符后面插入子串“hello”，输出新字符串。

(4) 将字符串“hello”替换为“me”，输出新字符串。

(5) 以字符“m”为分隔符，将字符串分离，并输出分离后的字符串。

2. 使用匿名方法输出 student 类的一个实例。Student 类中有属性 no(学号)，name(姓名)，sex(性别)，city(户口所在地)，birthday(生日)，phone(联系电话)等信息。

3. 编写一个控制台应用程序，完成下列功能，并回答提出的问题。

(1) 创建一个类 A，在构造函数中输出“A”，创建一个类 B，在构造函数中输出“B”。

(2) 从类 A 继承一个名为 C 的新类，并在 C 中创建一个成员 B。不要为 C 创建构造函数。

(3) 在 Main 方法中创建类 C 的一个对象，写出运行程序后的输出结果。

(4) 如果在 C 中也创建一个构造函数输出“C”，程序的运行结果又将是什么？

4. 编写一个控制台应用程序，定义一个类 MyClass，类中包含 public、private 以及 protected 的数据成员及方法。然后定义一个从 MyClass 类继承的类 MyMain，将 Main 方法放在 MyMain 中，在 Main 方法中创建 MyClass 类的一个对象，并分别访问类中的数据成员及方法。要求注明在试图访问所有类成员时，哪些语句会产生编译错误。

第3章　ASP.NET的Web页面

用 ASP.NET 创建的网站中最基本的网页是以.aspx 作为后缀的网页，这种网页简称为 ASPX 网页(或 Web 窗体页)。本章将介绍创建 ASPX 网页所需的基础知识，这些知识有助于运用 ASP.NET 的强大功能来创建 Web 站点，同时本章也会介绍重要的概念——网页代码模型。

本章的学习目标：

- 了解 ASP.NET 页面的运行机制和页面的生命周期
- 理解 ASPX 网页代码模型
- 了解 ASP.NET 状态管理的方式
- 了解配置文件 Web.config 的配置方法

3.1　页 面 管 理

ASP.NET 页面是扩展名为.aspx 的文本文件，可以被部署在 IIS 虚拟目录树之下，可以在任何浏览器中向客户提供信息，并使用服务器端代码来实现应用程序的功能。页面由代码和标签(tag)组成，它们在服务器上动态地编译并执行，为提出请求的客户端浏览器(或设备)生成显示内容。对于 Web 开发人员来说，如果想提高页面的运行效率，首先需要了解 ASP.NET 页面是如何组织和运行的。

3.1.1　ASP.NET 页面代码模式

ASP.NET 的页面包含两部分：一部分是可视化元素，包括标签、服务器控件以及一些静态文本等；另一部分是页面的程序逻辑，包括事件处理句柄和其他程序代码。ASP.NET 提供了两种模式来组织页面元素和代码：一种是单一文件模式；另一种是后台代码模式。两种模式的功能是一样的，可以在两种模式中使用同样的控件和代码，但要注意使用的方式不同。

(1) 单一文件模式

在单一文件模式下，页面的标签和代码在同一个.aspx 文件中，程序代码包含在<script runat="server"></script>的服务器程序脚本代码块儿中，并且代码中间可以实现对一些方法和属性以及其他代码的定义，只要在类文件中可以使用的都可以在此处进行定义。运行时，单一页面被视为继承 Page 类。

(2) 后台代码模式

后台代码模式将可视化元素和程序代码分别放置在不同的文件中，如果使用 C#，则可视化页面元素为.aspx 文件，程序代码为.cs 文件，根据使用语言的不同，代码文件的后缀也不同，这种模式也被称为代码分离模式。

ASP.NET 3.5 在后台代码分离模式上有很大改进，简单易用且健壮性强，一个典型的代码分离模式的例子如下：

```
using System;
using System.Collections;
using System.Configuration;
using System.Data;
using System.Linq;
using System.Web;
using System.Web.Security;
using System.Web.UI;
using System.Web.UI.HtmlControls;
using System.Web.UI.WebControls;
using System.Web.UI.WebControls.WebParts;
using System.Xml.Linq;
public partial class _Default : System.Web.UI.Page
{
        protected void Page_Load(object sender, EventArgs e)
        {
            labContent.Text = Request.ServerVariables["ALL_HTTP"];
        }
}
```

ASP.NET 的代码分离模式，把一个程序文件分为一个.aspx 文件和一个对应的.aspx.cs 文件，前者是界面代码(主要用 html 编写)，后者则是一些控制代码(主要用 c#编写)，.aspx 文件顶部的页面设置把两个文件联系在一起，在进行程序设计时，每一个控件都可以触发事件，这些事件的代码单独在一个文件中，而网页的页面设计在单独的一个文件中，两个基本上是分离的，代码文件更简洁。

3.1.2　页面的往返与处理机制

ASP.NET 页面的处理过程如下：

(1) 用户通过客户端浏览器请求页面，页面第一次运行。如果程序员通过编程让它执行初步处理，如对页面进行初始化操作等，可以在 Page_load 事件中进行处理。

(2) Web 服务器在其硬盘中定位所请求的页面。

(3) 如果 Web 页面的扩展名为.aspx，就把这个文件交给 aspnet-isapi.dll 进行处理。如果以前没有执行过这个页面，那么就由 CLR 编译并执行，得到纯 HTML 结果；如果已经执行过，那么就直接执行编译好的程序并得到纯 HTML 结果。

(4) 把 HTML 流返回给浏览器，浏览器解释并执行 HTML 代码，显示 Web 页面的内容。

(5) 当用户输入信息、从可选项中进行选择，或单击按钮后，页面可能会再次被发送到 Web 服务器，在 ASP.NET 中被称为“回发”。更确切地说，页面发送回其自身。例如，如果用户正在访问 default.aspx 页面，则单击该页面上的某个按钮可以将该页面发送回服务器，发送的目标还是 default.aspx。

(6) 在 Web 服务器上，该页面再次被运行，并执行后台代码指定的操作。

(7) 服务器将执行操作后的页面以 HTML 的形式发送至客户端浏览器。

只要用户访问同一个页面，该循环过程就会继续。用户每次单击某个按钮时，页面中的信息就会发送到 Web 服务器，然后该页面再次运行。每个循环称为一次“往返行程”。由于页面处理发生在 Web 服务器上，因此页面可以执行的每个操作都需要一次到服务器的往返行程。

有时，可能需要代码仅在首次请求页面时执行，而不是每次回发时都执行，这时就可以使用 Page 对象的 IsPostBack 属性来避免对往返行程执行不必要的处理。

3.1.3　页面的生命周期

ASP.NET 页面在运行时将经历一个生命周期，在生命周期中将执行一系列处理步骤。这些步骤包括初始化、实例化控件、还原和维护状态、运行事件处理程序代码以及呈现给用户。了解页面的生命周期非常重要，因为这样做就能在生命周期的合适阶段编写相应的代码，以达到预期效果。此外，如果要开发自定义控件，就必须熟悉页面的生命周期，以便正确进行控件的初始化，使用视图状态数据填充控件属性以及运行所有控件的行为代码。

ASP.NET 页面的生命周期顺序如下：

(1) 页请求：页请求发生在页生命周期开始之前。当用户请求页时，ASP.NET 将确定是否需要分析和编译页(从而开始页的生命周期)，或者是否可以在不运行页的情况下发送页的缓存版本以进行响应。

(2) 开始：在开始阶段，将设置页属性，如 Request 和 Response 对象。在此阶段，页还将确定请求是回发请求还是新请求，并设置 IsPostBack 属性。

(3) 页初始化：页初始化期间，可以使用页中的控件，并设置每个控件的 UniqueID 属性。此外，任何主题都将应用于页。如果当前请求是回发请求，则回发数据尚未加载，并且控件属性值尚未还原为视图状态中的值。

(4) 加载：加载期间，如果当前请求是回发请求，则将使用从视图状态和控件状态恢复的信息加载控件属性。

(5) 验证：在验证期间，将调用所有验证程序控件的 Validate 方法，此方法将设置各个验证程序控件和页的 IsValid 属性。

(6) 回发事件处理：如果请求是回发请求，则将调用所有事件处理程序。

(7) 呈现：在呈现之前，会针对该页和所有控件保存视图状态。在呈现阶段，页会针对每个控件调用 Render 方法，它会提供一个文本编写器，用于将控件的输出写入页的 Response 属性的 OutputStream 中。

(8) 卸载：完全呈现页并已将页发送至客户端、准备丢弃该页后，将调用卸载。此时，将卸载页属性(如 Response 和 Request)并执行清理操作。

3.1.4　ASP.NET 页生命周期事件

在页生命周期的每个阶段中，将引发相应的处理事件。表 3-1 列出了常用的页生命周期事件。

表 3-1　页生命周期事件

事 件 名 称	使 用 说 明
Page_PreInit	检查 IsPostBack 属性，确定是不是第一次处理该页 创建或重新创建动态控件 动态设置主控页 动态设置 Theme 属性 读取或设置配置文件属性值
Page_Init	读取或初始化控件属性
Page_Load	读取和更新控件属性
控件事件	使用这些事件来处理特定控件事件，如 Button 控件的 Click 事件或 TextBox 控件的 TextChanged 事件
Page_PreRender	该事件对页或其控件的内容进行最后更改
Page_Unload	使用该事件来执行最后的清理工作，如：关闭打开的文件和数据库连接，或完成日志记录或其他请求特定任务

【例 3-1】验证 ASP.NET 页生命周期事件的触发顺序。lbText 是在页面顶端放置的一个 Lable 控件。

```
protected void Page_Load(object sender, EventArgs e)
{
    lbText.Text += "Page_Load <hr> ";
}
protected void Page_PreInit(object sender, EventArgs e)
{
    lbText.Text +=   "Page_PreInit <hr>";
}
protected void Page_Init(object sender, EventArgs e)
{
    lbText.Text += "Page_Init <hr>";
}
protected void Page_PreLoad(object sender, EventArgs e)
{
    lbText.Text += "Page_PreLoad <hr>";
}
protected void Page_PreRender(object sender, EventArgs e)
{
    lbText.Text += "Page_PreRender <hr>";
```

```
}
```

运行后在浏览器中将呈现如图 3-1 所示的效果。

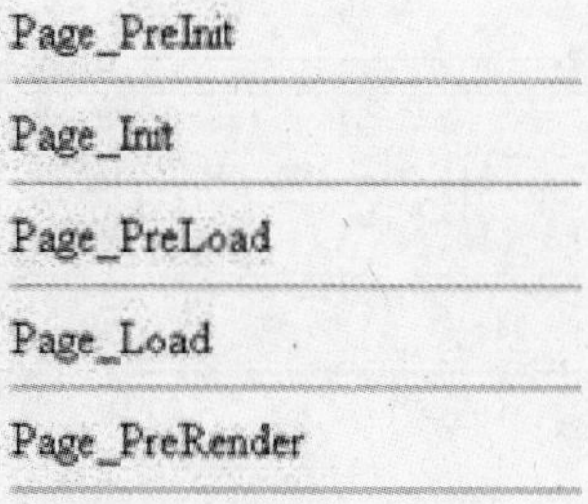

Page_PreInit

Page_Init

Page_PreLoad

Page_Load

Page_PreRender

图 3-1　ASP.NET 页生命周期事件触发顺序

(1) 页面加载事件(Page_PreInit)

每当页面被发送到服务器时，页面就会重新被加载，启动 Page_PreInit 事件，执行 Page_PreInit 事件代码块。当需要对页面中的控件进行初始化时，可以使用此事件，示例代码如下所示。

```
protected void Page_PreInit(object sender, EventArgs e)            //Page_PreInit 事件
        {
            Label1.Text = "OK";              //标签赋值
        }
```

在上述代码中，当触发了 Page_PreInit 事件时，就会执行该事件的代码，上述代码将 Lable1 的初始文本值设置为“OK”。Page_PreInit 事件能够让用户在页面处理中，让服务器加载时只执行一次而当网页被返回给客户端时不被执行。在 Page_PreInit 中可以使用 IsPostBack 来实现，当网页第一次加载时 IsPostBack 属性为 false，当页面再次被加载时，IsPostBack 属性将被设置为 true。IsPostBack 属性的使用会影响到应用程序的性能。

(2) 页面加载事件(Page_Init)

Page_Init 事件与 Page_PreInit 事件基本相同，其区别在于 Page_Init 不能保证完全加载各个控件。虽然在 Page_Init 事件中，依旧可以访问页面中的各个控件，但是当页面回送时，Page_Init 依然执行所有的代码并且不能通过 IsPostBack 来执行某些代码，示例代码如下。

```
protected void Page_Init(object sender, EventArgs e)       //Page_Init 事件
{       if (!IsPostBack)      //判断是否第一次加载
        {  Label1.Text = "OK";    //将成功信息赋值给标签
        }else
        {
            Label1.Text = "IsPostBack";         //将回传的值赋值给标签
        }
}
```

(3) 页面载入事件(Page_Load)

大多数初学者会认为 Page_Load 事件是当页面第一次访问时触发的事件，其实不然，在

ASP.NET 页生命周期内，Page_Load 远远不是第一次触发的事件，通常情况下，ASP.NET 事件顺序如下所示。

1. Page_Init()
2. Load ViewState
3. Load Postback data
4. Page_Load()
5. Handle control events
6. Page_PreRender()
7. Page_Render()
8. Unload event
9. Dispose method called

Page_Load 事件是在网页加载时一定会被执行的事件。在 Page_Load 事件中，一般都需要使用 IsPostBack 来判断用户是否进行了操作，因为 IsPostBack 指示该页是否为响应客户端回发而加载，或者它是否正被首次加载和访问，示例代码如下。

```
protected void Page_Load(object sender, EventArgs e)     //Page_Load 事件
{
    if (!IsPostBack)
    {
        Label1.Text = “OK”;  //第一次执行的代码块
    } else
    {    Label1.Text = “IsPostBack”;               //如果用户提交表单等
    }
}
```

上述代码使用了 Page_Load 事件，在页面被创建时，系统会自动在代码隐藏页模型的页面中增加此方法。当用户执行了操作，页面响应了客户端回发，则 IsPostBack 为 true，于是执行 else 中的操作。

(4) 页面卸载事件(Page_Unload)

在页面被执行完毕后，可以通过 Page_Unload 事件来执行页面卸载时的清除工作，当页面被卸载时，执行此事件。以下情况都会触发 Page_Unload 事件。

- 页面被关闭。
- 数据库连接被关闭。
- 对象被关闭。
- 完成日志记录或者其他的程序请求。

3.1.5 ASP.NET 页面指令

页面指令用来通知编译器在编译页面时需要做出的特殊处理。当编译器处理 ASP.NET 应用程序时，可以通过这些特殊指令要求编译器做特殊处理，例如缓存、使用命名空间等。当需要执行页面指令时，通常的做法是将页面指令包括在文件的头部，示例代码如下。

```
<%@ Page   Language="C#" AutoEventWireup="true" CodeBehind="Default.aspx.cs"
Inherits="MyWeb._Default" %>
<!DOCTYPE html PUBLIC "-//W3C//DTD XHTML 1.0 Transitional//EN"
 "http://www.w3.org/TR/xhtml1/DTD/xhtml1-transitional.dtd">
```

上述代码中，使用了@Page 页面指令来定义 ASP.NET 页面分析器和编译器使用的特定页的属性。当创建代码隐藏页模型的页面时，系统会自动增加@Page 页面指令。

ASP.NET 页面支持多个页面指令，常用的页面指令有如下几个。

- @ Page：定义 ASP.NET 页分析器和编译器使用的页特定(.aspx 文件)属性，可以编写为<%@ Page attribute="value" [attribute="value"…]%>。
- @ Control：定义 ASP.NET 页分析器和编译器使用的用户控件(.ascx 文件)特定的属性。该指令只能为用户控件配置。可以编写为<%@ Control attribute="value" [attribute="value"…]%>。
- @ Import：将命名空间导入到当前页中，使所导入的命名空间中的所有类和接口可用于该页。导入的命名空间可以是.NET Framework 类库或用户自定义的命名空间的一部分。可以编写为<%@ Import namespace="value" %>。
- @ Implements：提示当前页或用户控件实现指定的.NET Framework 接口。可以编写为<%@ Implements interface="ValidInterfaceName" %>。
- @ Reference：以声明的方式将页或用户控件链接到当前页或用户控件。可以编写为<%@ Reference page | control="pathtofile" %>。
- @ OutputCache：以声明的方式控制 ASP.NET 页或用户控件的输出缓存策略。
- @Assembly：在编译过程中将程序集链接到当前页，以使程序集的所有类和接口都可以用在该页上。可以编写为<%@ Assembly Name="assemblyname" %>或<%@ Assembly Src="pathname" %>的方式。
- @ Register：将别名与命名空间以及类名关联起来，以便在自定义服务器控件语法中使用简明的表示法。

3.2　ASP.NET 的网页代码模型

ASP.NET 网页由两部分组成：

- 可视元素：包括标记、服务器控件和静态文本。
- 页的编程逻辑：包括事件处理程序和其他代码。

ASP.NET 提供了两个用于管理可视元素和代码的模型，即单文件页模型和代码隐藏页模型。这两个模型功能相同，两种模型中可以使用相同的控件和代码。

3.2.1　创建 ASP.NET 网站

在 ASP.NET 中，可以创建 ASP.NET 网站和 ASP.NET 应用程序，ASP.NET 网站的网页元素包含可视元素和页面逻辑元素，并不包含 designer.cs 文件。而 ASP.NET 应用程序包含

designer.cs 文件。创建 ASP.NET 网站，首先需要创建网站，选择【文件】|【新建网站】命令，打开【新建网站】对话框，如图 3-2 所示。

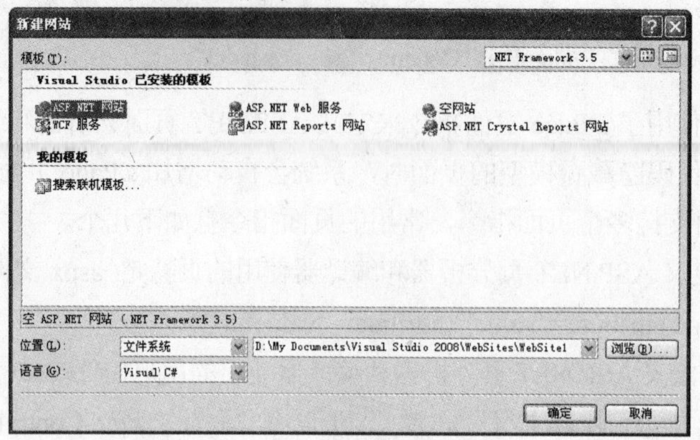

图 3-2　新建 ASP.NET 网站

在【位置】选项中，一般选择【文件系统】，地址为本机的本地地址，也可按实际需求进行选择。创建了 ASP.NET 网站后，系统会自动创建一个代码隐藏页模型页面 Default.aspx。ASP.NET 网页一般由 3 部分组成，如下：

- 可视元素：包括 HTML 标记、服务器控件。
- 页面逻辑元素：包括事件处理程序和代码。
- designer.cs 页文件：用来为页面的控件做初始化工作，一般只有 ASP.NET 应用程序(Web Application)才有。

ASP.NET 页面中包含两种代码模型，一种是单文件页模型，另一种是代码隐藏页模型。这两个模型的功能完全一样，都支持控件的拖拽，以及智能的代码生成。

3.2.2　单文件页模型

在单文件页模型中，页的标记及其程序代码位于同一个后缀为.aspx 的文件中。可以通过下面的操作创建一个单文件页模型，选择【文件】|【新建文件】命令，在弹出的对话框中选择【Web 窗体】，或者在【解决方案资源管理器】窗口中右击当前项目，从弹出的下拉菜单中选择【添加新建项】命令即可创建一个.aspx 页面，如图 3-3 所示。

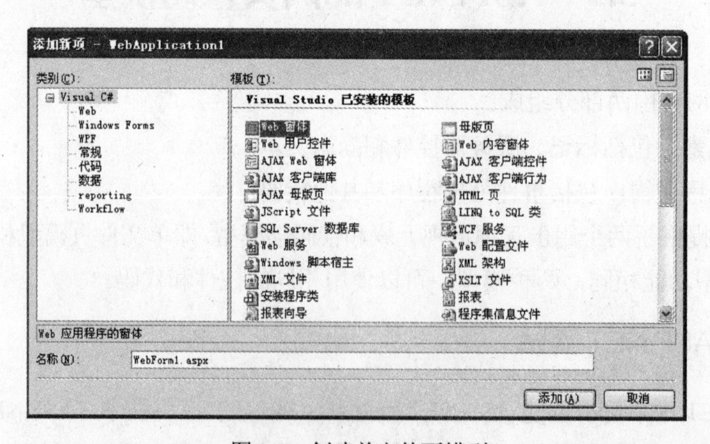

图 3-3　创建单文件页模型

在创建时，取消【将代码放在单独的文件中】复选框的选择即可创建单文件页模型的 ASP.NET 文件。创建后文件会自动创建相应的 HTML 代码以便页面的初始化，示例代码如下。

```
<%@ Page Language="C#" %>
<!DOCTYPE html PUBLIC "-//W3C//DTD XHTML 1.0 Transitional//EN"
"http://www.w3.org/TR/xhtml1/DTD/xhtml1-transitional.dtd">
<script runat="server">
</script>
<html xmlns="http://www.w3.org/1999/xhtml">
<head runat="server">
    <title>无标题页</title>
</head>
<body>
    <form id="form1" runat="server">
    <div>
    </div>
    </form>
</body>
</html>
```

上面的代码演示了一个单文件页。编程代码位于<script>…</script>标记的模块中，以便与其他显示代码隔离开。服务器端运行的代码一律在<script>标记中注明 runat="server" 属性，此属性将其标记为 ASP.NET 应执行的代码。一个<script>模块可以包括多个程序段，每个网页也可以包括多个<script>模块。代码中的<script>…</script>模块中定义的是一段事件处理代码，可以在其中创建控件代码。

代码第一行的<%@ Page Language="C#" %>是一条指令，@ Page 指令用于定义 ASP.NET 页分析器和编译器使用的特定于页的属性。只能包含在.aspx 文件中，这里 Language="C#"指定网页使用的语言是“C#”。

<script runat="server">中的 runat 是<script>标记的一个属性，属性值为"server"，表示<script>块中包含的代码在服务器端而不是客户端运行，此属性对于服务器端代码是必需的。

在对单文件页进行编译时，编译器将生成并编译一个从Page基类派生或从使用@ Page指令的 Inherits 属性定义的自定义基类派生的新类。例如，如果在应用程序的根目录中创建一个名为 SamplePage1 的新 ASP.NET 网页，则随后将从Page类派生一个名为 ASP.SamplePage1_aspx 的新类。在生成页之后，生成的类将编译成程序集，并将该程序集加载到应用程序域，然后对该页类进行实例化并执行该页类，以将输出呈现到浏览器。如果对影响生成的类的页进行更改(无论是添加控件还是修改代码)，则已编译的类代码将失效，并生成新的类。

3.2.3　代码隐藏页模型

代码隐藏页模型与单文件页模型不同的是，代码隐藏页模型将事物处理代码都存放在单独的.cs 文件中，当 ASP.NET 网页运行时，ASP.NET 类会先处理.cs 文件中的代码，再处理.aspx

页面中的代码。这种过程被称为代码分离。

在代码隐藏页模型中，页的标记和服务器端元素(包括控件声明)仍位于.aspx 文件中，而页代码则位于单独的代码隐藏(Code-Behind)文件中，该文件的后缀依据使用的程序语言而确定。如果使用 C#语言，文件的后缀是“.aspx.cs”；如果使用 VB.NET 语言，则文件的后缀是“.aspx.vb”。

代码分离有一种好处，就是在.aspx 文件中，开发人员可以将页面直接作为样式来设计，即美工人员也可以设计.aspx 页面，而.cs 文件则由程序员来完成事件处理。同时，将 ASP.NET 中的页面样式代码和逻辑处理代码分离能够让维护变得简单，代码看上去也非常优雅。在.aspx 页面中，代码隐藏页模型的.aspx 页面代码基本上和单文件页模型的代码相同，所不同的是在 script 标记中代码默认被放在了同名的.cs 文件中。因此，前面部分中使用的单文件页示例被分成两个文件：SamplePage.aspx 和 SamplePage.aspx.cs。标记位于一个文件中(在本示例中为 SamplePage.aspx)，并且与单文件页类似，如下面的代码示例所示。

```
<%@ Page   Language="C#"   CodeFile="SamplePage.aspx.cs"
    Inherits="SamplePage"   AutoEventWireup="true" %>
<html>
<head runat="server" >
   <title>代码隐藏模型</title>
</head>
<body>
  <form id="form1" runat="server">
    <div>
       <asp:Label id="Label1" runat="server" Text="Label" ></asp:Label>
       <br />
       <asp:Button id="Button1" runat="server" onclick="Button1_Click" Text="Button" >
       </asp:Button>
    </div>
  </form>
</body>
</html>
```

单文件页模型和代码隐藏页模型相比，.aspx 页有两处差别。在代码隐藏页模型中，不存在具有 runat="server"属性的 script 块；(如果要在页中编写客户端脚本，则该页可以包含不具有 runat="server"属性的 script 块)第二个差别是，代码隐藏页模型中的 @Page 指令包含引用外部文件(SamplePage.aspx.cs)和类的属性。如 CodeFile 属性指定页引用的代码隐藏文件的路径，此属性与 Inherits 属性一起使用可以将代码隐藏源文件与网页相关联。Inherits 属性定义了供页继承的代码隐藏类，它可以是从 Page 类派生的任何类，默认情况下为生成的.aspx 页面的原始名称。AutoEventWireup 属性指示页的事件是否自动绑定，如果启用了事件自动绑定，则为 true；否则为 false。

程序代码位于单独的文件 SamplePage.aspx.cs 中。下面的代码示例演示了一个与单文件页的示例包含相同 Click 事件处理程序的代码隐藏文件。

```
using System;
using System.Web;
using System.Web.UI;
using System.Web.UI.WebControls;
public partial class SamplePage : System.Web.UI.Page
{
    protected void Button1_Click(object sender, EventArgs e)
    {
        Label1.Text = "Clicked at " + DateTime.Now.ToString();
    }
}
```

(1) 命名空间的引用

文件前面包含一系列命名空间的引用。如：

```
using System;
using System.Web;
using System.Web.UI;
using System.Web.UI.WebControls;
```

(2) 定义类的基类

下面的语句是对网页类定义的框架：

```
public partial class SamplePage : System.Web.UI.Page
{
    …
}
```

表明网页类 SamplePage 派生自 System.Web.UI.Page。在类的定义中，修饰词“partial class”代替了传统的“class”，这说明网页是一个“分布式类”。

那么，什么是分布式类，为什么要使用分布式类？有的类具有比较复杂的功能，因而拥有大量的属性、事件和方法。如果将类的定义都写在一起，文件会很庞大，代码的行数也会很多，不便于阅读和调试。为了降低文件的复杂性，C#提出了“分布式类”的概念。

在分布式类中，允许将类的定义分散到多个代码片段中，而这些代码片段又可以存放到两个或两个以上的源文件中，每个文件只包括类定义的一部分。只要所有文件使用了相同的命名空间，相同的类名，而且每个类的定义前都有 partial 修饰符，编译器就会自动将这些文件编译到一起，形成一个完整的类。

例如：

```
//第一个文件为 exp1.cs
using System;
public partial class partexp
{
    Public void SomeMethod ( )
    {
```

```
        }
    }
    // 第二个文件为 exp2.cs
    using System;
    public partial class partexp
    {
        Public void SomeOtherMethod ( )
        {
        }
    }
```

上面 exp1.cs 与 exp2.cs 两个文件使用同一命名空间 System，同一类名 partexp，而且都加上了 partial 修饰符。编译后生成的类将自动将两个方法组合到一起，所以结果类中包括了两个方法：SomeMethod ( )和 SomeOtherMethod ( )。

单文件页模型和代码隐藏页模型功能相同。在运行时，这两个模型以相同的方式执行，而且它们之间没有性能差异。因此，页模型的选择取决于其他因素，例如，要在应用程序中组织代码的方式、将页面设计与代码编写分开是否重要等。一般来说，对于那些代码不太复杂的网页来说，最好采用单文件页模型；而对于代码比较复杂的网页，则最好采用代码隐藏页模型。

3.2.4　创建 ASP.NET Web 应用程序

ASP.NET 网站有一种好处，就是在编译后，编译器将整个网站编译成一个 DLL(动态链接库)，在更新的时候，只需要更新编译后的 DLL(动态链接库)文件即可。但是 ASP.NET 网站也有一个缺点，编译速度慢，并且类的检查不彻底。

相比之下，ASP.NET Web 应用程序不仅加快了速度，只生成一个程序集，而且可以拆分成多个项目进行管理。首先需要新建项目用于开发 Web 应用程序，选择【文件】|【新建项目】命令，在弹出窗口中选择【ASP.NET Web 应用程序】选项，如图 3-4 所示。

在创建了 ASP.NET Web 应用程序后，系统同样会默认创建一个 Default.aspx 页面，所不同的是，多出了一个 Default.aspx.designer.cs，用来初始化页面控件，一般不需要修改。

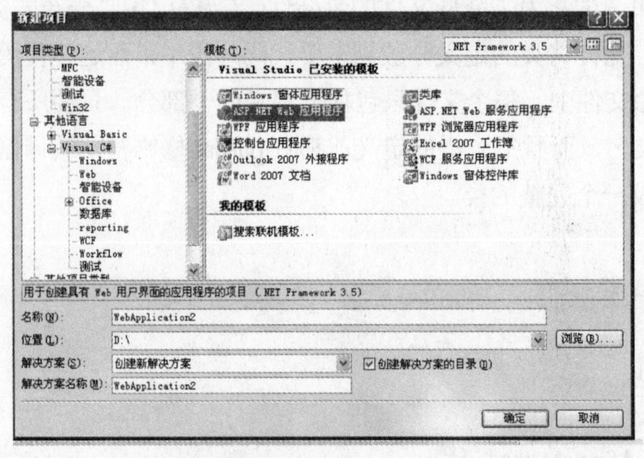

图 3-4　创建 ASP.NET 应用程序

3.2.5　ASP.NET 网站和 ASP.NET 应用程序的区别

在 ASP.NET 中，可以创建 ASP.NET 网站和 ASP.NET Web 应用程序，但是 ASP.NET 网站和 ASP.NET 应用程序的开发过程和编译过程是有区别的。ASP.NET Web 应用程序主要有以下特点：

- 可以将 ASP.NET 应用程序拆分成多个项目以方便开发、管理和维护。
- 可以从项目中和源代码管理中排除一个文件或项目。
- 支持 VSTS 的 Team Build，方便每日构建。
- 可以对编译前后的名称，程序集等进行自定义。
- 对 App_GlobalResources 的 Resource 强类支持。

ASP.NET 网站编程模型具有以下特点：

- 动态编译该页面，而不用编译整个站点。
- 当一部分页面出现错误时不会影响到其他的页面或功能。
- 不需要项目文件，可以把一个目录当作一个 Web 应用来处理。

总体来说，ASP.NET 网站适用于较小的网站开发，因为其动态编译的特点，无需整站编译。而 ASP.NET Web 应用程序则更适合于大型的网站开发、维护等。

3.3　状态管理

3.3.1　页面状态概述

状态管理是对同一页或不同页的多个请求维持状态以及页面信息的过程。由于 HTTP 协议是一个无状态的协议，所以服务器每处理完客户端的一个请求后就认为任务结束，当客户端再次请求时，服务器会将其作为一次新的请求处理，即使是相同的客户端也是如此。此外，到服务器的每一次往返过程都将销毁并重新创建页，因此，如果超出了单个页的生命周期，页信息将不存在。

ASP.NET 提供了几种在服务器与客户端往返过程之间维持状态的方式，分别应用于不同的目的。

- 视图状态：用于保存本窗体页的状态。
- 控件状态：用于存储控件状态数据。
- 隐藏域：呈现为 <input type= "hidden"/> 元素，用于存储一个值。
- 应用程序状态：用于保存整个应用程序的状态，状态存储在服务器端。
- 会话状态：用于保存单一用户的状态，状态存储在服务器端。
- Cookie 状态：用于保存单一用户的状态，状态存储在浏览器端。

下面分别介绍前 3 种，其他 3 种将在第 6 章中介绍。

3.3.2 视图状态

什么是视图状态(ViewState)？简单地说，视图状态就是本窗体的状态，保持视图状态就是在反复访问本窗体页的时候，能够保持状态的连续性。

为什么要保持视图状态呢？ASP.NET 的目标之一是尽量使网站的设计与桌面系统一致。ASP.NET 中的事件处理模型是实现本目标的重要措施，该模型是基于服务器处理事件的，当服务器处理完事件后通常再次返回到本窗体以继续后面的操作。如果不保持视图状态，那么当窗体页返回时，窗体页中原有的状态(数据)就都不再存在，这种情况下怎样继续窗体的操作？

当输入完数据，单击“提交”按钮时，提交数据的同时，网页被重新启动，网页中原有的数据都不见了。这就是不保持视图的结果。如果将这些控件都改为标准控件，再按照前面的方法操作，当单击“提交”按钮提交后数据仍然可以保持。

系统是用什么方法来保持视图状态的呢？原来微软在这里采用了一种比较特殊的方式，只要从浏览器端打开网页的源文件来查看一下，就会发现在源代码中已经自动增加了一段代码。如下所示：

```
<input type="hidden" name="__VIEWSTATE" id="__VIEWSTATE"
value="/wEPDwUKMTI1MTk2NDQzM2RktqBBkQfTn3tE+bfKS0ehcOwAmqo=" />
```

这说明在网页中已经自动增加了一个隐藏(type="hidden")控件，控件的名字为“_VIEWSTATE”。由于这个新控件是隐藏控件，因此增加它并不会改变页面的布局。控件的 value 属性就是窗体页中各个控件以及控件中的数据(状态)。为了安全，这些数据被序列化为 Base64 编码的字符串，已经变得难以辨认。当网页提交时，它都会以“客户端到服务端”的形式来回传递一次，当处理完成后，最后会以处理后的新结果作为新的 ViewState 存储到页面中的隐藏字段，并与页面内容一起返回到客户端，从而恢复了窗体页中各控件的状态。

使用视图状态的优点如下：

- 不需要任何服务器资源：视图状态包含在页代码内。
- 实现简单：视图状态无需使用任何自定义编程。
- 增强的安全功能：视图状态中的值经过哈希计算和压缩，并且针对 Unicode 实现进行编码，其安全性要高于使用隐藏域。

虽然使用视图状态可以带来很多方便，但是要注意以下问题：

- 视图状态提供了特定 ASP.NET 页面的状态信息。如果需要在多个页上使用信息，或访问网站时保留信息，则应使用另一种方法(如应用程序状态、会话状态或个性化设置)来维护状态。
- 视图状态信息将序列化为 XML，然后使用 Base64 编码进行编码，这将生成大量的数据。将页回发到服务器时，视图状态信息将作为页回发信息的一部分发送。如果视图状态包含大量信息，则会影响页的性能。
- 虽然使用视图状态可以保存页和控件的值，但在某些情况下，需要关闭视图状态。例如使用 GridView 控件显示数据，单击 GridView 控件的下一页按钮，此时，GridView

控件呈现的数据已经不再是前一页的数据，此时如果使用视图状态将前一页数据保存下来，不仅没有必要而且还会生成大量隐藏字段，增大页面的体积，所以应当关闭视图状态以移除由 GridView 控件生成的大量隐藏字段。假设此处的 GridView 控件名为 gv，那么下面的代码将禁用该控件的视图状态：

```
gv.EnableViewState = false;
```

如果整个页面控件都不需要维持状态视图，则可以设置整个页面的视图状态为 false: <%@ Page EnableViewState="false"%>。

- 某些移动设备不允许使用隐藏字段。因此，视图状态对于这些设备无效。

3.3.3　控件状态

ASP.NET 页框架提供了 ControlState 属性作为在服务器往返过程中存储自定义控件数据的方法。从 ASP.NET 2.0 开始支持控件状态机制。控件的状态数据现在能通过控件状态而不是视图状态被保持，控件状态是不能够被禁用的。如果控件中需要保存控件之间的逻辑，比如选项卡控件要记住每次回发时当前已经选中的索引 SelectIndex 时，就适合使用控件状态。当然，ViewState 属性完全可以满足此需求，如果视图状态被禁用的话，自定义控件就不能正确运行。控件状态的工作方式与视图状态完全一致，并且默认情况下在页面中它们都是存储在同一个隐藏域中。

使用控件状态的优点主要有：

- 不需要任何服务器资源：默认情况下，控件状态存储在页的隐藏域中。
- 可靠性：因为控件状态不像视图状态那样可以关闭，控件状态是管理控件的状态的更可靠方法。
- 通用性：可以编写自定义适配器来控制如何存储控件状态数据及其存储位置。

使用控件状态的缺点主要是需要一些编程。虽然 ASP.NET 页框架为控件状态提供了基础，但是控件状态是一个自定义的状态保持机制。为了充分利用控件状态，程序员必须自己编写代码来保存和加载控件状态。

3.3.4　隐藏域

在 ASP 中，通常使用隐藏域来保存页面信息。在 ASP.NET 中，同样具有隐藏域来保存页面的信息。但是隐藏域的安全性并不高，最好不要在隐藏域中保存过多的信息。

隐藏域具有以下优点：

- 不需要任何服务器资源：隐藏域在页上存储和读取。
- 广泛的支持：几乎所有浏览器和客户端设备都支持具有隐藏域的窗体。
- 实现简单：隐藏域是标准的 HTML 控件，不需要复杂的编程逻辑。

使用隐藏域的缺点主要有：

- 潜在的安全风险：隐藏域可以被篡改。如果直接查看页输出源，可以看到隐藏域中的信息，这将导致潜在的安全性问题。

- 简单的存储结构：隐藏域不支持复杂数据类型。隐藏域只提供一个字符串值域存放信息。如果需要将复杂数据类型存储在客户端上，可以使用视图状态。视图状态内置了序列化，并且将数据存储在隐藏域中。
- 性能注意事项：由于隐藏域存储在页本身，因此，如果存储较大的值，用户显示页和发布页时的速度可能会减慢。
- 存储限制：如果隐藏域中的数据量过大，某些代理和防火墙将阻止对包含这些数据的页的访问。

以上几种维持状态的方法都属于客户端状态管理，虽然使用客户端状态并不占用服务器资源，但是这些状态都具有潜在的安全隐患。下面总结了一些客户端状态的优缺点和使用情况：

- 视图状态：当需要存储少量回发到自身的页信息时使用。
- 控件状态：需要在服务器的往返过程中存储少量控件状态信息时使用。不需要任何服务器资源，控件状态是不能被关闭的，提供了控件管理的更加可靠和更通用的方法。
- 隐藏域：实现简单，当需要存储少量回发到自身或另一个页的页信息时使用，也可以在不存在安全性问题时使用。

3.4　ASP.NET 配置管理

使用 ASP.NET 配置系统的功能，可以配置整个服务器上的所有 ASP.NET 应用程序、单个 ASP.NET 应用程序和各个页面或应用程序子目录，也可以配置各种具体的功能，如身份验证模式、页缓存、编译器选项、自定义错误、调试和跟踪选项等。

3.4.1　web.config 文件介绍

ASP.NET 提供了一个丰富而可行的配置系统，以帮助管理人员轻松快捷地建立自己的 Web 应用环境。

Web 配置文件 web.config 是 Web 应用程序的数据设定文件，它是一份 XML 文件，内含 Web 应用程序相关设定的 XML 标记，可以用来简化 ASP.NET 应用程序的相关设置。它用来存储 ASP.NET 应用程序的配置信息(如最常用的设置 ASP.NET Web 应用程序的身份验证方式)，它可以出现在应用程序的每一个目录中，统一命名为“web.config”，并且可以出现在 ASP.NET 应用程序的多个目录中。ASP.NET 配置层次结构具有下列特征：

- 使用应用于配置文件所在的目录及其所有子目录中的资源的配置文件。
- 允许将配置数据放在将使它具有适当范围(整台计算机、所有的 Web 应用程序、单个应用程序或该应用程序中的子目录)的位置。
- 允许重写从配置层次结构中的较高级别继承的配置设置。还允许锁定配置设置，以防止它们被较低级别的配置设置所重写。

- 将配置设置的逻辑组组织成节点的形式。

在运行状态下，ASP.NET 会根据远程 URL 请求，把访问路径下的各个 web.config 配置文件叠加，产生一个唯一的配置集合。

举例来说，一个对 URL:http://localhost/website/ownconfig/test.aspx 的访问，ASP.NET 会根据以下顺序来决定最终的配置情况：

(1) .\Microsoft.NET\Framework\{version}\web.config (默认配置文件)

(2) .\webapp\web.config　　　　(应用的配置)

(3) .\webapp\ownconfig\web.config　　　　(自己的配置)

web.config 是 aspx 区别于 asp 的一个方面，我们可以用这个文件配置很多信息。ASP.NET 允许配置内容与静态内容、动态页面和商业对象放置在同一应用的目录结构下。当管理人员需要安装新的 ASP.NET 应用时，只需将应用目录拷贝到新的机器上即可。在运行时对 web.config 文件的修改不需要重启服务就可以生效。当然，web.config 文件是可以扩展的。用户可以自定义新配置参数并编写配置节处理程序以对其进行处理。

ASP.NET 的配置系统具有以下优点：

- ASP.NET 的配置内容以纯文本方式保存，可以以任意标准的文本编辑器、XML 解析器和脚本语言解释、修改配置内容。
- ASP.NET 提供了扩展配置内容的架构，以支持第三方开发者配置自己的内容。
- ASP.NET 配置文件的更改被系统自动监控，无须管理人员手工干预。

3.4.2　配置文件的语法规则

自定义 web.config 文件配置节的过程分为两步。

(1) 在配置文件顶部<configSections>和</configSections>标记之间声明配置节的名称和处理该节中配置数据的.NET Framework 类的名称。

格式如下：

```
<configuration>
   配置内容
   …
</configuration>
```

(2) <configSections> 区域之后为声明的节做实际的配置设置。

具体定义配置的内容，以供应用使用。Web 配置文件是一个 XML 文件，在 XML 标记中的属性就是设定值，标记名称和属性值的格式是字符串，第一个开头字母是小写，之后每个单词首字母大写，例如<appSetting>。Web 配置文件的范例如下所示。

```
<configuration>
   <appSettings>
      <add key="dbType" value="Access Database"/>
   </appsettings>
   <connectionsStrings>
```

```
        <add name="provider"connectionString="Microsoft.Jet.OLEDB.4.0;"/>
      <add name="database"connectionString="/chart7/Exam.mdb"/>
  </connectionsStrings>
        <system.web>
        <sessionState cookieless="fales" timeout="10"/>
        <compilation defaultLanguage="C#" debug="true"/>
        <globalization fileEncoding="gb2312" requestEncoding="gb2312"culture= "zh-CN"/>
          <customErrors mode="RemoteOnly"/>
        </system.web>
  </configuration>
```

可以看到，这段配置信息是一个基于 XML 格式的文件，根标记是<configuration>，所有的配置信息均被包括在<configuration>和</configuration>标签之间，其子标记<appSettings>、<connectionsStrings>和<system.web>是各设定区段。在<system.web>下的设定区段属于 ASP.NET 相关设定，在一个 web.config 配置文件中，通常可以看到多个<system.web>配置块，用户也可以根据需要创建自己的<system.web>。

在 Web 配置文件的<appSettings>区段可以创建 ASP.NET 程序所需要的参数，每个<add>标记可以创建一个参数，属性 key 是参数名称，value 是参数值。ASP.NET 2.0 以后新增了<connectionStrings>区段，可以指定数据库连接字符串，在<connectionStrings>标记的<add>子标记也可以创建连接字符串，属性 name 是名称，connectionStrings 是连接字符串的内容，表 3-2 列出了常用设定区段标记的说明。

表 3-2　常用设定区段标记说明

设 定 区 段	说　明
<anonymousIdentification>	控制 Web 应用程序的匿名用户
<authentication>	设定 ASP.NET 的验证方式(为 Windows、Forms、PassPort、None 四种)。该元素只能在计算机、站点或应用程序级别声明。<authentication>元素必需与<authorization> 节配合使用
<authorization>	设定 ASP.NET 用户授权。控制对 URL 资源的客户端访问(如允许匿名用户访问)。此元素可以在任何级别(计算机、站点、应用程序、子目录或页)上声明。必需与<authentication>节配合使用
<browserCaps>	设定浏览程序兼容组件 HttpBrowserCapabilities
<compilation>	设定 ASP.NET 应用程序的编译方式
<customErrors>	设定 ASP.NET 应用程序的自动错误处理
<globalizations>	关于 ASP.NET 应用程序的全球化设定，也就是本地化设定
<httpHandlers>	设定 HTTP 处理是对应到 URL 请求的 HttpHandler 类
<httpModules>	创建、删除或清除 ASP.NET 应用程序的 HTTP 模块
<httpRuntime>	ASP.NET 的 HTTP 的执行其相关设定
<machineKey>	设定在使用窗体基础验证的 Cookie 数据时，用来加密和解密的密钥
<membership>	设定 ASP.NET 的 Membership 机制

(续表)

设 定 区 段	说　　明
<pages>	设定 ASP.NET 程序的相关设定，即 Page 指引命令的属性
<profile>	设定个人化信息的 Profile 对象
<roles>	设定 ASP.NET 的角色管理
<sessionState>	设定 ASP.NET 应用程序的 Session 状态 HttpModule
<siteMap>	设定 ASP.NET 网站导航系统
<trace>	设定 ASP.NET 跟踪服务
<webParts>	设定 ASP.NET 应用程序的网页组件
<webServices>	设定 ASP.NET 的 Web 服务

3.5　本 章 小 结

本章主要讲解了 ASP.NET 的网页运行机制，在了解了这些基本运行机制后，就能够在.NET 框架下做 ASP.NET 开发了。所有的 ASPX 网页都具有一些共同的属性、事件和方法。

接下来介绍了 ASP.NET 页面是如何组织和运行的，包括页面的往返与处理机制、页面的生命周期和事件。ASP.NET 页面生命周期是 ASP.NET 中非常重要的概念，熟练掌握 ASP.NET 页面生命周期可对 ASP.NET 开发起到促进作用。

在编写 ASP.NET 网页时，可以选择单文件页模型和代码隐藏页模型。在单文件页模型中，页的标记及其程序代码位于同一个后缀为.aspx 的文件中；而在代码隐藏页模型中，页的标记和服务器端元素仍位于.aspx 文件中，页代码则位于单独的代码隐藏文件中。ASP.NET 提供了几种在服务器往返过程之间维持状态的方式，本章介绍了其中的 3 种：视图状态、控件状态和隐藏域。对于它们的优缺点逐一进行了比较。

最后，对 ASP.NET 的配置文件 Web.config 的配置方法进行了简要介绍。

3.6　上 机 练 习

3.6.1　上机目的

通过实践练习，进一步理解本章知识点，了解 ASP.NET 页面的运行机制和配置文件管理方式。

3.6.2　上机内容和要求

1. 练习创建页面，对 web.config 进行配置。

2. 以实验报告的形式提交，回答以下问题：

(1) ASP.NET 页面的处理过程是怎样的？

(2) ASP.NET 页的生命周期分哪几个阶段？

(3) ASP.NET 的网页代码模型有几种？各有什么特点？

(4) ASP.NET 状态管理有哪些方式？

第4章　ASP.NET常用对象

ASP.NET 内置了大量的对象，提供了丰富的功能。简单地说，对象就是把一些功能都封装好了，只要会使用它的属性、方法和事件就可以了。对象也是用类实现的，只不过可以看做是没有界面的类。本章主要介绍 ASP.NET 的核心对象，主要包括 Response、Request、Application、Session、Server 等对象。

本章的学习目标：

- 了解 ASP.NET 对象的概况及其属性、方法和事件
- 了解并掌握常用内部对象的概念和他们的属性、方法

4.1　ASP.NET 对象的概况及属性方法事件

所谓对象(Object)，可以泛指日常生活中看到的和看不到的一切事物，在程序中可以用一种仿真的方式来表示对象，一般的对象都有一些静态的特征，如对象的外观、大小等，这在面向对象程序中就是对象的属性(attribute)，一般的对象如果是有生命，可以动作的，在面向对象程序中就是对象的方法(method)，所以在面向对象程序的概念中，对象有两个重点：一个是“属性"、另一个是“方法"。

一般而言，对象的定义就是每个对象都具有不同的功能与特征，不同的对象属于不同的类(Class)，类定义了对象的特征，而对象的特征就是对象的属性、方法和事件，没有类就没有对象。

- 属性(Property)代表对象的状态、数据和设置值。属性的设置语法如下：

```
对象名. 属性名=语句
```

- 方法(Method)可以执行的动作。方法的调用语法如下：

```
对象名. 方法(参数)
```

- 事件(Event)的概念比较抽象，通常是一个执行的动作，也就是对象所认识的动作，事件的执行由对象触发。

ASP.NET 的早期版本 ASP 中就包含有 Page、Response、Request 等对象。而在 ASP.NET 3.5 中，这些对象仍然存在，使用的方法也大致相同。所不同的是这些对象改由.NET Framework 中封装好的类来实现，并且由于这些对象是在 ASP.NET 页面初始化请求时自动创建的，所以能在程序中的任何地方直接调用，而无需对类进行实例化操作。

表 4-1　ASP.NET 内部对象简要说明

对　　象	功　　能
Page	页面对象，用于整个页面的操作
Request	从客户端获取信息
Response	向客户端输出信息
Session	存储特定用户的信息
Application	存储同一个应用程序中所有用户之间的共享信息
Server	创建 COM 组件和进行有关设置
Cookie	用于保存 Cookie 信息

下面将分别介绍这些对象的常用属性及方法。

4.2　Request 对 象

Request 对象主要是让服务器取得客户端浏览器的一些数据，包括从 HTML 表单中用 Post 或者 GET 方法传递的参数、Cookie 和用户认证。在程序中无需做任何声明即可直接使用。它与后面要讲解的 Response 对象一起使用，达到沟通客户端与服务器端的作用，使它们之间可以很简单地交换数据，由此可见该对象的重要性。Request 对象可以接收客户端通过表单或者 URL 地址串发送来的变量，同时，也可以接收其他客户端的环境变量，比如浏览器的基本情况、客户端的 IP 地址等。所有从前端浏览器通过 HTTP 协议送往后端 Web 服务器的数据，都是借助 Request 对象完成的，总而言之，Request 对象用于接受所有从浏览器发往服务器的请求内的所有信息。Request 对象可用于页面间传递参数，如通过超链接传递页面参数。语法如下：

```
Request . [属性|方法]  [变量或字符串]
```

例如：

```
Request . QueryString ["user_name"]
```

下面先将 Request 对象常用的属性、方法用表 4-2、4-3 列出，然后对常用的功能逐一进行介绍。

表 4-2　Request 对象常用属性列表

属　　性	说　　明
ApplicationPath	获得 ASP.NET 应用程序虚拟目录的根目录
Browser	获取和设置客户端浏览器的兼容性信息
ContentLength	客户端发送信息的字节数
ContentType	获取和设置请求的 MIME 类型

(续表)

属　性	说　明
Cookies	获取客户端 Cookie
FilePath	当前请求的虚拟路径
Files	获取客户端上传的文件集合
Form	获取表单变量集合
Headers	获取 HTTP 头信息
HttpMethod	HTTP 数据传输方法，例如 GET、POST
Path	获取当前请求的虚拟路径
PhysicalPath	获取请求的 URL 物理路径
QueryString	获取查询字符串集合
ServerVariables	获取服务器变量集合
TotalBytes	获取输入文件流的总大小
Url	获取当前请求的 URL
UrlReferrer	获取该请求的上一个页面
UserAgent	客户端浏览器信息
UserHostAddress	客户端 IP 地址
UserHostName	客户端 DNS 名称
UserLanguages	客户端语言

表 4-3　Request 对象方法列表

名　称	说　明
BinaryRead	以二进制方式读取指定字节的输入流
MapPath	影射虚拟路径到物理路径
SaveAs	保存 HTTP 请求到硬盘
ValidateInput	验证客户端的输入是否存在危险的数据

虽然属性很多，但常用的有 QueryString、Path、Browser、UserHostAddress、ServerVariables、ClientCertificate。

4.2.1　使用 QueryString 属性

QueryString 属性可以获取标识在 URL 后面的所有返回的变量及其值。在超链接中，常常需要从一个页面跳转到另外一个页面，跳转的页面需要获取 HTTP 的值来进行相应的操作，例如新闻页面的 news.aspx?id=1。为了获取传递过来的 id 值，可以使用 Request 的 QueryString 属性。

【例 4-1】Request . QueryString 的使用方法。

创建两个文件 Default.aspx 和 Dedfault2.aspx。在 Default.aspx 中插入一个超链接，代码

如下：

```
<body>
<a href=Default2.aspx?id=1&name=ASP.NET3.5&action=get>Request . QueryString 的使用方法</a>
</body>
```

在 Dedfault2.aspx 中，用 Request . QueryString 获取变量的值并进行显示。代码如下：

```
protected void Page_Load(object sender, EventArgs e)
    {
    if (Request.QueryString["id"] != null)                //在第一变量非空值时
    Response.Write("页面传递的第一个参数为："           //输出第一个变量
        + Request.QueryString["id"].ToString() + "<br/>");
    if (Request.QueryString["name"] != null)              //在第二变量非空值时
    Response.Write("页面传递的第二个参数为："           //输出第二个变量
        + Request.QueryString["name"].ToString() + "<br/>");
    if (Request.QueryString["action"] != null)            //在第三个变量非空值时
    Response.Write("页面传递的第三个参数为："           //输出第三个变量
        + Request.QueryString["action"].ToString() + "<br/>");
    }
```

程序运行结果如图 4-1 所示。

图 4-1　运行 Default.aspx

单击超链接后的运行结果如图 4-2 所示。

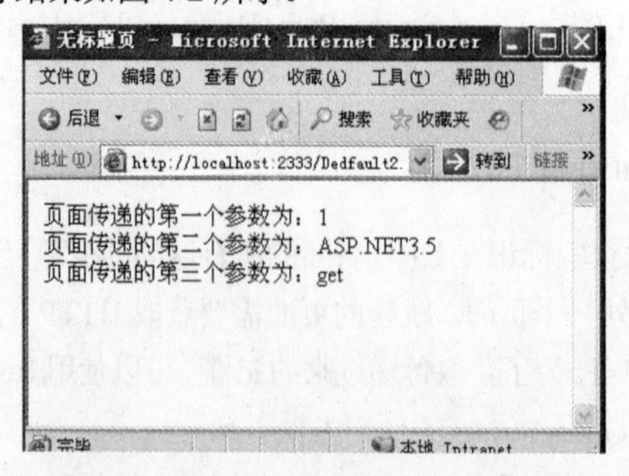

图 4-2　Request . QueryString 的使用方法

当使用 Request 对象的 QueryString 属性来接受传递的 HTTP 值时，可以看到访问页面的路径为“http://localhost:2333/Default.aspx”时，默认传递的参数为空，因为其路径中没有对参数的访问。而当单击超链接后，访问的页面路径变为“http://localhost:2333/Dedfault2.aspx?id=1&name=ASP.NET 3.5&action=get”，从路径中可以看出该地址传递了 3 个参数，这 3 个参数分别为 id=1、name=ASP.NET 3.5 以及 action=get。

4.2.2　使用 Path 属性

通过使用 Path 的方法可以获取当前请求的虚拟路径，示例代码如下。

```
Label2.Text = Request.Path.ToString();            //获取请求路径
```

在应用程序中使用 Request.Path.ToString()，就能够获取当前正在被请求的文件的虚拟路径的值，当需要对相应的文件进行操作时，可以使用 Request.Path 的信息进行判断。

4.2.3　使用 UserHostAddress 属性

通过使用 UserHostAddress 的方法，可以获取远程客户端 IP 主机的地址，示例代码如下。

```
Label1.Text = Request.UserHostAddress;
```

在客户端主机 IP 统计和判断中，可以使用 Request.UserHostAddress 进行 IP 统计和判断。在有些系统中，需要对来访的 IP 进行筛选，使用 Request.UserHostAddress 就能够轻松的判断用户 IP 并进行筛选操作。

4.2.4　使用 Browser 属性

由于浏览器之间的差异，当用不同的浏览器对同一网页进行浏览时，可能导致显示结果的不一致，而解决这种问题的最好方法就是针对不同的浏览器书写不同的 Web 网页。要做到这一点，首先就要判断客户端浏览器的特性，Request 对象的 Browser 属性就可以方便地获取客户端浏览器的特性，如类型、版本、是否支持背景音乐等。

语法格式如下：

```
Request . Browser ["浏览器特性名称"]
```

例如：

```
Label3.Text = Request.Browser.Type.ToString();            //获取浏览器信息
```

这些属性能够获取服务器和客户端的相应信息，也可以通过“?”号进行 HTTP 的值的传递和获取。

【例 4-2】Request . UserHostAddress、Path、Browser 的使用方法。

(1) 创建两个文件 UserHostAddress.aspx 和 UserHostAddress1.aspx

(2) 在 UserHostAddress.aspx 中添加如下代码：

```
<a href=UserHostAddress1.aspx>UserHostAddress,Path,Brower 的测试</a>
```

(3) 在 UserHostAddress1.aspx 中添加如下代码：

```
<form id="form1" runat="server">
    <div>
    UserHostAddress:<asp:Label ID="Label1" runat="server" Text="Label"></asp:Label>
        <br />
        Path:
        <asp:Label ID="Label2" runat="server" Text="Label"></asp:Label>
        <br />
        Brower:<asp:Label ID="Label3" runat="server" Text="Label"></asp:Label>
    </div>
    </form>
```

(4) 在 UserHostAddress1.aspx.cs 中添加如下代码：

```
protected void Page_Load(object sender, EventArgs e)
    {
        Label1.Text = Request.UserHostAddress;
        Label2.Text = Request.Path.ToString();
        Label3.Text = Request.Browser.Type.ToString();
    }
```

(5) 运行结果如图 4-3 和 4-4 所示。

图 4-3　UserHostAddress.aspx

图 4-4　单击超链接后

4.2.5　ServerVariables 属性

利用 Request 对象的 ServerVariables 属性可以方便地取得服务器端或客户端的环境变量信息，如客户端的 IP 地址等。

语法格式如下：

```
Request . ServerVariables ["环境变量名称"]
```

常用的环境变量名称如表 4-4 所示。

表 4-4　常用的环境变量

环境变量名称	说　明
ALL_HTTP	客户端浏览器所发出的所有 HTTP 标题文件
CONTENT_LENGTH	发送到客户端的文件长度
CONTENT_TYPE	发送到客户端的文件类型
PATH_INFO	路径信息，通常是将当前的 URL 与查询字符串组合在一起
QUERY_STRING	HTTP 请求中？后的内容
REMOTE_ADDR	客户端 IP 地址
REMOTE_HOST	客户端主机名
REQUEST_METHOD	数据请求的方法，对 HTTP 请求方式，可以是 GET、HEAD、POST 等
SCRIPT_NAME	当前脚本程序的名称
SERVER_NAME	服务器的主机名或 IP 地址
SERVER_PORT	服务器接受请求的 TCP/IP 端口号，默认为 80
SERVER_PROTOCOL	信息检索的协议名称和版本
SERVER_SOFTWARE	Web 服务器软件的名称和版本
、URL	URL 的基本部分，不包括查询字符串

4.2.6　ClientCertificate 属性

如果客户端浏览器支持 SSL 3.0 或 PCT1 协议，则可以利用 ClientCertificate 属性获取当前请求的客户端安全证书。。

语法格式如下：

```
Request . ClientCertificate [关键字]
```

如果客户端浏览器未送出身份验证信息，或者服务器端也未设置向客户端浏览器要求身份验证的命令，那么将返回空值。如果有，将返回相应的身份验证信息。

4.3　Response 对 象

Request 对象与 Response 对象就像一般程序语言中的 Input 及 Output 命令(或函数)一样，若要让 ASP.NET 程序能够接收来自前端用户的信息，或者想将信息传递给前端，都必须依赖这两个对象。简言之，Request 对象负责 ASP.NET 的 Input 功能，而 Response 对象则负责 Output 功能。

Response 对象实际上是在执行 system.web 命名空间中的类 HttpResponse。CLR 会根据用户的请求信息建立一个 Response 对象，Response 将用于回应客户端浏览器，告诉浏览器回应内容的报头、服务器端的状态信息以及输出指定的内容。常用的方法和属性分别如表 4-5 和

4-6 所示。

表 4-5　Response 对象的方法

方　法	说　明
Write	Response 对象最常用的方法，用来送出信息给客户端
Redirect	引导客户端浏览器至新的 Web 页面
WriteFile	将页面以文件流的方式输出到客户端。常与 Response 对象的 ContentType 属性一起使用
AppendToLog	给 Web 服务器添加日志信息
AppendHeader	将一个 HTTP 头添加到输出流
Clear	清除缓冲区中的所有 HTML 页面 语法：Response. Clear 此时，Response 对象的 BufferOutput 属性必须被设置为 True，否则会报错
End	将缓冲区的 HTML 数据输出到客户端，停止页面程序的执行 语法：Response. End
Flush	立刻送出缓冲区中的 HTML 数据，但不停止页面程序的执行 语法：Response. Flush 此时，Response 对象的 BufferOutput 属性必须被设置为 True，否则会报错

表 4-6　Response 对象的属性

属　性	说　明
BufferOutput	设置 Response 对象的信息输出是否支持缓存处理，取值为 True 或 False，默认为 True
ContentType	指定送出文件的 MIME 类型。默认文件类型为“text/HTML”，还有“image/GIF”、“image/JPEG”等
Charset	设置或获取文件所用的字符集
Cookies	获取相应的 Cookie 集合

1. Write 方法

利用 Write 方法可以在客户端输出信息，语法格式如下：

```
Response .Write(变量数据或字符串)
```

2. 使用 Redirect 方法引导客户至另一个 URL

在网页中，可以利用超链接引导客户至另一个页面，但是必须要在客户端单击超链接后才行。有时我们希望自动引导(也称重定向)客户至另一个页面，而不需要单击超链接。例如：进行网上考试时，当考试时间结束时，就自动引导客户端至结束界面。

使用 Redirect 方法就可以自动引导客户至另一个页面，语法格式如下：

```
Response . Redirect (网址变量或字符串)
```

例如：

```
Response . Redirect ("http://www.edu.cn")        //引导至中国教育网
Response . Redirect ("index.aspx")               //引导至网站内的另一个页面 index.aspx
theURL="http://www.pku.edu.cn"
Response . Redirect (theURL)                     //引导至变量表示的网址
```

3. Response.WriteFile()方法

Response 对象的 WriteFile 方法与 Write 方法类似，都是向客户端输出数据。Write 方法是输出这个方法中带的字符串，而 WriteFile 方法则可以输出二进制信息，它不进行任何字符转换，直接输出。其语法格式如下：

```
Response . WriteFile (变量或字符串)
```

例如：

```
Response.WriteFile("c:\\write.txt")
```

4. 关于 BufferOutput 属性

BufferOutput 属性用来设置页面中是否使用缓存技术。页面中使用缓存就是在页面下载到客户端之前，先暂时存放在服务器端的缓冲区中，等到页面程序全部编译成功后，再从缓冲区输出到客户端浏览器，这样可以加快用户浏览页面的速度。如果不使用页面缓存技术，页面将直接下载到客户端浏览器，其下载过程完全依赖于网络速度，当页面下载量过大时，经常会出现页面不能显示的情况。BufferOutput 属性的取值为 True 或 False，默认为 True。语法格式如下：

```
Response . BufferOutput = True | False
```

4.4　Application 对象

Application 对象是 HttpApplication 类的实例，将在客户端第一次从某个特定的 ASP.NET 应用程序虚拟目录中请求任何 URL 资源时创建。对于 Web 应用上的每个 ASP.NET 应用程序都要创建一个单独的实例，然后通过内部 Application 对象公开对每个实例进行引用。

Application 对象主要用于在线人数统计、创建聊天室、读取数据库中的数据等。Application 对象最典型的应用是聊天室，大家的发言都存放到一个 Application 对象中，彼此就可以看到其他人的发言内容了。

4.4.1　Application 对象简介

Application 对象由 System .Web . HttpApplicationState 类实现，用来保存所有客户的公共

信息。Application 的原理是在服务器端建立一个状态变量，来存储所需的信息。需要注意的是，首先，这个状态变量是建立在服务器的内存中的，其次，这个状态变量可以被网站的所有用户访问。

从 Web 站点的主目录开始，每个目录和子目录都可以作为一个 Application 对象。只要在一个目录中没有找到其他的 Application 对象，那么该目录中的每一个文件和子目录都是这个 Application 对象的一部分。

Application 对象不像 Session 对象那样有有效期的限制，从该应用程序启动直到该应用程序停止，Application 对象是一直存在的。如果服务器重新启动，那么 Application 对象中的信息就丢失了。Application 对象有如下特性：

- 数据可以在 Application 对象内进行数据共享，一个 Application 对象可以覆盖多个用户。
- Application 对象可以用 Internet 服务管理器来设置而获得不同的属性。
- 单独的 Application 对象可以隔离出来并运行在内存之中。
- 可以停止一个 Application 对象而不会影响其他 Application 对象。

Application 常用的的属性有：

- AllKeys：获取访问 HttpApplicationState 集合的所有键。
- Contents:：获取 HttpApplicationState 对象的引用。
- Count：获取 HttpApplicationState 集合的数量。
- Item：通过名称和索引访问 HttpApplicationState 集合。
- Keys：获取访问 HttpApplicationState 集合的所有键，从 NameObjectCollectionBase 继承。
- StaticObjects：获取所有使用<object>标签声明的应用程序集对象。

Application 对象也有它的事件和方法。方法主要有下面几个：

- Lock：锁定 Application 对象以促进访问同步。
- Unlock：解除锁定。
- Add：新增一个 Application 对象变量。
- Clear：清除全部的 Application 对象变量。
- Remove：使用变量名称移除一个 Application 对象变量。

4.4.2　利用 Application 对象存储信息

Application 的使用方法可以把变量、字符串等信息很容易地保存在 Application 中。语法格式如下：

```
Application ["Application 名字"]= 变量、常量、字符串或表达式
```

有两种方法保存信息到 Application 中：

方法一：可以通过使用 Application 对象的方法对 Application 对象进行操作，使用 Add 方法能够创建 Application 对象，示例代码如下。

```
Application.Add("App", "Myname");                //增加 Application 对象 App
Application.Add("App1", "MyValue");                    //增加 Application 对象 App1
```

如果需要使用 Application 对象，可以通过索引 Application 对象的变量名进行访问，代码如下：

```
Response.Write(Application["App1"].ToString());        //输出 Application 对象
```

Application 对象通常可以用来统计在线人数，在页面加载后可以通过配置文件使用 Application 对象的 Add 方法创建 Application 对象，当用户离开页面时，可以使用 Application 对象的 Remove 方法移除 Application 对象，代码如下：

```
        Application.Remove("App");
```

方法二：可以直接把变量、字符串等信息保存在 Application 中，当 Web 应用不希望用户在客户端修改已经存在的 Application 对象时，可以使用 Lock 对象进行锁定，当执行完毕相应的代码块后，可以解锁。示例代码如下。

```
Application .Lock( );
Application ["user_name"] = uname;                //将 user_name 变量存入 Application
Application .Unlock( );
```

Lock 方法和 Unlock 方法是非常重要的，因为任何客户都可以存取 Application 对象，如果正好有两个客户同时更改一个 Application 对象的值怎么办？可以利用 Lock 方法先将 Application 对象锁定，以防止其他客户更改。更改后，再利用 Unlock 方法解除锁定。不过，读取 Application 对象时就没必要这样了。

4.4.3　Application_Start 和 Application_End 事件

Global.asax 配置文件通常处理高级的应用程序事件，如 Application_Start、Application_End、Session_Start 等，Global.asax 配置文件通常不为个别页面或事件进行请求响应。创建完成 Global.asax 配置文件后，系统会自动创建一系列代码，开发人员只需要向相应的代码块中添加事务处理程序即可。

在 Global.asax 配置文件中，Application_Start 事件会在 Application 对象被创建时触发，通常 Application_Start 事件能够对应用程序进行全局配置。例如，在统计在线人数时，通过重写 Application_Start 方法可以实现实时在线人数统计，代码如下。

```
protected void Application_Start(object sender, EventArgs e)
{
Application . Lock();       //锁定 Application 对象
Application ["online"] = 0;        //创建 Application 对象
Application . UnLock();  //解锁 Application 对象
}
```

与之相反的是，当用户离开当前 Web 应用时，就会触发 Application_End 事件，开发人员可以在 Application_End 方法中清理相应的用户数据。

4.5 Session 对 象

Application 对象是应用程序级的对象，用来存储 ASP.NET 应用程序中多个会话和请求之间的全局共享信息，与此相反，Session 对象可以记载特定客户的信息。简而言之，不同的客户可以访问公共的 Application 对象，但必须访问不同的 Session 对象。

4.5.1 Session 对象简介

Session 对象是由 System .Web .HttpSessionState 类实现的，是 HttpSessionState 类的一个实例，Session 是用来存储跨页程序的变量或对象，功能基本与 Application 对象一样，用来记载特定客户的信息。即使该客户从一个页面跳转到另一个页面，该 Session 信息仍然存在，客户在该网站的任何一个页面都可以存取 Session 信息。但是 Session 对象的特性与 Application 对象不同。Session 对象变量只针对单一网页的使用者，也就是说，各个机器之间的 Session 对象不尽相同。

需要特别强调的是：Session 信息是对一个客户的，不同客户的信息用不同的 Session 对象记载。例如，用户 A 和用户 B，当用户 A 访问该 Web 应用时，应用程序可以显式的为该用户增加一个 Session 值，同样地，用户 B 访问该 Web 应用时，应用程序又为用户 B 增加一个 Session 值。

Session 的工作原理还是比较复杂的：当客户端第一次访问一个应用程序时，ASP.NET 会自动产生一个长整数 SessionID，并把这个 SessionID 存放在客户端的 Cookies 内。当客户端再次访问该应用程序时，ASP.NET 会去检查客户端的 SessionID，并返回该 SessionID 对应的 Session 信息。如果客户端不支持 Cookies，ASP.NET 将把 SessionID 存储在每个链接的 URL 中，来确保 Session 的正常运行。

Session 对象的属性主要有：

- SessionID：对于不同的用户会话，SessionID 是唯一的，只读属性。
- IsNewSession：如果用户访问页面时是创建新会话，则此属性将返回 true，否则将返回 false。
- Timeout：Session 的有效期时长，即一个会话结束之前会等待用户没有任何活动的最长时间，默认为 20 分钟。
- Keys：根据索引号获取变量值。
- Count：获取会话状态集合中的项数。

Session 对象的方法主要有：

- Abandon：清除 Session 对象。
- Add：创建一个 Session 对象。
- Clear：此方法将清除全部的 Session 对象变量，但不结束会话。

常用的事件有 Session_OnStart(在开始一个新会话时触发)和 Session_OnEnd(在会话被放弃或过期时触发)，需要和后面介绍的 Global.asax 文件结合使用。

4.5.2　Session 对象的使用

利用 Session 存储信息其实很简单，可以把变量或字符串等信息很容易地保存在 Session 中。Session 对象可以不需要 Add 方法进行创建，而直接使用下面的语法结构进行创建：

Session ["Session 名字"] = 变量、常量、字符串或表达式

例如：

```
Session ["user_name"] =name
Session ["age"] =22
Session ["company"] = "IBM"
```

4.5.3　Session 对象的注意事项

状态服务器是 ASP.NET 中引入的一个新对象，它可以单独存储 Session 对象的内容，即使 ASP.NET 服务器进程失败，状态服务器也可以保存和管理这些 Session 信息。

无论使用什么方法，都会使用服务器的资源来存储 Session 信息。当服务器负载不大时，使用 Session 对象的方法保存用户信息是十分有效的。但是，当服务器的负载过大时，这种方法就会加重服务器的负担。对于一个在线人数上百万的网站来说，为每个用户维护一定数量的会话信息会占用巨大的服务器资源。所以，在确定是否使用 Session 对象时，要仔细考虑这些内容，才能保证网站资源的有效利用。

Session 对象和 Application 对象都能够进行应用程序中在线人数或应用程序的统计和计算。在选择对象时，可以按照应用要求(特别是对象生命周期的要求)选择不同的内置对象。Application 对象终止于 IIS 服务停止，但是，Session 对象变量终止于联机机器离线时，也就是说，当网页使用者关闭浏览器或者网页使用者在页面进行的操作时间超过系统规定时，Session 对象将会自动注销。

4.5.4　Session_Start 和 Session_End 事件

Session_Start 事件在 Session 对象开始时被触发。通过 Session_Start 事件可以统计应用程序当前访问的人数，同时也可以进行一些与用户配置相关的初始化工作，示例代码如下。

```
protected void Session_Start(object sender, EventArgs e)
{
    Application ["online"] = Application ["online"]+1; //在线人数加 1
}
```

与之相反的是 Session_End 事件，当 Session 对象结束时则会触发该事件，当使用 Session 对象统计在线人数时，可以通过 Session_End 事件减少在线人数的统计数字，同时也可以对用户配置进行相关的清理工作，示例代码如下。

```
protected void Session_End(object sender, EventArgs e)
{
    Application ["online"] = Application ["online"]-1;   //在线人数减 1
}
```

当用户离开页面或者 Session 对象生命周期结束时被触发，可以在 Session_End 中清除用户信息进行相应的统计操作。

4.6 Cookie 对 象

Cookie 是服务器为用户访问而存储的特定信息，是一个保存在用户硬盘上的普通文本文件。这些特定信息包括用户的注册名、用户上次访问的页面、用户的首选项等。当用户再次访问该网站时，网站将从这个 Cookie 中自动读取这些信息，从而确认用户的身份。

4.6.1 Cookie 对象简介

Cookie 对象是由 System.Web. HttpCookie 类实现的，是一种可以在客户端保存信息的方法。与 Session 对象和 Application 对象相比，Cookie 对象保存在客户端，使用 Cookie 对象能够持久化的保存用户信息，而 Session 对象和 Application 对象保存在服务器端，所以 Cookie 对象能够长期保存。Web 应用程序可以通过获取客户端的 Cookie 信息来判断用户的身份进行认证。

由于 HTTP 协议是一个无状态的协议，所以，对于页面的每一次请求，都被看做是一次新的会话。这样就无法知道用户最近都访问了哪些页面，这对于那些需要获取用户身份才能工作下去的应用来说十分不方便。而 Cookie 作为用户和服务器之间进行交换的小段信息，可以弥补 HTTP 协议的这一缺陷。

用户每次访问站点时，Web 应用程序都可以读取 Cookie 信息。当用户请求站点中的页面时，应用程序发送给该用户的不仅仅是一个页面，还有一个包含日期和时间的 Cookie，用户的浏览器在获取页面的同时也获得了该 Cookie，并将它存储在用户本地磁盘中。以后，如果该用户再次请求站点中的页面，当该用户输入 URL 时，浏览器便会在本地硬盘上查找与该 URL 关联的 Cookie。比如当用户登陆某些网站的邮箱后，如果在 Cookie 中记录了用户名信息，那么在 Cookie 信息失效以前，该用户在同一台计算机再次登陆时就不需要提供用户名了。

Cookie 有两种形式：会话 Cookie 和永久 Cookie。会话 Cookie 是临时性的，只有浏览器打开时才存在，一旦会话结束或超时，这个 Cookie 就不存在了。永久 Cookie 则是永久性地存储在用户的硬盘上，并在指定的日期之前一直有效。相比于 Session 和 Application 而言，Cookie 有如下优点：

- 可以配置到期的规则：Cookie 可以在浏览器会话结束后立即到期，也可以在客户端中无限保存。
- 简单：Cookie 是一种基于文本的轻量级结构，包括简单的键值对。

- 数据持久性：Cookie 能够在客户端长期进行数据保存。
- 无需任何服务器资源：Cookie 无需任何服务器资源，存储在本地客户端中。

虽然 Cookie 包括若干优点，这些优点能够弥补 Session 对象和 Application 对象的不足，但是 Cookie 对象同样有缺点，Cookie 的缺点如下所示。

- 大小限制：Cookie 有大小限制，并不能无限保存 Cookie 文件。大多数浏览器支持最多可达 4096 字节的 Cookie。浏览器还限制了站点可以在用户计算机上保存的 Cookie 数。大多数浏览器只允许每个站点保存 20 个 Cookie。如果试图保存更多的 Cookie，则最先保存的 Cookie 就会被删除。还有些浏览器会对来自所有站点的 Cookie 总数作出限制，这个限制通常为 300 个。
- 不确定性：如果客户端配置为禁用 Cookie，则 Web 应用中使用的 Cookie 将被限制，客户端将无法保存 Cookie。
- 安全风险：现在有很多的软件能够伪装 Cookie，这意味着保存在本地的 Cookie 并不安全，Cookie 能够通过程序修改为伪造，这会导致 Web 应用在认证用户权限时出现错误。

在 Windows 9X 系统计算机中，Cookie 文件的存放位置为 C:/Windows/Cookies，在 Windows NT/2000/XP 系统计算机中，Cookie 文件的存放位置为 C:/Documents and Settings/用户名/Cookies。Internet Explorer 将站点的 Cookie 保存的文件名格式为：用户名@网站地址[数字].txt。打开 Cookie 文件时，经常会发现文件的内容是一串无意义的字符。这是因为多数情况下，Cookie 会以某种方式被加密和解密。

4.6.2　Cookie 对象的属性和方法

Cookie 对象的属性如下所示：

- Name：获取或设置 Cookie 的名称。
- Value：获取或设置 Cookie 的 Value。
- Expires：获取或设置 Cookie 的过期的日期和事件。
- Version：获取或设置 Cookie 的符合 HTTP 维护状态的版本。

Cookie 对象的方法如下所示：

- Add：增加 Cookie 变量。
- Clear：清除 Cookie 集合内的变量。
- Get：通过变量名称或索引得到 Cookie 的变量值。
- Remove：通过 Cookie 变量名称或索引删除 Cookie 对象。
- Set：用于更新 Cookie 的变量值。

4.6.3　Cookie 对象的使用

浏览器负责管理用户系统上的 Cookie。ASP.NET 包含两个内部 Cookie 集合：Request 对象的 Cookies 集合和 Response 对象的 Cookies 集合。Cookie 通过 Response 对象发送到浏览器。创建 Cookie 时，需要指定 Name 属性和 Value 属性。每个 Cookie 必须有一个唯一的名称，以便以后从浏览器读取 Cookie 时可以识别它。由于 Cookie 按名称存储，因此用相同的名称命名两个 Cookie 会导致其中一个 Cookie 被覆盖。

有两种方法可以向用户计算机中写入 Cookie。可以直接为 Cookies 集合设置 Cookie 属性，也可以创建 HttpCookie 对象的一个实例并将该实例添加到 Cookies 集合中。下面的代码演示了两种编写 Cookie 的方法：

```
Response.Cookies["userName"].Value = "patrick";
Response.Cookies["userName"].Expires = DateTime.Now.AddDays(1);
```

或

```
HttpCookie   MyCookie = new   HttpCookie("MyCookie ");
MyCookie.Value = Server.HtmlEncode("一个 Cookie 应用程序");        //设置 Cookie 的值
MyCookie.Expires = DateTime.Now.AddDays(5);                         //设置 Cookie 过期时间
Response.Cookies.Add(MyCookie);                                     //新增 Cookie
```

也可以用 Response 对象的 AppendCookie 方法进行 Cookie 对象的创建，修改最后一行代码，如下：

```
HttpCookie   MyCookie = new   HttpCookie("MyCookie ");
MyCookie.Value = Server.HtmlEncode("一个 Cookie 应用程序");        //设置 Cookie 的值
MyCookie.Expires = DateTime.Now.AddDays(5);                         //设置 Cookie 过期时间
Response.AppendCookie(MyCookie);
```

此示例向 Cookies 集合添加了两个 Cookie，一个名为 userName，另一个名为 MyCookie。对于第一个 Cookie，Cookies 集合的值是直接设置的。对于第二个 Cookie，代码创建了一个 HttpCookie 类型的对象实例，设置其属性，然后通过 Add 方法或 AppendCookie 方法将其添加到 Cookies 集合中。在实例化 HttpCookie 对象时，必须将该 Cookie 的名称作为构造函数的一部分进行传递。

浏览器向站点发出请求时，会随请求一起发送该站点的 Cookie。在 ASP.NET 应用程序中，可以使用 Request 对象读取 Cookie，并且读取方式与将 Cookie 写入 Response 对象的方式基本相同。下面的代码示例演示了两种方法，通过这两种方法可以获取名为 username 的 Cookie 的值，并将其显示在 Label 控件中：

```
if   (Request.Cookies["userName"] != null)
     Label1.Text = Server.HtmlEncode(Request.Cookies["userName"].Value);
```

或

```
if   (Request.Cookies["userName"] != null)
{
     HttpCookie MyCookie = Request.Cookies["userName"];
     Label1.Text = Server.HtmlEncode(MyCookie.Value);
}
```

在尝试获取 Cookie 的值之前，应确保该 Cookie 存在；如果该 Cookie 不存在，将会收到

NullReferenceException 异常。

【例 4-3】Cookie 的使用。

(1) 创建 Cookie.aspx 页面。

(2) 在 Cookie.aspx.cs 中添加代码，创建一个 Cookie，当下次客户登录时获取到上次写入的 Cookie 信息。代码如下：

```
protected void Page_Load(object sender, EventArgs e)
            {
        try
        {
            HttpCookie MyCookie = new HttpCookie("MyCookie ");          //创建 Cookie 对象
            MyCookie.Value = Server.HtmlEncode("一个 Cookie 应用程序");//Cookie 赋值
            MyCookie.Expires = DateTime.Now.AddDays(5);//Cookie 持续时间
            Response.AppendCookie(MyCookie);                  //添加 Cookie
            Response.Write("Cookies  创建成功");                       //输出成功
            Response.Write("<hr/>获取 Cookie 的值<hr/>");
            HttpCookie GetCookie = Request.Cookies["MyCookie"];//获取 Cookie
            //输出 Cookie 值
            Response.Write("Cookies 的值:" + GetCookie.Value.ToString() + "<br/>");
            Response.Write("当前时间: " + DateTime.Now.ToString()+ "<br/>");
            Response.Write("Cookies 的过期时间:" + MyCookie.Expires.ToString() + "<br/>");
            //  从当前运行时间计算 5 天后过期
        }
        catch
        {
            Response.Write("Cookies  创建失败");             //抛出异常
        }
    }
```

(3) 用户第一次登录网站时。运行结果如图 4-4 所示，获取 Cookie 信息时出错，抛出异常错误，这是第一次运行写入，当下次运行，或者刷新页面时，将看到如图 4-5 所示的结果，将上一次写入到 Cookie 的信息读出并显示。

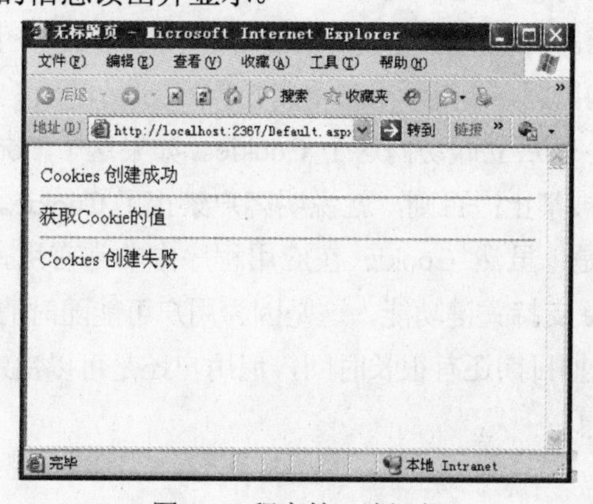

图 4-4　程序第一次运行

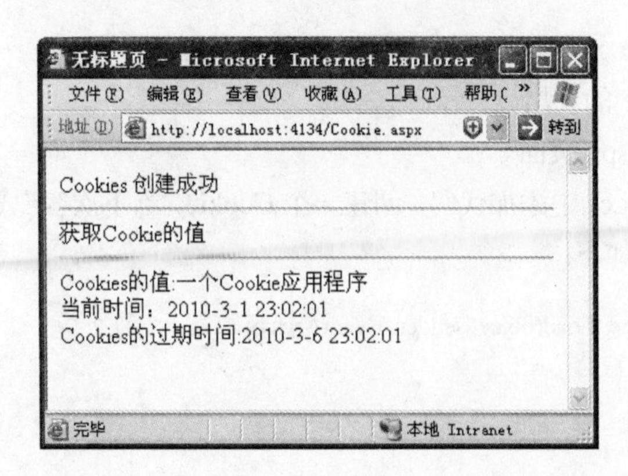

图 4-5　再次运行

如果是 Windows XP/2000/NT 系统，可以到 C:/Documents and Settings/用户名/Cookies 中，找到刚刚写入的 Cookie 信息的一个 txt 文件，如图 4-6 所示。

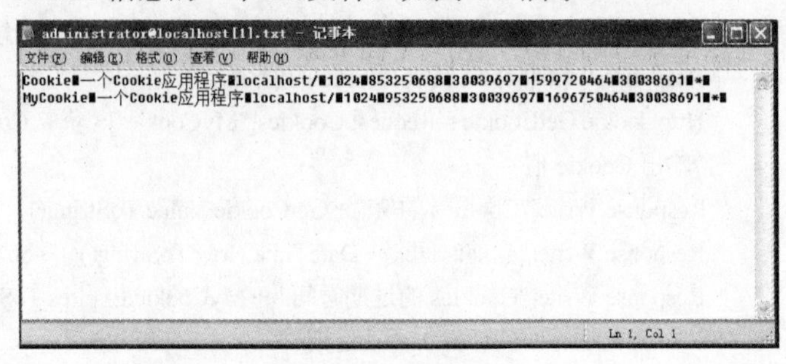

图 4-6　Cookie 文件

4.6.4　检测用户是否启用了 Cookie

对于程序设计人员来说，获取你的客户是否启用了 Cookie 功能是十分重要的，因为客户可以通过设置浏览器的功能来禁用 Cookie。如果用户禁止使用 Cookie，那么对于使用了 Cookie 功能的网页就可能出现错误。

例如，用户禁止使用 Cookie，而网页的程序设计却使用 Cookie 来记录用户的某些爱好，用户花了很长时间来设定自己的爱好，但是下次再访问的时候，他以前的设置都没有保存下来，这会让用户感到困惑。所以，在用户禁止了这个功能的时候，网页程序应该能够检测出来并告知用户产生问题的原因，并提示用户重新设置 Cookie 的值。最直接的检测方法就是在客户端保存一个 Cookie，然后立即访问这个 Cookie。如果这个 Cookie 的值与原来保存的值相同，说明 Cookie 没有被禁止；否则，就说明客户禁止了 Cookie。

另外，需要注意的是：虽然 Cookie 在应用程序中非常有用，但应用程序不应只依赖 Cookie，不要使用 Cookie 支持关键功能。这是因为用户可能随时清除其计算机上的 Cookie。即便存储的 Cookie 距到期日期还有很长时间，但用户还是可以决定删除所有 Cookie，清除 Cookie 中存储的所有信息。

4.7　Server 对象

Server 对象是 HttpServerUtility 的一个实例，该对象提供了对服务器上的方法和属性进行访问。Server 对象是专为处理服务器上的特定任务而设计的，特别是与服务器的环境和处理活动有关的任务。

4.7.1　Server 对象简介

Server 对象提供了一些非常有用的属性和方法，主要用于创建 COM 对象和 Scripting 组件、转化数据格式、管理其他页的执行。语法格式如下：

```
Server.方法 (变量或字符串)
Server.属性 = 属性值
```

Server 对象的常用属性如下：

- MachineName：获取远程服务器的名称。
- ScriptTimeout：获取和设置请求超时。

Server 对象的方法如下：

- CreatObject：创建 COM 对象的一个服务器实例。
- Execute：停止执行当前网页，转到新的网页执行，执行完后返回原网页，继续执行 Execute 方法后面的语句。
- Transfer：停止执行当前网页，转到新的网页执行。与 Execute 方法不同的是：执行完后不返回原网页，而是停止执行过程。
- HtmlDecode：对已被编码的消除 Html 无效字符的字符串进行解码。
- HtmlEncode：对要在浏览器中显示的字符串进行编码。
- MapPath：返回与 Web 服务器上的执行虚拟路径相对应的物理文件路径。
- UrlDecode：对字符串进行解码，该字符串为了进行 HTTP 传输而进行编码并在 URL 中发送到服务器。
- UrlEncode：编码字符串，以便通过 URL 从 Web 服务器到客户端浏览器的字符串传输。

4.7.2　MachineName 属性

使用 MachineName 属性获取服务器名称。

【例 4-4】MachineName 的使用。

(1) 创建页面 MachineName.aspx。

(2) 在文件 MachineName.aspx 中添加如下代码：

```
服务器名称：<asp:Label ID="Label1" runat="server" ForeColor="Red" Text="Label"></asp:Label>
```

(3) 在文件 MachineName.aspx.cs 中添加代码获取服务器的名称，并且将服务器的名称变成小写输出，代码如下：

```
protected void Page_Load(object sender, EventArgs e)
    {
        Label1.Text = Server.MachineName.ToLower();
    }
```

(4) 程序运行结果如图 4-7 所示。

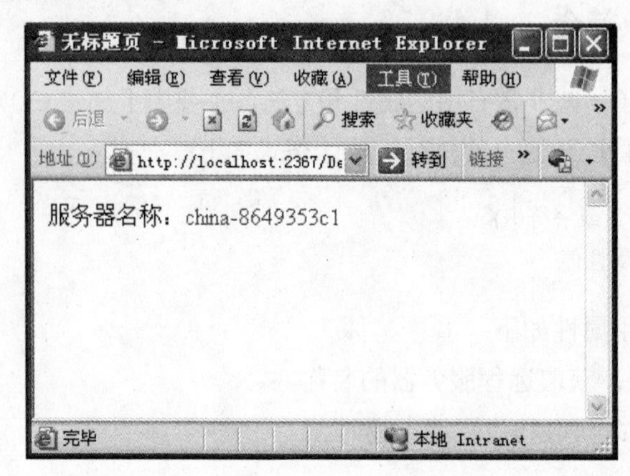

图 4-7　运行结果

4.7.3　ScriptTimeout 属性

该属性用来规定脚本文件执行的最长时间，默认为 90 秒。如果超过最长时间脚本文件还没有执行完，就自动停止执行。这样做，可以防止某些可能进入死循环的错误导致服务器过载问题。

对于运行时间较长的页面可能需要增大这个值，比如上传一个很大的文件，修改该属性的方法如下：

```
Server . ScriptTimeout = 300                将最长执行时间设置为 300 秒
```

4.7.4　CreateObject 方法

该方法可用于创建组件、应用程序或脚本对象的实例。在 ASP.NET 中该方法用得不多，语法格式如下：

```
Server . CreateObject (ActiveX Server 组件)
```

如：

```
Object MyObject;
MyObject = Server.CreateObject("Acme.Component.3");
```

4.7.5　Execute 方法

该方法用来停止执行当前网页，转到新的网页执行，执行完以后返回原网页，继续执行 Execute 方法后面的语句。语法格式如下：

```
Server . Execute (变量或字符串)
```

例如：

```
Server.Execute("http://www.contoso.com/updateinfo.aspx");
```

4.7.6　Transfer 方法

该方法和 Execute 方法非常相似，唯一的区别是执行完新的网页后，并不返回原网页，而是停止执行过程。该方法可以把控制传递出去，可以把原来页面的所有内置对象和这些对象的状态都传递给新的页面，比如 Request 对象的查询字符串。使用这种方法还可以把一个大的程序划分成小的模块，然后用 Transfer 方法把各个模块联系起来。

语法格式如下：

```
Server . Transfer (变量或字符串)
```

4.7.7　HtmlDecode 方法和 HtmlEncode 方法

在 ASP.NET 中，默认编码是 UTF-8，所以在使用 Session 和 Cookie 对象保存中文字符或者其他字符集时经常会出现乱码，为了避免乱码的出现，可以使用 HtmlDecode 和 HtmlEncode 方法进行编码和解码。HtmlEncode 方法用来转化字符串，它可以将字符串中的 HTML 标记转换为字符实体，如将“<”转换为“<”，将“>”转换为“>”。他们的语法格式如下：

```
Server.HtmlEncode (变量或字符串)
Server.HtmlDecode(变量或字符串)
```

特别是 HtmlEncode 方法在需要输出 HTML 语句时非常有用。浏览器是解释执行的，它将网页文件中的 HTML 标记逐一解释执行。但是，有时候就希望直接将 HTML 标记输出到屏幕上，比如在考试 HTML 知识时，就需要在页面中输出 HTML 语句。

另外，还可以通过 HtmlEncode 方法防止脚本入侵。脚本入侵是指网络上一些恶意用户在提交给页面的信息中包括一些特殊脚本程序(如包括<script>和</script>)，如果没有对其进行特殊处理，则服务器将会执行这些脚本程序。

【例 4-5】演示 HtmlEncode 方法的使用。

(1) 创建 HtmlEncode.aspx。

(2) 在设计页面上添加如下代码：

```
<body>
        <form id="form1" runat="server">
        解码前的输出： <asp:Label ID="Label1" runat="server" Text="Label"></asp:Label>
        <br />
        解码后的输出：<asp:Label ID="Label2" runat="server" Text="Label"></asp:Label>
         </form>
</body>
```

(3) 在 HtmlEncode.aspx.cs 中添加代码：

```
protected void Page_Load(object sender, EventArgs e)
            {
                String TestString = "测试<EncodedString>方法";
                String EncodedString = Server.HtmlEncode(TestString);
                Label1.Text = TestString;
                Label2.Text=EncodedString;      //进行编码转换后的输出效果
        }
```

(4) 保存文件，运行结果如图 4-8 所示。

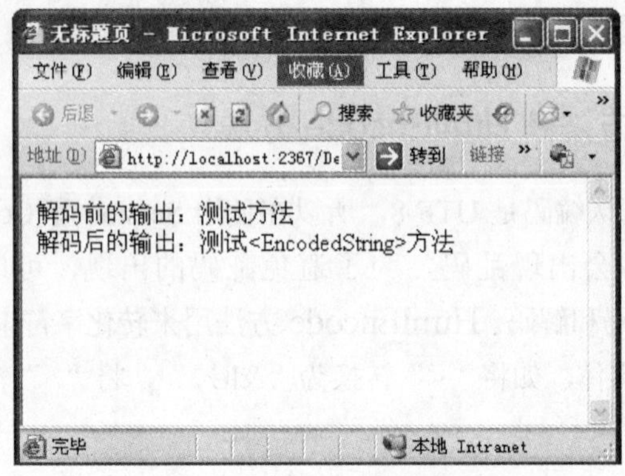

图 4-8　HtmlEncode 方法示例

4.7.8　MapPath 方法

在创建文件、删除文件或者读取文件类型的数据库时(如 Access 和 SQLite)，都需要指定文件的物理路径执行文件的操作，如 D:\Program Files。但是这样做很容易就显示了物理路径，如果有非法用户进行非法操作，很容易造成安全问题。

所以在页面中，一般使用的是虚拟路径(相对路径或绝对路径)。利用 MapPath 方法，就可以将虚拟路径转换为物理路径。Server.MaPath 方法将虚拟路径转换为绝对路径。这种方法在需要包含或执行其他的文件并需要制定路径名，但路径名又常常发生变化的情况下使用。语法格式如下：

```
Server . MapPath (虚拟路径字符串)
```

4.7.9　URLEncode 方法

UrlEncode 与 HtmlEncode 方法类似，将指定的代码以 URL 格式进行编码，把 URL 中的所有特殊字符转换成为非功能的等价内容。通常在把 URL 作为查询字符串时使用。用下面的方法可以看出这些特定的字符被转化成的内容：

```
Response.Write(Server.UrlEncode(http://www.google.com"));
```

执行完成后，显示的结果如图 4-9 所示。

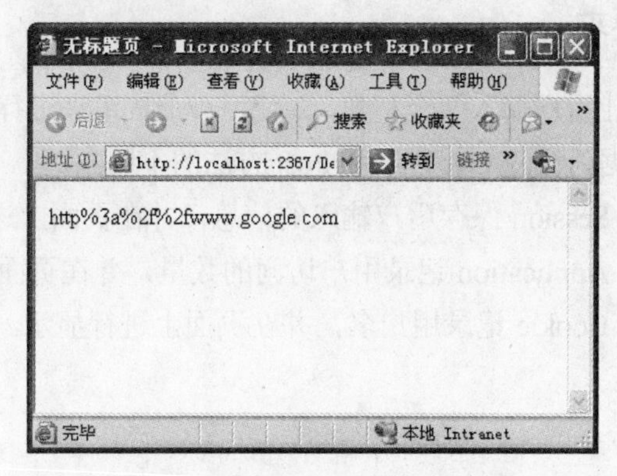

图 4-9　测试 UrlEncode 运行结果

UrlDecode 和 UrlEncode 刚好相反，该方法将 URL 格式代码进行解码。

4.8　本 章 小 结

本章所讲的对象和第 5 章将要介绍的服务器控件在本质上都是.NET 框架中的类。除此之外，.NET 还提供了其他大量的类，大家可以参考.NET 框架的示例文档进行学习。

本章重点介绍了以下对象：

- Request 对象：用来获取客户端信息。
- Response 对象：可以向客户端输出信息。
- Application 对象：存储 ASP.NET 应用程序中多个会话和请求之间的全局共享信息。
- Session 对象：记载特定客户的信息。
- Cookie 对象：一种可以在客户端保存信息的方法。
- Server 对象：专为处理服务器上的特定任务。

每个对象都有一些常用的方法和属性，可结合具体的示例学习和领会。

由于 Web 应用程序从本质上来讲是无状态的，为了维持客户端的状态，可以使用 ASP.NET 内置对象，包括 Session、Cookie、Application 对象等。

4.9 上机练习

4.9.1 上机目的

通过实践练习，进一步理解本章知识点，了解 ASP.NET 页面的运行机制和配置文件管理方式，熟练掌握 ASP.NET 各种对象的使用方法。

4.9.2 上机内容和要求

1. 编写程序，实现让用户输入两个整数，并使用一个按钮来进行数据提交，使用 Request 对象获取用户提交的数据，比较 Get 方法和 Post 方法的不同。

2. 编写程序，利用 Session 保存用户输入的信息，并在页面上进行显示。

3. 编写程序，利用 Application 记录用户访问的数量，并在页面上进行显示。

4. 编写程序，使用 Cookie 记录用户名，并在页面上进行显示。

第5章　ASP.NET常用服务器控件

ASP.NET 服务器控件是 ASP.NET 网页中的对象，当客户端浏览器请求服务器端的网页时，这些控件对象将在服务器上运行并向客户端浏览器呈现 HTML 标记。使用 ASP.NET 服务器控件，可以大幅减少开发 Web 应用程序所需编写的代码量，提高开发效率和 Web 应用程序的性能。

本章的学习目标：

- 了解 Web 控件的种类和属性
- 掌握基本的标准控件
- 掌握验证控件的使用
- 掌握登录控件的使用
- 掌握导航控件的使用

5.1　服务器控件概述

在网页上经常看到填写信息用的文本框、单选按钮、复选框、下拉列表等元素，它们都是控件。控件是可重用的组件或对象，有自己的属性和方法，可以响应事件。

ASP.NET 服务器控件是服务器端 ASP.NET 网页上的对象，当用户通过浏览器请求 ASP.NET 网页时，这些控件将运行并把生成的标准的 HTML 文件发送至客户端浏览器来呈现。

网站部署在 Web 服务器上，人们可以通过浏览器来访问这个站点。当客户端请求一个静态的 HTML 页面时，服务器找到对应的文件直接将其发送给用户端浏览器；而在请求 ASP.NET 页面时(扩展名为.aspx 的页面)，服务器将在文件系统中找到并读取对应的页面，然后将页面中的服务器控件转换成浏览器可以解释的 HTML 标记和一些脚本代码，再将转换后的结果页面发送给用户。

在 ASP.NET 页面上，服务器控件表现为一个标记，例如<asp:textbox…/>。这些标记不是标准的 HTML 元素，因此，如果它们出现在网页上，浏览器将无法理解，然而，当从 Web 服务器上请求一个 ASP.NET 页面时，这些标记都将被动态地转换为 HTML 元素，因此浏览器只会接收到它能理解的 HTML 内容。

在创建.aspx 页面时，可以将任意的服务器控件放置到页面上，然而请求服务器上该页面的浏览器将只会接收到 HTML 和 JavaScript 脚本代码。Web 浏览器无法理解 ASP.NET，而只能理解 HTML 和 JavaScript——但它不能处理 ASP.NET 代码。服务器读取 ASP.NET 代码并进行处理，将所有 ASP.NET 特有的内容转换为 HTML 以及(如果浏览器支持的话)一些

JavaScript 代码，然后将最新生成的 HTML 发送回浏览器。

5.1.1　控件的种类

启动 Visual Studio 2008 后，从菜单栏选择【视图】|【工具箱】命令，可以看到【工具箱】中有以下控件，如图 5-1 所示。

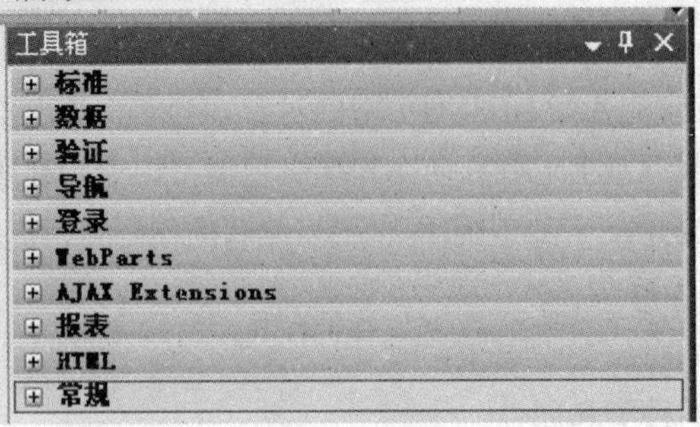

图 5-1　工具箱

- 标准控件(没设置阴影)：标准控件是 ASP.NET 的基础控件，它包括了 ASP.NET 日常开发中经常使用的基本控件。
- 验证控件：验证控件用来实现对标准控件的数据内容进行校验，从而根据验证的结果来判断页面可以提交还是提示用户相关的检验失败信息。
- 数据控件：数据控件包括数据源控件和数据绑定控件。
- 导航控件：导航控件用于实现网站或各个应用的导航功能。
- 登录控件：登录控件用于辅助完成网站用户的注册、登录、修改信息、获取密码等认证功能，通过该组控件，可以轻松地构建出复杂的登录认证模块。
- WebParts 控件：Web 部件控件，是用来实现定义和布局 Web 部件的相关控件。
- AJAX Extensions 控件：AJAX 控件是 Visual Studio 2008 中新增的控件，主要用来实现 Web 2.0 的一些页面效果，并提高客户端的工作效率。
- 报表控件：
- HTML 控件：

本章将着重对标准控件中的控件做详细的讲解。

5.1.2　设置服务器控件属性

每个控件都有自己的属性，如 ID、Text 属性等，通过设置不同的属性，可以改变服务器控件的展现内容和显示风格等。

在 ASP.NET 中，可以通过 3 种方式来设置服务器控件的属性，分别是：通过【属性】窗口直接设置；在控件的 HTML 代码中设置；通过页面的后台代码以编程的方式指定控件的属性。

通过【属性】窗口直接进行设置是最简单的方式，设置的时候，只需右击该控件，从弹出的快捷菜单中选择【属性】命令，即可对控件的属性进行设置。如图 5-2 所示是一个 Label 控件的【属性】窗口。

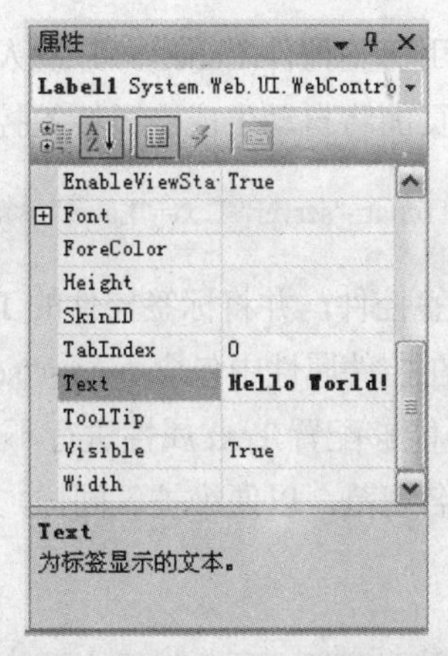

图 5-2　控件的【属性】窗口

通过【属性】窗口设置的控件属性，会自动添加到页面该控件的 HTML 代码中。如果对控件的某些属性比较熟悉，也可以在控件的 HTML 代码中直接进行编写，但属性内容的设置，必须参照每个控件的声明性语法，设置语法中存在的属性和值。

在对控件的 HTML 代码进行设置时，Visual Studio 2008 会根据控件的类型，给予自动提示，即在每个控件的作用域内，按空格键，会列出该控件在此作用域内的所有可设置的属性，如图 5-3 所示是 Label 控件的可以设置的属性。

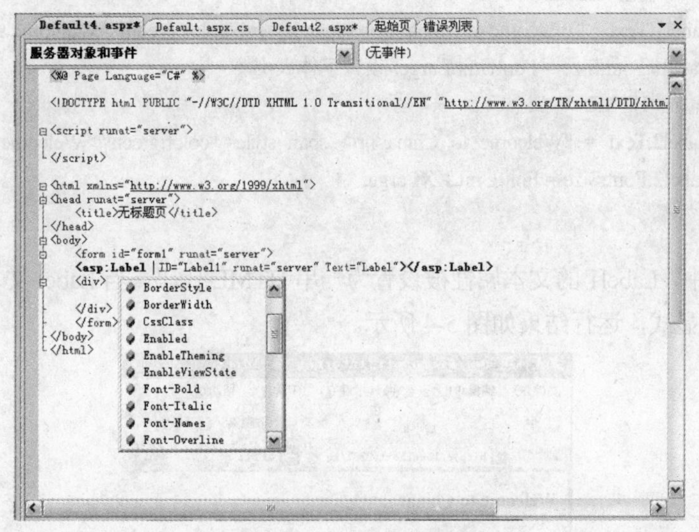

图 5-3　Label 控件的属性

5.2　标准服务器控件

5.2.1　标签控件(Label)

在 Web 应用中，希望显式的文本不能被用户更改，或者当触发事件时，某一段文本能够在运行时更改，这时就可以使用标签控件(Label)。开发人员可以非常方便地将标签控件拖放到页面中，拖放到页面后，该页面将自动生成一段标签控件的声明代码，示例代码如下。

```
<asp:Label ID="Label1" runat="server" Text="Label"></asp:Label>
```

上述代码中，声明了一个标签控件，并将标签控件的 ID 属性设置为默认值 Labcl1。由于该控件是服务器端控件，所以在控件属性中包含 runat=“server”属性。该代码还将标签控件的文本初始化为 Label，开发人员能够配置 Text 属性进行不同文本内容的呈现。通常情况下，控件的 ID 也应该遵循良好的命名规范，以便维护。同样，标签控件的属性能够在相应的.cs 代码中初始化，示例代码如下。

```
protected void Page_PreInit(object sender, EventArgs e)
    {
        Label1.Text = "Welcome to China";//标签赋值
    }
```

上述代码在页面初始化时将 Label1 的文本属性设置为“Welcome to China”。对于 Label 标签，同样也可以显式 HTML 样式，示例代码如下。

```
protected void Page_PreInit(object sender, EventArgs e)
{           //输出 HTML
    Label1.Text = "Welcome to China<hr/><span style=\"color:green\">Welcome to China</span>";
    Label1.Font.Size = FontUnit.Large;/设置字体大小
    //输出 HTML
    Label2.Text = "Welcome to China<hr/><span style=\"color:green\">Welcome to China</span>";
    Label2.Font.Size = FontUnit.XXLarge;
}
```

上述代码中，Label1 的文本属性被设置为一串 HTML 代码，当 Label 文本被呈现时，会以 HTML 效果显式，运行结果如图 5-4 所示。

图 5-4　Label 的 Text 属性的使用

如果开发人员只是为了显示一般的文本或者 HTML 效果，则不推荐使用 Label 控件，因为服务器控件过多，会导致性能问题。使用静态的 HTML 文本能够让页面解析速度更快。显示于 Label 控件中的长文本在小屏幕设备上的呈现效果可能不好。因此，最好使用 Label 控件显示短文本。

5.2.2　TextBox(文本框)控件

TextBox 服务器控件是用来让用户向 ASP.NET 网页输入文本的控件。默认情况下，该控件的 TextMode 属性设置为 TextBoxMode.SingleLine，即显示为一个单行文本框。但也可以将 TextMode 属性设置为 TextBoxMode.MultiLine，以显示多行文本框(该文本框将作为 textarea 元素呈现)。也可以将 TextMode 属性设置为 TextBoxMode.Password，以显示屏蔽用户输入的文本框。通过使用 Text 属性可以获得 TextBox 控件中显示的文本。

说明：将 TextMode 属性设置为 TextBoxMode.Password 可有助于确保在输入密码时其他人无法看到。但是，输入到文本框中的文本没有以任何方式进行加密，为了提高安全性，在发送其中带有密码的页时，可以使用安全套接字层(SSL)和加密。

在 Web 开发中，Web 应用程序通常需要和用户进行交互，例如用户注册、登录、发帖等，那么就需要文本框控件(TextBox)来接受用户输入的信息。开发人员还可以使用文本框控件制作高级的文本编辑器用于 HTML，以及文本的输入与输出。

通常情况下，默认的文本控件(TextBox)是一个单行的文本框，用户只能在文本框中输入一行内容。TextBox 的语法格式如下：

```
<asp:Textbox    id="控件名称"
TextMode=" SingleLine | Multiline | Password"
Text="显示的文字"
      MaxLength="整数，表示输入的最大的字符数"
      Rows="整数，当为多行文本时的行数"
      Columns="整数，当为多行文本时的列数"
      Wrap="True | False，表示当控件内容超过控件宽度时是否自动换行"
      AutoPostBack="True | False，表示在文本修改以后，是否自动上传数据"
      OnTextChanged="当文字改变时触发的事件过程"
      runat="server" />
```

文本框控件常用的控件属性如下。

- AutoPostBack：在文本修改以后，是否自动重传。
- Columns：文本框的宽度。
- EnableViewState：控件是否自动保存其状态以用于往返过程。
- MaxLength：用户输入的最大字符数。
- ReadOnly：是否为只读。
- Rows：作为多行文本框时所显式的行数。
- TextMode：文本框的模式，设置单行、多行或者密码。
- Wrap：文本框是否换行。

1. AutoPostBack(自动回传)属性

在网页的交互中，如果用户提交了表单，或者执行了相应的方法，那么该页面将会发送到服务器上，服务器将执行表单的操作或者执行相应方法，然后再呈现给用户，例如按钮控件、下拉菜单控件等。如果将某个控件的 AutoPostBack 属性设置为 true，则当该控件的属性被修改时，同样会使页面自动发回到服务器。

2. EnableViewState(控件状态)属性

ViewState 是 ASP.NET 中用来保存 Web 控件回传状态的一种机制，它是由 ASP.NET 页面框架管理的一个隐藏字段。在回传发生时，ViewState 数据同样会回传到服务器，ASP.NET 框架解析 ViewState 字符串并为页面中的各个控件填充该属性。而填充后，控件通过使用 ViewState 将数据重新恢复到以前的状态。

在使用某些特殊的控件时，如使用数据库控件，显示数据库时，每次打开页面执行一次数据库往返过程是非常不明智的。开发人员可以绑定数据，在加载页面时仅对页面设置一次，在后续的回传中，控件将自动从 ViewState 中重新填充，从而减少了数据库的往返次数，不使用过多的服务器资源。在默认情况下，EnableViewState 属性的值为 true。

3. 其他属性

上面的两个属性是比较重要的属性，还有其他几个属性也经常使用。

- MaxLength：在注册时可以限制用户输入的字符串长度。
- ReadOnly：如果将此属性设置为 true，那么文本框内的值是无法被编辑的。
- TextMode：此属性可以设置文本框的模式，例如单行、多行和密码形式。默认情况下，不设置 TextMode 属性，那么文本框默认为单行。

在默认情况下，文本框为单行类型，同时文本框模式还包括多行和密码，示例代码如下。

【例 5-1】演示文本框 TextBox 控件的使用。

创建文件 TextBox.aspx，添加代码，或者直接从工具箱中拖拉控件。添加代码如下：

```
    用户名：<asp:TextBox ID="TextBox1" runat="server"></asp:TextBox>
            <br /> <br />
        密码：<asp:TextBox ID="TextBox3" runat="server" TextMode="Password"></asp:TextBox>
            <br /> <br />
        个人简介：<asp:TextBox ID="TextBox2" runat="server" Height="101px"
TextMode="MultiLine"
            Width="325px"></asp:TextBox>
```

上述代码演示了 3 种文本框的使用方法，上述代码运行后的结果如图 5-5 所示。

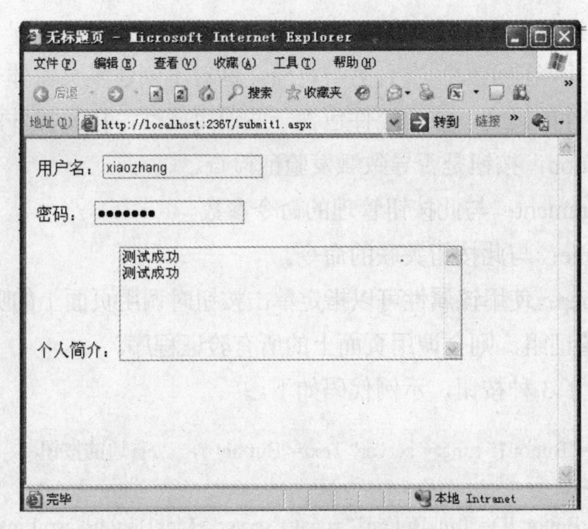

图 5-5 文本框的 3 种形式

无论是在 Web 应用程序开发还是 Windows 应用程序开发中，文本框控件都是非常重要的。文本框在用户交互中能够起到非常重要的作用。

5.2.3 按钮控件(Button、LinkButton、ImageButton)

在 Web 应用程序和用户交互时，常常需要提交表单、获取表单信息等操作。在这其间，按钮控件是非常必要的。按钮控件能够触发事件，或者将网页中的信息回传给服务器。在 ASP.NET 中，包含 3 类按钮控件，分别为 Button、LinkButton、ImageButton。表 5-1 所示是 3 种按钮控件的比较。

表 5-1 按钮控件的比较

控 件	说 明
Button	显示一个标准命令按钮，该按钮呈现为一个 HTML input 元素
LinkButton	呈现为页面中的一个超链接。但是，它包含使窗体被发回服务器的客户端脚本。(可以使用 HyperLink 服务器控件创建真实的超链接。)
ImageButton	将图形呈现为按钮。这对于提供丰富的按钮外观非常有用。ImageButton 控件还提供有关图形内已单击位置的坐标信息

1. 按钮事件

当用户单击任何 Button(按钮)服务器控件时，都会将该页发送到服务器。这使得在基于服务器的代码中，网页被处理，任何挂起的事件被引发。这些按钮还可以引发它们自己的 Click 事件，可以为这些事件编写“事件处理程序”。

2. 按钮回发行为

当用户单击按钮控件时，该页回发到服务器。默认情况下，该页回发到其本身，重新生成相同的页面并处理该页上控件的事件处理程序。

可以配置按钮以将当前页面回发到另一页面。这对于创建多页窗体非常有用。

按钮控件用于事件的提交，按钮控件包含一些通用属性，按钮控件的常用属性包括：

- CausesValidation：按钮是否导致激发验证检查。
- CommandArgument：与此按钮管理的命令参数。
- CommandName：与此按钮关联的命令。
- ValidationGroup：使用该属性可以指定单击按钮时调用页面上的哪些验证程序。如果未建立任何验证组，则会调用页面上的所有验证程序。

下面的语句声明了 3 种按钮，示例代码如下。

```
<asp:Button ID="Button1" runat="server" Text="Button" />  //普通的按钮
        <br /><br />
      <asp:LinkButton ID="LinkButton1" runat="server">LinkButton</asp:LinkButton>     //Link 类
型的按钮
      <br /><br />
      <asp:ImageButton ID="ImageButton1" runat="server" ImageUrl="~\images.jpg"
          AlternateText="this is a ImageButton." />
      //图像类型的按钮
```

对于这 3 种按钮，他们起到的作用基本相同，主要是表现形式不同，如图 5-6 所示。

图 5-6　3 种按钮类型

这 3 种按钮控件对应的事件通常是 Click 单击和 Command 命令事件。在 Click 单击事件中，通常用于编写用户单击按钮时需要执行的事件.

【例 5-2】演示 Button、LinkButton、ImageButton 控件的 Click 单击事件。

(1) 创建文件 Button.aspx，添加如下代码：

```
<asp:Button ID="Button1" runat="server" OnClick="Button1_Click"   Text="Button" />
      //普通的按钮
        <br /><br />
  <asp:LinkButton ID="LinkButton1" runat="server"
OnClick="LinkButton1_Click">LinkButton</asp:LinkButton>     //Link 类型的按钮
```

```
            <br /><br />
        <asp:ImageButton ID="ImageButton1" runat="server"   ImageUrl="~\images.jpg"
            AlternateText="this is a ImageButton." OnClick="ImageButton1_Click"/>
                //图像类型的按钮
        <br />
    <br />
    <asp:Label ID="Label1" runat="server" Text="Label"></asp:Label>
    <br />
    <asp:Label ID="Label2" runat="server" Text="Label"></asp:Label>
    <br />
    <asp:Label ID="Label3" runat="server" Text="Label"></asp:Label>
```

(2) 在 Button.aspx.cs 中添加如下代码：

```
protected void Button1_Click(object sender, EventArgs e)
    {
        Label1.Text = "普通按钮被触发";          //输出信息
    }
    protected void LinkButton1_Click(object sender, EventArgs e)
    {
        Label2.Text = "连接按钮被触发";          //输出信息
    }
    protected void ImageButton1_Click(object sender, ImageClickEventArgs e)
    {
        Label3.Text = "图片按钮被触发";          //输出信息
    }
```

运行后，分别单击 Button、LinkButton 和图片。

上述代码分别为 3 种按钮生成了事件，其代码是将 Label1、Label2、Label3 的文本设置为相应的文本，运行结果如图 5-7 所示。

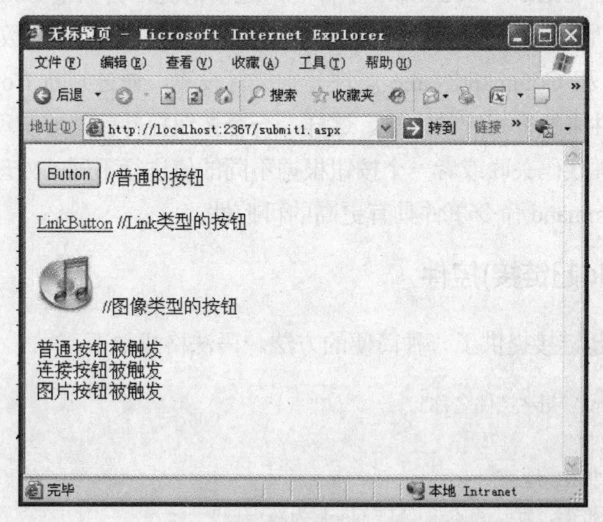

图 5-7　按钮的 Click 事件

按钮控件的 Click 事件并不能传递参数，所以处理的事件相对简单。而 Command 事件可以传递参数，负责传递参数的是按钮控件的 CommandArgument 和 CommandName 属性。如图 5-8 所示。

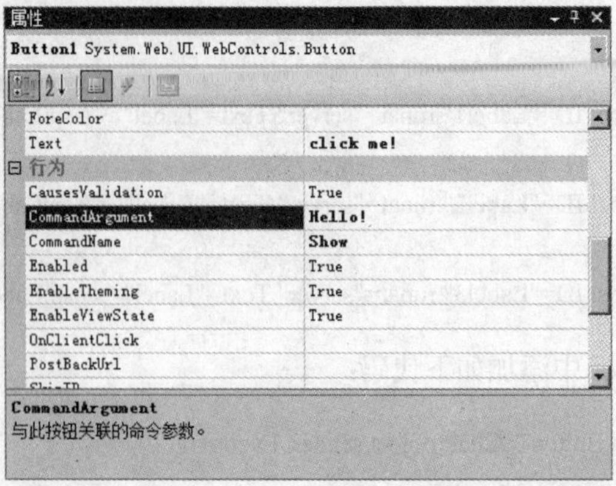

图 5-8　CommandArgument 和 CommandName 属性

将 CommandArgument 和 CommandName 属性分别设置为 Hello!和 Show，创建一个 Command 事件并在事件中编写相应的代码，示例代码如下：

```
protected void Button1_Command(object sender, CommandEventArgs e)
        {   if (e.CommandName == "Show")
//如果 CommandNmae 属性的值为 Show，则运行下面代码
            {
                Label1.Text = e.CommandArgument.ToString();
//CommandArgument 属性的值赋值给 Label1
            }
        }
```

当按钮同时包含 Click 和 Command 事件时，通常情况下会执行 Command 事件。

Command 事件有一些 Click 不具备的好处，就是传递参数。可以对按钮的 CommandArgument 和 CommandName 属性分别进行设置，通过判断 CommandArgument 和 CommandName 属性来执行相应的方法。这样，一个按钮控件就能够实现不同的方法，使得多个按钮与一个处理代码关联或者一个按钮根据不同的值进行不同的处理和响应。相比 Click 单击事件而言，Command 命令事件具有更高的可控性。

5.2.4　HyperLink(超链接)控件

该控件为创建超链接提供了一种简便的方法。语法格式如下：

```
<asp:HyperLink    id="控件名称"
Text="显示文字"
NavigateUrl="URL 地址"
Target="目标框架，默认为本框架，_blank 为新窗口"
runat="server" />
```

如果将图像文件的路径指定为 ImageUrl 属性，那么这个图像就会取代 Text 属性，成为<a>元素中的内容。例如：

```
<asp:HyperLink  id="hyperlink1"  ImageUrl="images/pict.jpg"  Target="_blank"
NavigateUrl=http://www.microsoft.com  Text="Microsoft Official Site"  runat="server"/>
```

5.2.5　图像控件(Image)

图像控件用于在 Web 窗体中显示图像，图像控件常用的属性如下：

- AlternateText：在图像无法显式时显示的备用文本。
- ImageAlign：图像的对齐方式。
- ImageUrl：要显示图像的 URL。

当图片无法显示时，图片将被替换为 AlternateText 属性中的文字，ImageAlign 属性用来控制图片的对齐方式，而 ImageUrl 属性用来设置图像的连接地址。同样，HTML 中也可以使用<img src="" alt="">来替代图像控件，图像控件具有可控性的优点，就是通过编程来控制图像控件，图像控件的基本声明代码如下。

```
<asp:Image ID="Image1" runat="server" />
```

除了显示图形以外，Image 控件的其他属性还允许为图像指定各种文本，各属性含义如下。

- ToolTip：浏览器显式在工具提示中的文本。
- GenerateEmptyAlternateText：如果将此属性设置为 true，则呈现的图片的 alt 属性将设置为空。

开发人员能够为 Image 控件配置相应的属性以便在浏览时呈现不同的样式，也可以直接通过编写 HTML 代码创建并呈现 Image 控件，示例代码如下。

```
<asp:Image ID="Image1" runat="server"
        AlternateText="图片连接失效" ImageUrl="http://www.shangducms.com/images/cms.jpg" />
```

上述代码设置了一个图片控件，当图片失效的时候提示图片连接失效。当双击图像控件时，系统并没有生成事件所需要的代码段，这说明 Image 控件不支持任何事件。

5.2.6　CheckBox(复选框)和 CheckBoxList(复选框列表)控件

CheckBox 控件和 CheckBoxList 控件分别用于向用户提供选项和选项列表。CheckBox 控件适合用在选项不多且比较固定的情况，当选项较多或者需要在运行时动态决定有哪些选项时，使用 CheckBoxList 控件则比较方便。其语法格式如下：

```
< asp:Checkbox  id="控件名称"
        Checked="True | False"
      Text="关联文字，为单选按钮创建标签"
        AutoPostBack="True | False "
      OnCheckedChanged="单击触发的事件过程"
```

```
runat="server" />
```

【例 5-3】演示 CheckBox、CheckBoxList 控件的使用。

(1) 创建 CheckBox.aspx 文件，在设计页面上添加一个 Button，一个 Label，两个 CheckBox 和一个 CheckBoxList 控件。

(2) 在设置 CheckBoxList 的选项的时候可以使用 ListItem 窗口设置。如图 5-9 所示，可以单击编辑项来打开【ListItem 集合编辑器】对话框，如图 5-10 所示。

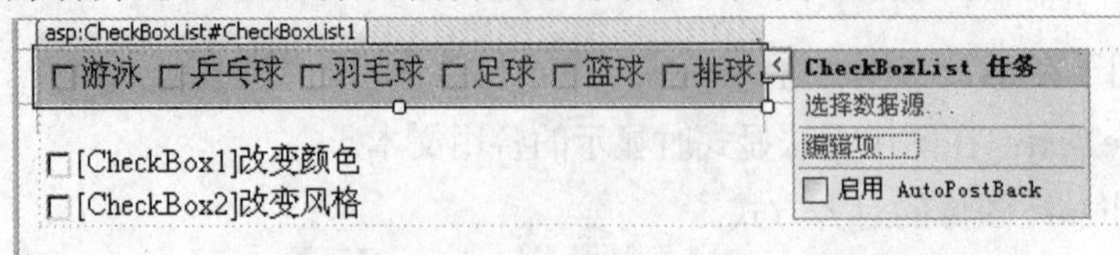

图 5-9 选择 CheckBoxList 任务

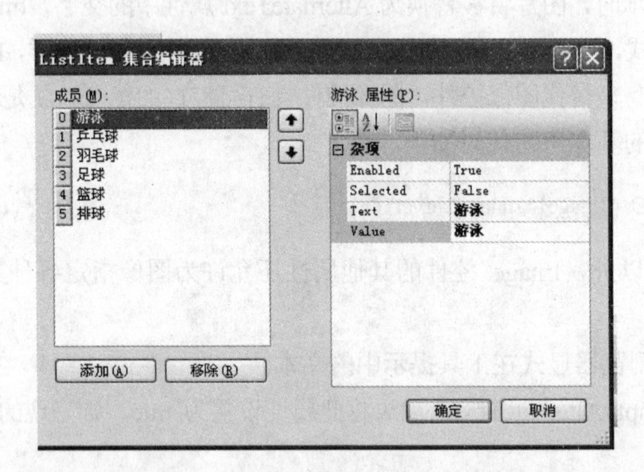

图 5-10 【ListItem 集合编辑器】对话框

(3) 在页面源中添加如下代码：

```
<asp:CheckBoxList ID="CheckBoxList1" runat="server">
            <asp:ListItem>游泳</asp:ListItem>
            <asp:ListItem>乒乓球</asp:ListItem>
            <asp:ListItem>羽毛球</asp:ListItem>
            <asp:ListItem>足球</asp:ListItem>
            <asp:ListItem>篮球</asp:ListItem>
            <asp:ListItem>排球</asp:ListItem>
</asp:CheckBoxList>
<asp:Button ID="Button1" runat="server" onclick="Button1_Click1" Text="Button" />
<br />
        <asp:CheckBox ID="CheckBox1" runat="server"
        oncheckedchanged="CheckBox1_CheckedChanged1" />改变风格
        <br />
          <asp:CheckBox ID="CheckBox2" runat="server"
          oncheckedchanged="CheckBox2_CheckedChanged1" />改变颜色
          <br />
```

```
            <asp:Label ID="Label1" runat="server" Text="Label"></asp:Label>
        <br />
```

(4) 在 CheckBox.aspx.cs 中添加如下代码：

```
using System;
using System.Collections;
using System.Configuration;
using System.Data;
using System.Linq;
using System.Web;
using System.Web.Security;
using System.Web.UI;
using System.Web.UI.HtmlControls;
using System.Web.UI.WebControls;
using System.Web.UI.WebControls.WebParts;
using System.Xml.Linq;
namespace WebApplication1
{
    public partial class submit1 : System.Web.UI.Page
    {
        protected void Page_Load(object sender, EventArgs e)
        {
        }
        protected void Button1_Click1(object sender, EventArgs e)
        {
            string str = "选择结果：";
            Label1.Text = "";
            for (int i = 0; i < CheckBoxList1.Items.Count; i++)
            {
                if (CheckBoxList1.Items[i].Selected)
                {
                    str += CheckBoxList1.Items[i].Text + "、";
                }
            }
            if (str.EndsWith("、") == true) str = str.Substring(0, str.Length - 1);
            Label1.Text = str;
            if (str == "选择结果：")
            {
                string scriptString = "alert('请作出选择！');";

Page.ClientScript.RegisterClientScriptBlock(this.GetType(), "warning!",
                    scriptString, true);
            }
            else
```

```
                {
                    Label1.Visible = true;
                    Label1.Text = str;
                }
            }
    protected void CheckBox1_CheckedChanged1(object sender, EventArgs e)
            {
     this.CheckBoxList1.BackColor =
                CheckBox1.Checked ? System.Drawing.Color.Beige : System.Drawing.Color.Azure;
       CheckBoxList1.RepeatDirection =
                CheckBox1.Checked ? RepeatDirection.Horizontal : RepeatDirection.Vertical;
            }

    protected void CheckBox2_CheckedChanged1(object sender, EventArgs e)
            {
                if (CheckBox2.Checked)
                {
               this.CheckBoxList1.ForeColor = System.Drawing.Color.Red;
                   Label1.ForeColor = System.Drawing.Color.Red;
                }
                else
                {
                    this.CheckBoxList1.ForeColor = System.Drawing.Color.Black;
                    Label1.ForeColor = System.Drawing.Color.Black;
                }
            }
        }
}
```

(5) 运行结果如图 5-11、5-12 所示。

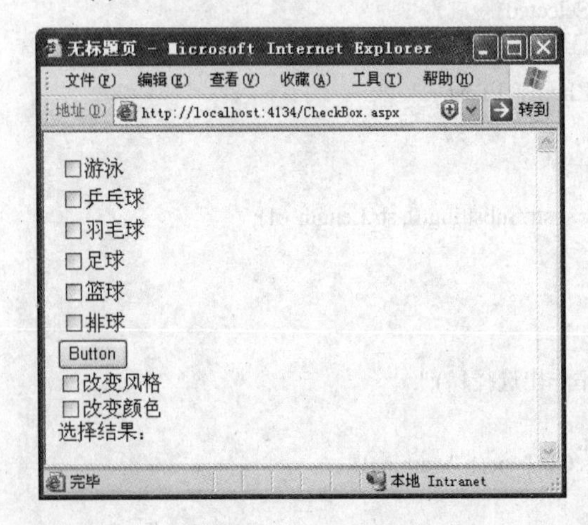

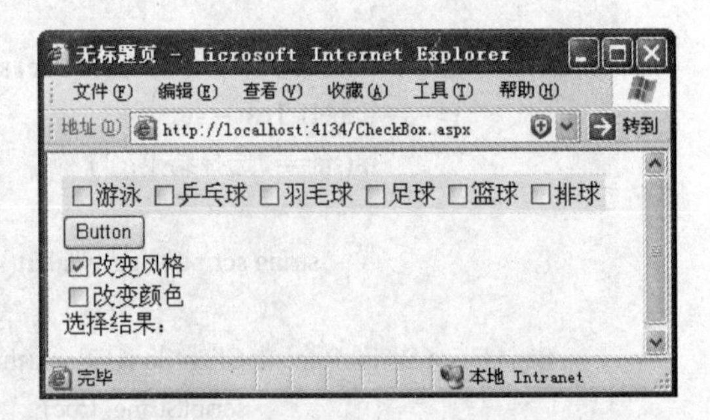

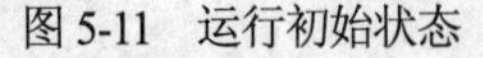
图 5-11　运行初始状态

图 5-12　选择复选框后单击 Button

5.2.7　RadioButton 和 RadioButtonList 控件

在向 ASP.NET 网页添加单选按钮时，可以使用两种服务器控件：单个 RadioButton 控件或 RadioButtonList 控件。这两种控件都允许用户从一小组互斥的预定义选项中进行选择。这些控件允许定义任意数目带标签的单选按钮，并将它们水平或垂直排列。

每类控件都有各自的优点。单个 RadioButton 控件可以更好地控制单选按钮组的布局。例如，可以在各单选按钮之间加入文本(即非单选按钮文本)。

RadioButtonList 控件不允许用户在按钮之间插入文本，但如果想将按钮绑定到数据源，使用这类控件要方便得多。在编写代码以检查所选定的按钮方面，它也稍微简单一些。

1. 对单选按钮分组

单选按钮很少单独使用，通常是进行分组以提供一组互斥的选项。在一个组内，每次只能选择一个单选按钮。有以下两种方法创建分组的单选按钮：

(1) 先向页面中添加单个的 RadioButton 控件，然后将所有这些控件手动分配到一个组中。具有相同组名的所有单选按钮视为单个组的组成部分。

(2) 向页面中添加一个 RadioButtonList 控件。该控件中的列表项将自动进行分组。

2. RadioButton 事件

在单个 RadioButton 控件和 RadioButtonList 控件之间，事件的工作方式略有不同。

单个 RadioButton 控件在用户单击该控件时引发 CheckedChanged 事件。默认情况下，该事件并不导致向服务器发送页面，但通过将 AutoPostBack 属性设置为 true，可以使该控件强制立即发送。

与单个 RadioButton 控件相反，RadioButtonList 控件在用户更改列表中选定的单选按钮时会引发 SelectedIndexChanged 事件。默认情况下，此事件并不导致向服务器发送页面，但可以通过将 AutoPostBack 属性设置为 true 来指定此选项。

【例 5-4】演示单选按钮控件 RadioButton 和单选按钮列表控件 RadioButtonList 的使用。

(1) 切换到 RadioButton.aspx 页的【设计】视图

(2) 从【工具栏】中依次将控件拖动到【设计】视图，添加 TextBox1、RadioButton1 和 RadioButton2 三个控件。

(3) 设置行数值为 1，列数值为 2，单元格衬距值为 2，单元格间距值为 0，边框粗细值为 1，边框颜色值为“#FF00FF”，单击【确定】按钮，【设计】视图上出现一个 1 行 2 列的表格。在第一个单元格中添加 RadioButtonList 控件，第二个单元格中添加 Label 控件、Image 控件和两个 Button 控件添加的代码如下：

```
    <title>RadioButtonList Example</title>
<script language="C#" runat="server">
void Page_Load ( object src, EventArgs e )
{
    if (!Page.IsCallback)
    {
```

```
            if (myList.SelectedIndex > -1)
            {
                msg.Text = myList.SelectedItem.Text;
                Image.ImageUrl = "~/shared/images/" + myList.SelectedItem.Value;
                Image.AlternateText = myList.SelectedItem.Text;
            }
        }
    }
    </script>
    </head>
    <body>
        <form id="form1" runat="server">
                        请输入您的信息：<br />
            姓名：<asp:TextBox ID="TextBox1" runat="server"></asp:TextBox>

            <br />

            性别：<asp:RadioButton ID="RadioButtonMale" runat="server" GroupName="sex"
                Text="男" Checked="True" />
            <asp:RadioButton ID="RadioButtonFemale" runat="server" GroupName="sex"
                Text="女" />
            <br />
            您想看的行星图片
            <div    >RadioButtonList Example<br />
                            </div>
        <table cellpadding="2"
           style="border: 1px ridge #FF00FF;">
        <tr valign="top">
            <td>
              <asp:RadioButtonList id="myList" runat="server" RepeatColumns="2">
                  <asp:listitem selected="True"    value="earth.gif" text="Earth  地球"/>
                  <asp:listitem value="jupiter.gif" text="Jupiter  木星"/>
                  <asp:listitem value="mars.gif" text="Mars  火星"/>
                  <asp:listitem value="mercury.gif" text="Mercury  水星"/>
                  <asp:listitem value="neptune.gif" text="Neptune  海王星"/>
                  <asp:listitem value="pluto.gif" text="Pluto  冥王星"/>
                  <asp:listitem value="saturn.gif" text="Saturn  土星"/>
                  <asp:listitem value="uranus.gif" text="Uranus  天王星"/>
                  <asp:listitem value="venus.gif" text="Venus  金星"/>
              </asp:RadioButtonList>
            </td>
            <td align="center">
              <p><asp:Label id="msg" runat="server" />
              <p><asp:Image id="Image" runat="server" />
```

```
            <p><asp:button ID="Button1" Text="View" runat="server" />
          <asp:Button ID="ButtonOK" runat="server" onclick="ButtonOK_Click" Text="确定"
                style="text-align: center" />
        </td></tr>
    </table>
    </form>
</body>
```

(4) 添加事件处理程序的代码如下。

```
Protected void ButtonOK_Click(object sender, EventArgs e)
{
    string str1, str2, str3= "";
    if (TextBox1.Text == "")
    {
        string   scriptString = "alert('用户名不能为空！');";
        Page.ClientScript.RegisterClientScriptBlock(this.GetType(), "warning", scriptString, true);
    }
    else
    {
        str1 = TextBox1.Text;
        if (RadioButtonMale.Checked)
            {   str2 = "男"; }
        else
            { str2 = "女"; }
        str3 = this .myList.SelectedItem.Text;
        string scriptContent = "alert('您提供的信息是：姓   名："+str1+
              "   性别："+str2+" 选择的行星图片是："+str3+"');";
        Page.ClientScript.RegisterClientScriptBlock(this.GetType(), "success", scriptContent, true);
    }
}
void Page_Load ( object src, EventArgs e )
{
if (!Page.IsCallback)
{
    if (myList.SelectedIndex > -1)
    {
        msg.Text = myList.SelectedItem.Text;
        Image.ImageUrl = "~/shared/images/" + myList.SelectedItem.Value;
        Image.AlternateText = myList.SelectedItem.Text;
    }
  }
}
```

(5) 按 Ctrl+F5 组合键，观看显示效果。

5.2.8　列表控件(DropDownList 和 ListBox)

在 Web 开发中，经常需要使用列表控件，让用户的输入更加简单。例如在用户注册时，用户的所在地是有限的集合，而且用户不喜欢经常输入，这时可以使用列表控件。同样列表控件还能够简化用户输入并且防止用户输入在实际中不存在的数据，如性别的选择等。

1. DropDownList 列表控件

列表控件能在一个控件中为用户提供多个选项，同时还能避免用户输入错误的选项。DropDownList 是一个单项选择下拉列表框控件，其语法格式如下：

```
<asp:DropDownList id="控件名称"
AutoPostBack="True | False"
        OnSelectedIndexChanged="改变选择时触发的事件过程"
runat="server">
        <asp: ListItem    Value="选项值 1"    Selected="True | False">
选项文字 1
</asp: ListItem>
        <asp: ListItem    Value="选项值 2"    Selected="True | False">
选项文字 2
</asp: ListItem>
        ……
</asp:DropDownList >
```

下面的语句声明了一个 DropDownList 列表控件，示例代码如下，效果如图 5-13 所示。

```
<asp:DropDownList ID="DropDownList1" runat="server">
    <asp:ListItem>请选择一门课程</asp:ListItem>
    <asp:ListItem>ASP.NET</asp:ListItem>
    <asp:ListItem>JSP</asp:ListItem>
    <asp:ListItem>PHP</asp:ListItem>
    <asp:ListItem>数据结构</asp:ListItem>
    <asp:ListItem>操作系统</asp:ListItem>
    <asp:ListItem>数据库原理</asp:ListItem>
</asp:DropDownList>
```

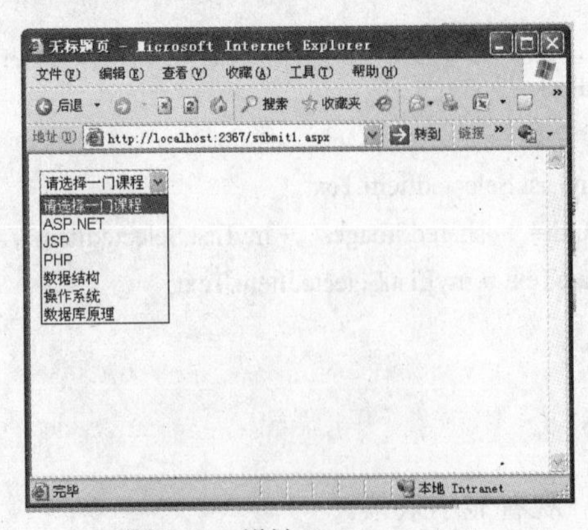

图 5-13　设计 DropDownList

上述代码创建了一个DropDownList列表控件，并手动增加了列表项。同时，DropDownList列表控件也可以绑定数据源控件。DropDownList 列表控件最常用的事件是SelectedIndexChanged，当 DropDownList 列表控件的选择项发生变化时，则会触发该事件，示例代码如下。

```
protected void DropDownList1_SelectedIndexChanged1(object sender, EventArgs e)
{
    Label1.Text = "你选择了" + DropDownList1.Text + "课程";
}
```

上述代码中，当选择的项目发生变化时则会触发该事件。

2. ListBox 列表控件

相对于 DropDownList 控件而言，ListBox 控件可以指定用户是否允许多项选择。设置SelectionMode 属性为 Single 时，表明只允许用户从列表框中选择一个项目，而当SelectionMode 属性设置为 Multiple 时，用户可以按住 Ctrl 键或者使用 Shift 组合键从列表中选择多个数据项。当创建一个 ListBox 列表控件后，开发人员能够在控件中添加所需的项目，添加完成后示例代码如下。

```
<asp:ListBox ID="ListBox1" runat="server"
        onselectedindexchanged="ListBox1_SelectedIndexChanged">
        <asp:ListItem>请选择一门课程</asp:ListItem>
        <asp:ListItem>ASP.NET</asp:ListItem>
        <asp:ListItem>JSP</asp:ListItem>
        <asp:ListItem>PHP</asp:ListItem>
        <asp:ListItem>数据结构</asp:ListItem>
        <asp:ListItem>操作系统</asp:ListItem>
        <asp:ListItem>数据库原理</asp:ListItem>
    </asp:ListBox>
```

从结构上看，ListBox 列表控件的 HTML 样式代码和 DropDownList 控件十分相似。同样，SelectedIndexChanged 也是 ListBox 列表控件中最常用的事件，双击 ListBox 列表控件，系统会自动生成相应的代码。同样，开发人员可以为 ListBox 控件中的选项发生改变时的事件做编程处理，示例代码如下。

```
protected void ListBox1_SelectedIndexChanged(object sender, EventArgs e)
{
    Label1.Text = "你选择了" + ListBox1.Text + "课程";
}
```

上面的程序同样实现了 DropDownList 程序的效果，如图 5-14 所示。所不同的是，如果需要实现让用户选择多个 ListBox 选项，只需要设置其 SelectionMode 属性为“Multiple”即可，如图 5-15 所示。

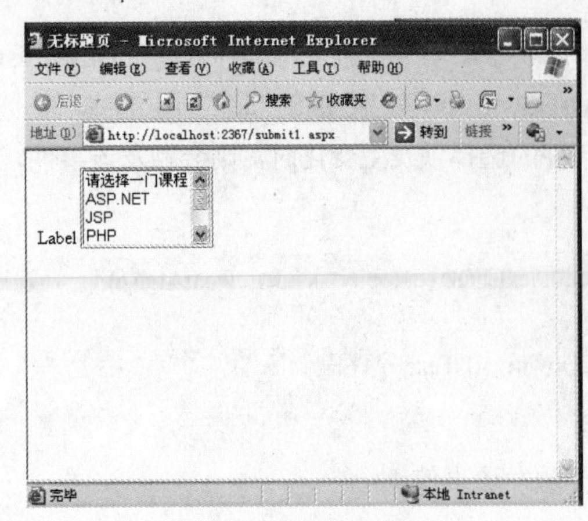

图 5-14　ListBox 单选

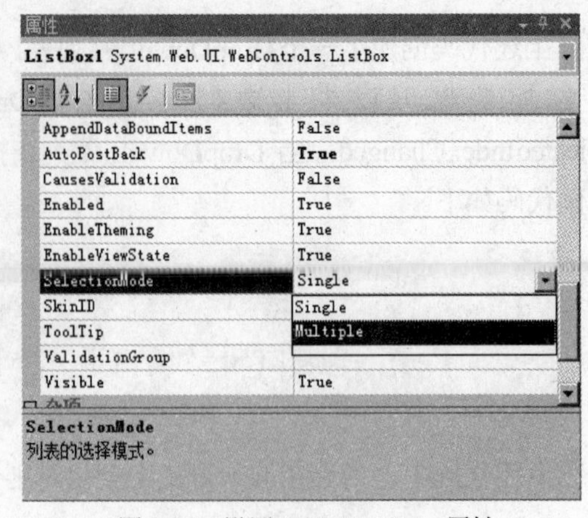

图 5-15　设置 SelectionMode 属性

5.2.9　MultiView 和 View 控件

MultiView 和 View 控件可以制作出选项卡的效果，MultiView 控件用作一个或多个 View 控件的外部容器。View 控件又可包含标记和控件的任何组合。

如果要切换视图，可以使用控件的 ID 或者 View 控件的索引值。在 MultiView 控件中，一次只能将一个 View 控件定义为活动视图。如果某个 View 控件定义为活动视图，则它所包含的子控件会呈现到客户端。可以使用 ActiveViewIndex 属性或 SetActiveView 方法定义活动视图。如果 ActiveViewIndex 属性为空，则 MultiView 控件不向客户端呈现任何内容。如果活动视图设置为 MultiView 控件中不存在的 View，则会在运行时引发 ArgumentOutOfRangeException。

MultiView 控件的一些常用的属性、方法如下：

- ActiveViewIndex 属性：用于获取或设置当前被激活显示的 View 控件的索引值。默认值为－1，表示没有 View 控件被激活。
- SetActiveView 方法：用于激活显示特定的 View 控件。
- ActiveViewChanged 事件：当视图切换时被激发。

MultiView 控件一次显示一个 View 控件，并公开该 View 控件内的标记和控件。通过设置 MultiView 控件的 ActiveViewIndex 属性，可以指定当前可见的 View 控件。

呈现 View 控件内容：未选择某个 View 控件时，该控件不会呈现到页面中。但是，每次呈现页面时都会创建所有 View 控件中的所有服务器控件的实例，并且将这些实例的值存储为页面的视图状态的一部分。

无论是 MultiView 控件还是各个 View 控件，除当前 View 控件的内容外，都不会在页面中显示任何标记。例如，这些控件不会以与 Panel 控件相同的方式来呈现 div 元素；也不支持可以作为一个整体应用于当前 View 控件的外观属性。但是，可以将一个主题分配给 MultiView 或 View 控件，控件将把该主题应用于当前 View 控件的所有子控件。

引用控件：每个 View 控件都支持 Controls 属性，该属性包含该 View 控件中的控件集合。也可以在代码中单独引用 View 控件中的控件。

在视图间导航：除了通过将 MultiView 控件的 ActiveViewIndex 属性设置为要显示的 View

控件的索引值进行导航外，MultiView 控件还支持可以添加到每个 View 控件的导航按钮。

若要创建导航按钮，可以向每个 View 控件添加一个按钮控件(Button、LinkButton 或 ImageButton)。然后可以将每个按钮的 CommandName 和 CommandArgument 属性设置为保留值以使 MultiView 控件移动到另一个视图。

【例 5-5】View 和 MultiView 控件示例。

(1) 在网站根目录下，添加新页面 MultiViewControl.aspx。

(2) 切换到 MultiViewControl.aspx 页的【设计】视图。

(3) 输入静态文本“按书名、类别或出版社搜索？”，如图 5-16 所示，添加 3 个 RadioButton 控件到页面上。切换到【源】视图，修改其 HTML 代码如下：

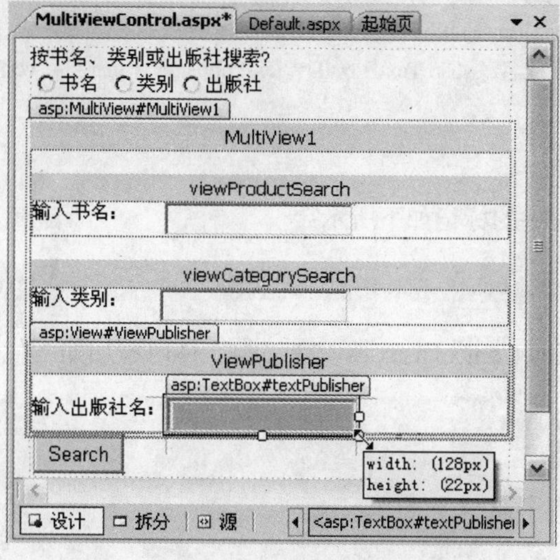

图 5-16　添加控件

```
<asp:RadioButton ID="radioProduct"    runat="server"    autopostback="true"
    GroupName="SearchType"    Text="书名"
    OnCheckedChanged="radioButton_CheckedChanged" />  
<asp:RadioButton ID="radioCategory"    runat="server"    autopostback="true"
    GroupName="SearchType"    Text="类别"
    OnCheckedChanged="radioButton_CheckedChanged" />
<asp:RadioButton ID="radioPublisher"    runat="server"    AutoPostBack="True"
    GroupName="SearchType"    Text="出版社"
    oncheckedchanged="radioButton_CheckedChanged" />
```

请注意将 3 个 RadioButton 的 CheckChanged 事件的处理程序设置为 oncheckedchanged="radioButton_CheckedChanged"，这样单击任意一个 RadioButton，响应它们的处理程序都是相同的。

(4) 从【工具箱】的【标准】选项卡中，拖动【MultiView】控件到页面上，再拖动 3 个 View 控件到【MultiView】上，拖动一个 Button 控件到页面上。

分别单击 3 个 View 控件，将其 ID 属性分别改为 viewProductSearch、viewCategorySearch、ViewPublisher；直接输入静态文本“输入书名”、“输入类别”、“输入出版社名”；从【工具箱】的【标准】选项卡中，拖动 3 个【Textbox】控件分别到 3 个 View 控件上，将其 ID 属性分别修改为 textProductName、textCategory、textPublisher。

(5) 切换到【源】视图中，可以看到如下所示的代码。

```
<asp:MultiView ID="MultiView1" runat="server"> <br />
    <asp:View ID="viewProductSearch" runat="server">
        输入书名： <asp:TextBox ID="textProductName" runat="server"> </asp:TextBox>
    </asp:View> <br />
    <asp:View ID="viewCategorySearch" runat="server">
        输入类别：<asp:TextBox ID="textCategory" runat="server"> </asp:TextBox>
    </asp:View> <br />
    <asp:View ID="ViewPublisher" runat="server">
        输入出版社名：<asp:TextBox ID="textPublisher" runat="server"></asp:TextBox>
    </asp:View>
</asp:MultiView>
```

(6) 设置 Button1 控件的标记如下所示：

```
<asp:Button ID="btnSearch" OnClick="Button1_Click" runat="server" Text="Search" />
```

(7) 切换到 MultiViewControl.aspx.cs，在“类”体内添加如下代码。

```
public enum SearchType
{
    NotSet = -1,
    Products = 0,
    Category = 1,
    Publisher = 2
}
protected void Page_Load(object sender, EventArgs e)
{
    radioProduct.Checked = true;
    MultiView1.ActiveViewIndex = 0;
}
protected void Button1_Click(Object sender, System.EventArgs e)
{
    if (MultiView1.ActiveViewIndex > -1)
    {
        SearchType mSearchType = (SearchType)MultiView1.ActiveViewIndex;
        switch (mSearchType)
        {
            case SearchType.Products:
                DoSearch(textProductName.Text, mSearchType);
                break;
            case SearchType.Category:
                DoSearch(textCategory.Text, mSearchType);
```

```
                    break;
                case SearchType.Publisher:
                    DoSearch(textPublisher.Text, mSearchType);
                    break;
                case SearchType.NotSet:
                    break;
            }
        }
    }

    protected void DoSearch(String searchTerm, SearchType type)
    {
        // Code here to perform a search.
        string scriptString = "alert('"+"您输入的"+searchTerm+"');";
        Page.ClientScript.RegisterClientScriptBlock(this.GetType(), "success", scriptString, true);
        // Response.Write("您输入的"+ searchTerm );
    }

    protected void radioButton_CheckedChanged(Object sender, System.EventArgs e)
    {
        if (radioProduct.Checked)
        {
            MultiView1.ActiveViewIndex = (int)SearchType.Products;
        }
        else if (radioCategory.Checked)
        {
            MultiView1.ActiveViewIndex = (int)SearchType.Category;
        }
        else if (radioPublisher.Checked)
        {
            MultiView1.ActiveViewIndex = (int)SearchType.Publisher;
        }
    }
```

5.2.10　文件上传控件(FileUpload)

在网站开发中，如果需要加强用户与应用程序之间的交互，经常需要上传文件。例如，在论坛中，用户需要上传文件分享信息或在博客中上传视频分享快乐等等。上传文件在 ASP 中是一个比较复杂的问题，可能需要通过组件才能实现文件的上传。而在 ASP.NET 中，开发环境提供了文件上传控件来简化文件上传的开发。当开发人员使用文件上传控件时，将会显示一个文本框，用户可以输入或通过“浏览”按钮浏览并选择希望上传到服务器的文件。

文件上传控件的可视化设置属性较少，大部分都是通过代码控制完成的。当用户选择了一个文件并提交页面后，该文件作为请求的一部分上传，文件将被完整的缓存在服务器内存中。当文件完成上传后，页面才开始运行，在代码运行过程中，可以检查文件的特征，然后保存该文件。同时，文件上传控件在选择文件后，并不会立即执行操作，需要其他的控件来完成操作。

【例 5-6】演示 FileUpload 控件的使用，运行结果如图 5-17 所示。

(1) 创建 FileUpload.aspx 文件，在设计页面中添加如下代码：

```
<form id="form1" runat="server">
            <div>
        <asp:FileUpload ID="FileUpload1" runat="server" />
        <asp:Button ID="Button1" runat="server" Text="选择好了，开始上传" />
            </div>
</form>
```

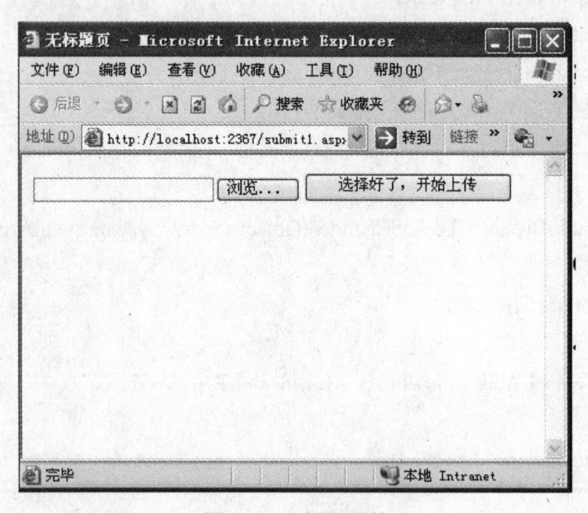

图 5-17　上传文件

(2) 上述代码通过一个 Button 控件来操作文件上传控件，当用户单击按钮控件后就能够将上传控件中选中的文件上传到服务器中，在 FileUpload.aspx.cs 中添加代码，将文件保存在项目文件夹中，并保存为 JPG 格式。但是，通常情况下，用户上传的并不全是 JPG 格式，也有可能是 DOC 等其他格式的文件，在这段代码中，并没有对其他格式进行处理而全部保存为 JPG 格式。同时，也没有对上传的文件进行过滤，存在着极大的安全风险，开发人员可以将相应的文件上传的处理程序更改，以便限制用户上传的文件类型，示例代码如下。

```
protected void Button1_Click(object sender, EventArgs e)
        {
            if (FileUpload1.HasFile)                    //如果存在文件
                {
    string fileExtension = System.IO.Path.GetExtension(FileUpload1.FileName);//获取文件扩展名
            if (fileExtension != ".jpg")            //如果扩展名不等于 jpg 时
                {
                    Label1.Text = "文件上传类型不正确，请上传 jpg 格式";//提示用户重新上传
                }
```

```
                else
                {
                    FileUpload1.PostedFile.SaveAs(Server.MapPath("beta.jpg")); //文件保存
                    Label1.Text = "文件上传成功";                    //提示用户成功
                }
    }
```

上述代码限制了用户只能上传 JPG 格式的文件，如果用户上传的文件不是 JPG 格式，那么用户将被提示上传的文件类型有误并停止文件上传，如图 5-18 所示。如果文件的类型为 JPG 格式，就能够上传文件到服务器的相应目录中，运行上传控件进行文件上传，运行结果如图 5-19 所示。

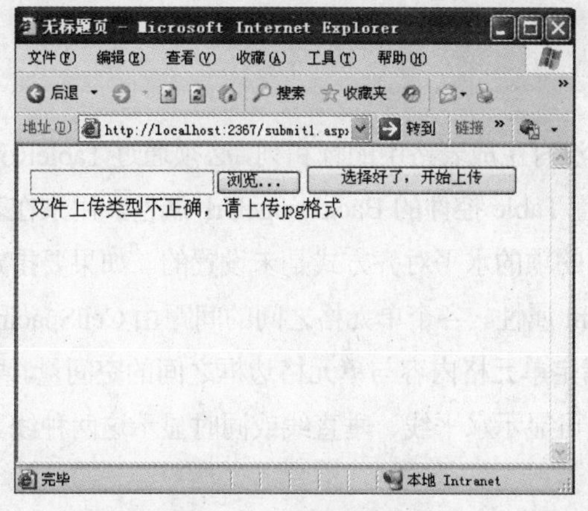

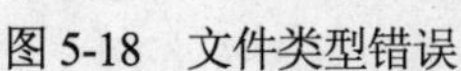
图 5-18　文件类型错误

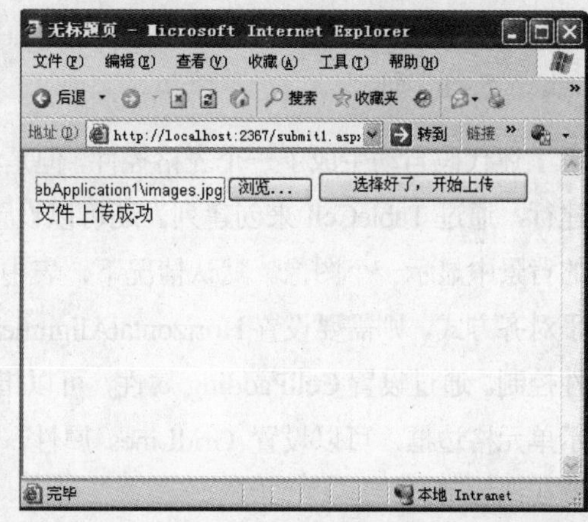

图 5-19　文件类型正确

值得注意的是，在.NET 中，默认上传文件最大为 4M 左右，不能上传超过该限制的任何内容。

5.2.11　广告控件(AdRotator)

AdRotator 服务器控件提供一种在 ASP.NET 网页上显示广告的方法。该控件可以显示.gif 文件或其他图形图像。当用户单击广告时，系统会将他们重定向到指定的目标 URL。

AdRotator 服务器控件可以从数据源(通常是 XML 文件或数据库表)提供的广告列表中自动读取广告信息，如图形文件名和目标 URL。我们可以将信息存储在一个 XML 文件或数据库表中，然后将 AdRotator 控件绑定到相应的数据源。

AdRotator 控件会随机选择广告，每次刷新页面时都将更改显示的广告。广告可以加权以控制广告条的优先级别，这可以使某些广告的显示频率比其他广告高。也可以编写在广告间循环的自定义逻辑。

AdRotator 控件的所有属性都是可选的。XML 文件中可以包括下列属性：

- ImageUrl：要显示的图像的 URL。
- NavigateUrl：单击 AdRotator 控件时要转到的网页的 URL。
- AlternateText：图像不可用时显示的文本。
- Keyword：可用于筛选特定广告的广告类别。

- Impressions：一个指示广告的可能显示频率的数值(加权数值)。在 XML 文件中，所有 Impressions 值的总和不能超过 2,048,000,000 - 1。
- Height：广告的高度(以像素为单位)。此值会重写 AdRotator 控件的默认高度设置。
- Width：广告的宽度(以像素为单位)。此值会重写 AdRotator 控件的默认宽度设置。

5.2.12 表格控件(Table)

Table 控件和 HTML Table 控件非常相似。表格控件(Table)用来提供可编程的表格服务器控件，表中的行可以通过 TableRow 控件创建，表中的列通过 TableCell 控件来实现。当创建一个表控件时，系统生成的代码如下。

```
<asp:Table ID="Tablel" runat="server" Height="121px" Width="177px">
</asp:Table>
```

上述代码自动生成了一个表格控件，但是没有生成表格中的行和列，必须通过 TableRow 创建行，通过 TableCell 来创建列。还可以设置 Table 控件的 BackImageUrl 属性，用来在表格的背景中显示一个图像。默认情况下，表中的项的水平对齐方式是未设置的。如果要指定水平对齐方式，则需要设置 HorizontalAlignment 属性。各个单元格之间的间距由 CellSpacing 属性控制。通过设置 CellPadding 属性，可以指定单元格内容与单元格边框之间的空间量。要显示单元格边框，可以设置 GridLines 属性。可显示水平线、垂直线或同时显示这两种线。示例代码如下。

```
    <asp:TableRow>
      <asp:TableCell>1</asp:TableCell>
      <asp:TableCell>2</asp:TableCell>
      <asp:TableCell>3</asp:TableCell>
    </asp:TableRow>
    <asp:TableRow>
      <asp:TableCell>4</asp:TableCell>
      <asp:TableCell>5</asp:TableCell>
      <asp:TableCell>6</asp:TableCell>
      </asp:TableRow>
      <asp:TableRow>
      <asp:TableCell>7</asp:TableCell>
      <asp:TableCell>8</asp:TableCell>
      <asp:TableCell>9</asp:TableCell>
      </asp:TableRow>
  </asp:Table>
```

上述代码创建了一个三行三列的表格，如图 5-20 所示。

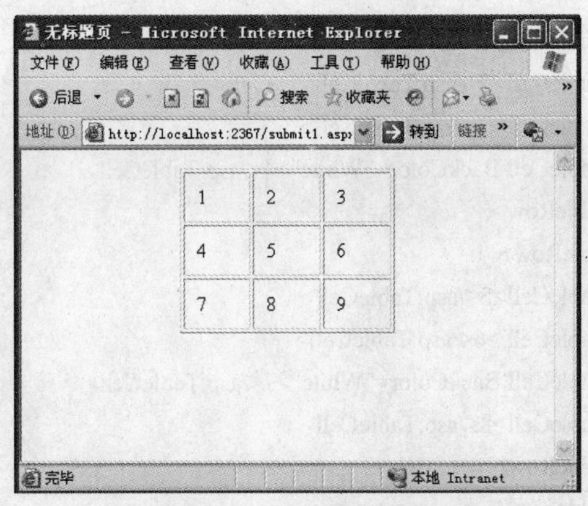

图 5-20　表控件的使用

表控件和静态表的区别在于：表控件能够动态的为表格创建行或列，实现一些特定的程序需求。

【例 5-7】创建一个二行四列的表格，同时创建一个 Button 按钮控件来实现动态增加一行的效果。

```
    <%@ Page Language="C#" %>
<!DOCTYPE html PUBLIC "-//W3C//DTD XHTML 1.0 Transitional//EN"
    "http://www.w3.org/TR/xhtml1/DTD/xhtml1-transitional.dtd">
<script runat="server">
    protected void Button1_Click(object sender, EventArgs e)
    {
        TableRow row = new TableRow();
        Table1.Rows.Add(row);                          //创建一个新行
        for (int i = 9; i < 13; i++)                   //遍历 4 次创建新列
        {
            TableCell cell = new TableCell();          //定义一个 TableCell 对象
            cell.Text = i.ToString();                  //编写 TableCell 对象的文本
            row.Cells.Add(cell);                       //增加列
        }
    }
</script>
<html >
<head>
    <title>Table 控件</title>
</head>
<body style="font-style: italic">
    <form id="form1" runat="server">
    <div>
        <asp:Table ID="Table1" runat="server" Height="121px" Width="177px"
            BackColor="Silver">
        <asp:TableRow ID="row">
```

```
            <asp:TableCell>1</asp:TableCell>
            <asp:TableCell>2</asp:TableCell>
            <asp:TableCell>3</asp:TableCell>
            <asp:TableCell BackColor="White">4</asp:TableCell>
          </asp:TableRow>
          <asp:TableRow>
            <asp:TableCell>5</asp:TableCell>
            <asp:TableCell >6</asp:TableCell>
            <asp:TableCell BackColor="White">7</asp:TableCell>
            <asp:TableCell>8</asp:TableCell>
          </asp:TableRow>
          </asp:Table>
          <br />
          <asp:Button ID="Button1" runat="server" Text="添加" onclick="Button1_Click" />
      </div>
      </form>
</body>
```

页面运行效果如图 5-21 所示，单击【添加】按钮，系统会在表格中创建新行，如图 5-22 所示。

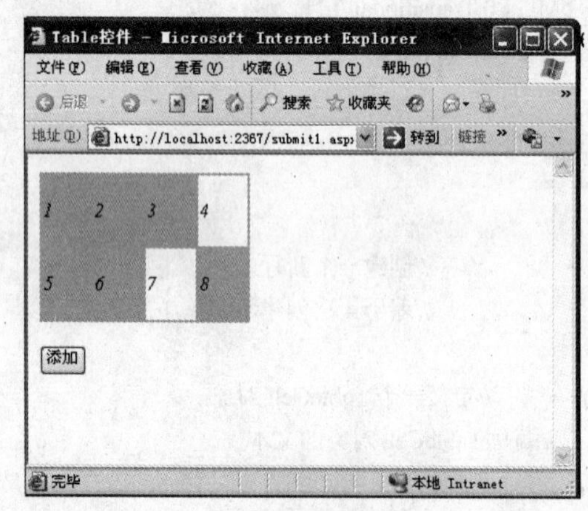

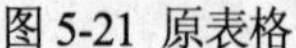
图 5-21　原表格

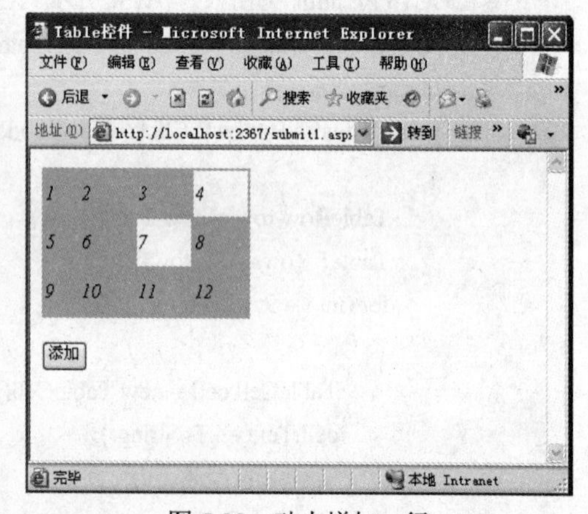

图 5-22　动态增加一行

在动态创建行和列的时候，也可以修改行和列的样式等属性，创建自定义样式的表格。通常，表不仅可用来显示表格的信息，还是一种传统的布局网页的形式，创建网页表格有如下几种形式：

- HTML 格式的表格：即<table>标记显示的静态表格。
- HtmlTable 控件：将传统的<table>控件通过添加 runat="server"属性将其转换为服务器控件。
- Table 表格控件：就是本节介绍的表格控件。

虽然创建表格有以上 3 种方法，但是推荐开发人员尽量使用静态表格，当不需要对表格做任何逻辑事物处理时，最好使用 HTML 格式的表格，因为这样可以极大地降低页面逻辑、增强性能。

5.2.13 Literal 控件和 Panel 控件

Literal 控件和 Panel 控件均可作为容器控件，但二者的适用场合不同，下面分别介绍。

1. Literal 控件

Literal 控件可以作为页面上其他内容的容器，常用于向页面中动态添加内容。

对于静态内容，无需使用容器，可以将标记作为 HTML 直接添加到页面中。但是，如果要动态添加内容，则必须将内容添加到容器中。典型的容器有 Label 控件、Literal 控件、Panel 控件和 PlaceHolder 控件。

Literal 控件与 Label 控件的区别在于 Literal 控件不向文本中添加任何 HTML 元素。(Label 控件将呈现一个 span 元素。)因此，Literal 控件不支持包括位置属性在内的任何样式属性。但是，Literal 控件允许指定是否对内容进行编码。

Panel 和 PlaceHolder 控件呈现为 div 元素，这将在页面中创建离散块，与 Label 和 Literal 控件进行内嵌呈现的方式不同。

通常情况下，当希望文本和控件直接呈现在页面中而不使用任何附加标记时，可以使用 Literal 控件。

Literal 控件最常用的属性是 Mode 属性，该属性用于指定控件对您所添加的标记的处理方式。可以将 Mode 属性设置为以下值：

- Transform：将对添加到容器中的任何标记进行转换，以适应请求浏览器的协议。如果向使用 HTML 外的其他协议的移动设备呈现内容，此设置非常有用。
- PassThrough：添加到容器中的任何标记都将按原样呈现在浏览器中。
- Encode：将使用 HtmlEncode 方法对添加到容器中的任何标记进行编码，这会将 HTML 编码转换为其文本表示形式。例如，<b>标记将呈现为<b>。当希望浏览器显示而不解释标记时，编码将很有用。编码对于安全也很有用，有助于防止在浏览器中执行恶意标记。显示来自不受信任的源字符串时推荐使用此设置。

2. Panel 控件

Panel 控件在 ASP.NET 网页内提供了一种容器控件，可以将它用作静态文本和其他控件的父控件，向该控件中添加其他控件和静态文本。

可以将 Panel 控件用作其他控件的容器。当以编程的方式创建内容并需要一种将内容插入到页面中的方法时，Panel 控件尤为适用。以下部分描述了可以使用 Panel 控件的其他方法。

(1) 动态生成的控件的容器

Panel 控件为在运行时创建的控件提供了一个方便的容器。

(2) 对控件和标记进行分组

对于一组控件和相关的标记，可以通过把其放置在 Panel 控件中，然后操作此 Panel 控件将它们作为一个单元进行管理。例如，可以通过设置 Panel 控件的 Visible 属性来隐藏或显示该面板中的一组控件。

(3) 具有默认按钮的窗体

可以将 TextBox 控件和 Button 控件放置在 Panel 控件中，然后通过将 Panel 控件的 DefaultButton 属性设置为面板中某个按钮的 ID 来定义一个默认的按钮。如果用户在面板内的文本框中进行输入并按 Enter 键，这与用户单击特定的默认按钮具有相同的效果。这有助于用户更有效地使用项目窗体。

(4) 向其他控件添加滚动条

有些控件(如 TreeView 控件)没有内置的滚动条。通过在 Panel 控件中放置滚动条控件，可以添加滚动行为。若要向 Panel 控件添加滚动条，需要设置 Height 和 Width 属性，将 Panel 控件限制为特定的大小，然后再设置 ScrollBars 属性。

(5) 页上的自定义区域

可以使用 Panel 控件在页面上创建具有自定义外观和行为的区域，如下所示：

- 创建一个带标题的分组框：可以设置 GroupingText 属性来显示标题。呈现页时，Panel 控件的周围将显示一个包含标题的框，其标题就是 GroupingText 属性。不能在 Panel 控件中同时指定滚动条和分组文本。如果设置了分组文本，其优先级高于滚动条。
- 在页面上创建具有自定义颜色或其他外观的区域：Panel 控件支持外观属性(如 BackColor 和 BorderWidth)，可以设置外观属性为页面上的某个区域创建独特的外观。

5.3 验证控件

在交互式的页面中，我们经常使用输入控件来收集用户填写的信息。为了确保用户提交到服务器的信息在内容和格式上都是合法的，就必须编写代码来验证用户输入内容。可以在客户端用 JavaScript 代码进行验证，也可以在页面提交到服务器上后进行验证，不管哪种方式，都是一项特别繁琐的工作。

ASP.NET 中的验证控件为我们提供了方便，它们基本涉及所有的常见验证情况。可以验证服务器控件中用户的输入，并在验证失败的情况下显示一条自定义的错误消息。验证控件直接在客户端执行，用户提交后执行相应的验证，无需使用服务器端验证操作，从而减少了服务器与客户端之间的往返过程。

5.3.1 验证控件及其作用

ASP.NET 验证控件是一个服务器控件集合，允许这些控件验证关联的输入服务器控件(如 TextBox)，并在验证失败时显示自定义消息，每个验证控件执行特定类型的验证。一个输入控件可以同时被多个验证控件关联验证。ASP.NET 提供的验证控件如表 5-2 所示。

表 5-2　ASP.NET 的验证控件

验证类型	使用的控件	说　明
必选项	RequiredFieldValidator	必选项验证控件，验证一个必填字段，如果这个字段没填，那么，将不能提交信息
与某值的比较	CompareValidator	比较验证：将用户输入与一个常数值或者另一个控件或特定数据类型的值进行比较(使用小于、等于或大于等比较运算符)，同时也可以用来校验控件中的内容的数据类型：如整型、字符串型等。如密码和确认密码两个字段是否相等
范围检查	RangeValidator	范围验证：RangeValidator 控件可以用来判断用户输入的值是否在某一特定范围内。可以检查数字对、字母对和日期对限定的范围。属性 MaximumValue 和 MinimumValue 用来设置范围的最大值和最小值
模式匹配	RegularExpressionValidator	正则表达式验证：它根据正则表达式来验证用户输入字段的格式是否合法，如电子邮件、身份证、电话号码等。ControlToValidate 属性选择需要验证的控件，ValidationExpression 属性则编写需要验证的表达式的样式
用户定义	CustomValidator	用户定义验证控件，使用您自己编写的验证逻辑检查用户输入。此类验证使您能够检查在运行时派生的值。在运行定制的客户端 JavaScript 或 VBScript 函数时，可以使用这个控件
验证汇总	ValidationSummary	验证汇总：该控件不执行验证，但该控件将本页所有验证控件的验证错误信息汇总为一个列表并集中显示，列表的显示方式由 DisplayMode 属性设置

因此，可通过使用 CompareValidator 和 RangeValidator 控件分别检查某个特定值或值范围；还可以使用 CustomValidator 控件定义自己的验证条件，还可以使用 ValidationSummary 控件显示网页上所有验证控件的结果摘要。

在 ASP.NET 中，输入服务器控件中可以被验证控件关联验证的属性如表 5-3 所示。

表 5-3　可以被验证控件关联验证的属性

输入服务器控件	被验证的属性
HtmlInputText	Value
HtmlTextArea	Value
HtmlSelect	Value
HtmlInputFile	Value
TextBox	Text
ListBox	SelectedItem.Value
DropDownList	SelectedItem.Value
RadioButtonList	SelectedItem.Value

5.3.2　验证控件的属性和方法

所有的验证控件都继承自 BaseValidator 类，BaseValidator 类为所有的验证控件提供了一些公用的属性和方法，如表 5-4 所示。

表 5-4　验证控件的公共属性和方法

成　员	含　义
ControlToValidate 属性	验证控件将验证的输入控件的 ID，如果此为非法 ID，则引发异常
Display 属性	指定的验证控件的显示行为
EnableClientScript 属性	指示是否启用客户端验证，通过将 EnableClientScript 属性设置为 false，可在支持此功能的浏览器上禁用客户端验证
Enabled 属性	指示是否启用验证控件，通过将该属性设置为 false 可以阻止验证控件验证输入控件
ErrorMessage 属性	当验证失败时在 ValidationSummary 控件中显示的错误信息。如果未设置验证控件的 Text 属性，则验证失败时，验证控件中仍显示此文本。ErrorMessage 属性通常用于为验证控件和 ValidationSummary 控件提供各种消息
ForeColor 属性	指定当验证失败时用于显示错误消息的文本颜色
IsValid 属性	指示 ControlToValidate 属性所指定的输入控件是否被确定为有效
Text 属性	此属性设置后，验证失败时会在验证控件中显示此消息。如果未设置此属性，则在该控件中显示 ErrorMessage 属性中指定的文本
Validate 方法	验证相关的输入控件，并更新 IsValid 属性

验证控件总是在服务器上执行验证检查。它们还具有完整的客户端实现，该实现允许支持 DHTML 的浏览器(如 Microsoft Internet Explorer 4.0 或更高版本)在客户端执行验证。客户端验证通过在向服务器发送用户输入前检查用户输入来增强验证过程。在提交窗体前即可在客户端检测到错误，从而避免了服务器端验证所需信息的来回传递。

客户端的验证经常被使用，因为它有非常快的响应速度。如果不需要客户端验证，可以利用 EnableClientScript 属性关闭该功能。通过将 EnableClientScript 属性设置为 false，可在支持此功能的浏览器上禁用客户端验证。

每个验证控件，以及 Page 对象本身，都有一个 IsValid 属性，利用该属性可以进行页面有效性的验证，只有当页面上的所有验证都成功时，Page.IsValid 属性才为真。

默认情况下，在单击按钮控件(如 Button、ImageButton 或 LinkButton)时执行验证。可通过将按钮控件的 CausesValidation 属性设置为 false 来禁止在单击按钮控件时执行验证。“取消”或“清除”按钮的该属性通常设置为 false，以防止在单击按钮时执行验证。

5.3.3　表单验证控件(RequiredFieldValidator)

在实际应用中，如在用户填写表单时，有一些项目是必填项，例如用户名和密码。在

ASP.NET 中，系统提供了 RequiredFieldValidator 验证控件进行验证。使用 RequiredFieldValidator 控件能够指定用户在特定的控件中必须提供相应的信息，如果不填写相应的信息，RequiredFieldValidator 控件就会提示相应的错误信息。其语法格式如下：

```
<asp:RequiredFieldValidator id="控件名称"
Display="Dynamic | Static | None"
ControlToValidate="被验证的控件的名称"
        ErrorMessage="错误发生时的提示信息"
        runat="server" />
```

下面的语句声明了一个 RequiredFieldValidator 控件，示例代码如下。

```
<body>
    <form id="form1" runat="server">
    <div>
        姓名:<asp:TextBox ID="TextBox1" runat="server"></asp:TextBox>
            <asp:RequiredFieldValidator ID="RequiredFieldValidator1" runat="server"
                ControlToValidate="TextBox1"
ErrorMessage="姓名和密码 NotNull">
</asp:RequiredFieldValidator><br />
        密码:<asp:TextBox ID="TextBox2" runat="server"></asp:TextBox><br />
            <asp:Button ID="Button1" runat="server" Text="登陆" /><br />
    </div>
    </form>
</body>
```

在进行验证时，RequiredFieldValidator 控件必须绑定一个服务器控件，在上述代码中，验证控件 RequiredFieldValidator 绑定的服务器控件为 TextBox1，当 TextBox1 中的值为空时，则会提示自定义错误信息“姓名和密码 Not Null”，如图 5-23、5-24 所示。

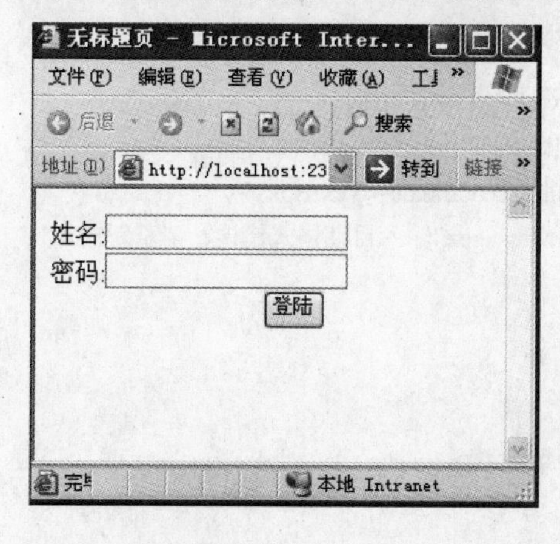

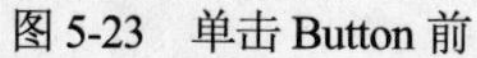

图 5-23　单击 Button 前

图 5-24　RequiredFieldValidator 控件检测

5.3.4　比较验证控件(CompareValidator)

当用户输入信息时，难免会输入错误信息，如当需要了解用户的生日时，用户很可能输入了其他的字符串。CompareValidator 控件用于将输入控件的值与常数值或其他输入控件的值相比较，以确定这两个值是否与由比较运算符(小于、等于、大于等等)指定的关系相匹配。CompareValidator 控件的特有属性如下所示：

- ControlToCompare：以字符串形式输入的表达式。要与另一控件的值进行比较。
- Operator：要使用的比较运算。
- Type：要比较两个值的数据类型。
- ValueToCompare：以字符串形式输入的表达式。

CompareValidator 控件能够将用户输入到一个输入控件(如 TextBox 控件)中的值与输入到另一个输入控件中的值或某个常数值进行比较。还可以使用 CompareValidator 控件确定输入到输入控件中的值是否可以转换为 Type 属性指定的数据类型。

通过设置 ControlToValidate 属性来指定要验证的输入控件。如果要将特定的输入控件与另一个输入控件进行比较，只需用要比较的控件的名称设置 ControlToCompare 属性即可。也可以将一个输入控件的值同某个常数值相比较，而不是比较两个输入控件的值。通过设置 ValueToCompare 属性来指定要比较的常数值。

Operator 属性用于指定要执行的比较类型，如大于、等于等。如果将 Operator 属性设置为 ValidationCompareOperator.DataTypeCheck，则 CompareValidator 控件将忽略 ControlToCompare 和 ValueToCompare 属性并且只表明输入控件中输入的值是否可以转换为 Type 属性指定的数据类型。

当使用 CompareValidator 控件时，可以方便的判断用户的输入是否正确，示例代码如下。

```
<body>
    <form id="form1" runat="server">
    <div>
        请输入开学日期:
        <asp:TextBox ID="TextBox1" runat="server"></asp:TextBox>
        <br />
        请输入放假日期:
        <asp:TextBox ID="TextBox2" runat="server"></asp:TextBox>
        <asp:CompareValidator ID="CompareValidator1" runat="server"
            ControlToCompare="TextBox2" ControlToValidate="TextBox1"
            CultureInvariantValues="True" ErrorMessage="输入日期格式错误！请重新输入！"
            Operator="GreaterThan"
            Type="Date">
        </asp:CompareValidator>
        <br />
        <asp:Button ID="Button1" runat="server" Text="Button" />
        <br />
    </div>
    </form>
</body>
```

上述代码判断 TextBox1 的输入格式是否正确，当输入的格式错误时，会提示错误。运行结果如图 5-25、5-26 所示。

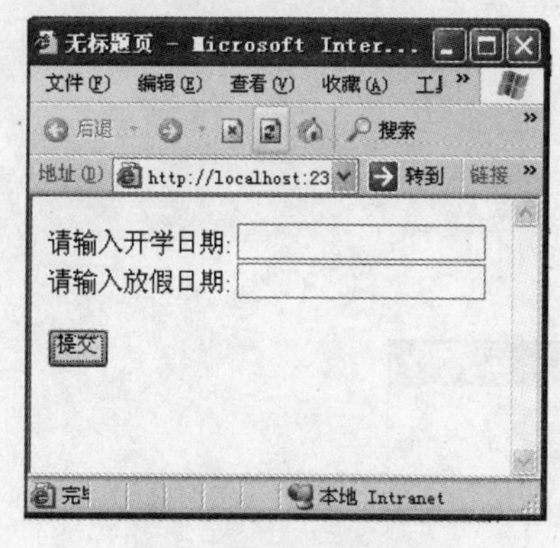

图 5-25 单击【提交】前

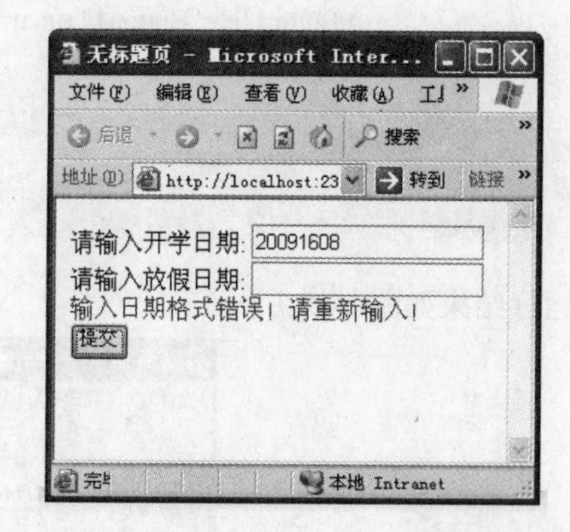

图 5-26　CompareValidator 控件测试

5.3.5　范围验证控件(RangeValidator)

范围验证控件(RangeValidator)可以检查用户的输入是否在指定的上限与下限之间。通常用于检查数字、日期、货币等。有以下几个属性：

- MinimumValue：指定有效范围的最小值。
- MaximumValue：指定有效范围的最大值。
- Type：指定要比较的值的数据类型。

RangeValidator 控件可以检查用户的输入是否在指定的上限与下限之间。可以检查数字对、字母对和日期对限定的范围。边界表示为常数。使用 ControlToValidate 属性指定要验证的输入控件。MinimumValue 和 MaximumValue 属性分别指定有效范围的最小值和最大值。Type 属性用于指定要比较的值的数据类型。在执行任何比较之前，先将要比较的值转换为该数据类型。

```
<body>
    <form id="form1" runat="server">
    <div>
        请输入开学日期:
        <asp:TextBox ID="TextBox1" runat="server"></asp:TextBox>
        <br />
        请输入放假日期:
        <asp:TextBox ID="TextBox2" runat="server"></asp:TextBox>
        <asp:RangeValidator ID="RangeValidator1" runat="server"
            ControlToValidate="TextBox1"    ErrorMessage="超出规定范围，请重新填写"
            MaximumValue="2010/1/1" MinimumValue="2007/1/1" Type="Date">
            </asp:RangeValidator>
        <asp:RangeValidator ID="RangeValidator2" runat="server"
            ControlToValidate="TextBox2"    ErrorMessage="超出规定范围，请重新填写"
            MaximumValue="2010/1/1" MinimumValue="2007/1/1" Type="Date">
```

```
            </asp:RangeValidator>
            <br />
            <asp:Button ID="Button1" runat="server" Text="提交" />
            <br />
        </div>
        </form>
    </body>
```

运行结果如图 5-27 所示。

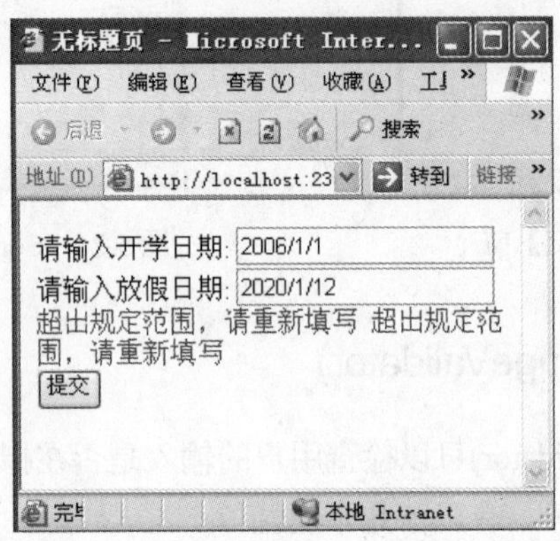

图 5-27　RangeValidator 验证控件示例

5.3.6　自定义验证控件(CustomValidator)

有时候要进行的验证操作对于标准验证控件来说太复杂了，此时可以用 CustomValidator 控件来进行验证。该控件用自定义的函数验证方式，验证函数在页面的代码块中定义。其语法格式如下：

```
<asp: CustomValidator id="控件名称"
      ControlToValidate="被验证的控件的名称"
      ClientValidationFunction="客户端验证函数"
       OnServerValidate="服务器端验证函数"
       ErrorMessage="错误发生时的提示信息"
      Display="Dynamic | Static | None"
      runat="server" />
```

若要创建服务器端验证函数，需要为执行验证的 ServerValidate 事件提供处理程序。通过将 ServerValidateEventArgs 对象的 Value 属性作为参数传递到事件处理程序，可以访问来自要验证的输入控件的字符串。验证结果将被存储在 ServerValidateEventArgs 对象的 IsValid 属性中。

CustomValidator 控件同样也可以在客户端实现验证，该验证函数可用 VBScript 或 Javascript 来实现，而在 CustomValidator 控件中需要使用 ClientValidationFunction 属性指定与 CustomValidator 控件相关的客户端验证脚本的函数名称。

5.3.7　正则验证控件(RegularExpressionValidator)

上述控件中，虽然能够实现一些验证，但是其验证能力是有限的，例如，在验证过程中，只能验证是否是数字，或者是否是日期。也可能在验证时，只能验证一定范围内的数值，虽然这些控件提供了一些验证功能，但却限制了开发人员进行自定义验证和错误信息的开发。为了实现一个验证，很可能需要多个控件同时搭配使用。正则验证控件就解决了这个问题，正则验证控件的功能非常强大，它用于确定输入控件的值是否与某个正则表达式所定义的模式相匹配，如电子邮件、电话号码以及序列号等。其语法格式如下：

```
<asp:RegularExpressionValidator id="控件名称"
        ControlToValidate="被验证的控件的名称"
        ValidationExpression="正则表达式"
        ErrorMessage="错误发生时的提示信息"
        Display="Dynamic | Static | None"
        runat="server" />
```

ValidationExpression 属性用于指定验证条件的正则表达式。常用的正则表达式字符及其含义如表 5-5 所示。

表 5-5　常用正则表达式字符及其含义

正则表达式字符	含　义
[……]	匹配括号中的任何一个字符
[^……]	匹配不在括号中的任何一个字符
\w	匹配任何一个字符(a~z、A~Z 和 0~9)
\W	匹配任何一个空白字符
\s	匹配任何一个非空白字符
\S	与任何非单词字符匹配
\d	匹配任何一个数字(0~9)
\D	匹配任何一个非数字(^0~9)
[\b]	匹配一个退格键字符
{n,m}	最少匹配前面表达式 n 次，最大为 m 次
{n,}	最少匹配前面表达式 n 次
{n}	恰恰匹配前面表达式 n 次
?	匹配前面表达式 0 或 1 次{0,1}
+	至少匹配前面表达式 1 次{1,}
*	至少匹配前面表达式 0 次{0,}
|	匹配前面表达式或后面表达式
(…)	在单元中组合项目
^	匹配字符串的开头
$	匹配字符串的结尾
\b	匹配字符边界
\B	匹配非字符边界的某个位置

下面再来列举几个常用的正则表达式。

- 验证电子邮件：\w+([-+.]\w+)*@\w+([-.]\w+)*\.\w+([-.]\w+)*或\S+@\S+\.\S+。
- 验证网址：HTTP：//\S+\.\S+或 HTTP：//\S+\.\S+。
- 验证邮政编码：\d{6}。
- [0-9]：表示 0~9 十个数字。
- \d*：表示任意个数字。
- \d{3,4}-\d{7,8}：表示中国大陆的固定电话号码。
- \d{2}-\d{5}：验证由两位数字、一个连字符再加 5 位数字组成的 ID 号。
- <\s*(\S+)(\s[^>]*)?>[\s\S]*<\s*\/\1\s*>：匹配 HTML 标记。

在 Visual Studio 2008 中打开现有的.aspx 页，并切换到【设计】视图。从【工具箱】的【验证】组中，将 RegularExpressionValidator 控件拖动到页面上。选择此控件，然后在【属性】窗口中，单击 ValidationExpression 属性右边的省略号按钮，即可打开【正则表达式编辑器】对话框，如图 5-28 所示。

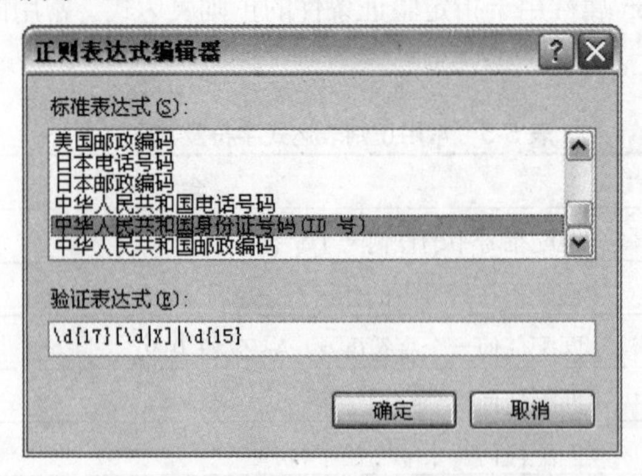

图 5-28　【正则表达式编辑器】对话框

同样，开发人员也可以自定义正则表达式来规范用户的输入。使用正则表达式能够加快验证速度并在字符串中快速匹配，另一方面，使用正则表达式能够减少复杂应用程序的功能开发和实现。在用户输入为空时，其他的验证控件都会验证通过。所以，在验证控件的使用中，通常需要同表单验证控件(RequiredFieldValidator)一起使用。

5.3.8　验证组控件(ValidationSummary)

ValidationSummary 控件本身没有验证功能，但是可以集中显示所有未通过验证的控件的错误提示信息，其语法格式如下：

```
<asp:ValidationSummary id="控件名称"
    HeaderText="标题文字"
  DisplayMode="List | ButtetList | SingleParagraph，将摘要显示为列表、项目符号列表或单个段落"
      ShowSummary= "True|False，控制显示还是隐藏 ValidationSummary 控件"
      ShowMessageBox="True|False，是否在消息框中显示摘要"
    runat="server" />
```

使用 ValidationSummary 控件可以为用户提供将窗体发送到服务器时所出现的错误列表。ValidationSummary 控件中为页面上每个验证控件显示的错误信息，是由每个验证控件的 ErrorMessage 属性指定的。如果没有设置验证控件的 ErrorMessage 属性，将不会在 ValidationSummary 控件中为该验证控件显示错误信息。

当有多个错误发生时，ValidationSummary 控件能够捕获多个验证错误并呈现给用户，这样就避免了一个表单需要多个验证时需要使用多个验证控件进行绑定，使用 ValidationSummary 控件就无需为每个需要验证的控件进行绑定。

5.3.9 禁用数据验证

在特定条件下，可能需要避开验证。例如，在一个页面中，即使用户没有正确填写所有验证字段，也应该可以提交该页。这时就需要设置 ASP.NET 服务器控件避开客户端和服务器的验证。可以通过以下 3 种方式禁用数据验证：

- 在特定控件中禁用验证：将相关控件的 CausesValidation 属性设置为 false。
- 禁用验证控件：将验证控件的 Enabled 属性设置为 false。
- 禁用客户端验证：将验证控件的 EnableClientScript 属性设置为 false。

5.4 登录控件

对于目前常用的网站系统，登录已经成为一个必不可少的功能，例如论坛、电子邮箱、在线购物等。登录功能能够让网站准确地验证用户身份。用户访问该网站时，可以注册并登录，登录后的用户还能够注销登录状态以保证用户资料的安全性。ASP.NET 提供了一系列登录控件方便登录功能的开发。

5.4.1 登录控件(Login)

登录控件是一个复合控件，它包含用户名和密码文本框，以及一个询问用户是否希望在下一次访问该页面时记住其身份的复选框。当用户选中该复选框时，下一次用户访问此网站，将自动进行身份验证。创建一个登录控件，系统会自动生成相应的 HTML 代码。如图 5-29 所示。

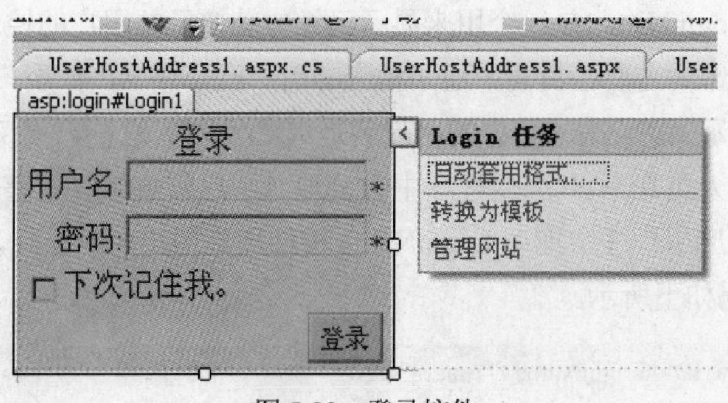

图 5-29 登录控件

开发人员能够使用登录控件执行用户登录操作而无需编写复杂的代码，登录控件常用的属性如下。

- Orientation：控件的一般布局。
- TextLayout：标签相对于文本框的布局。
- CreatUserIconUrl：用户创建用户连接的图标的 URL。
- CreatUserText：为“创建用户”连接显示的文本。
- CreatUserUrl：创建用户页的 URL。
- DestinationPageUrl：用户成功登录时被定向到的 URL。
- DisplayRememberMe：是否显示“记住我”复选框。
- HelpPageText：为帮助连接显示的文本。
- HelpPageUrl：帮助页的 URL。
- PasswordRecoveryIconUrl：用于密码回复连接的图标的 URL。
- PasswordRecoveryUrl：为密码回复连接显示的文本。
- PasswordRecoveryText：密码回复页的 URL。
- FailuteText：当登录尝试失败时显示的文本。
- InstructionText：为给出说明所显示的文本。
- LoginButtonImageUrl：为“登录”按钮显示的图像的 URL。
- LoginButtonText：为“登录”按钮显示的文本。
- LoginButtonType：“登录”按钮的类型。
- PasswordLableText：密码标识文本框内的文本。
- TitleText：为标题显示的文本。
- UserName：用户名文本框内的初始值。
- UserNameLableText：标识用户名文本框的文本。
- Enabled：控件是否处于启动状态。

开发人员能够在页面中拖动相应的登录控件实现登录操作，使用登录控件进行登录操作可以直接进行用户信息的查询而无需进行复杂的开发。

5.4.2　登录名称控件(LoginName)

登录名称控件(LoginName)是一个用来显示已经成功登录的用户的控件。在 Web 应用程序开发中，开发人员常常需要在页面中通知相应的用户已经登录，如用户在登录成功后，可以在相应的页面中提示“您已登录，您的用户名是 XXX”等，这样，不仅能够提高用户的友好度，也能够让开发人员在 Web 应用程序中方便地对用户信息做收集整理。

开发人员可以在应用程序中拖动 LoginName 控件用于用户名的呈现，拖动到页面中，系统生成的 HTML 代码如下所示。

```
<asp:LoginName ID="LoginName1" runat="server" />
```

上述代码实现了一个登录名称控件，开发人员能够将该控件放置在页面中的任何位置进行页面呈现，当用户登录后，该控件能够获取用户的相应信息并呈现用户名在控件中。登录名称控件的页面效果如图 5-30 所示。

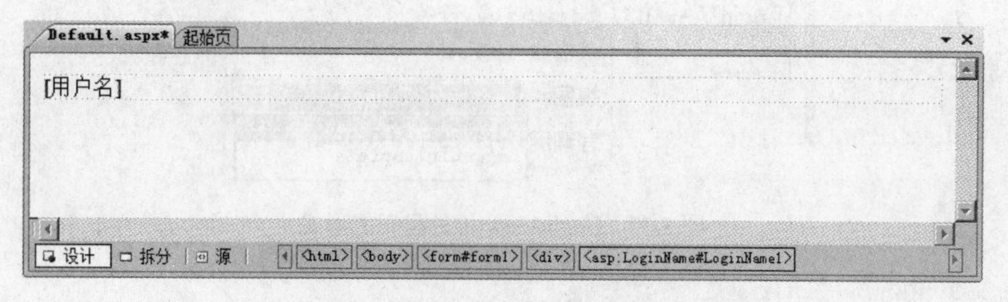

图 5-30　登录名称控件

在 LoginName 控件中，最常用的属性是 FormatString 属性，该属性用于格式化用户名输出。在控件的 FormatString 属性中，“{0}”字符串用于显式用户名，开发人员能够配置相应的字符串进行输出，例如配置为“您好，{0}，您已经登录！”，可以在相应的占位符中呈现具体的用户名，如图 5-31 所示。

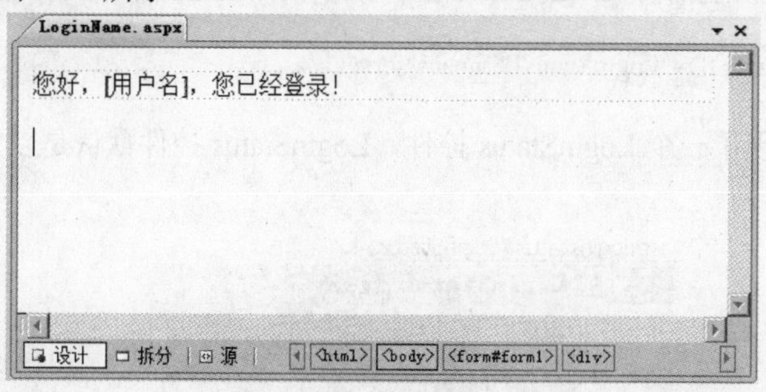

图 5-31　格式化输出用户名

正如图 5-31 所示，当对 LoginName 进行格式化设置后，用户名能够被格式化输出，例如当用户 sunrain 登录 Web 应用后，该控件会呈现“您好，sunrain，您已经登录！”。开发人员只需要通过简单的配置就能够实现复杂的登录显示功能。

5.4.3　登录视图控件(LoginView)

在应用程序的开发过程中，通常需要对不同身份和权限的用户进行不同登录样式的呈现，开发人员可以为用户配置内置对象以呈现不同的页面效果。但是，在页面请求时，还需要对用户的身份进行验证。在 ASP.NET 2.0 之后的版本中，系统提供了 LoginView 控件用于不同用户权限之间的视图的区分。

在开发一个应用程序时，开发人员希望应用程序能够实现如下功能：当用户在网站中没有登录时，用户看到的视图是没有登录时的视图，包括网站的风格、系统的提示信息等。而当用户登录后，用户看到的视图是登录后的视图，同样包括网站的风格、系统的提示信息等。LoginView 控件为开发人员提供了不同权限的用户进行不同视图的查看功能，开发人员可以拖动 LoginView 控件到页面中以编辑不同的页面进行开发。

图 5-32　LoginView 控件呈现的形式

5.4.4　登录状态控件(LoginStatus)

登录状态控件(LoginStatus)用于显式用户验证时的状态，LoginStatus 包括“登录”和“注销”两种状态，LoginStatus 控件的状态是由相应的 Page 对象的 Request 属性中的 IsAuthenticated 属性决定的。开发人员能够直接将 LoginStatus 控件拖放到页面中，从而让用户能够通过相应的状态进行登录或注销操作，LoginStatus 控件默认的 HTML 代码如下所示。

```
<asp:LoginStatus ID="LoginStatus1" runat="server" />
```

上述代码就呈现了一个 LoginStatus 控件，LoginStatus 控件默认是以文本的形式呈现的，如图 5-33 所示。

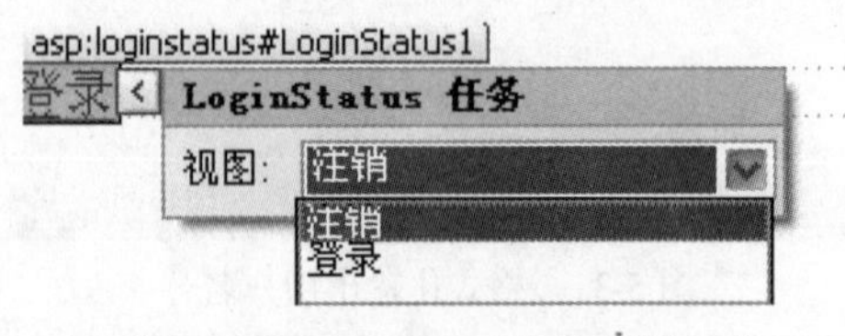

图 5-33　LoginStatus 控件呈现形式

当用户没有登录操作时，该控件会呈现登录字样给用户以便用户进行登录操作；当用户登录后，LoginStatus 控件会为用户呈现注销字样以便用户进行注销操作。开发人员还能够为 LoginStatus 控件指定以图片形式进行登录和注销，LoginStatus 控件的常用属性如下所示。

- LoginImageUrl：设置或获取用于登录连接的图像 URL。
- LoginText：设置或获取用于登录连接的文本。
- LogoutAction：设置或获取一个值，用于用户从网站注销时执行的操作。
- LogoutImageUrl：设置或获取一个值，用于登出图片的显示。
- LogoutPageUrl：设置或获取一个值，用于登出连接的图像 URL。
- LougoutText：设置或获取一个值，用于登出连接的文本。
- TagKey：获取 LoginStatus 控件的 HtmlTextWriterTag 的值。

LoginStatus 控件还包括两个常用事件，分别是 LoggingOut 和 LoggedOut。当用户单击注销按钮时会触发 LoggingOut 事件，开发人员能够在 LoggingOut 事件中编写相应的事件以清除用户的身份信息，这些信息包括 Session、Cookie 等。程序员还可以在 LoggedOut 事件中规定在用户离开网站时必须执行的操作。

5.4.5　密码更改控件(ChangePassword)

在应用程序开发中，开发人员需要编写密码更改控件让用户能够快速地进行密码更改。在应用程序的使用中，用户会经常需要更改密码，例如用户进行登录后发现自己的用户信息可能被其他人改动过，就有可能怀疑密码泄露了，这样用户就可以通过更改密码进行密码的更换。另外，如果用户在注册时的密码是系统自动生成的，用户同样需要在密码更改控件中修改新的密码以便用户记忆。

在 ASP.NET 中，提供了密码更改控件以便开发人员能够轻松的实现密码更改功能。拖放一个密码更改控件到页面中，系统会自动生成相应的 HTML 代码。

ChangePassword 控件包括密码、新密码和确认新密码，如图 5-34 所示。

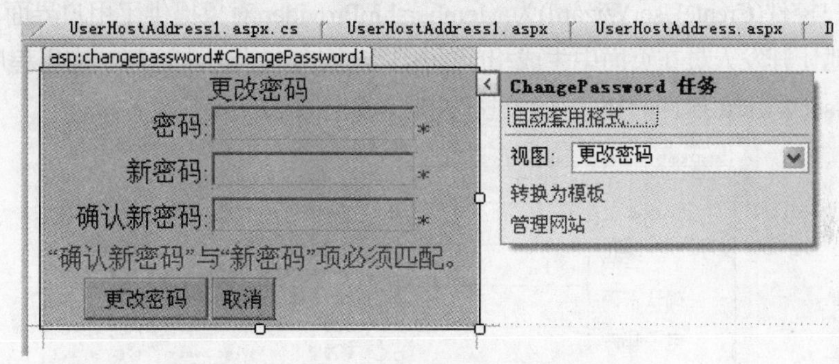

图 5-34　ChangePassword 控件

当用户需要更改密码时，必须先填写旧密码进行密码的验证，如果用户填写的旧密码是正确的，则系统会将新密码替换旧密码以便用户下次登录时使用新密码。如果用户填写的旧密码不正确，则系统会认为是一个非法用户而不允许更改密码。ChangePassword 控件同样允许开发人员自动套用格式或者通过编写模板进行 ChangePassword 控件的样式布局，如图 5-35 所示。

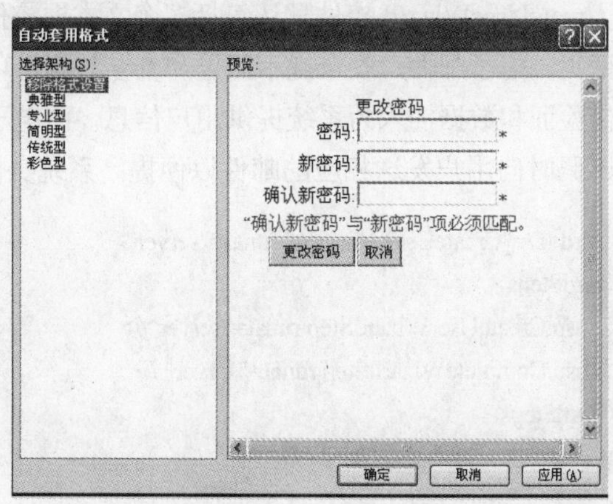

图 5-35　【自动套用格式】对话框

开发人员可以自动套用格式进行更改密码控件的呈现，不仅如此，开发人员还能单击右侧的功能导航进行模板的转换，转换成模板后开发人员就能够进行模板的自定义了。ChangePassword 控件可以使用 Web.config 中的 membership 配置节进行成员资格配置，所以

ChangePassword 控件能够实现不同场景的不同功能。

- 用户登录情况：开发人员能够使用 ChangePassword 控件允许用户在不登录的情况下进行密码的更改。
- 更改用户密码：开发人员能够使用 ChangePassword 控件让一个登录的用户进行另一个用户的密码更改。

在 ChangePassword 控件中，可以通过配置相应属性进行 ChangePassword 控件的样式或者是功能的设置，保证在一定的安全范围内进行安全的用户信息操作。

5.4.6　生成用户控件(CreateUserWizard)

生成用户控件(CreateUserWizard)为 MembershipProvider 对象提供了用户界面，使用该控件能够方便地让开发人员在页面中生成相应的用户，同时，当用户访问该应用程序时，可以使用 CreateUserWizard 控件的相应功能进行注册，如图 5-36 所示。

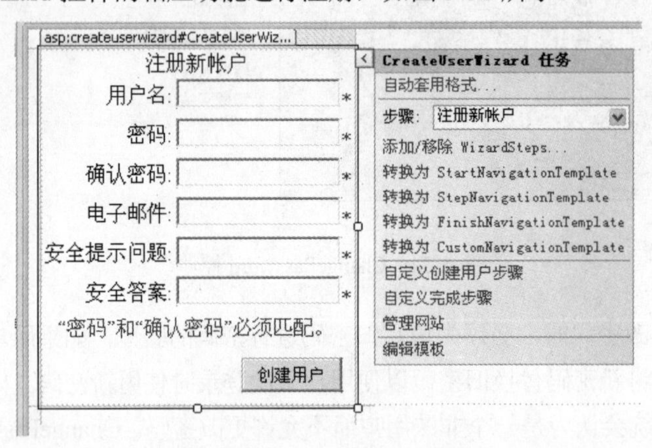

图 5-36　CreateUserWizard 控件

正如图 5-36 所示，CreateUserWizard 控件默认包括多个文本框控件以便用户的输入，包括用户名、密码、确认密码、电子邮件、安全提示问题和安全答案等项目。其中，用户名、密码、确认密码用于身份验证和数据插入为系统提供用户信息，而电子邮件和安全答案用于当用户忘记密码或更改密码时向用户发送相应的邮件以便提高系统身份认证的安全性。

```
<asp:CreateUserWizard ID="CreateUserWizard1" runat="server">
        <WizardSteps>
            <asp:CreateUserWizardStep runat="server" />
            <asp:CompleteWizardStep runat="server" />
        </WizardSteps>
</asp:CreateUserWizard>
```

上述代码创建了一个 CreateUserWizard 控件进行用户注册功能的实现，开发人员还可以为 CreateUserWizard 控件中相应的模板进行样式控制。例如，当用户注册完毕后，用户会跳转到一个页面提示“账户注册完毕，请登录”等等，这样就能提高用户体验。单击【自定义完成步骤】按钮或者在快捷窗口下拉菜单中选择【完成】命令即可进行完成模板的实现。

另外，开发人员还能够通过 HeadTemplate、SideBarTemplate 等模板进行高级的 CreateUserWizard 控件的页面呈现和样式控制，这不仅能够提高用户体验和友好度，还能够清晰地让用户按照步骤执行操作，降低了出错率。

5.5 导航控件

在网站制作中，经常需要制作导航来让用户更加方便快捷的查阅到相关的信息和资讯，或者跳转到相关的版块。网站导航主要提供如下功能：

(1) 使用站点地图描述网站的逻辑结构。添加或移除页面时，开发人员可以简单地通过修改站点地图来管理页面导航。

(2) 提供导航控件，在页面上显示导航菜单。导航菜单以站点地图为基础。

(3) 可以以代码方式使用 ASP.NET 网站导航，以创建自定义导航控件或修改在导航菜单中显示的信息的位置。

在 Web 应用中，导航是非常重要的。ASP.NET 提供了站点导航的一种简单的方法，即使用站点导航控件 SiteMapPath、TreeView、Menu 等控件。

导航控件包括 SiteMapPath、TreeView、Menu 三个控件，这三个控件都可以在页面中轻松建立导航，其基本特征如下。

- SiteMapPath：检索用户当前页面并显示层次结构的控件。使用户可以导航回到层次结构中的其他页。SiteMap 控件专门与 SiteMapProvider 一起使用。
- TreeView：提供纵向用户界面以展开和折叠网页上的选定节点，以及为选定项提供复选框功能。而且 TreeView 控件支持数据绑定。
- Menu：提供在用户将鼠标指针悬停在某一项时弹出附加子菜单的水平或垂直用户界面。

这 3 个导航控件都能够快速地建立导航，并且能够调整相应的属性为导航控件进行自定义。SiteMapPath 控件使用户能够从当前位置导航回站点层次结构中较高的页，但是该控件并不允许用户从当前页面向前导航到层次结构中较深的其他页面。相比之下，使用 TreeView 或 Menu 控件，用户可以打开节点并直接选择需要跳转的特定页，这两个控件不像 SiteMapPath 控件一样直接读取站点地图。TreeView 和 Menu 控件不仅可以自定义选项，也可以绑定一个 SiteMapDataSource。

TreeView 和 Menu 控件有一些区别，具体区别如下：

- Menu 展开时，是弹出形式的展开，而 TreeView 控件则是就地展开。
- Menu 控件并不是按需下载，而 TreeView 控件则是按需下载的。
- Menu 控件不包含复选框，而 TreeView 控件包含复选框。
- Menu 控件允许编辑模板，而 TreeView 控件不允许模板编辑。
- Menu 在布局上是水平和垂直，而 TreeView 控件只能是垂直布局。
- Menu 可以选择样式，而 TreeView 控件不行。

开发人员在网站开发的时候，可以通过使用导航控件来快速的建立导航，为浏览者提供方便，也为网站做出信息指导。在用户的使用中，通常情况下导航控件中的导航值是不能被用户所更改的，但是开发人员可以通过编程的方式让用户也能够修改站点地图的节点。

在最细微的层次上，网站不过是由多个网页组成的集合。然而，这些网页通常都是逻辑上相关联且以某种方式分类的。例如，一个网上商店可以按产品分类组织网站，如书籍、CD、DVD 等。这些部分又可以分别按各自的种类分类，如书籍可以分为计算机类书籍、经济类书籍等。将网页分组成不同的逻辑类别称为网站的结构。

定义网站的结构后，大多数 Web 开发人员将创建网站导航。网站导航是用于帮助用户浏览网站的用户界面元素集合。常见的导航元素包括面包条、菜单和树视图。这些用户界面元素常用于完成两种任务：一是让用户知道自己在所访问网站中的位置；二是让用户更容易、更快速地跳转到网站的其他部分。

5.5.1　SiteMapPath 导航控件

要使用 SiteMapPath 导航控件，首先需要使用站点地图定义网站的结构，创建站点地图文件，然后使用 SiteMapPath 控件实现网站导航。

要创建站点地图，可以遵循在应用程序中添加 ASP.NET 网页的步骤。在【解决方案资源管理器】窗口中右键单击应用程序名称，从弹出的快捷菜单中选择【添加新项】命令，然后在弹出的【添加新项】对话框中，选择【站点地图】选项，并单击【添加】按钮，即可为应用程序添加一个名为 Web.sitemap 的站点地图。

注意：添加站点地图到应用程序中时，需要将站点地图放在 Web 应用程序的根目录下，并保持其文件为 Web.sitemap。如果将该文件放在另一个文件夹中或修改为不同的文件名，SiteMapPath 导航控件将不能找到站点地图，也就不能知道网站的结构，因为，默认情况下，SiteMapPath 导航控件在根目录下寻找名为 Web.sitemap 的文件。

添加站点地图后，在【解决方案资源管理器】窗口中双击 Web.sitemap，打开该文件，将显示默认情况下站点地图中的标记，程序清单如下：

```
<?xml version="1.0" encoding="utf-8" ?>
<siteMap xmlns="http://schemas.microsoft.com/AspNet/SiteMap-File-1.0" >
        <siteMapNode url="" title=""    description="">
            <siteMapNode url="" title=""    description="" />
            <siteMapNode url="" title=""    description="" />
        </siteMapNode>
</siteMap>
```

站点地图是指描述网站逻辑结构的 XML 文件，该文件的扩展名为.sitemap。这个 XML 文件包含了网站的逻辑结构。要定义网站的结构，需要手工编辑这个文件。

注意：内部没有内容的 XML 元素可以采用两种形式的结束标签：一种是冗余方式，如 <myTag attribute="value"…></myTag>；另一种是使用简洁方法，如 <myTag attribute="value"…/>。

定义好站点地图以后，就可以使用 SiteMapPath 控件显示导航路径了，也就是显示当前页面在网站中的位置。只需将该控件拖放到站点地图中包含的.aspx 页面上，就能自动实现导航，而无需开发者编写任何代码。

注意：只有包含在站点地图中的网页才能被 SiteMapPath 控件导航；如果将 SiteMapPath 控件放置在站点地图中未列出的网页中，那么该控件将不会显示任何信息。

SiteMapPath 控件像大多数 Web 控件一样，也有许多可用于定制其外观的属性。表 5-6 所示为 SiteMapPath 控件的常用属性。

表 5-6　SiteMapPath 控件的常用属性

属 性 名	说　　明
CurrentNodeStyle	定义当前节点的样式，包括字体、颜色、样式等
NodeStyle	定义导航路径上所有节点的样式
ParentLevelsDisplayed	指定在导航路径上显示的相对于当前节点的父节点层数。默认值为-1，表示父级别数没有限制
PathDirection	指定导航路径上各节点的显示顺序。默认值为 RootToCurrent，即按从左到右的顺序显示从根节点到当前节点的路径。另一选项为 CurrentToRoot，即按相反的顺序显示导航路径
PathSeparator	指定导航路径中节点之间分隔符。默认值为“>”，也可自定义为其他符号
PathSeparatorStyle	定义分隔符的样式
RenderCurrentNodeAsLink	是否将导航路径上当前页名称显示为超链接。默认值为 false
RootNodeStyle	定义根节点的样式
ShowToolTips	当鼠标悬停于导航路径的某个节点时，是否显示相应的工具提示信息。默认值为 true，即当鼠标悬停于某节点上时，显示该节点在站点地图中定义的 Description 属性值
SiteMapProvide	允许为 SiteMapPath 控件指定其他的站点地图提供者

下面通过具体的例子演示如何利用站点地图和 SiteMapPath 控件实现自动导航。

【例 5-8】创建如图 5-37 所示的站点地图，然后利用 SiteMapPath 控件实现自动导航。

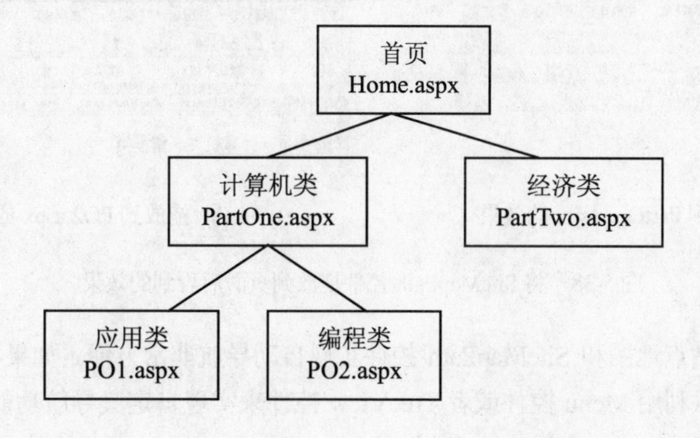

图 5-37　网上书店网站的逻辑结构

(1) 启动 VS 2008，新建一个名为“SiteMapPath_Example”的 ASP.NET Web 应用程序。

(2) 在应用程序中添加一个名为“Web.sitemap”的站点地图。

(3) 将 Web.sitemap 文件中的内容修改为如下形式：

```
<?xml version="1.0" encoding="utf-8" ?>
<siteMap xmlns="http://schemas.microsoft.com/AspNet/SiteMap-File-1.0" >
    <siteMapNode url="~/Home.aspx" title="主页"   description="Home">
    <siteMapNode url="~/PartOne.aspx" title="计算机类"   description="单击此链接转到计算机类" >
    <siteMapNode url="~/PO1.aspx" title="应用类"   description="单击此链接转到应用类" />
    <siteMapNode url="~/PO2.aspx" title="编程类"   description="单击此链接转到编程类" />
        </siteMapNode>
        <siteMapNode url="~/PartTwo.aspx" title="经济类"   description="单击此链接转到经济类" >
        </siteMapNode>
    </siteMapNode>
</siteMap>
```

注意：站点地图文件中只能有一个根节点，即位于<sitemap>下方的第一个<siteMapNode>元素中的 Home.aspx 页面。在根节点下可以嵌套任意多个子节点，子节点仍然用<siteMapNode>定义。

在每个节点的定义中，title 实现在导航控件中显示指定页面的名称，description 实现鼠标悬停于导航控件的某个节点上时所要显示的提示信息，url 实现指定节点对应的页面路径。

(4) 保存文件，完成站点地图的设计。定义了站点地图之后，就可以在导航控件中轻松地实现导航功能。

(5) 在【解决方案资源管理器】中，分别添加名为“Home.aspx”、“PartOne.aspx”、“PartTwo.aspx”、“PO1.aspx”和“PO2.aspx”的网页。

(6) 切换到 PartOne.aspx 的【设计】视图，向页面中拖放一个 SiteMapPath 控件，即可以看到该页面相对应于 Home.aspx 的导航路径，如图 5-38(a)所示。

(7) 切换到 PO2.aspx 的【设计】视图，向页面中拖放一个 SiteMapPath 控件，即可看到该页面相对应于 Home.aspx 和 PartOne.aspx 的导航路径，如图 5-38 (b)所示。

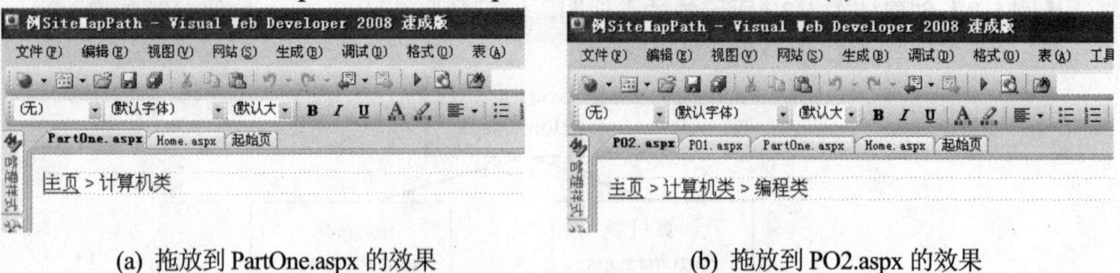

(a) 拖放到 PartOne.aspx 的效果　　(b) 拖放到 PO2.aspx 的效果

图 5-38　将 SiteMapPath 控件拖放到页面后看到的效果

可见，利用站点地图和 SiteMapPath 控件实现自动导航非常方便。如果不希望采用这种方式导航，也可以利用 Menu 控件或者 TreeView 控件来实现自定义导航功能。

5.5.2　Menu 导航控件

Menu 控件主要用于创建一个菜单，让用户快速选择不同页面，从而完成导航功能。该控件可以包含一个主菜单和多个子菜单。菜单有静态和动态两种显示模式：静态显示模式是指定义的菜单始终完全显示，动态显示模式是指需要用户将鼠标停留在菜单项上时才显示子菜单。

Menu 控件的常用属性如表 5-7 所示。Menu 控件的属性很多，这里不逐一介绍。

表 5-7　Menu 控件的常用属性

属 性 名	说　　明
DynamicEnableDefaultPopOutImage StaticEnableDefaultPopOutImage	是否在菜单各项之间显示分隔图像。默认值为 true
DynamicPopOutImageUrl StaticPopOutImageUrl	设置菜单中自定义分隔图像的 URL
DynamicBottomSeparatorImageUrl StaticBottomSeparatorImageUrl	指定在菜单项下方显示图像的 URL。默认值为空字符串("")，即菜单项下方不显示任何图像
DynamicTopSeparatorImageUrl StaticTopSeparatorImageUrl	指定在菜单项上方显示图像的 URL。默认值为空字符串("")，即菜单项上方不显示任何图像
DynamicHorizontalOffset StaticHorizontalOffset	指定菜单相对于其父菜单的水平距离，单位是像素，默认值为 0。该属性值可正可负，为负值时，各菜单之间的距离会缩小
DynamicVerticalOffset StaticVerticalOffset	指定菜单相对于其父菜单项的垂直距离
DynamicMenuStyle StaticMenuStyle	设置 Menu 控件的整个外观样式
DynameicMenuItemStyle StaticMenuItemStyle	设置单个菜单项的样式
DynamicSelectedStyle StaticSeletedStyle	设置所选菜单项的样式
DynamicHoverStyle StaticHoverStyle	设置当鼠标悬停在菜单项上时的样式
MaximumDynamicDisplayLevels	设置动态菜单的最大层数，默认值为 3
Orientation	设置菜单的展开方向，有 Horizontal 和 Vertical 两个选项，默认值为 Vertical，即垂直方向

Menu 控件的用法非常灵活，设计者可以利用它定义各种菜单样式，实现类似于 Windows 窗口菜单的功能。

下面通过一个具体的例子演示如何利用 Menu 控件实现自定义导航功能。

【例 5-9】假定网站的结构如图 5-39 所示，利用 Menu 控件在网页中添加一个菜单，实现自定义导航功能。

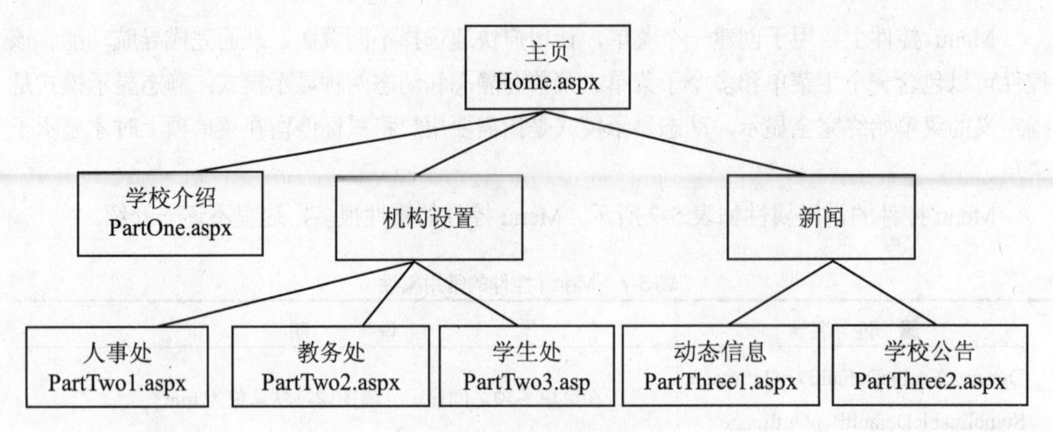

图 5-39　学校网站的逻辑结构

具体设计步骤如下。

(1) 启动 VS 2008，新建一个名为“Menu_Example”的 ASP.NET Web 应用程序。

(2) 在应用程序中分别添加名为“PartOne.aspx”、“PartTwo1.aspx”、“PartTwo2.aspx”、“PartTwo3.aspx”、“PartThree1.aspx”和“PartThree2.aspx”的网页。

(3) 在应用程序中添加一个名为“MenuExample.aspx”的网页，然后切换到【设计】视图，向页面中拖放一个 Menu 控件。

(4) 将 Menu 控件的【Orientation】属性设置为“Horizontal”，以便使其横向排列。

(5) 单击 Menu 控件右上方的小三角符号，选择【编辑菜单项】，在弹出的【菜单项编辑器】对话框中，输入各级菜单项，如图 5-40 所示。

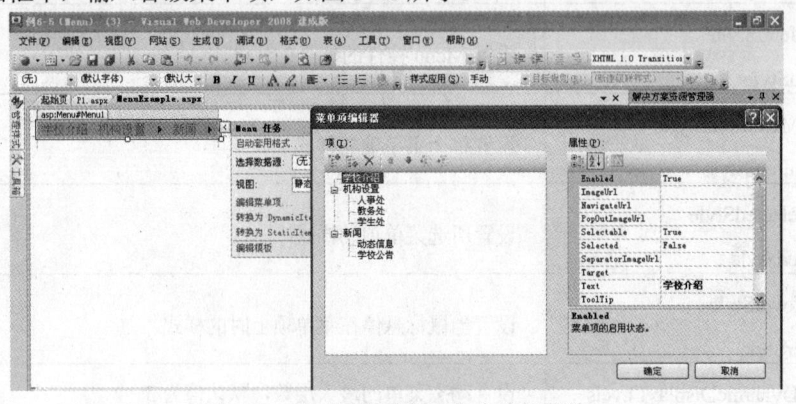

图 5-40　在【菜单编辑器】中编辑菜单

(6) 在【菜单编辑器】窗口右侧的【属性】选项中，利用【NavigateUrl】属性设置各菜单项链接的网页，全部设置完成后，单击【确定】按钮。

(7) 切换到 MenuExample.aspx 的【源】视图，将<body>和</body>之间的部分改为如下内容：

```
<asp:Menu ID="Menu1" runat="server"
            EnableViewState="False"
```

```
                DynamicHorizontalOffset="2"
                DynamicVerticalOffset="5"
                Target="_blank"
                Font-Names="Verdana"
                Font-Size="Medium"
                ForeColor="#FF3300"
                BackColor="#99CCFF"
                StaticSubMenuIndent="10px" Orientation="Horizontal" >
               <StaticHoverStyle BackColor="#FFCCCC" ForeColor="white" />
               <StaticSelectedStyle     BackColor="#FFCC66"/>
               <StaticMenuItemStyle HorizontalPadding="5px" VerticalPadding ="2px" />
               <DynamicHoverStyle BackColor ="#990000" ForeColor ="White" />
               <DynamicMenuStyle BackColor ="#FFFBD6"    BorderColor ="#00C0C0"
                BorderStyle ="Solid" BorderWidth ="1px"
                HorizontalPadding ="10px" VerticalPadding ="2px" />
               <DynamicSelectedStyle BackColor ="#FFCC66" />
               <DynamicMenuItemStyle HorizontalPadding ="5px" ItemSpacing= "2px" />
                <Items>
                    <asp:MenuItem Text="学校介绍" NavigateUrl="~/PartOne.aspx" >
                    </asp:MenuItem>
                    <asp:MenuItem Text="机构设置" Value="机构设置" >
     <asp:MenuItem Text="人事处" NavigateUrl="~/PartTwo1.aspx" Value="人事处" ></asp:MenuItem>
     <asp:MenuItem Text="教务处" NavigateUrl="~/PartTwo2.aspx" Value="教务处" ></asp:MenuItem>
      <asp:MenuItem Text="学生处" NavigateUrl="~/PartTwo3.aspx" Value="学生处"></asp:MenuItem>
                     </asp:MenuItem>
      <asp:MenuItem Text="新闻" Value="新闻" >
<asp:MenuItem Text="动态信息" NavigateUrl="~/PartThree1.aspx" Value="动态信息" ></asp:MenuItem>
<asp:MenuItem Text="学校公告" NavigateUrl="~/PartThree2.aspx" Value="学校公告" ></asp:MenuItem>
                     </asp:MenuItem>
                </Items>
          </asp:Menu>
```

当然，也可以在【设计】视图下设置 Menu 控件的各种属性得到上面的代码。

(8) 为了便于区别本例中的各个网页，分别在 PartOne.aspx、PartTwo1.aspx、PartTwo2.aspx、PartTwo3.aspx、PartThree1.aspx 和 PartThree2.aspx 网页中添加文字“欢迎了解学校，以下将对学校进行介绍”、“欢迎来到人事处网页！”、“欢迎来到教务处网页！”、“欢迎来到学生处网页！”、“欢迎了解动态信息！”和“欢迎了解学校公告！”。

(9) 切换到 MenuExample.aspx 网页，按【F5】键调试运行，运行效果如图 5-41 所示。

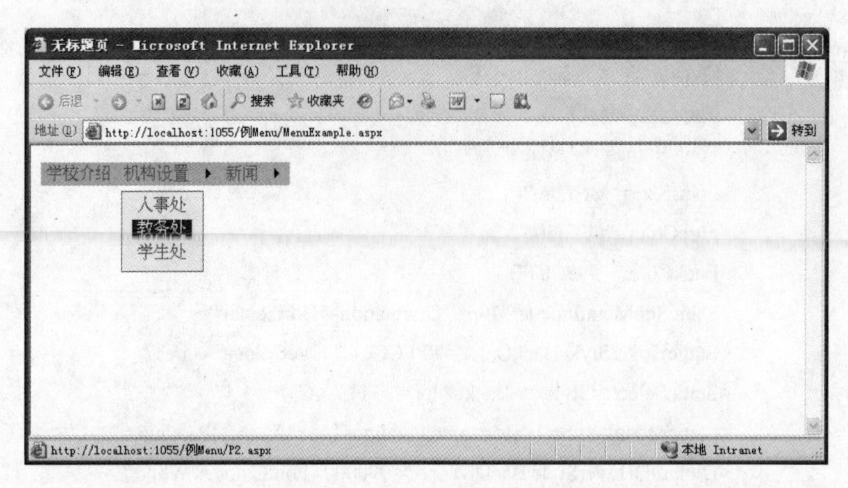

图 5-41　Menu 控件的运行效果

5.5.3　TreeView 导航控件

TreeView 控件与 Menu 控件相似，都提供了导航功能。TreeView 控件与 Menu 控件的区别在于它不再像 Menu 控件那样由菜单项和子菜单组成，而是用一个可折叠树显示网站的各个部分。根节点下可以包含多个子节点，子节点下又可以包含子节点，最下层是叶节点。访问者可以快速看到网站的所有部分及其位于网站结构层次中的位置。树中的每一个节点都显示为一个超链接，被单击时把用户引导到相应的部分。

TreeView 控件也包含很多属性，其中常用的属性如表 5-8 所示。

表 5-8　TreeView 控件的常用属性

属 性 名	说 明
CollapseImageUrl	节点折叠后显示的图像。默认情况下，常用带方框的“+”号作为可展开指示图像
ExpandImageUrl	节点展开后显示的图像。默认情况下，常用带方框的“-”号作为可折叠指示图像
EnableClientScript	是否可以在客户端处理节点的展开和折叠事件。默认值为 true
ExpandDepth	第一次显示 TreeView 控件时，树的展开层次数。默认值为 FullyExpand(即-1)，表示展开所有节点
Nodes	设置 TreeView 控件的各级节点及其属性
ShowExpandCollapse	是否显示折叠、展开图像。默认值为 true
ShowLines	是否显示连接子节点和父节点之间的连线。默认值为 false
ShowCheckBoxes	指示在哪些类型节点的文本前显示复选框。共有 5 个属性值：None(所有节点均不显示)、Root(仅在根节点前显示)、Parent(仅在父节点前显示)、Leaf(仅在叶子节点前显示)和 All(所有节点前均显示)。默认值为 None

除了表 5-8 所示的常用属性外，TreeView 控件还有很多与外观相关的属性，可以用来定制 TreeView 的外观，TreeView 控件的外观属性如表 5-9 所示。

表 5-9　TreeView 控件的外观属性

属 性 名	说　　明
HoverNodeStyle	当鼠标悬停于节点上时，节点的样式
LeafNodeStyle	叶子节点的样式
LevelStyle	特殊深度节点的样式
NodeStyle	所有节点的默认样式
ParentNodeStyle	父节点的样式
RootNodeStyle	根节点的样式
SelectedNodeStyle	选定节点的样式

下面通过一个例子来演示如何利用 TreeView 控件来实现自定义导航。

【例 5-10】利用 TreeView 控件实现如图 5-42 所示的导航功能，当单击“节点”时，导航到对应的网页。

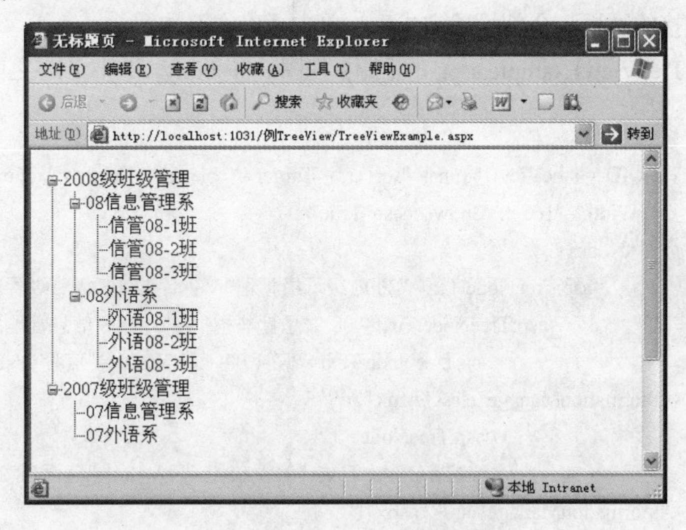

图 5-42　TreeView 导航示例

具体设计步骤如下。

(1) 启动 VS 2008，新建一个名为“TreeView_Example”的 ASP.NET Web 应用程序。

(2) 在应用程序中分别添加例子中需要的网页，名字为 InformationManage_class1.aspx 、InformationManage_class2.aspx、InformationManage_class3.aspx、ForeignLanguage_class1.aspx、ForeignLanguage_class2.aspx 和 ForeignLanguage_class3.aspx。

(3) 在应用程序中添加一个名为“TreeViewExample.aspx”的网页，然后切换到【设计】视图，向页面中拖放一个 TreeView 控件。

(4) 将 TreeView 控件的样式设置为如图 5-43 所示的样式。

(5) 单击 TreeView 控件右上方的小三角符号，选择【编辑节点】，在弹出的【Treeview 节点编辑器】对话框中，输入各节点的名称，如图 5-43 所示。

这里说明一点，为了让读者能看到添加节点后的效果，图 5-43 所示的是添加后重新进入编辑状态看到的效果。如果是第一次添加节点，不会看到图中左侧 TreeView 控件显示的效果。

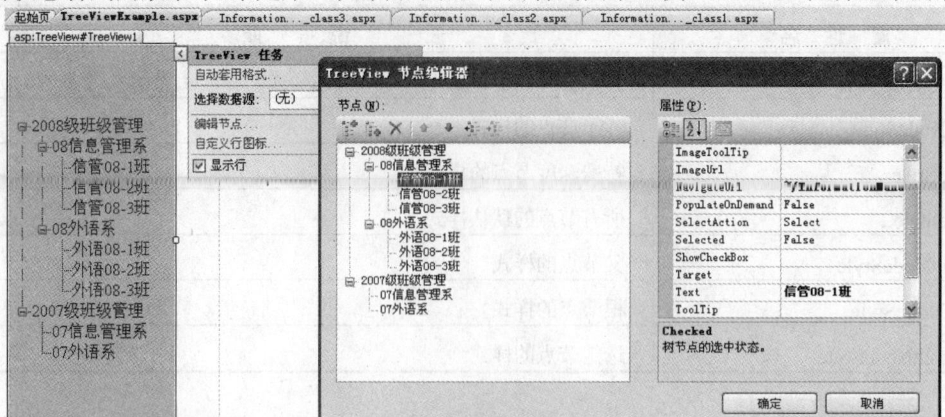

图 5-43　编辑 Treeview 节点

(6) 在【TreeView 节点编辑器】对话框右侧的【属性】选项中，利用【NavigateUrl】属性设置各节点链接的网页，全部设置完成后，单击【确定】按钮。

(7) 切换到 TreeViewExample.aspx 的【源】视图，将<body>和<body/>之间的部分改为如下内容：

```
    <asp:TreeView ID="TreeView1" runat="server"  Target ="_blank"  Height ="376px"
                Width ="165px" ShowLines="True">
                <Nodes>
                    <asp:TreeNode Text="2008 级班级管理" Value="2008 级班级管理">
                        <asp:TreeNode Text="08 信息管理系" Value="08 信息管理系">
                            <asp:TreeNode Text="信管 08-1 班" Value="信管 08-1 班"
NavigateUrl="~/InformationManage_class1.aspx" >
                            </asp:TreeNode>
                            <asp:TreeNode Text="信管 08-2 班" Value="信管 08-2 班"
NavigateUrl="~/InformationManage_class2.aspx" >
                            </asp:TreeNode>
                            <asp:TreeNode Text="信管 08-3 班" Value="信管 08-3 班"
NavigateUrl="~/InformationManage_class3.aspx">
                          </asp:TreeNode>
                        </asp:TreeNode>
                        <asp:TreeNode Text="08 外语系" Value="08 外语系">
                            <asp:TreeNode Text="外语 08-1 班" Value="外语 08-1 班"
NavigateUrl="~/ForeignLanguage_class1.aspx">
                          </asp:TreeNode>
                            <asp:TreeNode Text="外语 08-2 班" Value="外语 08-2 班"
NavigateUrl="~/ForeignLanguage_class2.aspx">
                            </asp:TreeNode>
                            <asp:TreeNode Text="外语 08-3 班" Value="外语 08-3 班"
NavigateUrl="~/ForeignLanguage_class3.aspx">
                          </asp:TreeNode>
```

```
                </asp:TreeNode>
            </asp:TreeNode>
            <asp:TreeNode Text="2007 级班级管理" Value="2007 级班级管理">
                <asp:TreeNode Text="07 信息管理系" Value="07 信息管理系">
                </asp:TreeNode>
                <asp:TreeNode Text="07 外语系" Value="07 外语系">
            </asp:TreeNode>
            </asp:TreeNode>
        </Nodes>
    </asp:TreeView>
```

(8) 为了便于区别本例中的各个网页，分别在 InformationManage_class1.aspx、InformationManage_class2.aspx、InformationManage_class3.aspx 网页中添加文字“欢迎来到信息管理系 08-1 班”、“欢迎来到信息管理系 08-2 班”和“欢迎来到信息管理系 08-3 班”。类似地，在 ForeignLanguage_class1.aspx、ForeignLanguage_class2.aspx、ForeignLanguage_class3.aspx 网页中分别添加文字“欢迎来到外语系系 08-1 班”、“欢迎来到外语系系 08-2 班”和“欢迎来到外语系系 08-3 班”。

(9) 切换到 TreeViewExample.aspx 网页，按【F5】键调试运行，分别展开和折叠相应的节点，并单击“2008 级班级管理”中的“08 信息管理系”和“08 外语系”中的叶子节点，观察链接效果。

5.6 本章小结

本章讲解了 ASP.NET 中的常用控件，对于这些控件，能够极大地提高开发人员的效率，对于开发人员而言，能够直接拖动控件来完成应用的目的。虽然控件的功能非常强大，但是这些控件却制约了开发人员的学习，人们虽然能够经常使用 ASP.NET 中的控件来创建强大的多功能网站，却不能深入地了解控件的原理，所以对这些控件的熟练掌握，是了解控件的原理的第一步。本章从 Web 控件的概述，控件的种类，标准控件，验证控件，登录控件等几个方面做了详细的介绍。

这些控件为 ASP.NET 应用程序的开发提供了极大的遍历，在 ASP.NET 控件中，不仅仅包括这些基本的服务器控件，还包括高级的数据源控件和数据绑定控件用于数据操作，但是在了解 ASP.NET 高级控件之前，需要熟练的掌握基本控件的使用。

5.7 上机练习

5.7.1 上机目的

熟悉控件的创建技术，掌握控件的属性、事件、方法的定义和使用。

5.7.2　上机内容和要求

1. 按下面的操作开发一个网站。

(1) 新建名字为 WebControl 网站。

(2) 在 default.aspx 页面中，添加 1 个 TextBox 控件、2 个 Button 控件、一个 ListBox 控件。将 2 个 Button 控件的 Text 属性分别改为“增加”和“删除”。当单击【增加】按钮时，将 TextBox 文本框中的输入值添加到 ListBox 中，但单击【删除】按钮时，删除 ListBox 中当前选定的项。

(3) 添加一个网页，要求将 Label 控件、LinkButton 控件、HyperLink 控件放在 Panel 控件中，当单击一组 Button 按钮时改变 Panel 控件的背景色，单击另一组 Button 控件时改变 Panel 控件中文字的大小。单击 LinkButton 和 HyperLink 控件时分别导航到新的网页或网站。单击一个 RadioButton 控件时隐藏 Panel 控件，单击另一个 RadioButton 控件时显示 Panel 控件。

(4) 添加一个网页，在页面中添加 CheckBoxList 控件，单击 Button 按钮时将 CheckBoxList 的选项写到 ListBox 中。

(5) 添加一个网页，在页面中添加 RadioButtonList 控件，单击 Button 按钮时将 RadioButtonList 的选项写到 ListBox 中。

(6) 添加一个网页，添加一个 DropDownList 控件，选择 DropDownList 控件的选项时导航到相应的网站。

(7) 添加一个网页，在页面中添加 TextBox、RequiredFieldValidator 和 CompareValidator 控件，实现 CompareValidator 控件的 Operator 行为的 Equal、GreaterThan 等属性值的验证。

2. 请开发一个简单的计算器，输入两个数后可以求两个数的和、差等。

3. 请开发一个简单的在线考试程序，可以包括若干道单选题、多选题，单击交卷按钮后就可以根据标准答案在线评分。

第6章　ASP.NET中的CSS、主题和母版页

开发 Web 应用程序通常需要考虑两个方面：功能和外观。其中，外观可以使 Web 站点更美观，包括控件的颜色、图像的使用，页面的布局。当用户访问 Web 应用时，网站的界面和布局能够提升访问者对网站的兴趣和继续浏览的耐心。ASP.NET 提供了皮肤、主题和模板页的功能，增强了网页布局和界面的优化功能，使开发人员可以轻松地实现对网站开发中界面的控制。本章将全面来研究 Web 应用程序中样式控制和页面布局所用到的技术和使用方法。

本章的学习目标：

- 理解 CSS 的概念，掌握 CSS 的用法
- 理解布局的概念，掌握 CSS 和 Div 布局的方法
- 理解主题的概念，掌握主题的创建和引用
- 理解母版页和内容页的概念，掌握创建母版页和内容页的方法

6.1 CSS 概 述

在 Web 应用程序的开发过程中，CSS(Cascading Style Sheets，级联样式表)是用于控制网页样式并允许将样式信息与网页内容分离的一种标记性语言，是非常重要的页面布局方法，也是最高效的页面布局方法。

6.1.1 CSS 的简介

CSS 发展于 1994 年 10 月，是为了补救 HTML 3.2 语法中的不足，但是由于当时网络的发展不足和浏览器的支持率较低，直到 1996 年底，才正式发表了 CSS 1.0 规格，也正是在 1996 年之后，浏览器才开始正式的支持 CSS。简单地说，CSS 的引入就是为了使 HTML 能够更好的适应页面的美工设计。它以 HTML 为基础，提供了丰富的格式化功能，如字体、颜色、背景、整体排版等，并且网页设计者可以针对各种可视化浏览器设置不同的样式风格，包括显示器、打印机、打字机、投影仪等。

在网页布局中，使用 CSS 样式可以非常灵活并更好地控制网页外观，大大减轻实现精确布局定位、维护特定字体和样式的工作量。通常 CSS 能够支持 3 种定义方式：一是直接将样式控制放置于单个 HTML 元素内，称为内联式；二是在网页的 head 部分定义样式，称为嵌

入式；三是以扩展名为.css 文件保存样式，称为外联式。

这三种样式分别适用于不同的场合，内联式适用于对单个标签进行样式控制，这种方式的好处在于开发方便，而在维护时，就需要针对每个页面进行修改，非常不方便；而嵌入式可以控制一个网页的多个样式，当需要对网页样式进行修改时，只需要修改 head 标签中的 style 标签即可，不过这样仍然没有让布局代码和页面代码完全分离；而外联式能够将布局代码和页面代码相分离，在维护过程中，能够减少工作量。

6.1.2　CSS 的基础

CSS 能够通过编写样式控制代码来进行页面布局，在编写相应的 HTML 标签时，可以通过 style 属性进行 CSS 样式控制。例如下面的代码：

```
<body>
<div style="font-size:14px; ">这是一段测试文字</div>
</body>
```

上述代码使用内联式进行样式控制，并将属性设置为 font-size:14px，其意义就在于定义文字的大小为 14px；同样，如果需要定义多个属性时，可以写在同一个 style 属性中。

【例 6-1】style 属性演示。

(1) 在 VS2008 中，创建工程 CssPratice。

(2) 在工程中添加页面名 Css1.aspx。

(3) 在源文件中添加如下代码：

```
<body>
<div style="font-size:16px;"> 这是一段测试文字 1</div>
<div style="font-size:16px; font-weight:bolder">这是一段测试文字 2</div>
<div style="font-size:16px; font-style:italic">这是一段测试文字 3</div>
<div style="font-size:20px; font-variant:small-caps">This is My First CSS code</div>
  <div style="font-size:14px; color:red">这是一段测试文字 5</div>
</body>
```

(4) 运行效果如图 6-1 所示。

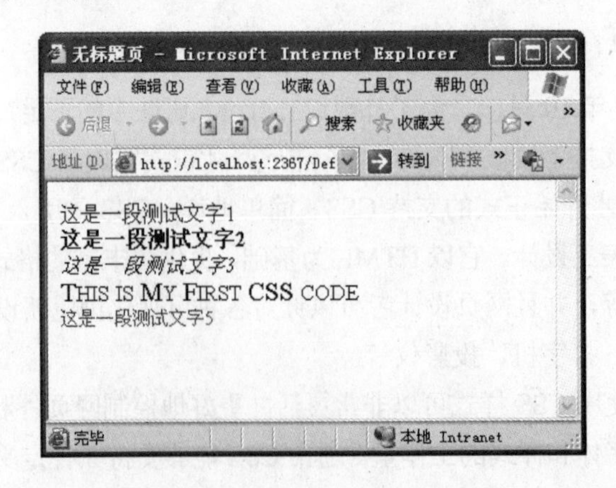

图 6-1　style 定义风格

style 属性一般形式如下：

<元素名称 style="属性名 1:属性值 1; 属性名 2:属性值 2; ……">显示内容</元素名称>

属性名与属性值之间用冒号“:”分隔，如果一个样式中包含多个属性，则各属性之间用分好隔开。

用内联式的方法进行样式控制固然简单，但是其维护过程却是非常复杂和难以控制。当需要对页面中的布局进行更改时，则需要对每个页面的每个标签的样式进行更改，这样无疑增大了工作量，当需要对页面进行布局时，可以使用嵌入式的方法进行页面布局。

【例 6-2】style 嵌入式演示。

(1) 在工程里创建新页面 Css1.aspx。

(2) 在 Css1.aspx 中添加如下代码(对比与【例 6-1】有什么不同)。

```
<%@ Page Language="C#" AutoEventWireup="true" CodeBehind="Default.aspx.cs"
Inherits="WebApplication1._Default" %>
<!DOCTYPE html PUBLIC "-//W3C//DTD XHTML 1.0 Transitional//EN"
"http://www.w3.org/TR/xhtml1/DTD/xhtml1-transitional.dtd">
<html xmlns="http://www.w3.org/1999/xhtml" >
<head runat="server">
    <meta content="text/html; charset=utf-8" http-equiv="Content-Type" />
        <title>这是一段文字 1</title>
        <style type="text/css">
        .font1
        {
            font-size:14px;
        }
        .font2
        {
            font-size:14px;
            font-weight:bolder;
        }
        .font3
        {
            font-size:14px;
            font-style:italic;
        }
        .font4
        {
            font-size:14px;
            font-variant:small-caps;
        }
        .font5
        {
            font-size:14px;
```

```
            color:red;
        }
        </style>

</head>
<body>
  <div class="font1"> 这是一段测试文字 1</div>
  <div class="font2">这是一段测试文字 2</div>
  <div class="font3">这是一段测试文字 3</div>
  <div class="font4">This is My First CSS code</div>
    <div class="font5">这是一段测试文字 5</div>
</body>
</html>
```

运行结果与【例 6-1】相同。这种写法的好处是，在.css 文件中，只需要定义如 head 标签中的 style 标签的内容即可，其编写方法也与内联式和内嵌式相同。在编写完成 CSS 文件后，需要在使用的页面的 head 标签中添加引用。如图 6-2 所示。

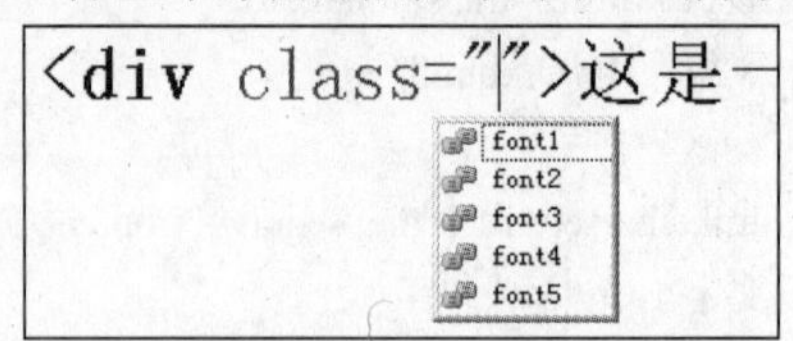

图 6-2　嵌入式方法的使用风格

6.1.3　创建 CSS 文件

一个样式表由若干个样式规则组成。样式规则是指网页元素的样式定义，包括元素的显示方式以及元素在页中的位置等。在【解决方案资源管理器】窗口中，添加一个样式表文件 StyleSheet2.css，如图 6-3 所示。

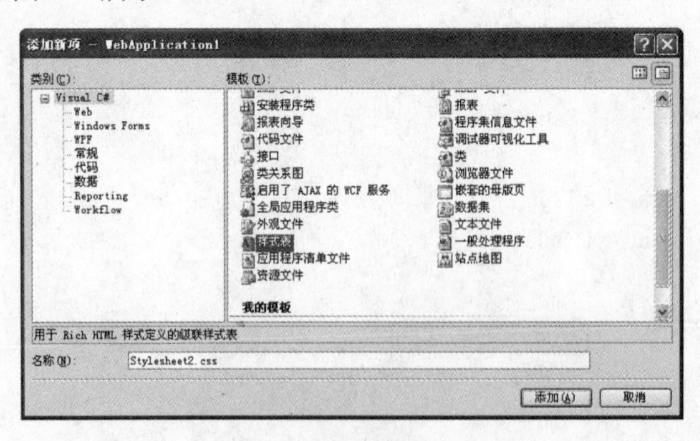

图 6-3　添加 CSS 文件

在大括号的外边单击鼠标右键，从弹出的快捷菜单中选择【添加样式规则】命令，如图 6-4 所示，即弹出如图 6-5 所示的【添加样式规则】对话框。

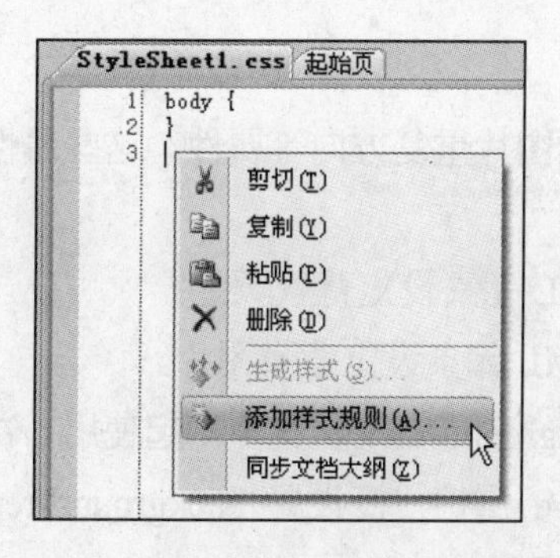

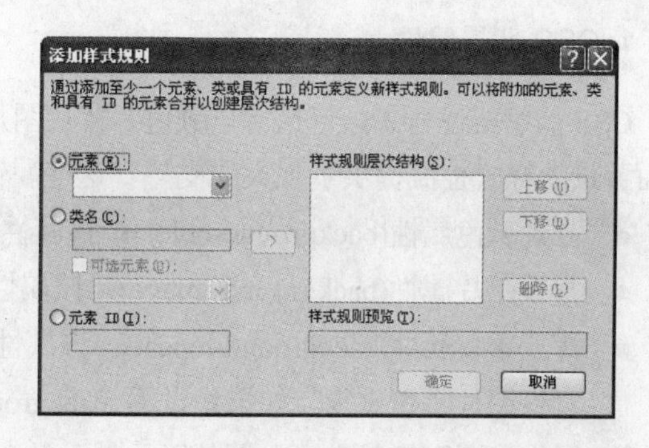

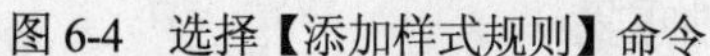

图 6-4　选择【添加样式规则】命令　　　　图 6-5　【添加样式规则】对话框

在【添加样式规则】对话框中选择某个元素，或者定义一个类，或者定义一个元素 ID，单击【确定】按钮即可添加一个新的样式规则。例如，添加一个元素 a.link，在样式表文件中可以看到新建的样式规则。

```
a.link
{
}
```

该规则默认是仅有元素名称的空规则，在大括号内单击鼠标右键，从弹出的快捷菜单中选择【生成样式】命令，如图 6-6 所示，打开【修改样式】对话框，如图 6-7 所示。

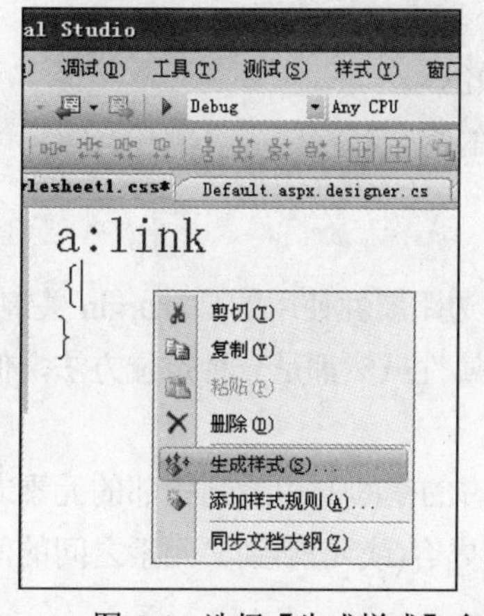

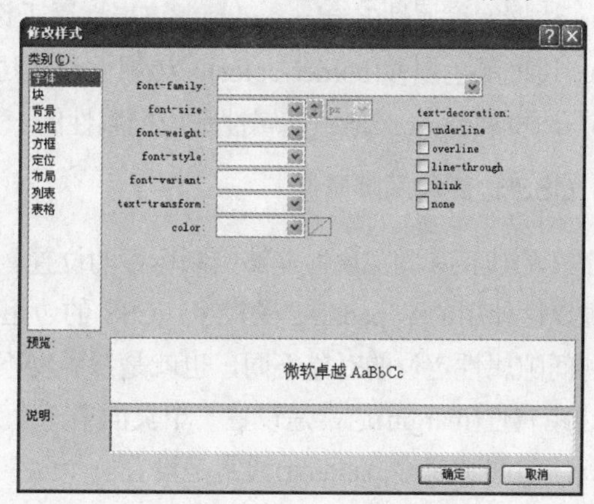

图 6-6　选择【生成样式】命令　　　　图 6-7　【修改样式】对话框

可以看到，无论是定义内嵌式样式还是链接式样式，每个样式的定义格式都是一样的：

样式定义选择符{ 属性 1:值 1; 属性 2:值 2; …… }

6.1.4　CSS 常用属性

CSS 不仅能够控制字体的样式，而且还具有强大的样式控制功能，包括背景、边框、边距等属性，页面元素的布局和定位是否合理也是衡量网页设计是否美观的重要指标。这些属性能够为网页布局提供良好的保障，熟练地使用这些属性能够极大地提高 Web 应用的友好度。

1. CSS 背景属性

CSS 能够描述背景，包括背景颜色、背景图片、背景图片重复方向等属性，这些属性为页面背景的样式控制提供了强大的支持，这些属性包括：

- 背景颜色属性(background-color)：该属性为 HTML 元素设定背景颜色。
- 背景图片属性(background-image)：该属性为 HTML 元素设定背景图片。
- 背景重复属性(background-repeat)：该属性和 background-image 属性一起使用，决定背景图片是否重复。如果只设置 background-image 属性，没设置 background-repeat 属性，在默认状态下，图片既 x 轴重复，又 y 轴重复。
- 背景附着属性(background-attachment)：该属性和 background-image 属性一起使用，决定图片是跟随内容滚动，还是固定不动。
- 背景位置属性(background-position)：该属性和 background-image 属性一起使用，决定了背景图片的最初位置。
- 背景属性(background)：该属性是设置背景相关属性的一种快捷的综合写法。

2. CSS 边框属性

CSS 还能够进行边框的样式控制，使用 CSS 能够灵活地控制边框，边框属性包括：

- 边框风格属性(border-style)：该属性用于设定上下左右边框的风格。
- 边框宽度属性(border-width)：该属性用于设定上下左右边框的宽度。
- 边框颜色属性(border-color)：该属性设置边框的颜色。
- 边框属性(border)：该属性是边框属性的一个快捷的综合写法。

3. CSS 边距和间隙属性

CSS 的边距和间隙属性能够控制标签的位置，CSS 的边距属性使用的是 margin 关键字，而间隙属性使用的是 padding 关键字。CSS 的边距和间隙属性虽然都是一种定位方法，但是边距和间隙属性定位的对象不同，也就是参照物不同。

边距属性(margin)通常是设置一个页面中一个元素所占的空间的边缘到相邻的元素之间的距离，而间隙属性(padding)通常是设置一个元素中间的内容(或元素)到父元素之间的间隙(或距离)。对于边距属性(margin)有如下属性：

- 左边距属性(margin-left)：该属性用于设定左边距的宽度。
- 右边距属性(margin-right)：该属性用于设定右边距的宽度。
- 上边距属性(margin-top)：该属性用于设定上边距的宽度。
- 下边距属性(margin-bottom)：该属性用于设定下边距的宽度。
- 边距属性(margin)：该属性是设定边距宽度的一个快捷的综合写法，用该属性可以同时设定上下左右边距属性。

对于间隙属性，与边距属性基本相同，只是 margin 改成 padding，其属性如下。

- 左间隙属性(padding-left)：该属性用于设定左间隙的宽度。
- 右间隙属性(padding-right)：该属性用于设定右间隙的宽度。

- 上间隙属性(padding-top)：该属性用于设定上间隙的宽度。
- 下间隙属性(padding-bottom)：该属性用于设定下间隙的宽度。
- 间隙属性(padding)：该属性是设定间隙宽度的一个快捷的综合写法，用该属性可以同时设定上下左右间隙属性。

6.2 布局设置

6.2.1 网页的基本布局方式

常见的网页布局方式有左对齐、居中和满宽度显示。默认情况下，网页内容水平左对齐，然而，在实际页面中，我们经常看到大部分页面都是水平居中和满宽度显示的。因此，这里仅介绍两种较常用的布局实现方法。

1. 页面水平居中

实现的方法是在 body 的 style 样式中设置 text-align 属性的值为 center 就可以了。如果还希望页面的宽度固定，则可以通过设置 div 的 width 属性来实现。示例代码如下：

```
<body style=”text-align:center;”>
  <form id=”form1” runat=”server”>
  <div id=”div1” style=”width:760px; text-align:center; height:200px”></div>
</form>
</body>
```

2. 页面满宽度显示

实现的方法是将 div 的固定宽度设置为百分比即可，这样宽度就会随显示界面的大小自动调整。示例代码如下：

```
<body style=”text-align:center;”>
  <form id=”form1” runat=”server”>
  <div id=”div1” style=”width:98%; text-align:center; height:200px”></div>
</form>
</body>
```

这种方式的优点是无论浏览器是否最大化显示，都不会出现横向滚动条，如网易的 126 免费邮箱(mail.126.com)。缺点是页面元素相对位置不固定，不利于用户和窗体之间的操作。

6.2.2 页面元素定位

页面元素的定位分为流布局和坐标定位布局两种，其中，坐标定位布局又分为绝对定位和相对定位，这里只介绍流布局和坐标绝对定位。

1. 流布局 static

使用该布局，则页面中的元素将按照从左到右、从上到下的顺序显示，各元素之间不能重叠。如果不设置元素的定位方式，则默认即是流式布局。

2. 坐标绝对定位 absolute

在使用坐标绝对定位之前，必须先将 style 元素的 position 属性的值设置为 absolute，然后就可以由 style 元素的 left、top、right、bottom 和 z-index 属性来决定元素在页面中的绝对显示位置。left 属性表示元素的 x 坐标；top 属性表示元素的 y 坐标，坐标的位置是以它最近的具有 position 属性的父容器为参照物。具体效果参看下面的例子。

【例 6-3】新建一个.aspx 页面，修改页面 body 内的代码为下面的内容。

```
<body>
  <form id="form1" runat="server">
    <div id="div1" style="border: 1px #000080 solid; text-align: left; width: 400px; height: 200px;">
      <div id="div2" style="width: 200px; height: 120px; text-align: left; border: 1px #00FF00 solid;
background-color: #808080">
        <div id="div3" style="position: absolute; top: 70px; left: 130px; width: 150px; height: 100px;
border: 2px #800000 solid; background-color: #FFFF00">
          <div id="div4" style="position: absolute; left: 30px; top: 30px; width: 100px; height: 60px;
border: 3px #FF00FF solid; background-color: #00FFFF">
          </div>
        </div>
      </div>
    </div>
  </form>
</body>
```

然后切换到【设计】视图，观察显示效果，如图 6-8 所示。运行该页面，可以看到，无论浏览器窗口如何变化，各层之间的位置仍然保持不变。

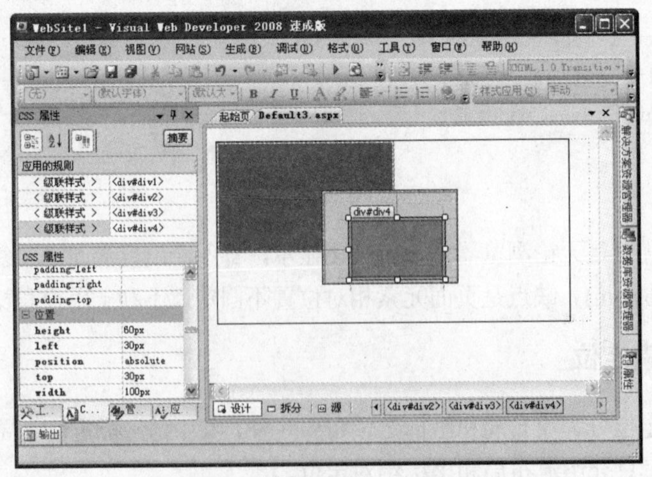

图 6-8　绝对定位的页面效果

具有不相同的 z-index 值的元素可以重叠，其效果就像多张透明的纸按顺序叠放在一起。其中，z-index 值大的元素会覆盖 z-index 值小的元素。修改【例 6-3】的代码，为 div3 增加 z-index 属性，如下所示：

```
<div id="div3" style="position: absolute;   ……   z-index: -1;">
```

切换到【设计】视图，观察显示效果，如图 6-9 所示。

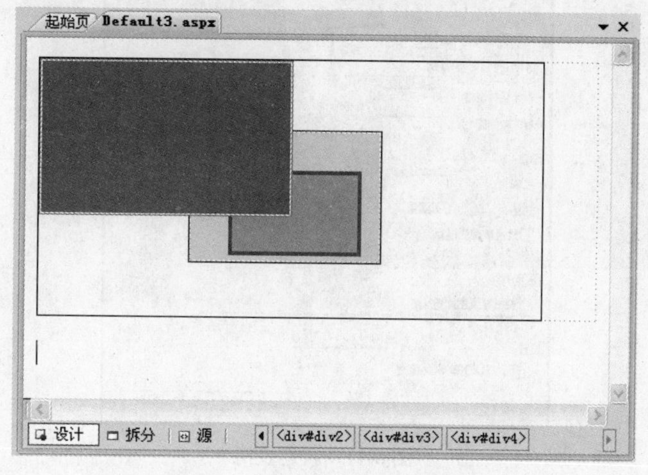

图 6-9　设置 z-index 属性的效果

采用坐标定位的方式可以精确地将元素放在页面中相应的位置显示，但是由于不同浏览器在显示方面存在差异，所以也会给我们的整体页面布局带来混乱的效果，解决这一问题的方法就是利用表格来进行布局。

6.2.3　表格布局

利用表格可以将网页中的内容合理的放置在相应的区域，每个区域之间互不干扰。例如，设计一个表格用来布局网页首页，实现的效果如图 6-10 所示。

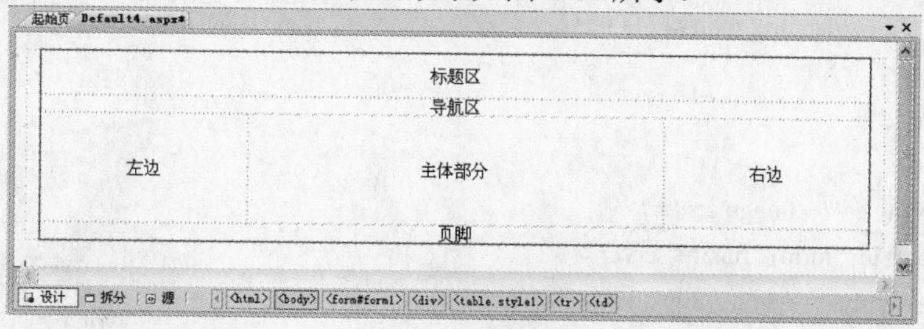

图 6-10　表格布局

从上图中可以看到，表格中定义了一个标题区、一个导航区、一个页脚区、中间又分成三个区，这就需要我们先创建一个 4 行 3 列的表格，然后通过详细设置达到图中的效果。该实例的实现步骤如下。

(1) 在【解决方案资源管理器】窗口中，右击网站的名称，从弹出的快捷菜单中选择【添加新项】命令，新建一个.aspx 页面，设置 body 元素的 style 属性为"text-align:center"，div 元素的 style 属性为"width: 780px; text-align:center"。

(2) 切换到【设计】视图，将鼠标光标停在 div 标记内。选择【表】|【插入表】命令，打开【插入表格】对话框，定义表格大小为 4 行 3 列，指定宽度为 100%，边框值为 1，边框颜色为红色，如图 6-11 所示。

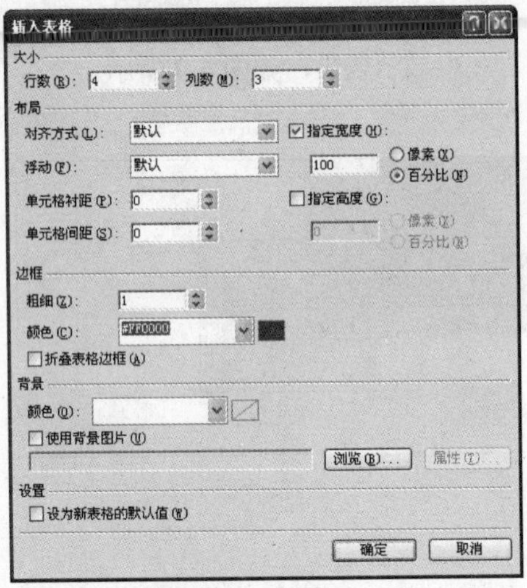

图 6-11　新建表格

经过详细设置后的代码可以通过切换到【源】视图中查看。

【例 6-4】表格布局举例。

```
<head runat="server">
   <title></title>
   <style type="text/css">
      .style1
      {
           width: 100%;
           border: 1px solid #FF0000;
      }
   </style>
</head>
<body style="text-align:center">
   <form id="form1" runat="server">
      <div style="width: 780px; text-align:center">
         <table cellpadding="0" cellspacing="0" class="style1">
            <tr><td colspan="3" height="40px">标题区</td></tr>
            <tr><td colspan="3">导航区</td></tr>
            <tr>
<td height="100px" width="200px">左边</td>
<td>主体部分</td>
<td width="200px">右边</td>
</tr>
```

```
            <tr><td colspan="3">页脚</td></tr>
        </table>
    </div>
  </form>
</body>
```

上述代码中，整个表格的最大列数是 3，所以标题区、导航区和页脚部分的 colspan 属性值为 3，表示对应行占 3 列，中间部分左右两边宽度为 200px，主体部分则没有指定宽度，此时，浏览器会自动根据整个表格的宽度调整该部分的宽度。

表 6-1 中列出了表格中部分常用的属性。

表 6-1　常用表格属性

属 性 名	含 义
Border	表示边框宽度，如果设置为 0，表示无边框，此时默认 frame=void，rules=none；可以设置为大于 0 的值来显示边框，此时默认 frame=border，rules=all
Cellspacing	表示单元格间距(表格和 tr 之间的间隔)
Cellpadding	表示单元格衬距(td 和单元格内容之间的间隔)
Frames	表示如何显示表格边框，void:无边框(默认)；above:仅有顶部边框；below:仅有底部边框；hsides:仅有顶部和底部边框；vsides:仅有左右边框；lhs:仅有左边框；rhs:仅有右边框；box 和 border:包含全部四个边框
Rules	表示如何显示表格内的分割线，all:显示所有分隔线；cols:仅显示列线；rows:仅显示行线；groups:仅显示组与组之间的分隔线

表格布局的最大优点就是简单直观。但是，如果将整个网页的元素都包含在表格内，则浏览器会将整个表格全部下载完毕后才显示表格中的内容，因此网页显示速度慢。此外，表格布局也不利于网页结构和表现的分离。解决该问题的方法就是网页整体采用 DIV 和 CSS 进行层布局，局部用表格进行布局。这是当前 Web 标准推荐的最佳布局方法。

6.2.4　DIV 和 CSS 布局

层布局最核心的标签就是 DIV。DIV 是一个容器，在使用时以<DIV></DIV>的形式存在。在 XHTML 中，每一个标签都可以称为容器，能够放置内容。但 DIV 是 XHTML 中专门用于布局设计的容器对象。

在传统的表格布局中，完全依赖于表格对象 TABLE，在页面中绘制多个单元格，在表格中放置内容，通过表格的间距或者用无色透明的 GIF 图片来控制布局版块的间距，达到排版目的；而以 DIV 对象为核心的页面布局中，通过层来定位，通过 CSS 定义外观，最大程度地实现了结构和外观彻底分离的布局效果，因此，习惯上对层布局又称为 DIV 和 CSS 布局。

1. 定义层

添加层的方法非常简单，可以从【工具箱】面板中的【HTML】选项卡中托拽一个“Div”项到【设计】视图中，或者在【源】视图中创建一对<div></div>标记。

【例 6-5】先来分析一个简单的定义 DIV 的例子。设计一个页面，添加一个层，定义其样式效果如图 6 12 所示。

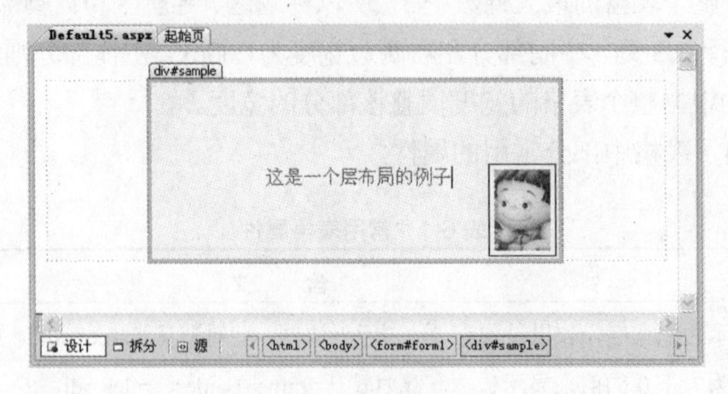

图 6-12　简单的层定义

具体实现步骤如下。

(1) 在【解决方案资源管理器】中，右击网站的名称，从弹出的快捷菜单中选择【添加新项】命令，新建一个.aspx 页面，此时会发现代码中已经包含了一个层对象。

(2) 切换到【设计】视图，选择【格式】|【新建样式】命令，打开【新建样式】对话框，在【选择器】后面的文本框中输入“#sample”，然后选择相应的类别进行设置，完成后单击【确定】按钮。

(3) 选中层对象，选择【视图】|【管理样式】命令，然后右键单击“#sample”样式，从弹出的快捷菜单中选择【应用样式】命令即可，如图 6-13 所示。

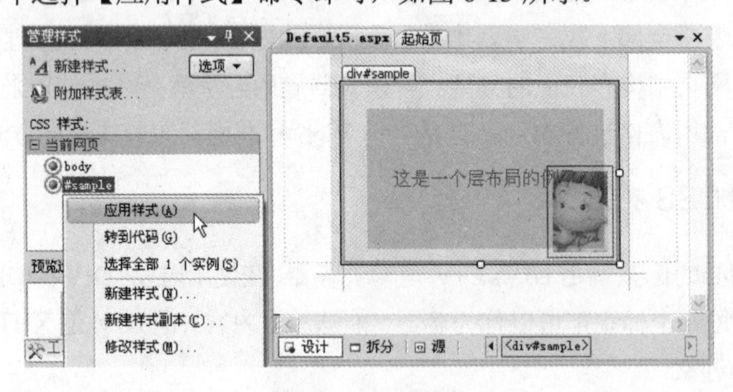

图 6-13　应用样式

对应的程序代码如下所示。

```
<head runat="server">
   <title></title>
   <style>
      body{ text-align:center; }
      #sample
```

```
    {
        margin: 10px 10px 10px 10px;
        padding:20px 10px 10px 20px;
        border-top: #CCC 2px solid;
        border-right: #CCC 2px solid;
        border-bottom: #CCC 2px solid;
        border-left: #CCC 2px solid;
        background: url(../images/bg_image1.gif) #fefefe no-repeat right bottom;
        color: #666;
        text-align: center;
        line-height: 120px;
        width:60%;
    }
  </style>
</head>
<body>
<form id="form1" runat="server">
<div id="sample">这是一个层布局的例子</div>
 </form>
</body>
```

其中，margin 是指层的边框以外留的空白，用于页边距或者与其他层制造一个间距。“10px 10px 10px 10px”分别代表“上右下左”(顺时针方向)四个边距。如果都一样，可以缩写成“margin: 10px;”。如果边距为零，则写成“margin: 0px;”。

padding 是指层的边框到层的内容之间的空白。和 margin 一样，分别指定上右下左边框到内容的距离。如果都一样，可以缩写成“padding:0px”。单独指定左边可以写成“padding-left: 0px;”。padding 是透明元素，不能定义颜色。

border 是指层的边框，“border-right: #CCC 2px solid;”是定义层的右边框颜色为“#CCC”，宽度为“2px”，样式为“solid”直线。如果要虚线样式可以用“dotted”。

background 是定义层的背景。分 2 级定义，先定义图片背景，采用“url(../images/bg_image1.gif)”的形式来指定背景图片路径；其次定义背景色“#fefefe”。“no-repeat”指背景图片不需要重复，如果需要横向重复用“repeat-x”，纵向重复用“repeat-y”，重复铺满整个背景用“repeat”。后面的“right bottom;”是指背景图片从右下角开始。

color 用于定义字体颜色。

text-align 用来定义层中的内容排列方式：center 居中；left 居左，right 居右。

line-height 定义行高，120px 是指绝对高度为 120 个像素，也可以写作：line-height:150%，表示是标准高度的 150%。

width 是定义层的宽度，可以使用固定值，也可以采用百分比。这个宽度仅仅指内容的宽度，不包含 margin、border 和 padding 的宽度。

2. 盒子模型

自从 1996 年 CSS1 的推出，W3C 组织就建议把所有网页上的对象都放在一个盒子(box)中，设计师可以通过创建对象来控制这个盒的属性，这些对象包括段落、列表、标题、图片以及层。盒子模型主要定义 4 个区域：内容(content)、边框距(padding)、边界(border)和边距(margin)。【例 6-5】中定义的层就是一个典型的盒。对于初学者，经常会搞不清楚 margin，background-color，background-image，padding，content，border 之间的层次、关系和相互影响。如图 6-14 所示是一个盒子模型图。

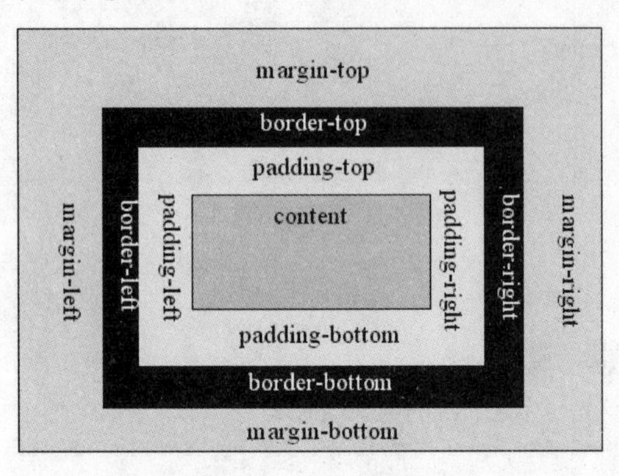

图 6-14　盒子模型

理解盒子模型就可以理解层与层之间定位的关系以及层内部的表达样式。其中，margin 属性负责层与层之间的距离，padding 属性负责内容和边框之间的距离。下面的代码可以帮助我们进一步理解盒子模型的含义。

```
<head runat="server">
<title></title>
<style>
#sample2
{
background-color: #FFFF00;
border-style: solid;
padding-bottom: 25px;
margin-bottom: 50px;
width: 60%;
}
</style>
</head>
<body>
<form id="form1" runat="server">
<div id="sample2">W3C 组织就建议把所有网页上的对象都放在一个盒(box)中，设计师可以通过创建定义来控制这个盒的属性，这些对象包括段落、列表、标题、图片以及层</div>
<p>这是下一段</p>
</form>
</body>
```

这段代码的运行效果如图 6-15 所示。

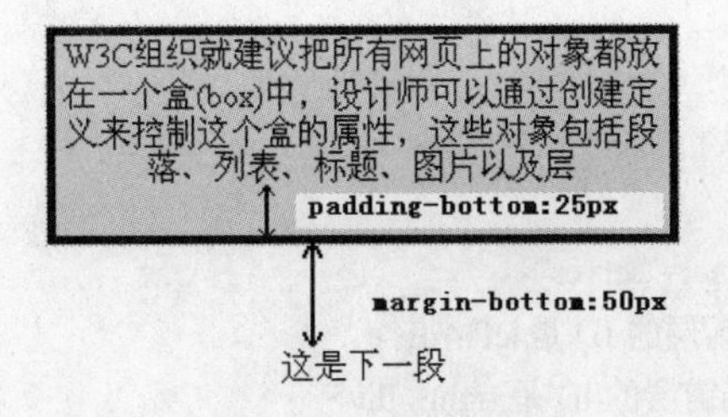

图 6-15　盒子模型举例

3. 层的定位

在一个页面中定义多个层时，会发现这些层自动排列在不同的行，而要真正实现左右排列，就要加入新的属性——float(浮动属性)。float 浮动属性是 DIV 和 CSS 布局中的一个非常重要的属性。大部分 DIV 布局都是通过 float 的控制来实现的。具体参数如下：

- float:none 用于设置是否浮动。
- float:left 用于表示对象向左浮动。
- float:right 用于表示对象向右浮动。

【例 6-6】下面通过一个左右分栏布局的例子来说明 float 的用法，该布局包含两个层且左右排列，这是最常用的布局结构之一，其效果如图 6-16 所示。

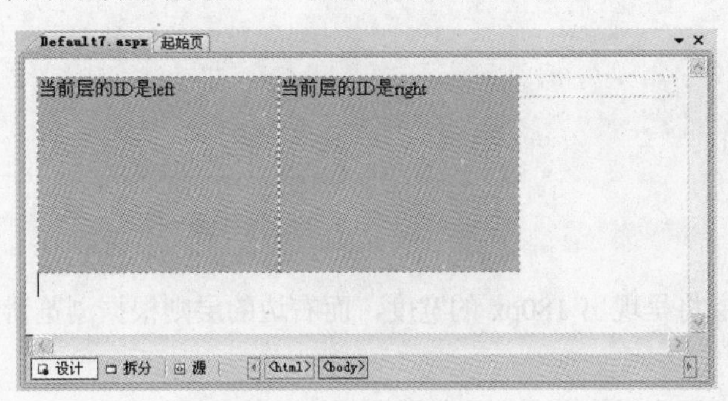

图 6-16　左右分栏效果

要实现这样的效果，必须使用 float 属性，代码如下：

```
<head runat="server">
  <title></title>
   <style>
     #left,#right
     {
         width:200px;
         height:160px;
         background-color:#cecece;
         border:1px dashed #33ccff;
     }
```

```
        #left{float:left;}
        #right{float:left;}
    </style>
</head>
<body>
    <form id="form1" runat="server">
        <div id="left">当前层的 ID 是 left</div>
        <div id="right">当前层的 ID 是 right</div>
    </form>
</body>
```

读者可以尝试去掉“#left{float:left}”和“#right{float:left}”来看看会变成什么效果。当然，也可以把 float 的属性值改为 right，看看会变成什么效果。

要想实现两列中左列宽度固定而右列宽度自适应窗口大小的效果，可以将上例代码中的样式进行如下修改。

```
<style>
#left,#right{
    background-color:#cecece;
    border:1px solid #33ccff;
    height:400px;
}
#left{
width:180px;
    float:left;
}
</style>
```

这样，左边的层将呈现出 180px 的宽度，而右边的层则根据浏览器的窗口大小来自动适应。

还有一种左右上下分栏的样式也是非常常见的，其效果如图 6-17 所示。

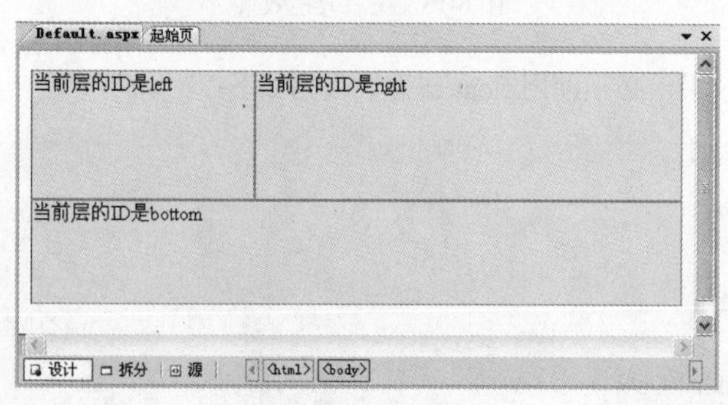

图 6-17　左右上下分栏

制作这种效果时需要在下面的层样式中添加 clear 属性，代码如下。

```
<head runat="server">
    <style>
#left,#right{background-color:#eeeeee;border:1px solid #33ccff;height:200px; }
#left{width:180px; float:left; }
#bottom{ background-color:#eeeeee; border:1px solid #33ccff; height:50px; clear:both; }
    </style>
</head>
<body>
  <form id="form1" runat="server">
    <div id="left">当前层的 ID 是 left</div>
    <div id="right">当前层的 ID 是 right</div>
    <div id="bottom">当前层的 ID 是 bottom</div>
  </form>
</body>
```

注意：在 IE 浏览器中，即使不定义 clear 属性为 both，依然能够按照预期的效果显示下面的层对象，但是在其他浏览器中，如果不添加这个属性，就不一定能正常显示了。

4. 利用 DIV 和 CSS 实现页面布局

通过前面的介绍，可以知道 DIV 只是一个区域标识，划定了一个区域，实现样式还是需要借助于 CSS，这样的分离，使得 DIV 的最终效果是由 CSS 来编写的。CSS 可以实现左右分栏，可以实现上下分栏，而表格则没有这么大的灵活性。CSS 与 DIV 的无关性，决定了 DIV 在设计上有极大的伸缩性，而不拘泥于单元格固定的模式束缚。因此，实现网页布局，通常是先在网页中将内容用 DIV 标记出来，然后再用 CSS 来编写样式。

采用 DIV 和 CSS 布局之前，首先要分析网页有哪些内容块，以及每个内容块的含义，这就是所谓的网页结构。通常情况下，页面结构包含以下几块：

(1) 标题区(header)：用来显示网站的标志和站点名称等。

(2) 导航区(navigation)：用来表示网页的结构关系，如站点导航，通常放置主菜单。

(3) 主功能区(content)：用来显示网站的主题内容，如商品展示、公司介绍等。

(4) 页脚(footer)：用来显示网站的版权和有关法律声明等。

我们通常采用 DIV 元素来将这些结构先定义出来，类似这样：

```
<div id="header"></div>
<div id="globalnav"></div>
<div id="content"></div>
<div id="footer"></div>
```

现在还没有开始布局，这只是网页的结构，每一个内容块都可以放在页面的任何地方，放置好以后，就可以指定每个块的颜色、字体、边框、背景以及对齐属性等。

6.3 主　题

网站的美观主要涉及页面和控件的样式属性，在 ASP.NET 应用程序中，可以利用 CSS 来控制页面上各元素的样式以及部分服务器控件的样式，但是，有些服务器控件的属性则无法通过 CSS 进行控制。为了解决这个问题，从 ASP.NET 2.0 开始就提供了一种称为“主题”的新方式，它可以保持网站外观的一致性和独立性，同时使页面的样式控制更加灵活方便，例如动态实现不同用户界面的切换等。ASP.NET 3.5 继承了这一特性。

6.3.1 主题的概念

主题是页面和控件外观属性设置的集合。主题由一个文件组构成，包括皮肤文件(扩展名为.skin)、级联样式表文件(扩展名为.css)、图片和其他资源等的组合，一个主题至少要包含一个皮肤文件。

主题分为两大类型：一类是应用程序主题，另一类是全局主题。

- 应用程序主题是指保存在 Web 应用程序的 App_Themes 文件夹下的一个或多个主题文件夹，主题的名称就是文件夹的名称。
- 全局主题是指保存在服务器上，根据不同的服务器配置决定的，能够对服务器上所有 Web 应用程序起作用的主题文件夹。

一般情况下，很少用到全局主题，本书所讲的主题均指应用程序主题，即保存在应用程序的 App_Themes 文件夹下的主题文件夹，简称主题。

打开一个 Web 应用程序，在【解决方案资源管理器】窗口中，右击项目名，从弹出的快捷菜单中选择【添加】|【添加 ASP.NET 文件夹】|【主题】命令，系统自动生成 App_Themes 文件夹，并在该文件夹下生成一个默认名为“主题”的文件夹。在 App_Themes 文件夹中可以创建多个主题，方法相同。

1. 皮肤文件

皮肤文件是主题的核心文件，又称为外观文件，专门用于定义服务器控件的外观。在主题中可以包含一个或多个皮肤文件，后缀名为.skin。

在控件皮肤设置中，只能包含主题的属性定义，如样式属性、模板属性、数据绑定表达式等，不能包含控件的 ID，如 Label 控件的皮肤设置代码如下：

```
<asp:Label runat="server" BackColor="Blue" Font-Names="Arial Narrow" />
```

这样一旦将该皮肤应用到 Web 页面中，则所有的 Label 控件都将显示皮肤所设置的样式。

右击某一个“主题”文件夹，在弹出的快捷菜单中选择【添加新项】命令，在弹出的对话框中选择【外观文件】，并在【名称】文本框中修改皮肤文件名，单击【添加】按钮即可添加一个皮肤文件。用同样的方法可以添加多个皮肤文件。

2. 级联样式表文件

主题中可以包含一个或多个 CSS 文件，一旦 CSS 文件被放在主题中，则应用时无需再在页面中指定 CSS 文件链接，而是通过设置页面或网站所使用的主题就可以了，当主题得到应用时，主题中的 CSS 文件会自动应用到页面中。

右击某一个“主题”文件夹，从弹出的快捷菜单中选择【添加新项】命令，在弹出的对话框中选择【样式表文件】选项，并在【名称】文本框中修改样式表文件名，单击【添加】按钮即可添加一个样式表文件。用同样的方法可以添加多个样式表文件。

如图 6-18 中，创建了 3 个主题，分别是 Theme1、Theme2 和 Theme3，Theme1 中包含一个皮肤文件，Theme2 中包含两个皮肤文件，Theme3 中包含一个皮肤文件和一个样式表文件。

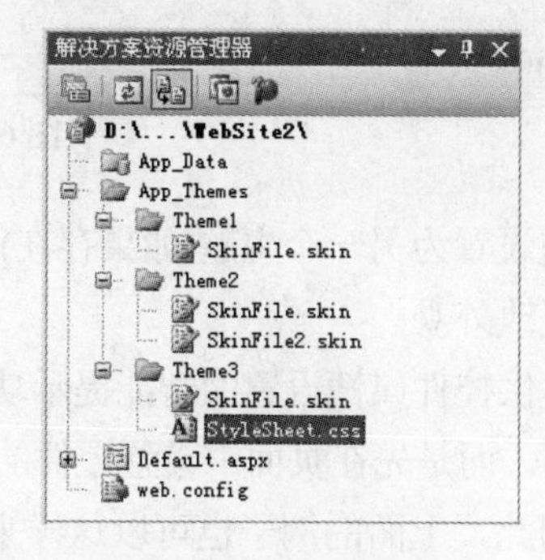

图 6-18　定义多个主题

6.3.2　在主题中定义外观

ASP.NET 使得将预定义的主题应用于页或创建唯一的主题变得很容易。下面通过一个简单的例子来说明定义外观的方法。

【例 6-7】创建一个包含一些简单外观的主题，这些外观用于定义控件的外观。

(1) 在 VS2008 中，右击网站名，从弹出的快捷菜单中选择【添加 ASP.NET 文件夹】|【主题】命令。将创建名为“App_Themes”的文件夹和名为“主题”的子文件夹。将“主题”文件夹重命名为“Theme1”。此文件夹名将成为创建的主题的名称。

(2) 右击“Theme1”文件夹，从弹出的快捷菜单中选择【添加新项】命令，添加一个新的外观文件，然后将该文件命名为“sampleSkin.skin”。在 sampleSkin.skin 文件中，按下面的代码示例所示的方法添加外观定义。

```
    <asp:Label runat="server" ForeColor="red" Font-Size="14pt" Font-Names="Verdana" />
    <asp:button runat="server" Borderstyle="Solid" Borderwidth="2px" Bordercolor="Blue"
Backcolor="yellow"/>
```

外观定义与创建控件的语法类似，所不同之处在于，定义只包括影响控件外观的设置，不包括 ID 属性的设置。

(3) 保存该外观文件。

(4) 新建一个网页文件，切换到【设计】视图中，添加一个标签控件和一个按钮控件，具体位置无所谓，如图 6-19 所示。

(5) 在【属性】窗口中选择“Document”元素，设置“Theme”属性的值为“Theme1”，切换到【源】视图中，会发现代码第一行的@ Page 指令中添加了下面的属性：

```
<%@ Page ... Theme="Theme1"%>
```

(6) 保存文件，按【Ctrl+F5】组合键执行该页面，查看设置效果，如图 6-20 所示。

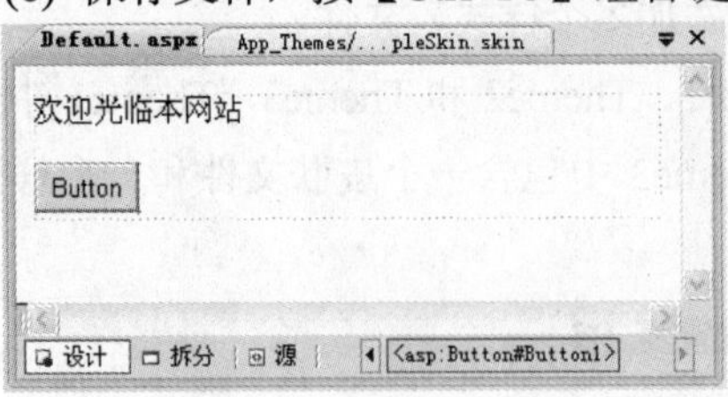

图 6-19　设置外观前

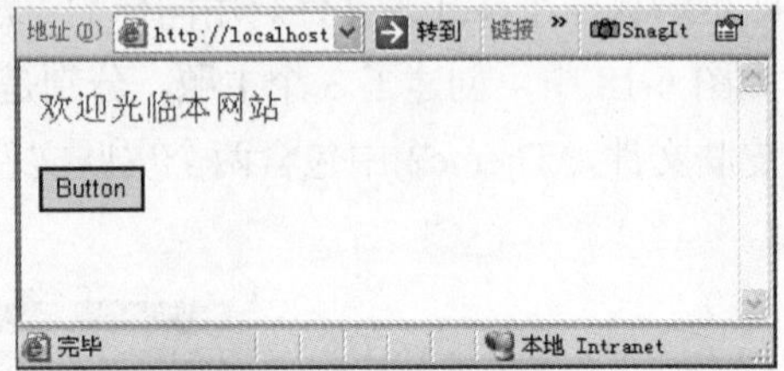

图 6-20　设置外观后

在该网页文件中，将该主题设置为另一个主题(如果存在)的名称。再按【Ctrl+F5】组合键再次运行该页。控件将再次更改外观。

在皮肤文件中，系统没有提供控件属性设置的智能提示功能，所以，一般不在皮肤文件中直接编写定义控件外观的代码，而是先在页面中设置控件的属性，然后将自动生成的代码复制到外观文件中进行修改。因此，上面的例子也可以这样来实现。

(1) 创建一个 Web 页面，添加相应的控件并设置其外观。

(2) 新建一个主题，将相应控件的源代码复制到该主题的皮肤文件中，去掉所有控件的 ID 属性。

(3) 在其他页面的【属性】窗口中选择“Document”元素，设置“Theme”属性的值为相应的主题即可。

如果希望某些控件的外观和页面中具有相同类型的其他控件的外观不一样，则可以通过在.skin 文件中给特定的控件添加一个 SkinID 属性，例如，在上面的例子中增加一个按钮，其外观定义成如下样式：

```
<asp:Button runat="server" SkinID="GreenButton" Borderstyle="dotted" Borderwidth="2px"
Bordercolor="red" Backcolor="Green"/>
```

修改按钮控件的 SkinID 属性的值为 GreenButton。这样，新增加的按钮就和原来的按钮显示了不同的外观。

6.3.3　在主题中同时定义外观和样式表

前面的例子只定义了一个皮肤文件，实际上，在主题中还可以定义.css 文件。要想让自定义的.css 文件起作用，只需在网页文件中设置“StyleSheetTheme”属性为定义的主题即可。

【例 6-8】演示如何在网页文件中同时使用皮肤文件和样式表文件。

(1) 在 VS2008 中，右击网站名，从弹出的快捷菜单中选择【添加 ASP.NET 文件夹】|【主题】命令。将创建名为“App_Themes”的文件夹和名为“主题”的子文件夹。将“主题”

文件夹重命名为“Theme2”。此文件夹名将成为创建的主题的名称。

(2) 右击“Theme2”文件夹，从弹出的快捷菜单中选择【添加新项】命令，添加一个新的外观文件，然后将该文件命名为“Skin1.skin”。在 Skin1.skin 文件中，将网页文件中要用到的所有控件的外观定义添加进来，注意不能含有任何控件的 ID，外观代码如下所示：

```
<asp:Label runat="server" BackColor="#FFFFCC" BorderColor="#6600FF"
  BorderStyle="Solid" BorderWidth="4px" Font-Bold="True" Font-Names="华文彩云"
  Font-Size="XX-Large" ForeColor="#CC0099" style="text-align: center" Width="206px">
</asp:Label>
<asp:Button runat="server" BackColor="#3333CC" BorderColor="#000099"
Font-Bold="True" Font-Size="Medium" ForeColor="White"/>
<asp:TextBox runat="server" BackColor="#99FFCC" Columns="10"></asp:TextBox>
```

(3) 在主题 Theme2 的文件夹中，再添加一个名为 Stylesheet1.css 的样式文件，文件内容如下所示：

```
.style1     /*  用于修饰表格 */
{
    width: 200px;
    border-collapse: collapse;
    border: 1px solid #800080;
}
.style2     /*  用于修饰单元格 */
{
    font-family: 幼圆;
    font-size: large;
    font-weight: bold;
}
```

(4) 新建一个 Web 页面，切换到【设计】视图下，添加表格和相应的控件，其最终效果如图 6-21 所示。

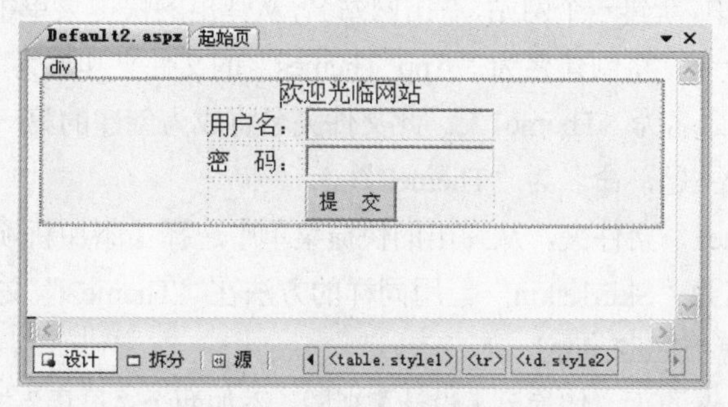

图 6-21　没有引入皮肤和样式前的效果

其对应的代码请参见随书光盘中的文件。

修改当前页面的“Document”中属性“StyleSheetTheme”的值为“Theme2”，可以看到引入皮肤和样式表文件后的最终显示效果，如图 6-22 所示。

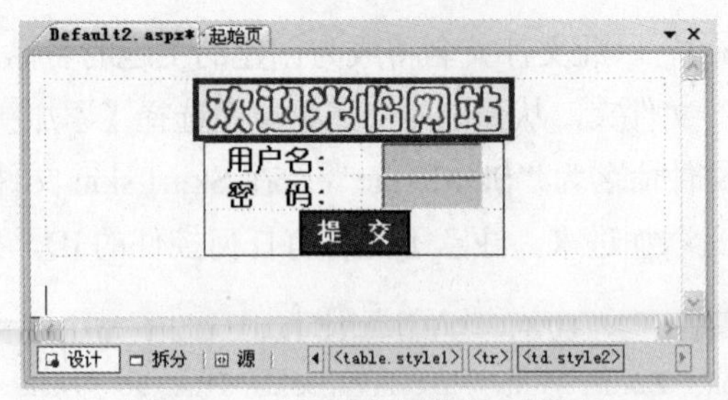

图 6-22　引入皮肤和样式后的效果

创建了主题之后，就可以定制如何在应用程序中使用主题，方法是：将主题作为自定义主题与网页文件关联，或者将主题作为样式表主题与网页文件关联。样式表主题和自定义主题都使用相同的主题文件，但是，样式表主题在网页文件的控件和属性中的优先级最低。在 ASP.NET 中，优先级的顺序是：

(1) 主题设置，包括 Web.config 文件中设置的主题。

(2) 本地网页文件的样式属性设置。

(3) 样式表主题设置。

在这里，如果选择使用样式表主题，则在网页文件中本地声明的任何样式信息都将覆盖样式表主题的属性。同样，如果使用自定义主题，则主题的属性将覆盖本地网页文件中设置的任何样式内容，以及使用中的样式表主题中的任何内容。

6.3.4　利用主题实现换肤

前面介绍的内容只是有关如何指定页面主题的方法，并没有涉及后台代码。而在实际使用中，可能需要通过后台代码来控制主题的指定，例如通过按钮来为页面指定不同的主题以实现换肤的效果，很多的论坛、博客系统都具有类似的功能。

下面的例 6-9 在创建外观定义时使用设计器来设置外观属性，然后将控件定义复制到外观文件中，通过基于现有控件来创建自定义主题，这是非常简单的一种方法。

【例 6-9】利用主题实现换肤功能。

(1) 在 VS 2008 中，新建一个网站，右击网站名，从弹出的快捷菜单中选择【添加 ASP.NET 文件夹】|【主题】命令。将创建名为“App_Themes”的文件夹和名为“主题”的子文件夹。将“主题”文件夹重命名为“Theme1”。此文件夹名将成为创建的第一个主题的名称。用同样的方法创建第二个主题，命名为“Theme2”。

(2) 右击“Theme1”文件夹，从弹出的快捷菜单中选择【添加新项】命令，添加一个新的外观文件，重命名为“Skin1.skin”。用同样的方法在“Theme2”文件夹中添加一个新的外观文件，重命名为“Skin2.skin”。

(3) 新建一个 Web 页面，切换到【设计】视图，添加两个“日历”控件，设置第一个“日历”控件的自动套用格式为“彩色型 1”，设置第二个“日历”控件的自动套用格式为“彩色型 2”。切换到【源】视图，并复制这两个<asp:calendar>元素及其属性，分别粘贴到 Skin1.skin 文件和 Skin2.skin 文件中。然后删除<asp:calendar>元素中的 ID 属性，保存这两个皮肤文件。

(4) 切换到“Default.aspx”页面，拖动一个“日历”控件到页中。不要设置该控件的任何属性。再添加两个“按钮”控件，如图 6-23 所示的效果。

图 6-23　没有引入主题的日历

(5) 双击【彩色型 1】按钮，为其 Click 事件添加处理程序，添加如下代码。

```
void Button1_Click(Object sender, EventArgs e)
{
    Session["themepage"] = "Theme1";   // 将彩色型 1 主题保存到 Session 中
    Response.Redirect(Request.Url.ToString());
}
```

(6) 双击【彩色型 2】按钮，为其 Click 事件添加处理程序，代码如下。

```
void Button2_Click(Object sender, EventArgs e)
{
    Session["themepage"] = "Theme2";     // 将彩色型 2 主题保存到 Session 中
    Response.Redirect(Request.Url.ToString());
}
```

(7) 在类定义中再添加下面的代码。

```
void Page_PreInit(object sender, EventArgs e)
{
    if (Session["themepage"] != null)
    {
        this.Theme = (String)Session["themepage"];
    }
    else
    {
        this.Theme = "Theme1";   // 默认加载彩色型 1 主题
    }
}
```

(8) 测试动态主题页。在 Default.aspx 页中按【Ctrl+F5】组合键运行此页面。此页即会在浏览器中显示，默认以“彩色型 1”主题显示日历，如图 6-24 所示。单击【彩色型 2】按钮，以“彩色型 2”主题显示日历，如图 6-25 所示。单击不同的按钮实现换肤的效果。

图 6-24　彩色型 1 主题

图 6-25　彩色型 2 主题

前面的内容都是将主题应用于某一个页面文件，其实还可以将一个主题应用于整个网站。为网站设置主题的方法如下：

(1) 打开网站的配置文件“Web.config”，在<system.web>元素内部添加<pages>元素。

(2) 将下列属性添加到<pages>元素中：<pages theme="sampleTheme" />

(3) 保存并关闭 Web.config 文件。

(4) 打开所有包含主题的页面，并切换到【源】视图。从页声明中删除 theme="themeName" 属性。

此后，网站中所有页面都将使用 Web.config 文件中指定的主题显示。如果选择在某个页面文件的声明中再指定一个主题名称，则该主题名称将覆盖 Web.config 文件中指定的任何主题。

6.4　母　版　页

在 Web 站点开发中，有很多元素会出现在每一个页面中，如站点标题、公共导航以及版权信息等，这些元素的一致布局会让用户知道自己始终是在同一个站点中。虽然这些元素在 XHTML 中可以通过使用包含文件构建，在 ASP.NET 中，可以使用 CSS 和主题减少多页面的布局，但是，CSS 和主题在很多情况下还无法胜任多页面的开发，这时就需要使用母版页。

6.4.1　母版页和内容页的概念

母版页是用于设置页面外观的模板，是一种特殊的 ASP.NET 网页文件，同样也具有其他 ASP.NET 文件的功能，如添加控件，设置样式等，只不过其扩展名是.master。在母版页中，界面被分为公用区和可编辑区，公用区的设计方法与一般页面的设计方法相同，可编辑区用 ContentPlaceHolder 控件预留出来。

引用母版页的.aspx 页面称为内容页，在内容页中，母版页的 ContentPlaceHolder 控件预留的可编辑区会被自动替换为 Content 控件，开发人员只需在 Content 控件区域中填充内容即可，在母版页中定义的其他标记将自动出现在引用该母版页的.aspx 页面中，母版页的部分以灰色显示，表示不能修改这些内容。

每个母版页中可以包含一个或多个内容页。使用母版页可以统一管理和定义具有相同布局风格的页面，给网页设计和修改带来极大的方便。母版页具有如下优点：

- 使用母版页可以集中处理页的通用功能，以便可以只在一个位置进行更新。
- 使用母版页可以方便地创建一组控件和代码，并将结果应用一组新的页面。
- 通过允许控制占位符控件的呈现方式，母版页可以在细节上控制最终页的布局。
- 母版页提供了一个对象模型，使用该对象模型可以从各个内容页自定义母版页。

在使用母版页时，需要注意的是，母版页中使用的图片和超链接应尽量使用服务器端控件来实现，如 Image 和 HyperLink 控件。即使控件不需要服务器代码也是如此，这是因为将设计好的母版页或内容页移动到另一个文件夹时，如果使用的是服务器控件，即使不改变服务器控件的 URL，ASP.NET 也可以正确解析，并能自动将其 URL 改为正确的位置，如果使用普通的 HTML 标记，那么 ASP.NET 将无法正确解析这些标记的 URL，从而导致图片不能显示和链接失败，给维护带来麻烦。

6.4.2　创建母版页

创建母版页的方法和创建一般页面的方法非常相似，区别在于母版页无法单独在浏览器中查看，而必须通过创建内容页才能浏览。下面的例子是一个很常见的布局，母版页中包含一个标题、一个导航菜单和一个页脚，这些内容将在站点的每个页面中出现。在母版页中包含一个内容占位符，这是母版页中的一个可变区域，可以使用内容页中的信息来替换该区域。

【例 6-10】设计如图 6-26 所示的名为 Master1.master 的母版页，然后设计两个引用母版页的内容页 Index.aspx 和 About.aspx，运行效果分别如图 6-27 和图 6-28 所示。

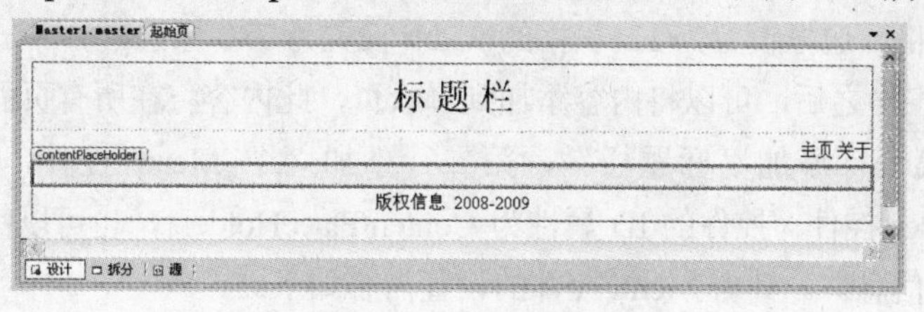

图 6-26　母版页布局

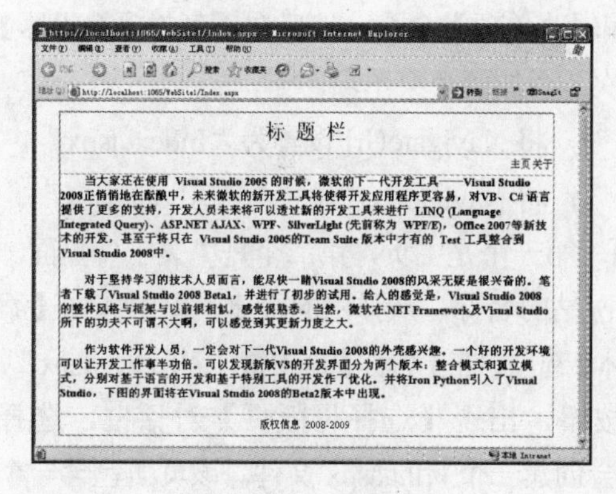

图 6-27　主页效果

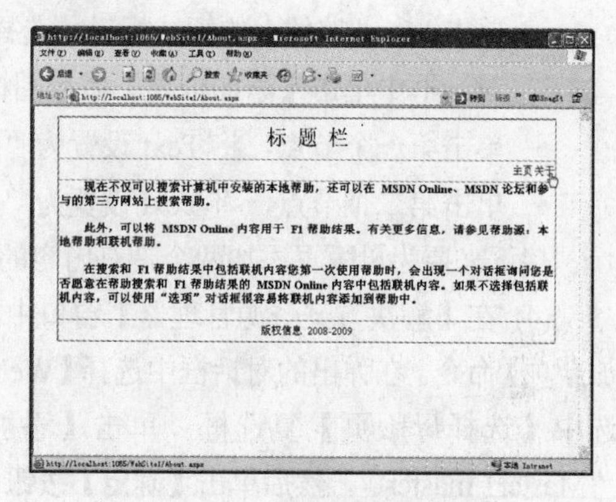

图 6-28　“关于”页效果

(1) 在 VS 2008 的【解决方案资源管理器】窗口中右击网站的名称，从弹出的快捷菜单中选择【添加新项】命令，从弹出的对话框中选择【母版页】选项。在【名称】文本框中输入“Master1”，如图 6-29 所示，单击【添加】按钮即会在【源】视图中打开新建的母版页。

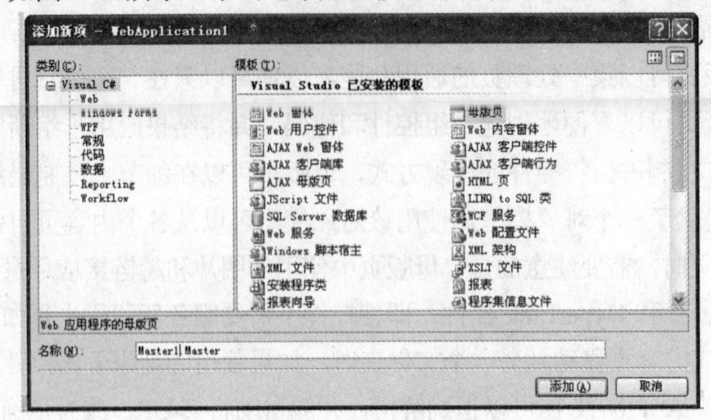

图 6-29　创建母版页

观察母版页的源代码，在页面的顶部是一个@ Master 声明，而不是通常在 ASP.NET 页顶部看到的@ Page 声明，指令如下：

```
<%@ Master Language="C#" AutoEventWireup="true" CodeFile="Master1.master.cs"
Inherits="Master1" %>
```

此外，页面的主体还包含一个 ContentPlaceHolder 控件，这是母版页中的一个区域，其中的可替换内容将在运行时由内容页合并。为了方便母版页的编辑，通常先将 ContentPlaceHolder 控件删除，母版页编辑完成后再放置 ContentPlaceHolder 控件。

(2) 切换到【设计】视图，删除 ContentPlaceHolder 控件，然后单击页面中的层，插入一个四行一列的表格，边框设置为 1，表格的 width 设置为 780 像素。

(3) 布局完表格之后，可以将内容添加到母版页，此内容将在所有页面中显示。例如，可以在表格的第一行添加“标题栏”，第二行添加一个 Menu 控件，第三行添加一个 ContentPlaceHolder 控件，控件的 ID 属性为 ContentPlaceHolder1，也可以修改这个名字，第四行添加“版权信息”。其中 Menu 控件的设置内容如下：

- 将 Menu 控件的 Orientation 属性设置为 Horizontal。
- 单击 Menu 控件上的智能标记，选择【编辑菜单项】命令，然后在【菜单项编辑器】对话框中单击【添加根项】命令图标两次，添加两个菜单项。
- 单击第一个节点，将 Text 设置为“主页”，将 NavigateUrl 设置为“Index.aspx”。
- 单击第二个节点，将 Text 设置为“关于”，将 NavigateUrl 设置为“About.aspx”。

接下来要为母版页添加两个带有内容的页面。第一个是主页，第二个是“关于”页面。

(4) 在【解决方案资源管理器】窗口中右击网站的名称，从弹出的快捷菜单中选择【添加新项】命令。在弹出的对话框中选择【Web 窗体】选项，在【名称】框中键入“Index.aspx”，选中【选择母版页】复选框。单击【添加】按钮，出现【选择母版页】对话框，选择“Master1.master”，然后单击【确定】按钮。即会创建一个新的.aspx 文件。该页面包含一个

@ Page 指令，此指令将当前页附加到带有 Master1 属性的选定母版页，如下面的代码示例所示。

```
<%@ Page Language="C#" MasterPageFile="~/Master1.master" ... %>
```

(5) 切换到【设计】视图。母版页中的 ContentPlaceHolder 控件在新的内容页中显示为 Content 控件。而其他的母版页内容显示为浅灰色，表示在编辑内容页时不能更改这些内容。在与母版页上的 ContentPlaceHolder1 匹配的 Content 控件中，输入主页要显示的内容，然后选择文本，通过从【工具箱】上的【块格式】组中选择【标题 2】，保存页面。

(6) 用同样的方法创建“关于”内容页，名字为 About.aspx。

(7) 设置 Index.aspx 为起始页，按【Ctrl+F5】组合键运行并测试该站点。ASP.NET 将 Index.aspx 页的内容与 Master1.master 页的布局合并到单个页面，并在浏览器中显示产生的页面。需要注意的是，此页的 URL 为 Index.aspx，浏览器中是不存在对母版页的引用的。单击“关于”链接，显示 About.aspx 页，它也是和 Master1.master 页合并的结果。

6.4.3　从内容页访问母版页的成员

利用内容页的后台代码可以引用母版页上的成员，包括母版页上的任何公共属性或方法以及任何控件。要实现内容页对母版页中定义的属性或方法的访问，则该属性或方法必须声明为公共成员(public)，也可以对母版页动态地进行访问。

1. 访问母版页的公共成员

要想在内容页中访问母版页中的属性，必须在母版页上先创建一个属性，创建方法如下：

(1) 切换到或打开 Master1.master 页，在【解决方案资源管理器】窗口中右击 Master1.master，从弹出的快捷菜单中选择【查看代码】命令打开代码编辑器。

(2) 在类定义中输入以下代码。

```
public String WebSiteName
{
    get { return (String) ViewState["websiteName"]; }
    set { ViewState["websiteName"] = value; }
}
```

此代码为母版页创建名为 WebSiteName 的属性。在视图状态中存储此值，以便此值在访问期间保持不变。

(3) 在类定义中再添加如下代码。

```
void Page_Init(Object sender, EventArgs e)
{
    this.WebSiteName = "母版页的介绍";
}
```

接下来修改内容页，通过引用 WebSiteName 属性，来使用母版页中的公共成员。

(4) 切换到或打开 Index.aspx 页，切换到该页的【源】视图。在页面顶部的@ Page 指令下，添加如下@ MasterType 指令：

```
<%@ MasterType virtualpath="~/Master1.master" %>
```

此指令的作用是将内容页的 Master 属性绑定到 Master1.master 页。

(5) 切换到【设计】视图，在 Content 控件中，增加一行内容“该网站是关于”。

(6) 从【工具箱】中将 Label 控件拖动到 Content 控件上，并将其放置到静态文本的后面，使文本如下所示：该网站是关于[Label]。

(7) 在【解决方案资源管理器】窗口中右击“Index.aspx”，从弹出的快捷菜单中选择【查看代码】命令打开代码编辑器。在类定义中添加如下代码。

```
void Page_Load(Object sender, EventArgs e)
{
    Label1.Text = Master.WebSiteName;
}
```

(8) 测试内容页，切换到或打开 Index.aspx 页，然后按【Ctrl+F5】组合键运行页面。页面即会在浏览器中显示，其中文本为“该网站是关于 母版页的介绍”。

(9) 修改母版页中属性的值，重新运行页面将看到新的属性值显示在页面中。

2. 动态访问母版页

在有些情况下，可能希望能够动态更改母版页。也就是使用代码设置内容页的母版页。例如，可能希望允许用户从几个布局中进行选择，根据个人喜好设置母版页。

首先，我们要保证网站中有不少于两个母版页，然后创建按钮使用户能够在两个母版页之间切换。在本例中，我们新创建的第二个母版页和第一个母版页非常相似，只是将标题栏和版权信息的字体改了一下，具体步骤如下。

(1) 切换到或打开 Master1.master 页。在【工具箱】中拖动一个 LinkButton 按钮控件到页面中，并将其放置在标题栏内容的右边。

(2) 将按钮控件的 Text 属性设置为“变换字体效果”，如图 6-30 所示。

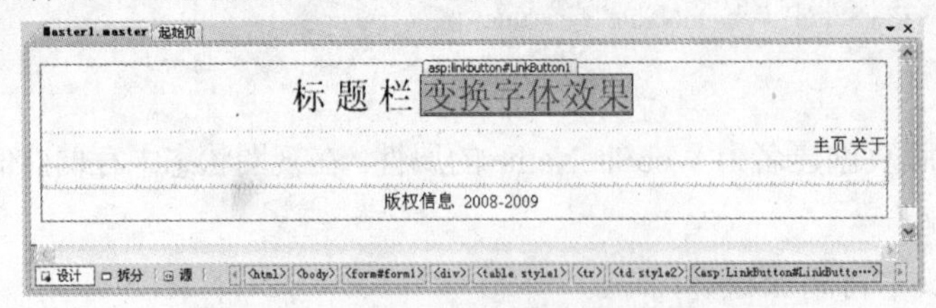

图 6-30　修改后的 Master1 的设计界面

(3) 双击此按钮，为其 Click 事件添加处理程序，代码如下。

```
void LinkButton1_Click(Object sender, EventArgs e)
{
    Session["masterpage"] = "Master2.master";
```

```
        Response.Redirect(Request.Url.ToString());
    }
```

此代码将第二个母版页的文件名加载到一个持久的会话变量中，然后重新加载当前页。

(4) 创建第二个母版页，内容和 Master1.master 完全相同，只是字体效果不同，和 Master1 一样，再添加一个 LinkButton 控件，并将其 Text 属性设置为“返回正常效果”。如图 6-31 所示。

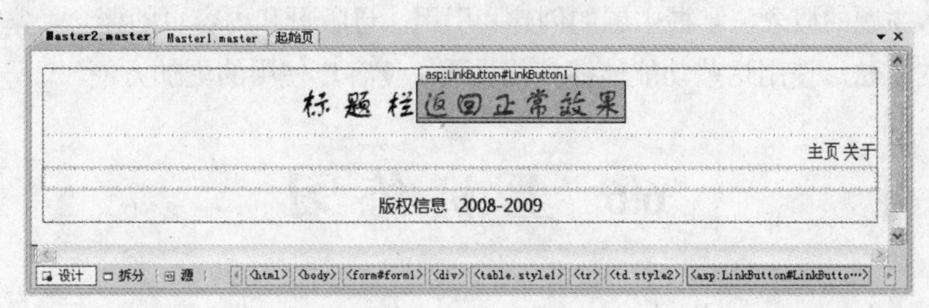

图 6-31　Master2 的效果

(5) 双击此按钮，为其 Click 事件添加处理程序，代码如下。

```
void LinkButton1_Click(Object sender, EventArgs e)
{
    Session["masterpage"] = "Master1.master";
    Response.Redirect(Request.Url.ToString());
}
```

此代码与 Master1.master 页中的按钮的处理代码类似，不同之处在于它加载的是第一个母版页。最后，在内容页中编写代码，此代码将动态加载用户选定的母版页。

(6) 切换到或打开 About.aspx 页。在【解决方案资源管理器】窗口中右击“About.aspx”，从弹出的快捷菜单中选择【查看代码】命令打开代码编辑器。在类定义中添加如下代码。

```
void Page_PreInit(Object sender, EventArgs e)
{
    if(Session["masterpage"] != null)
    {
        this.MasterPageFile = (String) Session["masterpage"];
    }
}
```

此代码将当前页的 MasterPageFile 属性的值设置为会话变量中的值(如果有)。这段代码必须在 Page_PreInit 处理程序中运行，因为必须建立母版页，使得页面可以创建其实例，然后可以进一步初始化。

(7) 测试动态母版页。在 About.aspx 页中按【Ctrl+F5】组合键运行此页面。此页即会在浏览器中显示，它与其默认母版页 Master1.master 合并。单击“变换字体效果”链接，将会重新显示此页，但这一次它是与 Master2.master 合并。

6.5 本章小结

ASP.NET 提供了皮肤、主题和模板页等功能增强了网页布局和界面的优化，可以轻松地实现对网站开发中界面的控制。本章介绍了 CSS 和母版页对 ASP.NET 应用程序进行样式控制的方法和技巧。包括理解 CSS 的概念，掌握 CSS 的用法；布局的概念，掌握 CSS 和 Div 布局的方法；主题的概念，掌握主题的创建和引用；母版页和内容页的概念，掌握创建母版页和内容页的方法。使用这些功能能够美化界面，使客户使用的更加方便。

6.6 上机练习

6.6.1 上机目的

熟悉层的应用，掌握层的布局；掌握母版页的创建及其使用方法。能够通过创建母版页来实现导航页面的设计。

6.6.2 上机内容和要求

(1) 新建一个名为 CRM 的网站。

(2) 在【解决方案资源管理器】窗口中右击网站名称，从弹出的快捷菜单中选择【添加新项】命令，在弹出的对话框中选择【母版页】选项。在【名称】文本框中输入“Master1”，单击【添加】按钮即可在【源】视图中打开新的母版页。

(3) 切换到【设计】视图，删除 ContentPlaceHolder 控件，然后插入 4 个层，代码如下。

```
<div id="top"></div>
<div id="left">
<asp:HyperLink ID="hpl_CNotify" runat="server" NavigateUrl="~/Module/CNotify.aspx"
Target="_self">公告信息</asp:HyperLink>
<asp:HyperLink ID="hpl_CSearch" runat="server" NavigateUrl="~/Module/CSearch.aspx"
Target="_self">资料查询</asp:HyperLink>
<asp:HyperLink ID="hpl_CAdd" runat="server" NavigateUrl="~/Module/CAdd.aspx" Target="_self">资
料添加</asp:HyperLink>
<asp:HyperLink ID="hpl_CManage" runat="server" NavigateUrl="~/Module/CManage.aspx"
Target="_self">资料管理</asp:HyperLink>
<asp:HyperLink ID="hpl_Exit" runat="server" NavigateUrl="~/Module/Exit.aspx">退出系统
</asp:HyperLink>
 </div>
 <div id="right">
        <asp:ContentPlaceHolder ID="ContentPlaceHolder1" runat="server">
        </asp:ContentPlaceHolder>
</div>
```

```
<div id="bottom">版权所有，违者必究  </div>
```

(4) 分别设置每个层的 CSS 样式，代码大致如下。

```
#left,#right{border:0px solid;float:left}
#left{width:160px;height:450px}
#top{ border:0px solid; height:120px;clear:both;}
#bottom{    border:0px solid; height:50px; clear:both; }
```

(5) 最后，还可以根据情况进一步的详细设置。

第7章 ADO.NET数据访问

ASP.NET 应用程序的数据访问是通过 ADO.NET 完成的，ADO.NET 可以使 Web 应用程序从各种数据源中快速访问数据。从传统的数据库到 XML 数据存储文件，各种各样的数据源都能连接到 ADO.NET，从而更加灵活地访问数据，减少访问数据所需的代码，提高了开发效率和 Web 应用程序的性能。

本章首先介绍 ADO.NET 的基本知识，然后详细介绍 ASP.NET 中的几种数据访问方法，有关数据绑定的内容则放到下一章介绍。

本章的学习目标：

- 了解 ADO.NET 的基本知识
- 掌握 ADO.NET 与数据库的连接方法
- 掌握使用 Connection 对象连接到数据库、打开和关闭数据库的方法
- 掌握利用 Command 访问数据库的方法
- 掌握利用 DataAdapter 访问数据库的方法
- 了解使用 ODBC.NET Data Provider 的方法
- 了解连接池概述

7.1 ADO.NET 概 述

ADO.NET 是.NET Framework 提供的数据访问的类库，ADO.NET 对 Microsoft SQL Server、Oracle 和 XML 等数据源提供一致的访问。应用程序可以使用 ADO.NET 连接到这些数据源，并检索和更新所包含的数据。

7.1.1 ADO.NET 简介

ADO.NET 的名称起源于 ADO(ActiveX Data Objects)，ADO 用于在以往的 Microsoft 技术中进行数据的访问。所以微软希望通过使用 ADO.NET 向开发人员表明，这是在.NET 编程环境和 Windows 环境中优先使用的数据访问接口。

ADO.NET 提供了平台互用性和可伸缩的数据访问，ADO.NET 增强了对非连接编程模式是支持，并支持 RICH XML。由于传送的数据都是 XML 格式的，因此任何能够读取 XML 格式的应用程序都可以进行数据处理。事实上，接受数据的组件不一定非要是 ADO.NET 组件，它可以是基于一个 Microsoft Visual Studio 的解决方案，也可以是任何运行在其他平台上的任何应用程序。

传统的 ADO 和 ADO.NET 是两种不同的数据访问方式，无论是在内存中保存数据，还

是打开和关闭数据库的操作模式都不尽相同。

ADO.NET 用于数据访问的类库包含.NET Framework 数据提供程序和 DataSet 两个组件。.NET Framework 数据提供程序与 DataSet 之间的关系如图 7-1 所示。

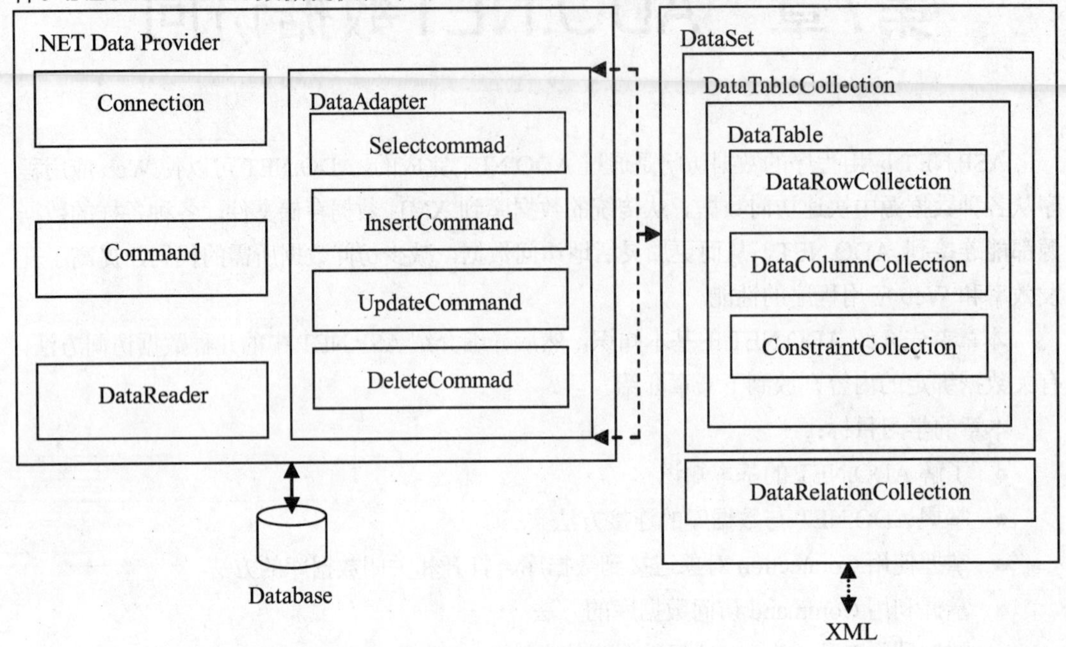

图 7-1　ADO.NET 的组成

.NET Framework 数据提供程序包含以下 4 个核心类。

- Connection：建立与数据源的连接。
- Command：对数据源执行操作命令，用于修改数据、查询数据和运行存储过程等。
- DataReader：从数据源获取返回的数据。
- DataAdapter：用数据源数据填充 DataSet，并可以处理数据更新。

DataSet 是 ADO.NET 的断开式结构的核心组件。设计 DataSet 的目的是为了实现独立于任何数据源的数据访问，可以把它看成是内存中的数据库，是专门用来处理数据源中读出的数据的。

DataSet 的优点就是离线式，一旦读取到数据库中的数据后，就在内存中建立数据库的副本，在此之后的操作，直到执行更新命令为止，所有的操作都是在内存中完成的。不管底层的数据库是哪种类型，DataSet 的行为都是一致的。

DataSet 是数据表(DataTable)的集合，它可以包含任意多个数据表，而且每个 DataSet 中的数据表对应一个数据源中的数据表(Table)或者数据视图(View)。

ASP.NET 数据访问程序的开发流程有以下几个步骤：

(1) 利用 Connection 对象创建数据连接。

(2) 利用 Command 对象数据源执行 SQL 命令。

(3) 利用 DataReader 对象读取数据源的数据。

(4) DataSet 对象与 DataAdapter 对象配合，完成数据的查询和更新操作。

7.1.2　与数据有关的命名空间

在 ADO.NET 中，连接数据源有 4 种接口：SQLClient、OracleClient 、ODBC、OLEDB。其中 SQLClient 是 Microsoft SQL Server 数据库专用连接接口，OracleClient 是 Oracle 数据库专用连接接口，ODBC 和 OLEDB 可用于其他数据源的连接。在应用程序中使用任何一种连接接口时，必须在后台代码中引用相应的名称空间，类的名称也随之发生变化，如表 7-1 所示。

表 7-1　ADO.NET 的数据库命名空间及其说明

命 名 空 间	说　明
System.Data	ADO.NET 的核心，包含处理非连接的架构所设计的类，如 DataSet
System.Data.SqlClient	SQL Server 的.NET 数据提供程序
System.Data.OracleClient	Oracle 的.NET 数据提供程序
System.Data.OleDb	OLE DB 的.NET 数据提供程序
System.Data.Odbc	ODBC 的.NET 数据提供程序
System.Xml	提供基于标准 XML 的类、结构等
System.Data.Common	由.NET 数据提供程序继承或者实现的工具类和接口

7.2　使用 Connection 连接数据库

本书数据源以 Microsoft SQL Server 2005 数据库为例，也就是说，使用 SQLClient 连接接口，访问数据库使用 SqlConnection、SqlCommand、SqlDataReader 和 SqlDataReader 对象。在 ADO.NET 对象模型中，Connection 对象用于连接到数据库和管理数据库的事务，它的一些属性描述了数据源和用户身份验证。Connection 对象还提供一些方法允许程序员与数据源建立连接或者断开连接。不同的数据源需要使用不同的类来建立连接。

下面以 SqlConnection 为例介绍，其他数据源连接方式与之类似。为了连接到数据源，需要一个连接字符串。连接字符串通常由一组用分号隔开的名称和值组成，它指定了数据库运行库的设置。连接字符串中包含的典型信息有数据库的名称、服务器的位置和用户的身份。还可以指定其他操作信息，如连接超时和连接池(connection pooling)设置等。Sqlconnection 连接字符串的常用参数及其说明如下：

- Data Source 或 Server：连接打开时使用的 SQL Server 数据库服务器名称，或者是 Microsoft Access 数据库的文件名，可以是 local、localhost，也可以是具体数据库服务器名称。
- Initial Catalog 或 Database：数据库的名称。
- Integrated Security：此参数决定连接是否是安全连接。可能的值有 True、False 和 SSPI(SSPI 是 True 的同义词)。
- User ID 或 uid：SQL Server 的登录账户。

- Password 或 pwd：SQL Server 登录密码。

下面的代码在 Page_Load 事件中建立数据库连接。

```
using System.Data;
using System.Data.SqlClient;
protected void Page_Load(object sender, EventArgs e)
{
    //连接的数据库名为 StudentDB，用户名为 sa，密码为空
    string strCon ="Data Source=localhost; Initial Catalog=StudentDB;
        Integrated Security=True; User ID=sa; Password=";
    SqlConnection conn = new SqlConnection(strCon);
}
```

下面列出了 SqlConnection 对象的常用属性：

- ConnectionString：执行 Open 方法连接数据源的字符串。
- ConnectionTimeout：尝试建立连接的时间，超过时间则产生异常。
- Database：将要打开数据库的名称。
- DataSource：包含数据库的位置和文件。

SqlConnection 对象的常用方法及说明如下：

- Open：打开一个数据库连接。
- Close：关闭数据库连接。使用该方法关闭一个打开的连接。
- ChangeDatabase：改变当前连接的数据库。需要一个有效的数据库名称。

创建 SqlConnection 实例之后，其初始状态为“关闭”，需要调用 Open 方法来打开连接，使用完毕后用 Close 方法关闭连接。在建立数据库连接之前，首先在 Web.Config 配置文件中建立一个连接字符串，然后建立数据库连接。

【例 7-1】演示如何建立 Microsoft SQL Server 2005 数据库连接。

(1) 运行 VS2008，新建一个名为“Accessdatabase”的 ASP.NET 网站。

(2) 在【解决方案资源管理器】中，用鼠标右键单击网站名，从弹出的快捷菜单中选择【添加新项】命令，在弹出的对话框中选择【SQL Server 数据库】模板，更改名称为“MyDatabase.mdf”，创建数据库，如图 7-2 所示。

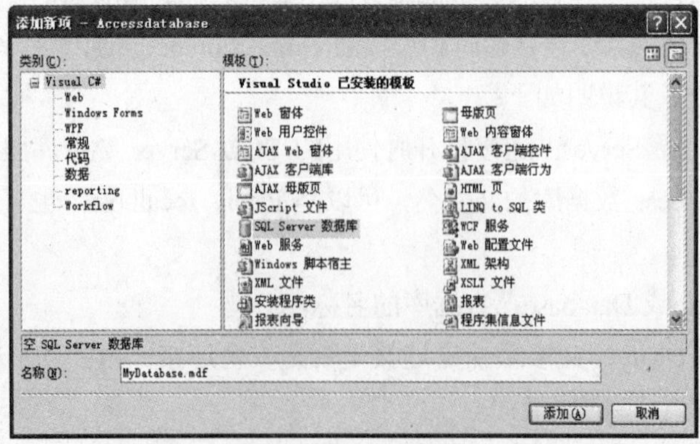

图 7-2　新建数据库

(3) 单击【添加】按钮，弹出对话框，单击【确定】按钮，将数据库“MyDatabase.mdf”保存到 App_Data 文件夹中。

(4) 在【服务器资源管理器】中，展开数据库节点“MyDatabase.mdf”。

(5) 用鼠标右键单击【表】结点，如图 7-3 所示，添加 student 表的属性如图 7-4 所示。

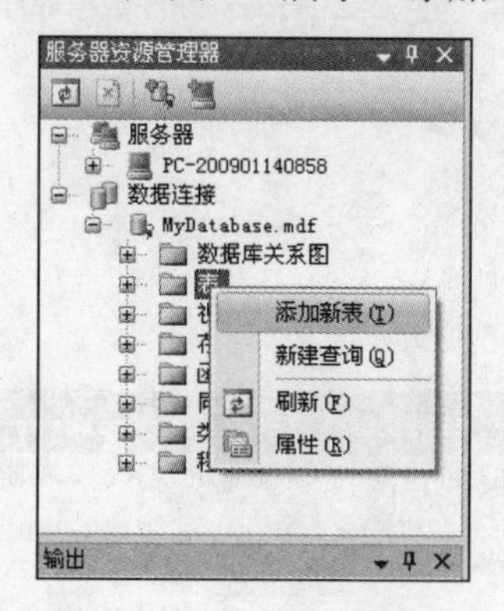

图 7-3　服务器资源管理器

dbo.student...ATABASE.MDF)　dbo.Table1:...BASE1.MDF)*　Default.aspx

列名	数据类型	允许 Null
no	varchar(10)	☐
name	varchar(50)	☑
sex	char(2)	☑
birth	datetime	☑
address	varchar(50)	☑
photo	varchar(50)	☑
		☐

图 7-4　添加表的属性

(6) 打开 web.config 配置文件，将“<connectionStrings/>”标记用下面的代码替换：

```
<connectionStrings>
<add name="ConnectionString" connectionString="Data Source=.\SQLEXPRESS;
AttachDbFilename=|DataDirectory|\mydatabase.mdf;Integrated Security=True;User Instance=True"/>
</connectionStrings>
```

其中，“Data Source”表示 SQL Server 2005 数据库服务器名称，“AttachDbFilename”表示数据库的路径和文件名，“|DataDirectory|”表示网站默认的数据库路径 App_Data。

(7) 在网站中添加一个名为“connection.aspx”的网页，切换到【设计】视图，向该页面中拖放一个 Label 控件，使用默认控件名称，然后在 connection.aspx.cs 中添加如下代码。

```
//引用数据库访问名称空间
using System.Data.SqlClient;
    protected void Page_Load(object sender, EventArgs e)
    {
        //从 web.config 配置文件取出数据库连接串
string sqlconnstr = ConfigurationManager.ConnectionStrings["ConnectionString"].ConnectionString;
```

```
            //建立数据库连接对象
            SqlConnection sqlconn = new SqlConnection(sqlconnstr);
            //打开连接
            sqlconn.Open();
            Label1.Text = "成功建立 Sql Server 2005 数据库连接";
            //关闭连接
            sqlconn.Close();
            sqlconn = null;
        }
```

(8) 运行程序，效果如图 7-5 所示。

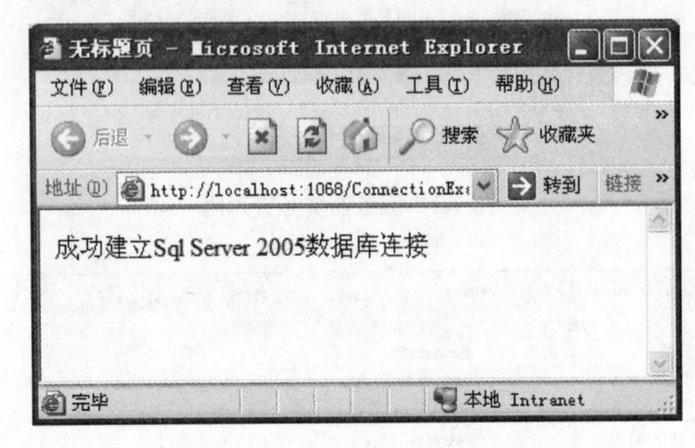

图 7-5　connection.aspx 运行效果

在访问数据库的数据之前，需要使用 Connection 对象的 Open 方法把打开数据库，并在完成数据库的操作之后使用 Connection 对象的 Close 方法将数据库关闭。

7.3　使用 Command 对象执行数据库命令

Command 对象是用来执行数据库操作命令的，比如对数据库中数据表记录的查询、增加、修改或删除等都是通过 Command 对象来实现的。一个数据库操作命令可以用 SQL 语句来表达，包括 SELECT 语句、UPDATE 语句、DELETE 语句、INSERT 语句等。Command 对象可以传递参数并返回值，同时 Command 也可以调用数据库中的存储过程。

像 Connection 对象一样，对于操作 SQL Server 数据库，使用 SqlCommand 对象。Command 对象的属性如表 7-2 所示。

表 7-2　Command 对象的属性

属　性	说　明
Connection	包含了数据库连接信息的 Connection 对象
CommandText	要运行的 SQL 命令
CommandType	命令类型
Parameters	Parameters 对象集合

7.3.1　使用 Command 对象查询数据库的数据

使用 Command 对象查询数据库数据的一般步骤如下：先建立数据库连接；然后创建 Command 对象，并设置它的 Connection 和 CommandText 两个属性，分别表示数据库连接和需要执行的 SQL 命令；接下来使用 Command 对象的 ExecuteReader 方法，把返回结果放在 DataReader 对象中；最后，通过循环，处理数据库查询结果。

【例 7-2】在【例 7-1】的基础上，介绍如何使用 Command 对象查询数据库的数据。

(1) 在 Accessdatabase 网站中添加一个名为“command_select.aspx”的网页，切换到【设计】视图，向该页面拖放一个 Label 控件，使用默认控件名称。

(2) 在 command_select.aspx.cs 文件中添加如下代码：

```
//引用数据库访问名称空间
using System.Data.SqlClient;
…
protected void Page_Load(object sender, EventArgs e)
{
  string sqlconnstr = ConfigurationManager.ConnectionStrings["ConnectionString"].ConnectionString;
  SqlConnection sqlconn = new SqlConnection(sqlconnstr);
  //建立 Command 对象
  SqlCommand sqlcommand = new SqlCommand();
//给 sqlcommand 的 Connection 属性赋值
  sqlcommand.Connection = sqlconn;
  //打开连接
  sqlconn.Open();
  //SQL 命令赋值
  sqlcommand.CommandText = "select * from student";
  //建立 DataReader 对象，并返回查询结果
  SqlDataReader sqldatareader=sqlcommand.ExecuteReader();
  //逐行遍历查询结果
  while(sqldatareader.Read())
  {
      Label1.Text += sqldatareader.GetString(0) + " ";
      Label1.Text += sqldatareader.GetString(1) + " ";
      Label1.Text += sqldatareader.GetString(2) + " ";
      Label1.Text += sqldatareader.GetDateTime(3) + " ";
      Label1.Text += sqldatareader.GetString(4) + " ";
      Label1.Text += sqldatareader.GetString(5) + "<br />";
  };
  sqlcommand = null;
  sqlconn.Close();
  sqlconn = null;
}
```

(3) 程序的运行结果如图 7-6 所示。

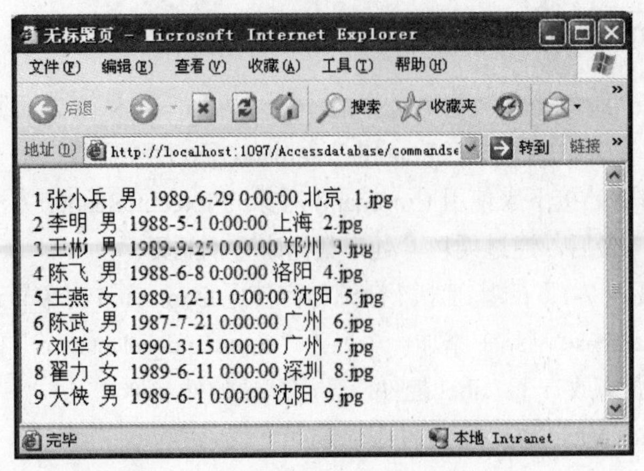

图 7-6　command_select.aspx 运行效果

7.3.2　使用 Command 对象增加数据库的数据

使用 Command 对象向数据库增加数据的一般步骤为：先建立数据库连接；然后创建 Command 对象，并设置它的 Connection 和 CommandText 两个属性，使用 Command 对象的 Parameters 属性来设置输入参数；最后，使用 Command 对象的 ExecuteNonquery 方法执行数据库数据增加命令，ExecuteNonquery 方法表示要执行的是没有返回数据的命令。

【例 7-3】演示如何使用 Command 对象向数据库中增加新数据。

(1) 在【解决方案资源管理器】窗口中，用鼠标右键单击网站名，从弹出的快捷菜单中选择【新建文件夹】命令，新建文件夹，命名为“image”，用于存放学生照片。

(2) 在 Accessdatabase 网站中添加一个名为“command_insert.aspx”的网页。

(3) 设计 command_insert.aspx 页面，如图 7-7 所示。

图 7-7　commandinsert.aspx 的设计页面

对应【源】视图中的代码如下：

```
<table style="width: 320px; height: 240px">
        <tr>
        <td style="width: 100px; text-align: right"> 学号：</td>
        <td style="width: 220px">
<asp:TextBox ID="TextBox1" runat="server"></asp:TextBox></td>   </tr>
        <tr>
        <td style="width: 100px; text-align: right"> 姓名：</td>
```

```
        <td style="width: 220px">
    <asp:TextBox ID="TextBox2" runat="server"></asp:TextBox></td>    </tr>
        <tr>
        <td style="width: 100px; text-align: right"> 性别：</td>
        <td style="width: 220px">
          <asp:DropDownList ID="DropDownList1" runat="server">
                <asp:ListItem Selected="True">男</asp:ListItem>
                <asp:ListItem>女</asp:ListItem>
          </asp:DropDownList>   </td>    </tr>
        <tr>
        <td style="width: 100px; text-align: right">出生日期：</td>
        <td style="width: 220px">
                <asp:TextBox ID="TextBox3" runat="server"></asp:TextBox></td> </tr>
        <tr>
        <td style="width: 100px; text-align: right"> 地址：</td>
        <td style="width: 220px">
                <asp:TextBox ID="TextBox4" runat="server"></asp:TextBox></td>    </tr>
        <tr>
        <td style="width: 100px; text-align: right"> 照片：</td>
        <td style="width: 220px">
                <asp:FileUpload ID="FileUpload1" runat="server" /></td> </tr>
        <tr>
        <td colspan="2" style="text-align: center">
      <asp:Button ID="Button1" runat="server" Text="提交" OnClick="Button1_Click" /></td> </tr>
    </table>
    <asp:Label ID="Label1" runat="server" Text="Label"></asp:Label>
```

(4) 双击【设计】视图中的【提交】按钮，添加如下代码：

```
protected void Button1_Click(object sender, EventArgs e)
{
string sqlconnstr = ConfigurationManager.ConnectionStrings["ConnectionString"].ConnectionString;
  SqlConnection sqlconn = new SqlConnection(sqlconnstr);
  //建立 Command 对象
  SqlCommand sqlcommand = new SqlCommand();
  sqlcommand.Connection = sqlconn;
  //把 SQL 语句赋给 Command 对象
sqlcommand.CommandText = "insert into student(no,name,sex,birth,address,photo)
values (@no,@name,@sex,@birth,@address,@photo)";
  sqlcommand.Parameters.AddWithValue("@no",TextBox1.Text);
  sqlcommand.Parameters.AddWithValue("@name",TextBox2.Text);
  sqlcommand.Parameters.AddWithValue("@sex",DropDownList1.Text);
  sqlcommand.Parameters.AddWithValue("@birth",TextBox3.Text);
  sqlcommand.Parameters.AddWithValue("@address",TextBox4.Text);
  sqlcommand.Parameters.AddWithValue("@photo",FileUpload1.FileName);
```

```
try
{
    //打开连接
    sqlconn.Open();
    //执行 SQL 命令
    sqlcommand.ExecuteNonQuery();
    //把学生的照片上传到网站的“image”文件夹中
    if (FileUpload1.HasFile == true)
    {
        FileUpload1.SaveAs(Server.MapPath(("~/image/") + FileUpload1.FileName));
    }
    Label1.Text = "成功追加记录";
}
catch (Exception ex)
{
    Label1.Text = "错误原因："+ ex.Message;
}
finally
{
    sqlcommand = null;
    sqlconn.Close();
    sqlconn = null;
}
}
```

(5) 程序的运行效果如图 7-8 所示。

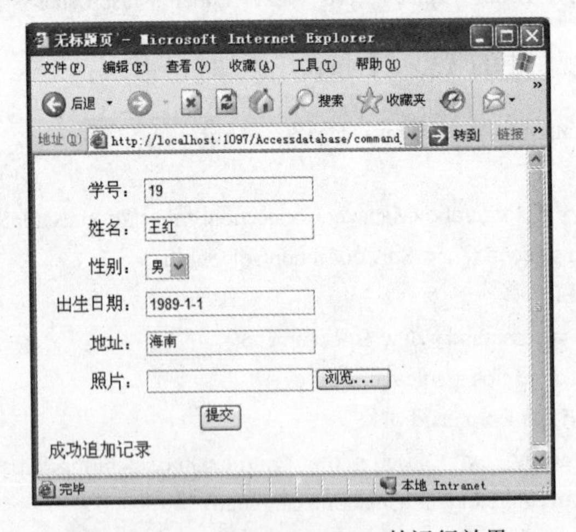

图 7-8　command_insert.aspx 的运行效果

7.3.3　使用 Command 对象删除数据库的数据

使用 Command 对象删除数据库数据的一般步骤为：先建立数据库连接；然后创建 Command 对象，设置它的 Connection 和 CommandText 两个属性，并使用 Command 对象的

Parameters 属性来传递参数；最后，使用 Command 对象的 ExecuteNonquery 方法执行数据删除命令。

【例 7-4】使用 Command 对象删除数据。

(1) 在 Accessdatabase 网站中添加一个名为“command_delete.aspx”的网页。

(2) 向 command_delete.aspx 页面中添加两个 Label 控件：TextBox 控件和 Button 控件，其中 Button 控件作为【删除】按钮。

(3) 双击【设计】视图中的【删除】按钮，添加如下代码。

```
using System.Data.SqlClient;
•••
protected void Button1_Click(object sender, EventArgs e)
{
  int intDeleteCount;
  string sqlconnstr = ConfigurationManager.ConnectionStrings["ConnectionString"].ConnectionString;
  SqlConnection sqlconn = new SqlConnection(sqlconnstr);
  //建立 Command 对象
  SqlCommand sqlcommand = new SqlCommand();
  //给 Command 对象的 Connection 和 CommandText 属性赋值
  sqlcommand.Connection = sqlconn;
  sqlcommand.CommandText = "delete from student where no=@no";
  sqlcommand.Parameters.AddWithValue("@no",TextBox1.Text);
  try
  {
     sqlconn.Open();
     intDeleteCount=sqlcommand.ExecuteNonQuery();
     if (intDeleteCount>0)
         Label1.Text = "Sql 删除成功";
     else
         Label1.Text = "该记录不存在";
  }
  catch (Exception ex)
  {
    Label1.Text = "错误原因："+ex.Message;
  }
  finally
  {
     sqlcommand = null;
     sqlconn.Close();
     sqlconn = null;
  }
}
```

(4) 程序的运行效果如图 7-9 所示。

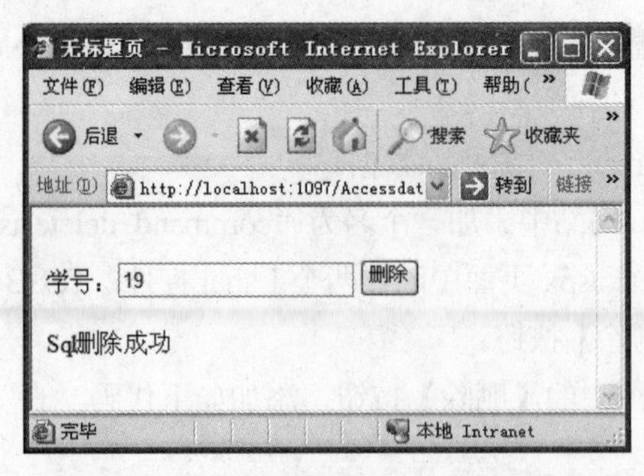

图 7-9　command_delete.aspx 的运行效果

7.3.4　使用 Command 对象修改数据库的数据

使用 Command 对象修改数据库数据的一般步骤如下：先建立数据库连接；然后创建 Command 对象，设置它的 Connection 和 CommandText 两个属性，并使用 Command 对象的 Parameters 属性来传递参数；最后，使用 Command 对象的 ExecuteNonquery 方法执行数据修改命令。下面的例子同时说明存储过程的调用方法。

【例 7-5】演示如何使用 Command 对象修改数据。

(1) 打开 Accessdatabase 网站，为 MyDatabase.mdf 数据库建立名为“update_student”的存储过程。在【数据库资源管理器】窗口中，用鼠标右键单击【存储过程】结点，如图 7-10 所示。

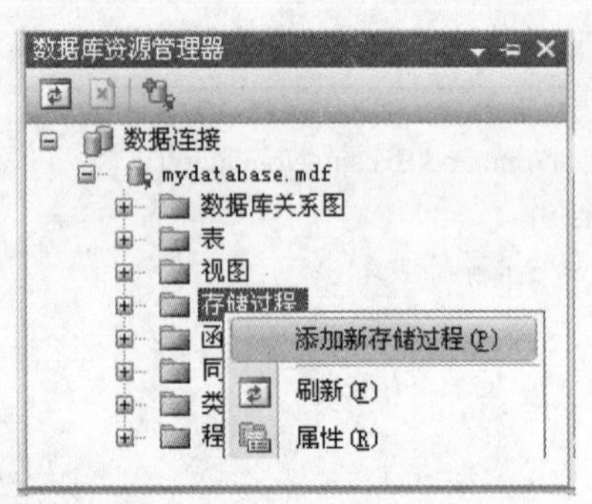

图 7-10　数据库资源管理器

选择【添加新存储过程】命令，在存储过程定义窗口中，添加如下代码，最后，单击工具栏的【保存】按钮，保存存储过程到数据库中。

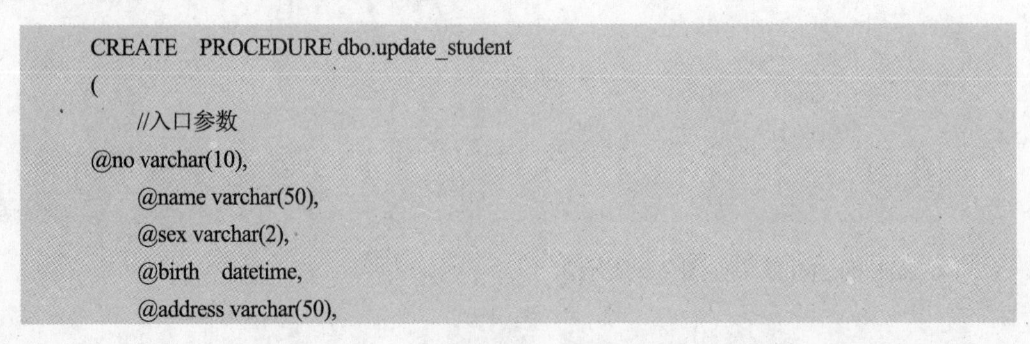

```
CREATE  PROCEDURE dbo.update_student
(
    //入口参数
@no varchar(10),
    @name varchar(50),
    @sex varchar(2),
    @birth  datetime,
    @address varchar(50),
```

```
        @photo varchar(50)
        )
    AS
    //修改学号为@no 的学生信息
    update student set name=@name,sex=@sex,birth=@birth,address=@address,
    photo=@photo where no=@no
    RETURN
```

(2) 在 Accessdatabase 网站中添加一个名为“command_update.aspx”的网页，将 command_update 页面设计为如图 7-7 所示的形式。

(3) 双击【设计】视图中的【提交】按钮，添加如下代码：

```
    using System.Data.SqlClient;
    ...
    protected void Button1_Click(object sender, EventArgs e)
    {
        int intUpdateCount;
        string sqlconnstr =
ConfigurationManager.ConnectionStrings["ConnectionString"].ConnectionString;
        SqlConnection sqlconn = new SqlConnection(sqlconnstr);
        //建立 Command 对象
        SqlCommand sqlcommand = new SqlCommand();
        sqlcommand.Connection = sqlconn;
        //把存储过程名称赋给 Command 对象的 CommandText 属性
        sqlcommand.CommandText = "update_student";
        //说明命令类型为存储过程
        sqlcommand.CommandType = CommandType.StoredProcedure;
        sqlcommand.Parameters.AddWithValue("@no", TextBox1.Text);
        sqlcommand.Parameters.AddWithValue("@name", TextBox2.Text);
        sqlcommand.Parameters.AddWithValue("@sex", DropDownList1.Text);
        sqlcommand.Parameters.AddWithValue("@birth", TextBox3.Text);
        sqlcommand.Parameters.AddWithValue("@address", TextBox4.Text);
        sqlcommand.Parameters.AddWithValue("@photo", FileUpload1.FileName);
        try
        {
            //打开连接
            sqlconn.Open();
            //执行 SQL 命令
            intUpdateCount=sqlcommand.ExecuteNonQuery();
            //把学生的照片上传到网站的“image”文件夹中
            if (FileUpload1.HasFile == true)
            {
                FileUpload1.SaveAs(Server.MapPath(("~/image/") + FileUpload1.FileName));
            }
            if (intUpdateCount > 0)
```

```
                Label1.Text = "成功修改记录";
            else
                Label1.Text = "该记录不存在";
        }
        catch (Exception ex)
        {
            Label1.Text = "错误原因：" + ex.Message;
        }
        finally
        {
            sqlcommand = null;
            sqlconn.Close();
            sqlconn = null;
        }
    }
```

(4) 程序的运行效果如图 7-11 所示。

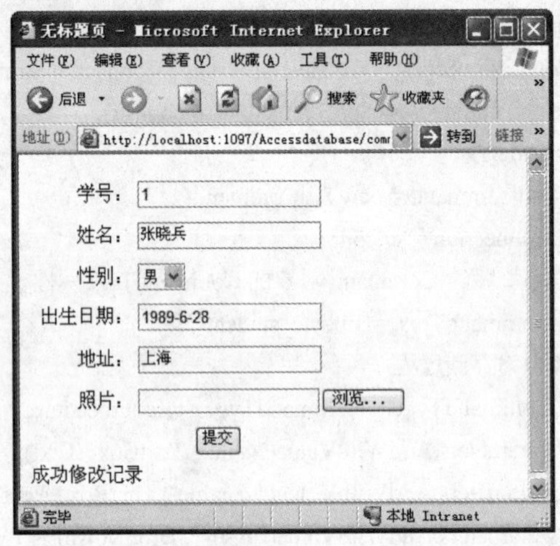

图 7-11　command_ update.aspx 的运行效果

7.3.5　数据库事务处理

对于数据库管理系统来说，如果没有显式定义事务的开始和结束，就默认一条 SQL 语句为一个单独事务，多数情况下采用这种默认方式就足够了。但是，有时需要将一组 SQL 语句作为一个事务，要么全做，要么全不做。

在 ASP.NET 中，可以使用 Connection 和 Transaction 对象开始、提交和回滚事务。一般步骤为：调用 Connection 对象的 BeginTransaction 方法来标记事务的开始，BeginTransaction 方法返回对 Transaction 的引用；将 Transaction 对象赋值给 Command 的 Transaction 属性；执行事务操作；如果事务操作成功，使用 Transaction 对象的 Commit 方法提交事务，否则，使用 Rollback 方法回滚事务。

【例 7-6】演示事务处理。

(1) 在 Accessdatabase 网站中添加一个名为“transaction.aspx”的网页。

(2) 向 transaction 页面中添加一个 Label 控件和一个 Button 控件，其中 Button 控件作为【事务提交】按钮。

(3) 双击【设计】视图中的【事务提交】按钮，添加如下代码：

```
using System.Data.SqlClient;
...
protected void Button1_Click(object sender, EventArgs e)
{
    string sqlconnstr =
ConfigurationManager.ConnectionStrings["ConnectionString"].ConnectionString;
    SqlConnection sqlconn = new SqlConnection(sqlconnstr);
    sqlconn.Open();
    //开始事务
    SqlTransaction tran=sqlconn.BeginTransaction();
    SqlCommand sqlcommand = new SqlCommand();
    sqlcommand.Connection = sqlconn;
    sqlcommand.Transaction = tran;
    try
    {
        sqlcommand.CommandText = "update student set address='beijing' where no=1";
        sqlcommand.ExecuteNonQuery();
        sqlcommand.CommandText = "update student set address='zhengzhou' where no=2";
        sqlcommand.ExecuteNonQuery();
        tran.Commit();
        Label1.Text = "事务提交成功";
    }
    catch (Exception ex)
    {
        tran.Rollback();
        Label1.Text = "事务提交失败：" + ex.Message;
    }
    finally
    {
        sqlcommand = null;
        sqlconn.Close();
        sqlconn = null;
    }
}
```

从上面几个例子可以看出，Command 对象的 ExecuteNonQuery 方法在执行数据更新 SQL 语句(如 INSERT、UPDATE 或 DELETE)时使用，这些语句的共同特点是没有返回数据。此外，ExecuteNonQuery 方法可以返回一个整数，表示已经执行的语句在数据库中影响数据的行数。

如果需要执行有返回结果的 SQL 语句(如 SELECT)，那么就需要使用 Command 对象的 ExecuteReader 方法，并将执行结果放到 DataReader 中。这是一个专门读取数据的对象，除了能做读取数据工作之外，其他什么也不能做，所以，这是一种简单的读取数据的方法。

7.4　使用 DataAdapter 对象执行数据库命令

对于 SQL SERVER 接口，使用的是 SqlDataAdapter 对象，在使用 DataAdapter 对象时，只需分别设置表示 SQL 命令和数据库连接的两个参数，就可以通过其 Fill 方法把查询结果放在一个 DataSet 对象中。

在一个 DataSet 对象实例中，可以包含多个 DataTable，而一个 DataTable 中可以包含多个 DataRow。

当把一个 DataSet 中的一个数据表复制到一个 DataTable 中之后，可以通过对 DataTable 数据的访问来实现对 DataSet 中的数据访问。除此之外，还可以通过修改 DataTable 中的数据来更新 DataSet。

DataRow 表示 DataTable 的数据行，一个 DataTable 中的数据行可能会有很多。针对一个 DataTable，它的 Rows 属性表示这个表的所有数据行，是一个集合，类名为 DataRowCollection，它的每个元素的类型是 DataRow。

7.4.1　SqlDataReader 的属性和方法

DataReader 对象完成数据库数据的读取操作。根据不同的数据源，可以分为如下 4 类：

- SqlDataReader：用于对 SQL Server 数据库读取数据行的只进流的方式。
- OdbcDataReader：用于对支持 ODBC 的数据库读取行的只进流的方式。
- OleDbDataReader：用于对支持 OLEDB 的数据库读取行的只进流的方式。
- OracleDataReader：用于对支持 Oracle 的数据库读取行的只进流的方式。

下面以 SqlDataReader 为例介绍，其他与此类似。SqlDataReader 对象的属性如下：

- FieldCount：表示记录中有多少字段。
- HasMoreResults：表示是否有多个结果，本属性和 SQLScript 搭配使用。
- HasMoreRows：只读，表示是否还有记录未读取。
- IsClosed：只读，表示 DataReader 是否关闭。
- Item：以键值(Key)或索引值(Index)的方式取得记录中某个字段的数据。
- RowFetchCount：用来设定一次取回多少条记录，预设值为 1 条。

SqlDataReader 对象提供的常用方法如下：

- Close：关闭 SqlDataReader 对象。
- GetDataTypeName：获取指定字段的数据类型。
- GetName：获取指定字段的字段名称。

- GetValue：取得指定字段的数据。
- GetValues ：获取当前行的全部字段。
- IsNull：判断字段是否为 Null 值。
- NextResult：读取批处理 Transact-SQL 语句结果时，使数据读取器前进到下一个结果。
- Read：使 SqlDataReader 前进到下一条记录，当没有可用记录时，返回一个空值。

7.4.2　使用 DataAdapter 对象查询数据库的数据

使用 DataAdapter 对象查询数据库数据的一般步骤如下：首先建立数据库连接；然后利用数据库连接和 SELECT 语句建立 DataAdapter 对象，并使用 DataAdapter 对象的 Fill 方法把查询结果放在 DataSet 对象的一个数据表中；接下来，将该数据表复制到 DataTable 对象中；最后，实现对 DataTable 对象中数据的查询。

【例 7-7】演示如何使用 DataAdapter 对象查询数据库的数据。

(1) 在 Accessdatabase 网站中添加一个名为“DataAdapter_select.aspx”的网页，切换到【设计】视图，向该页面拖放一个 Label 控件，使用默认控件名称。

(2) 在 DataAdapter _select.aspx.cs 文件中添加如下代码：

```
//引用数据库访问名称空间
using System.Data.SqlClient;
•••
protected void Page_Load(object sender, EventArgs e)
{
    string sqlconnstr = ConfigurationManager.ConnectionStrings["ConnectionString"].ConnectionString;
    SqlConnection sqlconn = new SqlConnection(sqlconnstr);
    //建立 DataSet 对象
    DataSet ds = new DataSet();
    //建立 DataTable 对象
    DataTable dtable;
    //建立 DataRowCollection 对象
    DataRowCollection coldrow;
    //建立 DataRow 对象
    DataRow drow;
    //打开连接
    sqlconn.Open();
    //建立 DataAdapter 对象
    SqlDataAdapter sqld = new SqlDataAdapter("select * from student", sqlconn);
    //用 Fill 方法返回的数据，填充 DataSet，数据表取名为“tabstudent”
    sqld.Fill(ds, "tabstudent");
    //将数据表 tabstudent 的数据复制到 DataTable 对象
    dtable = ds.Tables["tabstudent"];
    //用 DataRowCollection 对象获取这个数据表的所有数据行
    coldrow = dtable.Rows;
    //逐行遍历，取出各行的数据
```

```
        for (int inti = 0; inti < coldrow.Count; inti++)
        {
            drow = coldrow[inti];
            Label1.Text += "学号：" + drow[0];
            Label1.Text += "  姓名：" + drow[1];
            Label1.Text += "  性别：" + drow[2];
            Label1.Text += "  出生日期：" + drow[3];
            Label1.Text += "  地址：" + drow[4] + "<br />";
        }
        sqlconn.Close();
        sqlconn = null;
    }
```

(3) 程序运行效果如图 7-12 所示。

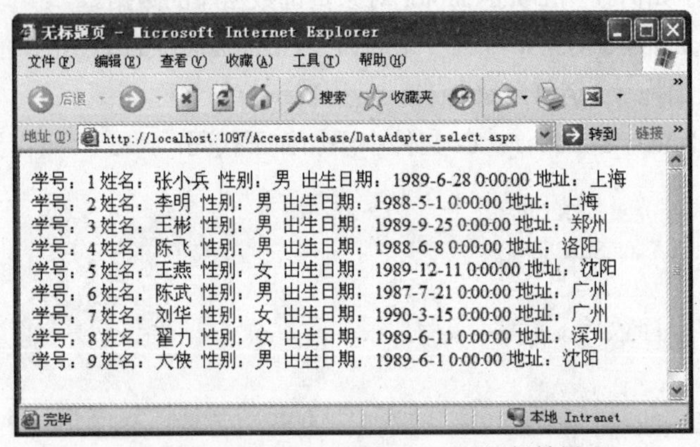

图 7-12　DataAdapter _select.aspx 运行效果

关于显示 DataSet 中的数据还有更简单的方法，就是绑定 GridView 控件，详细内容将在下一章介绍。

7.4.3　使用 DataAdapter 对象修改数据库的数据

使用 DataAdapter 对象修改数据库数据的一般步骤如下：首先建立数据库连接；然后利用数据库连接和 SELECT 语句建立 DataAdapter 对象；并配置它的 UpdateCommand 属性，定义修改数据库的 UPDATE 语句；使用 DataAdapter 对象的 Fill 方法把 SELECT 语句的查询结果放在 DataSet 对象的数据表中；接下来，将该数据表复制到 DataTable 对象中；最后，实现对 DataTable 对象中数据的修改，并通过 DataAdapter 对象的 Update 方法向数据库提交修改数据。

【例 7-8】演示如何使用 DataAdapter 对象修改数据库的数据。

(1) 在 Accessdatabase 网站中添加一个名为“DataAdapter_update.aspx”的网页。

(2) 向 DataAdapter_ update 页面中添加一个 Label 控件和一个 Button 控件，其中 Button 控件作为【更新】提交按钮。

(3) 双击【设计】视图中的【更新】按钮，添加如下代码：

```
using System.Data.SqlClient;
•••
protected void Button1_Click(object sender, EventArgs e)
{
    string sqlconnstr = ConfigurationManager.ConnectionStrings["ConnectionString"].ConnectionString;
    SqlConnection sqlconn = new SqlConnection(sqlconnstr);
    //建立 DataSet 对象
    DataSet ds = new DataSet();
    //建立 DataTable 对象
    DataTable dtable;
    //建立 DataRowCollection 对象
    DataRowCollection coldrow;
    //建立 DataRow 对象
    DataRow drow;
    //打开连接
    sqlconn.Open();
    //建立 DataAdapter 对象
    SqlDataAdapter sqld = new SqlDataAdapter("select * from student", sqlconn);
    //自己定义 Update 命令，其中@NAME，@NO 是两个参数
    sqld.UpdateCommand = new SqlCommand("UPDATE student SET NAME = @NAME
WHERE NO = @NO", sqlconn);
    //定义@NAME 参数，对应于 student 表的 NAME 列
    sqld.UpdateCommand.Parameters.Add("@NAME", SqlDbType.VarChar, 50, "NAME");
    //定义@NO 参数，对应于 student 表的 NO 列，而且@NO 是修改前的原值
    SqlParameter parameter = sqld.UpdateCommand.Parameters.Add("@NO", SqlDbType.VarChar, 10);
    parameter.SourceColumn = "NO";
    parameter.SourceVersion = DataRowVersion.Original;
    //用 Fill 方法返回的数据，填充 DataSet，数据表取名为“tabstudent”
    sqld.Fill(ds, "tabstudent");
    //将数据表 tabstudent 的数据复制到 DataTable 对象
    dtable = ds.Tables["tabstudent"];
    //用 DataRowCollection 对象获取这个数据表的所有数据行
    coldrow = dtable.Rows;
    //修改操作，逐行遍历，取出各行的数据
    for (int inti = 0; inti < coldrow.Count; inti++)
    {
        drow = coldrow[inti];
        //给每位学生姓名后加上字母 A
        drow[1]=drow[1]+"A";
    }
    //提交更新
    sqld.Update(ds, "tabstudent");
    sqlconn.Close();
    sqlconn = null;
    Label1.Text = "更新成功";
}
```

(4) 程序的运行效果如图 7-13 所示。

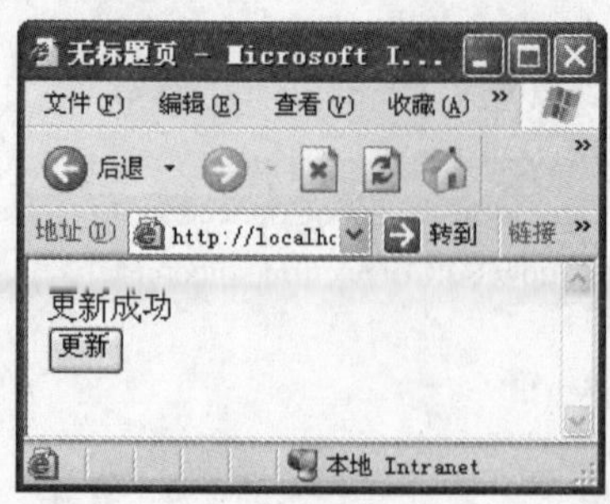

图 7-13　DataAdapter_update.aspx 的运行效果

7.4.4　使用 DataAdapter 对象增加数据库的数据

使用 DataAdapter 对象增加数据库数据的一般步骤如下：首先建立数据库连接；然后利用数据库连接和 SELECT 语句建立 DataAdapter 对象；建立 CommandBuilder 对象自动生成 DataAdapter 的 Command 命令，否则，就要自己给 UpdateCommand、InsertCommand、DeleteCommand 属性定义 SQL 更新语句；使用 DataAdapter 对象的 Fill 方法把 SELECT 语句的查询结果放在 DataSet 对象的数据表中；接下来，将该数据表复制到 DataTable 对象中；最后，实现对 DataTable 对象中数据的增加，并通过 DataAdapter 对象的 Update 方法向数据库提交数据。

【例 7-9】演示如何使用 DataAdapter 对象增加一条学生记录。

(1) 在 Accessdatabase 网站中添加一个名为“DataAdapter_insert.aspx”的网页。

(2) 向 DataAdapter_insert 页面中添加一个 Label 控件和一个 Button 控件，其中 Button 控件作为【增加】按钮。

(3) 双击【设计】视图中的【增加】按钮，添加如下代码。

```
using System.Data.SqlClient;
•••
protected void Button1_Click(object sender, EventArgs e)
{
    string sqlconnstr = ConfigurationManager.ConnectionStrings["ConnectionString"].ConnectionString;
    SqlConnection sqlconn = new SqlConnection(sqlconnstr);
    //建立 DataSet 对象
    DataSet ds = new DataSet();
    //建立 DataTable 对象
    DataTable dtable;
    //建立 DataRow 对象
    DataRow drow;
    //打开连接
    sqlconn.Open();
    //建立 DataAdapter 对象
    SqlDataAdapter sqld = new SqlDataAdapter("select * from student", sqlconn);
```

```
    //建立 CommandBuilder 对象来自动生成 DataAdapter 的 Command 命令，否则就要自己编写
    //Insertcommand ,deletecommand , updatecommand 命令。
    SqlCommandBuilder cb = new SqlCommandBuilder(sqld);
  //用 Fill 方法返回的数据，填充 DataSet，数据表取名为“tabstudent”
    sqld.Fill(ds, "tabstudent");
    //将数据表 tabstudent 的数据复制到 DataTable 对象
    dtable = ds.Tables["tabstudent"];
    //增加新记录
    drow = ds.Tables["tabstudent"].NewRow();
    //给该记录赋值
    drow[0] = "19";
    drow[1] = "陈峰";
    drow[2] = "男";
    ds.Tables["tabstudent"].Rows.Add(drow);
    //提交更新
    sqld.Update(ds, "tabstudent");
    sqlconn.Close();
    sqlconn = null;
    Label1.Text = "增加成功";
  }
```

(4) 程序的运行效果如图 7-14 所示。

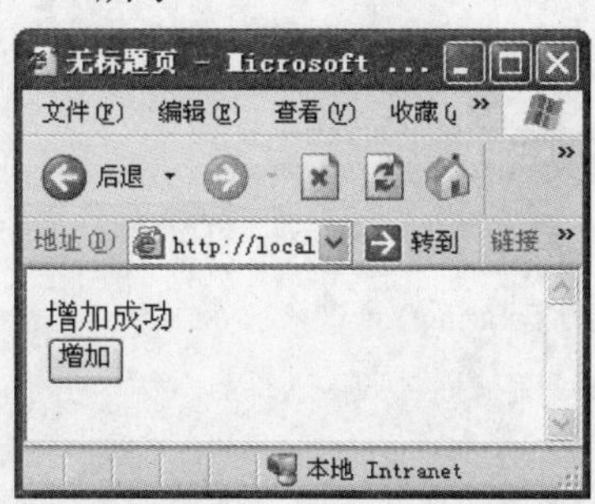

图 7-14　DataAdapter_insert.aspx 的运行效果

7.4.5　使用 DataAdapter 对象删除数据库的数据

使用 DataAdapter 对象删除数据库数据的一般步骤如下：首先建立数据库连接；然后利用数据库连接和 SELECT 语句建立 DataAdapter 对象；建立 CommandBuilder 对象自动生成 DataAdapter 的 Command 命令；使用 DataAdapter 对象的 Fill 方法把 SELECT 语句的查询结果放在 DataSet 对象的数据表中；接下来，将该数据表复制到 DataTable 对象中；最后，实现对 DataTable 对象中数据的删除，并通过 DataAdapter 对象的 Update 方法向数据库提交数据。

【例 7-10】演示如何使用 DataAdapter 对象删除符合条件的学生记录。

(1) 在 Accessdatabase 网站中添加一个名为“DataAdapter_delete.aspx”的网页。

(2) 向 DataAdapter_delete 页面添加一个 Label 控件和一个 Button 控件，其中 Button 控件作为【删除】按钮。

(3) 双击【设计】视图中的【删除】按钮，添加如下代码。

```
using System.Data.SqlClient;
•••
protected void Button1_Click(object sender, EventArgs e)
{
    string sqlconnstr = ConfigurationManager.ConnectionStrings["ConnectionString"].ConnectionString;
    SqlConnection sqlconn = new SqlConnection(sqlconnstr);
    DataSet ds = new DataSet();
    DataTable dtable;
    DataRowCollection coldrow;
    DataRow drow;
    sqlconn.Open();
    //建立 DataAdapter 对象
    SqlDataAdapter sqld = new SqlDataAdapter("select * from student", sqlconn);
    //建立 CommandBuilder 对象来自动生成 DataAdapter 的 Command 命令，否则就要自己编写
    //Insertcommand ,deletecommand , updatecommand 命令。
    SqlCommandBuilder cb = new SqlCommandBuilder(sqld);
     //用 Fill 方法返回的数据，填充 DataSet，数据表取名为“tabstudent”
     sqld.Fill(ds, "tabstudent");
     dtable = ds.Tables["tabstudent"];
     coldrow = dtable.Rows;
     //逐行遍历，删除地址为空的记录
     for (int inti = 0; inti < coldrow.Count; inti++)
     {
          drow = coldrow[inti];
          if (drow["address"].ToString()== "")
              drow.Delete();
     }
     //提交更新
     sqld.Update(ds, "tabstudent");
     sqlconn.Close();
     sqlconn = null;
     Label1.Text = "删除成功";
}
```

7.5 使用 ODBC.NET Data Provider

ODBC(Open DataBase Connectivity，开放数据库连接)是一个被广泛使用的数据库访问 API(Application Programming Interface，应用程序接口)。本节将介绍如何使用 ODBC .NET Data Provider 连接数据源。

7.5.1 ODBC .NET Data Provider 简介

System.Data.Odbc 命名空间用于 ODBC 的.NET Framework 数据提供程序描述，访问托管空间中的 ODBC 数据源的类集合。ODBC 数据提供者的核心对象及功能如下：

- ODBCConnection：连接到 ODBC 数据源。
- ODBCCommand：在连接上执行命令，如 SQL 语句或存储过程。
- ODBCDataReader：从数据源读取数据行的只进流。
- ODBCDataAdapter：填充 DataSet 和更新数据源。

7.5.2 连接 ODBC 数据源

ODBC.NET Data Provider 连接 ODBC 数据源有两种方式。

1. 与已有 DSN(Data Source Name，数据源名)的连接字符串连接

选择【开始】|【管理工具】|【数据源(ODBC)】命令，打开【ODBC 数据源管理器】对话框，如图 7-15 所示。

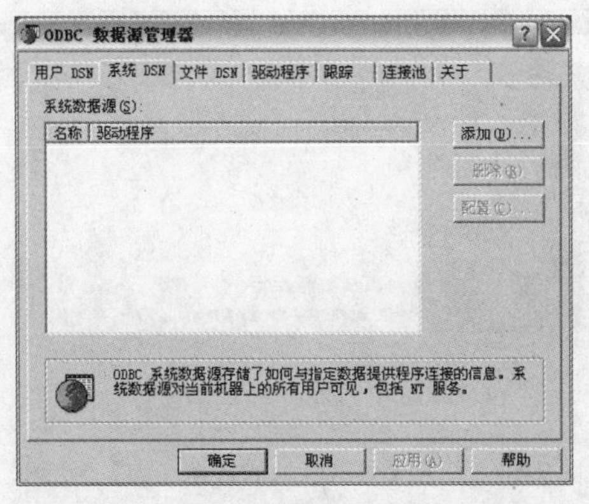

图 7-15 【ODBC 数据源管理器】对话框

在【ODBC 数据源管理器】对话框中，选择【系统 DSN】选项卡，单击【添加】按钮，打开【创建新数据源】对话框，如图 7-16 所示。

图 7-16 【创建新数据源】对话框

在数据源驱动程序列表中选择【SQL Server】选项，单击【确定】按钮，打开【创建到

SQL Server 的新数据源】对话框，如图 7-17 所示。

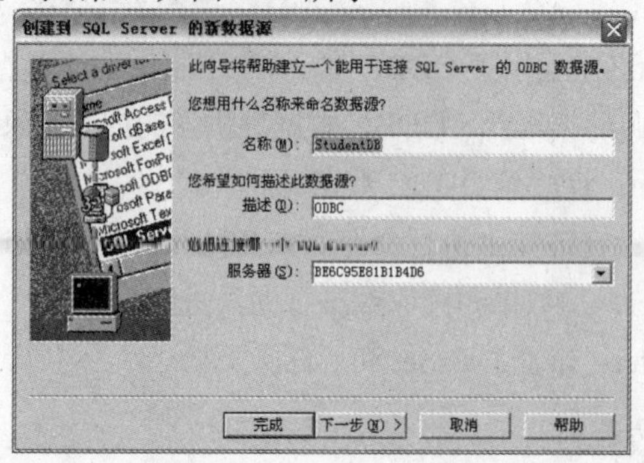

图 7-17　【创建到 SQL Server 的新数据源】对话框

在【名称】文本框中输入数据源名称，在【描述】文本框中输入此连接的描述信息，在【服务器】列表中选择服务器。单击【下一步】按钮，打开【验证登录页面】对话框。在【验证登录页面】对话框中保持默认设置，单击【下一步】按钮，打开【更改默认的数据库为】对话框，如图 7-18 所示。

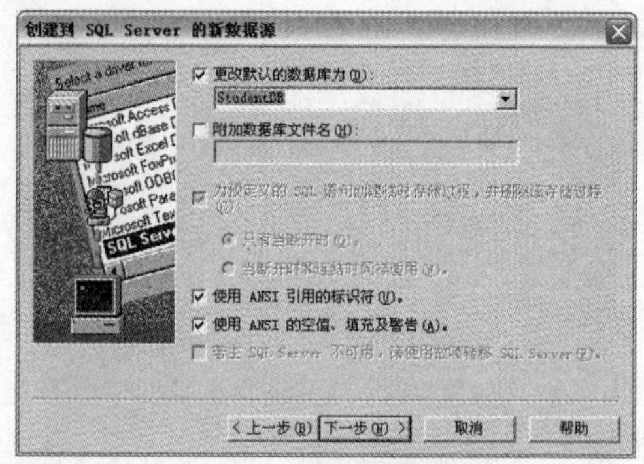

图 7-18　打开【更改默认的数据库为】对话框

选中【更改默认的数据库为】复选框，从下拉列表中选择所要连接的数据库，单击【下一步】按钮，再单击【完成】按钮，打开【ODBC Microsoft SQL Server 安装】对话框，如图 7-19 所示。

图 7-19　【ODBC Microsoft SL Server 安装】对话框

可以单击【测试数据源】按钮测试是否连接成功，如果测试成功，则显示如图 7-20 所示的对话框。设置好 ODBC DSN 后，就可以对数据源进行访问了。

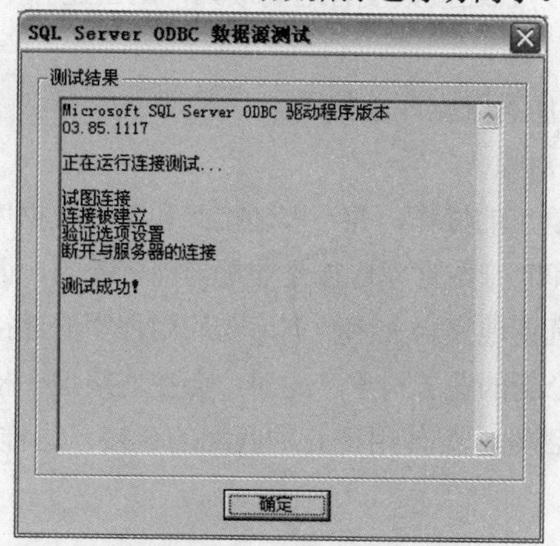

图 7-20　【SQL Server ODBC 数据源测试】对话框

使用连接语句进行连接的代码如下：

```
string strCon ="DSN=StudentDB; uid=;Pwd=";
OdbcConnection conn = new OdbcConnection(strCon);
```

2. 与无连接的 DSN 的连接字符串连接

在实际应用程序中，需要连接的，此时需要为 ConnectionString 属性指定驱动器、路径等参数。以 SQL Server 为例，首先利用 OdbcConnection 构造函数创建连接，然后调用其 Open 方法打开连接，代码如下：

```
OdbcConnection conn = new SqlConnection("Drive={SQL Server}"; Server=localhost;
Database=StudentDB;User ID=sa; Password=;");
conn.Open();
```

7.6　连接池技术

连接到数据库服务通常需要一定的时间，并且服务器会消耗一些资源来进行连接。如果一个应用程序需要大量地与数据库进行交互，则很可能会造成假死，以及崩溃的情况。使用连接池能够很好地提高应用程序的性能。

连接池是 SQL Server 或 OLEDB 数据源的功能，它可以使特定的用户重复使用连接，数据库连接池技术的思想非常简单；将数据库连接作为对象存储在一个 Vector 对象中，一旦数据库连接建立后，不同的数据库访问请求就可以共享这些连接。这样，通过复用这些已经建立的数据库连接，可以极大地节省系统资源和时间。连接池的主要操作如下：

- 建立数据库连接池对象。

● 对于一个数据库访问请求，直接从连接池中得到一个连接。如果数据库连接池对象中没有空闲的连接，且连接数没有达到最大，则创建一个新的数据库连接。
● 存取数据库。
● 关闭数据库，释放所有数据库连接。
● 释放数据库连接池对象。

当业务对数据库进行复杂的操作，并不停地打开和断开数据库连接，会造成应用程序性能降低，因为重复地打开和断开数据库连接是非常消耗资源的，而使用连接池则可以避免这样的问题。连接池并不会真正地完全关闭数据库与应用程序的连接，而是将这些连接存放在应用程序连接池中。当一个新的业务对象产生时，会在连接池中检查是否已有连接，若无连接，则创建一个新连接，否则，会使用现有的匹配的连接，这样就提高了性能，如图 7-21 所示。

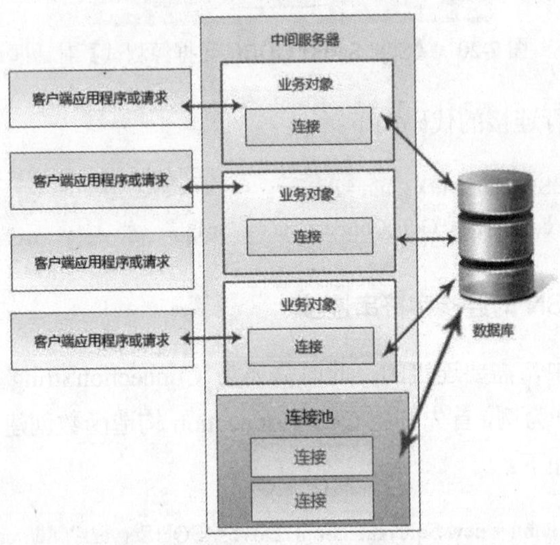

图 7-21　使用连接池

【7-11】演示连接池的应用。

(1) 在上面的工程中添加一个名为 ConnectionPoolDemo.aspx 的页面。

(2) 在页面中添加两个 fieldset 标签，同时在每个 fieldset 中放置一个 Button 控件和一个 Label 控件，再在 fieldset 外面添加两个按钮控件，页面设计代码如下：

```
<html xmlns="http://www.w3.org/1999/xhtml">
<head runat="server">
    <title>使用连接池</title>
    <style type="text/css">
        #content
        {
            font-family: verdana;
            font-size: 9pt;
        }
    </style>
```

```
</head>
<body>
    <form id="form1" runat="server">
    <div id="content">
      <fieldset>
        <legend>使用连接池连接打开关闭 100 次连接</legend>
          <asp:Label ID="lblpool" runat="server" ></asp:Label><br />
          <asp:Button ID="btnpool" runat="server" Text="开始执行连接" onclick="btnpool_Click" />
      </fieldset>
      <br />
       <fieldset>
        <legend>不使用连接池连接打开关闭 100 次连接</legend>
          <asp:Label ID="lblnopool" runat="server" ></asp:Label><br />
          <asp:Button ID="btnnopool" runat="server" Text="开始执行连接"
                onclick="btnnopool_Click" />
      </fieldset>
        <fieldset>
        <legend>清除连接池</legend>
          <asp:Label ID="Label1" runat="server" ></asp:Label><br />
          <asp:Button ID="Button1" runat="server" Text="ClearAllPools"
                    onclick="Button1_Click" />
           <asp:Button ID="Button2" runat="server" Text="ClearPool " onclick="Button2_Click" />
      </fieldset>
    </div>
    </form>
</body>
</html>
```

(3) 添加 4 个按钮的 Click 事件处理程序，两个按钮是执行 100 次连接，两个按钮是清除连接池。ConnectionPoolDemo.aspx.cs 中的代码如下：

```
using System;
using System.Collections;
using System.Configuration;
using System.Data;
using System.Linq;
using System.Web;
using System.Web.Security;
using System.Web.UI;
using System.Web.UI.HtmlControls;
using System.Web.UI.WebControls;
using System.Web.UI.WebControls.WebParts;
using System.Xml.Linq;
//添加如下的命名空间
using System.Data.SqlClient;
```

```
public partial class ConnectionPoolDemo : System.Web.UI.Page
{
    protected void btnpool_Click(object sender, EventArgs e)
    {
        //指定连接字符串
        string connectionString = "Data Source=.;Initial Catalog=Northwind;Persist
Security Info=True;User ID=sa;Password=888888";
        SqlConnection testConnection = new SqlConnection(connectionString);
        //获取在开始连接之前的时间刻度数
        long startTicks = DateTime.Now.Ticks;
        //依次打开和关闭 100 次连接
        for (int i = 1; i <= 100; i++)
        {
            testConnection.Open();
            testConnection.Close();
        }
        long endTicks = DateTime.Now.Ticks;
        lblpool.Text="使用连接池后所花费的时间是：
"+(endTicks-startTicks).ToString()+"ticks.";
        //使用完毕后注意释放连接
        testConnection.Dispose();
    }
    protected void btnnopool_Click(object sender, EventArgs e)
    {
        //指定连接字符串,注意这里使用 pooling=false 禁用了连接池
        string connectionString = "Data Source=.;Initial Catalog=Northwind;Persist
Security Info=True;User ID=sa;Password=888888;pooling=false";
        SqlConnection testConnection = new SqlConnection(connectionString);
        //获取在开始连接之前的时间刻度数
        long startTicks = DateTime.Now.Ticks;
        //依次打开和关闭 100 次连接
        for (int i = 1; i <= 100; i++)
        {
            testConnection.Open();
            testConnection.Close();
        }
        long endTicks = DateTime.Now.Ticks;
        lblnopool.Text="不使用连接池后所花费的时间是：
"+(endTicks-startTicks).ToString()+"ticks.";
        //使用完毕后注意释放连接
        testConnection.Dispose();
    }
    protected void Button1_Click(object sender, EventArgs e)
```

```
    {
        string connectionString = "Data Source=.;Initial Catalog=Northwind;Persist
Security Info=True;User ID=sa;Password=888888;pooling=false";
        SqlConnection conn = new SqlConnection(connectionString);
        try
        {
            conn.Open();
            if (conn.State == ConnectionState.Open)
            {
                Label1.Text="连接已经打开";
            }
            //清除所有连接池
            SqlConnection.ClearAllPools();
        }
        catch (SqlException ex)
        {
            Label1.Text=string.Format("出现连接错误：{0}", ex.Message);
        }
    }
    protected void Button2_Click(object sender, EventArgs e)
    {
        string connectionString = "Data Source=.;Initial Catalog=Northwind;Persist
Security Info=True;User ID=sa;Password=888888;pooling=false";
        SqlConnection conn = new SqlConnection(connectionString);
        try
        {
            conn.Open();
            if (conn.State == ConnectionState.Open)
            {
                Label1.Text = "连接已经打开";
            }
            //清除指定连接的连接池
            SqlConnection.ClearPool(conn);
        }
        catch (SqlException ex)
        {
            Label1.Text = string.Format("出现连接错误：{0}", ex.Message);
        }
    }
}
```

(4) 程序运行结果如图 7-22 所示。

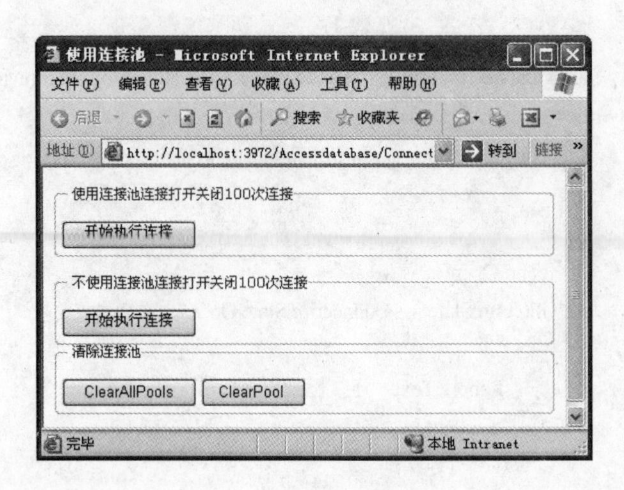

图 7-22　测试连接池

单击两个【开始执行连接】按钮，会发现打开关闭 100 次连接的时间不同，使用连接池的要比不使用连接池的时间要少很多。另外，两个按钮分别使用了 ClearPool 和 ClearAllPools 方法来清除连接池。

使用连接池能够提升应用程序的性能，特别是开发 Web 应用程序时，Web 应用程序通常需要频繁地与数据库进行交互，应用连接池能够解决 Web 引用中的假死等情况，也能够节约服务器资源。但是，在创建连接时，良好的关闭习惯也是非常必要的。

7.7 本章小结

ADO.NET 是.NET Framework 中至关重要的一部分，它主要掌管数据访问。本章重点分析了 ADO.NET 的两个组成部分——.NET 数据提供程序和数据库 DataSet。.NET 数据提供程序主要包括 Connection、Command、DataReader 和 DataAdapter 对象，本章通过例子介绍了以上几个对象如何连接数据库。最后讲解了如何使用 ODBC.NET Data Provider 和连接池的技术。

7.8 上机练习

7.8.1 上机目的

熟悉 ADO.NET 数据库访问技术，掌握 Command 和 DataAdapter 对象操作数据库数据的方法。

7.8.2 上机内容和要求

1. 开发一个应用程序，从一个名为 TestKingSales 的中心数据库检索信息，当数据返回到应用程序后，用户能够浏览、编辑、增加新记录，并可以删除已有的记录。首先写代码连接到数据库，然后执行 3 个步骤。

2. 创建网站

(1) 新建名字为“Accessdatabase_ Exercise”的网站。

(2) 在网站的 App_Data 文件夹中，新建数据库“MyDatabase_ Exercise.mdf”。

(3) 在该数据库中建立一张职工表，并且添加一些模拟的职工记录。其关系模式如下：

Employees(ID, NAME, SEX, AGE, Dateofwork, FilenameofPhoto)

(4) 在 web.config 配置文件中，修改<connectionStrings/>标记如下。

```
<connectionStrings>
<add name="ConnectionString" connectionString="Data Source=.\SQLEXPRESS;
AttachDbFilename=|DataDirectory|\ MyDatabase_ Exercise.mdf;Integrated Security=True;
User Instance=True"/>
</connectionStrings>
```

(5) 添加一个网页，利用 Command 对象实现新职工的录入。

(6) 添加一个网页，利用 Command 对象实现删除指定编号的职工记录。

(7) 添加一个网页，利用 Command 对象实现修改指定编号的职工信息。

(8) 添加一个网页，利用 DataAdapter 对象实现查询职工信息，并显示到网页的 Label 控件上。

第8章 ASP.NET中的数据绑定

本章首先介绍单值绑定和列表控件的数据绑定过程，然后介绍 GridView 等复杂数据绑定控件的基本用法，主要涉及以下复杂数据绑定控件：GridView、DataList 和 FormView。通过一系列实例详细介绍如何控制控件的显示效果和行为。

本章学习目标：

- 掌握单值和列表控件的数据绑定
- 掌握 GridView 的数据绑定方式、绑定列模板列的配置和用法以及数据的排序和分页
- 掌握 DataList 和 FormView 的数据绑定和自定义样式的设置
- 掌握 Datapager 和 DetailsView 的数据绑定和自定义样式的设置

8.1 数据绑定概述

上一章介绍了如何通过 ADO.NET 访问数据库，这一章我们将着重学习如何利用 ASP.NET 提供的控件将数据呈现在页面上。众所周知，WEB 系统的一个典型的特征是后台对数据的访问和处理与前台数据的显示是分离的，而前台显示是通过 HTML 来实现的。一种将数据呈现的最直接的方式是将需要显示的数据和 HTML 标记拼接成字符串并输出，但这种方案的缺点也是显而易见的，不但复杂而且难以重用，尤其是有大宗数据需要处理时。因此，为了简化开发过程，ASP.NET 环境中提供了多种不同的服务器端控件来帮助程序员更快更高效地完成数据的呈现。这些用于数据呈现的 ASP.NET 控件，集成了常见的数据显示框架和数据处理功能，因而，在使用时只需要设置某些属性，并将需要显示的数据交付给控件，控件就可以帮助我们按照固定的样式(例如表格)或通过模板自定义样式将一系列数据呈现出来，并自动继承某些内置的数据处理功能，例如：排序、分页等，当然，我们也可以通过编程定制或扩展控件的行为。这些控件称为数据绑定控件，而将数据交付给数据绑定控件的过程就被称为数据绑定。

数据绑定控件其本质上依然是通过 HTML 来呈现数据，只不过按照某种样式生成 HTML 框架并将数据填入其中的工作由控件自动完成了，一些复杂的数据绑定控件还提供了大量的功能帮助我们对数据进行进一步操作，例如：排序、过滤、新增、修改和删除等，从而使得数据呈现的过程变得简单而灵活。正因为如此，数据绑定控件的使用是 ASP.NET 编程中非常重要的一部分内容。

本章首先从简单的单值控件和列表控件讲起，然后，通过多个例子详细地介绍了一种最常用的数据绑定控件 GridView 的用法，最后介绍了 DataList、FormView 和 Repeater 这三种用法相近的数据绑定控件。

8.2　单值和列表控件的数据绑定

数据绑定本质上就是将数据在前台页面上呈现，ASP.NET 3.5 的页面元素可以简单地分为两类：HTML 标记和服务器控件，因此，数据绑定实际上是在 HTML 标记或服务器控件中设置要显示的数据的过程。对于页面中的 HTML 标记，可以直接嵌入数据或者绑定表达式来设置要显示的数据，而对于服务器控件来说，通常通过设置控件属性或指定数据源来完成数据的绑定，并控制其呈现的样式。常用的绑定表达式有以下形式：<%#XXX%>，绑定表达式可以直接嵌入到前台页面代码中，通常用于 HTML 标记中的数据显示或单值控件数据设置，例如：Label、TextBox 等。而对于列表控件(如：DropDownList、CheckBoxList)，以及后面要着重介绍的复杂数据绑定控件则常采用设置数据源的方式完成数据呈现。

8.2.1　单值绑定

下面的例子将演示单值绑定的方法，我们将通过绑定表达式和后台设置属性两种方式设置在 HTML 标记中和一个简单的服务器控件中要显示的数据，对于单值控件的数据设置方式是通用的，在此我们以 TextBox 控件为例。

【例 8-1】演示如何进行单值绑定。

(1) 启动 VS2008，新建一个名为“DataBinding”的 ASP.NET 网站，并在网站中添加一个名为“SingleValueBinding.aspx”的网页。

(2) 在<div/>标记中添加两个 TextBox 控件，并修改页面代码如下：

```
<div>
    <%# SingleValueBindingStr + "1" %>
<asp:TextBox ID="TextBox1" runat="server"></asp:TextBox>
<asp:TextBox ID="TextBox2" runat="server"
Text="<%# SingleValueBindingStr + 3 %>"></asp:TextBox>
</div>
```

(3) 修改页面的后台代码如下：

```
public partial class SingleValueBinding : System.Web.UI.Page
{
    //在页面代码中将通过绑定表达式直接引用该成员
    public String SingleValueBindingStr = "单值绑定";
        protected void Page_Load(object sender, EventArgs e)
    {
        //页面的数据绑定方法，对于绑定表达式来说是关键的一步
        Page.DataBind();
        //通过在后台设置服务器控件属性来绑定数据
        this.TextBox1.Text = this.SingleValueBindingStr + "2";
    }
}
```

(4) 程序运行效果如图 8-1 所示。

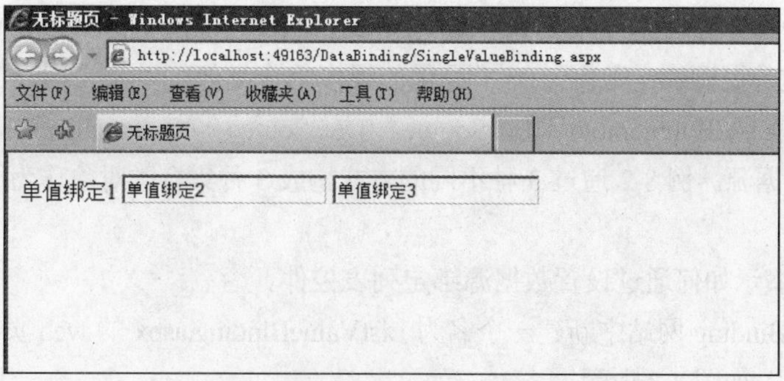

图 8-1　SingleValueBinding.aspx 运行效果

在上述代码中，我们首先用绑定表达式<%# SingleValueBindingStr + "1" %>直接嵌入到 div 标记中来设置 HTML 标记中的显示值，然后，通过绑定表达式和后台设置控件属性两种方式绑定了 TextBox 控件的显示数据。

这里需要注意绑定表达式的用法：在<%#%>标记中通过直接引用页面类中定义的公有数据成员 SingleValueBindingStr 构成表达式，这是因为 aspx 页面是从.cs 代码中的类型继承而来的，而<%#%>标记的作用正是通过在前台显示代码中嵌入访问后台数据的表达式来完成数据绑定。这实际上是通过绑定表达式建立了后台代码与前台页面元素之间的联系，在输出页面流时，系统根据绑定表达式引用后台代码产生的数据，计算表达式的值并插入到显示页面的合适位置。因而在绑定表达式中不仅可以引用后台代码中的公有数据成员而且可以引用其公有方法，有兴趣的读者可以自己试验一下。另外，通过表达式绑定数据实际上包含两个步骤：除了为 HTML 元素或服务器控件指定绑定表达式外，还需要在后台代码中显式调用控件的 DataBind()方法，否则绑定过程不能完成，将不能产生预期的显示效果，支持数据绑定的控件都提供了 DataBind()方法。所以在上例后台代码的 Page_Load 方法中必须包含 Page.DataBind()方法的调用，这里的 Page.DataBind()方法会调用页面中所有控件及其子控件的 DataBind()方法(包括 HTML 元素)。

对于服务器控件 TextBox1，直接在后台代码中设置了其 TextBox1.Text 属性值来完成数据绑定。这也是一种通用的方法，不仅对于单值控件，对于更复杂的数据绑定控件也是适用的。只不过当涉及多值绑定时，需要逐个设置显示项的相应属性，当显示项较多时会比较繁琐，所以对于多值绑定更常用的方法是通过设置其数据源来完成数据绑定。

8.2.2　列表控件的数据绑定

ASP.NET 提供的列表控件有以下几种：DropDownList、ListBox、CheckBoxList、RadioButtonList、BulletedList 等。虽然它们呈现数据的样式和某些功能有所不同，但其本质都是以数据项列表的形式呈现和组织数据的集合，因此数据绑定的方式也很类似，可以通过编程的方式为控件对象增加多个数据项，也可以直接在 VS 2008 环境提供的图形界面中编辑要显示的数据项列表。但由于列表控件绑定的通常是一个数据集合，上述两种方式就比较繁琐了，所以对于列表控件的数据绑定来说，更常用的方式则是指定数据源然后调用控件的

DataBind()方法。

下面以 3 种具有代表性的列表控件 DropDownList、CheckBoxList、BulletedList 为例，介绍如何通过设置数据源绑定数据。C#中提供的很多集合类都可以作为列表控件的数据源对象，一般来说，实现 IEnumerable、IListSource、IDataSource 和 IhierarchicalDataSource 接口的类都可以作为数据源。例 8-2 通过 3 种不同的方式构成 3 种集合类对象作为 3 种列表控件的数据源。

【例 8-2】演示如何通过设置数据源绑定列表控件。

(1) 在 DataBinding 网站中新建一个名为 ListValueBinding.aspx 的 web 页，并在页面上添加 3 种列表控件，如图 8-2 所示。

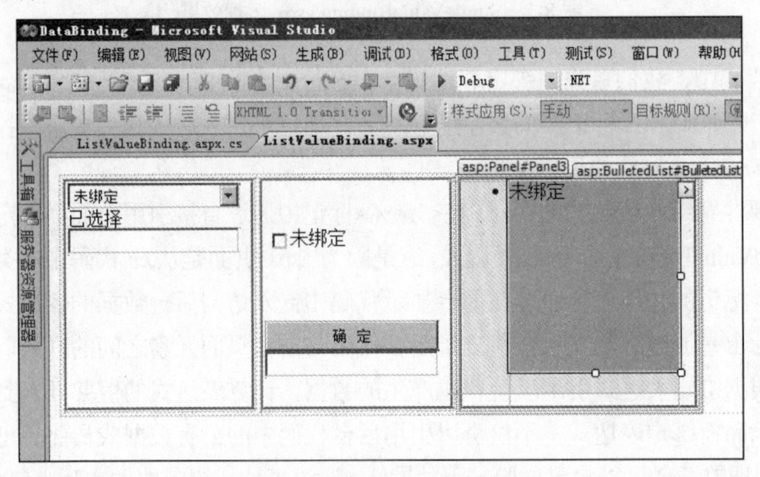

图 8-2　ListValueBinding 设计页面

在页面中添加如下控件:

- 一个 DropDownList，一个文本框用于显示选择项的值，设置其 AutoPostBack 属性为 True。
- 一个 CheckBoxList，一个确定按钮和一个文本框，控件每一个绑定项显示文本为学生姓名，而值为性别，当单击【确定】按钮后，将在文本框中显示 CheckBoxList 中所选姓名对应的性别(键值对)。
- 一个用于显示链接列表的 BulletedList 控件，每个绑定项都描述一个键值对，代表指向某个网站的链接。显示文本为超链接形式的网站名称，而值为网站 url，因此需要设置控件的 DisplayMode="HyperLink"，并设置 Target="_blank"，表示单击后目标 url 将在新窗口中打开。

页面代码如下：

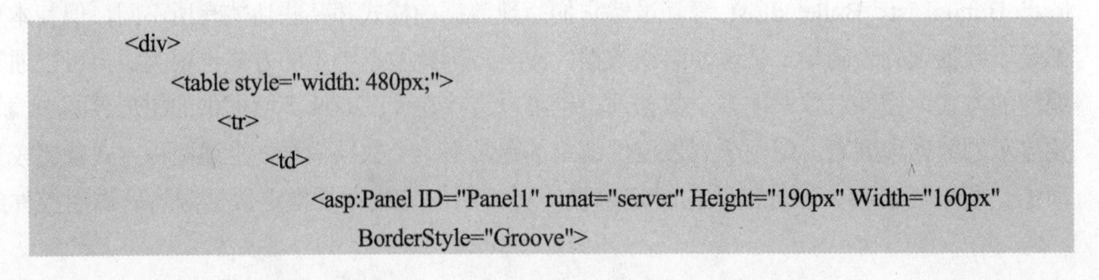

```
<div>
    <table style="width: 480px;">
        <tr>
            <td>
                <asp:Panel ID="Panel1" runat="server" Height="190px" Width="160px"
                    BorderStyle="Groove">
```

```
                    <asp:DropDownList ID="DropDownList1" runat="server"
                      AutoPostBack="True"
                        Height="53px" Width="150px">
                    </asp:DropDownList>
                    <br />
                    <asp:Label ID="Label1" runat="server" Text="已选择"
                       Width="92%"></asp:Label>
                    <br />
                    <asp:TextBox ID="TextBox1" runat="server"
                        Width="150px"></asp:TextBox>
                    <br />
                </asp:Panel>
            </td>
            <td>
                <asp:Panel ID="Panel2" runat="server" Height="190px" Width="160px"
                    BorderStyle="Groove" >
                    <asp:CheckBoxList ID="CheckBoxList1" runat="server" Height="98px"
                    Width="100%">
                        <asp:ListItem>未绑定</asp:ListItem>
                    </asp:CheckBoxList>
                    <br />
                   <asp:Button ID="Button1" runat="server" Text="确　定" Width="150px" />
                    <br />
                    <asp:TextBox ID="TextBox2" runat="server"
                       Width="150px" ></asp:TextBox>
                    <br />
                </asp:Panel>
            </td>
            <td>
               <asp:Panel ID="Panel3" runat="server" Height="190px" Width="200px"
                    BorderStyle="Groove">
                    <asp:BulletedList ID="BulletedList1" runat="server"
                        Height="160px" Target="_blank" Width="73%" BulletStyle="Disc">
                    </asp:BulletedList>
               </asp:Panel>
            </td>
        </tr>
    </table>
</div>
```

(2) 在后台页面的类中添加如下代码。

```
//定义三种数据源
    //定义并初始化字符串数组
    String[] DataSourceForDDL = new String[] { "张小兵", "李明", "陈飞" };
```

```
        //定义哈希表
        Hashtable DataSourceForCBL = new Hashtable(3);
        //定义 ArrayList
        ArrayList DataSourceForBL = new ArrayList();
        protected void Page_Load(object sender, EventArgs e)
    {
    if (!IsPostBack)
        {
            //初始化哈希表 DataSourceForCBL
            this.DataSourceForCBL.Add("张小兵", "男");
            this.DataSourceForCBL.Add("李明", "女");
            this.DataSourceForCBL.Add("陈飞", "男");
            //初始化 DataSourceForBL
            this.DataSourceForBL.Add(new KeyValueClass("网易","http://www.163.com"));
            this.DataSourceForBL.Add(new KeyValueClass("新浪","http://www.sina.com"));
            //为 DropDownList 绑定数据
            this.DropDownList1.DataSource = this.DataSourceForDDL;
            this.DropDownList1.DataBind();
            //完成绑定后在 DropDownList 中第一个位置插入一个数据项
            this.DropDownList1.Items.Insert(0, "请选择");
            //为 CheckBoxList 绑定数据
            this.CheckBoxList1.DataSource = this.DataSourceForCBL;
            //由于哈希表中存储一个键值对的集合并希望在 CheckBoxList
            //中处理键值对，因此设定数据源后还需设定 DataTextField 和 DataValueField 属性
            this.CheckBoxList1.DataTextField = "key";
            this.CheckBoxList1.DataValueField = "value";
            this.CheckBoxList1.DataBind();
            //为 BulletedList 绑定数据
            this.BulletedList1.DataSource = this.DataSourceForBL;
            this.BulletedList1.DataTextField = "Name";
            this.BulletedList1.DataValueField = "Url";
            this.BulletedList1.DataBind();
        }
    }
```

代码中定义了 3 种集合类对象并进行了初始化：字符串数组 DataSourceForDDL 用作 DropDownList 的数据源，哈希表 DataSourceForCBL 用作 CheckBoxList 的数据源，ArraryList 对象 DataSourceForBL 用作 BulletedList 的数据源。3 种列表控件的数据项对象都具有以下两种属性：DataTextField 和 DataValueField，其中只有 DataTextField 的值会被呈现，因此它们既可以处理单值集合也可以处理键值对数据的集合。需要注意的是：当处理键值对时，在指定数据源之后，要设置上述两个属性以指定数据源中对应于键和值的数据域。

(3) 再添加一个帮助类 KeyValueClass，其中可以存储一个键值对，用于初始化 DSForBL 对象。

```
/// <summary>
/// 帮助类 KeyValueClass 的定义，其对象存储一个 WebSiteName：WebSiteUrl
/// 的键值对，被添加至作为数据源的 ArrayList 中
/// </summary>
public class KeyValueClass
{
    private String WebSiteName;
    private String WebSiteUrl;
    public String Name
    {
        get { return WebSiteName;}
        set { WebSiteName = value; }
    }
    public String Url
    {
        get { return WebSiteUrl; }
        set { WebSiteUrl = value; }
    }
    public KeyValueClass(String name,String url)
    {
        this.WebSiteName = name;
        this.WebSiteUrl = url;
    }
}
```

(4) 运行后效果如图 8-3 所示。

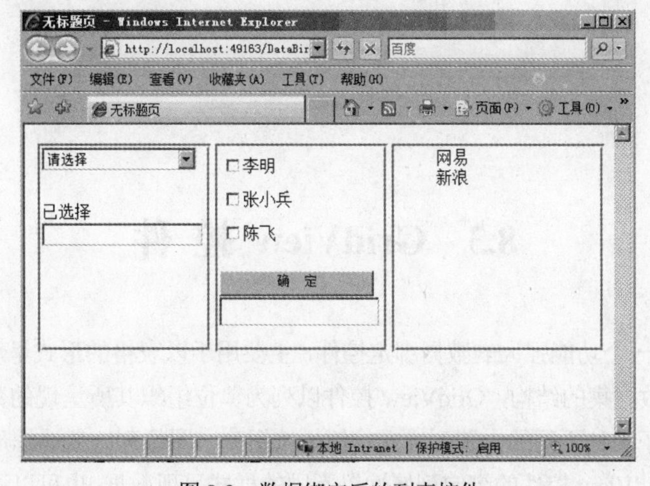

图 8-3　数据绑定后的列表控件

当数据绑定完成后就可以通过控件提供的各种事件定制其行为，对数据做进一步处理。

(5) 为 DropDownList 控件和【确定】按钮添加事件处理代码，如下。

```
protected void DropDownList1_SelectedIndexChanged(object sender, EventArgs e)
```

```
    {
        //清除上次显示内容
        this.TextBox1.Text = "";
        //在文本框中显示所选列表项
        this.TextBox1.Text = this.DropDownList1.SelectedValue;
    }
    protected void Button1_Click(object sender, EventArgs e)
    {
        this.TextBox2.Text = "";
        //循环遍历 CheckBoxList 中每个项，如果已选择在文本框中显示选中项显示文本和值
        foreach (ListItem li in   CheckBoxList1.Items)
        {
            if(li.Selected)   this.TextBox2.Text += li.Text + ":" + li.Value+ ",";
        }
}
```

(6) 程序运行效果如图 8-4 所示。

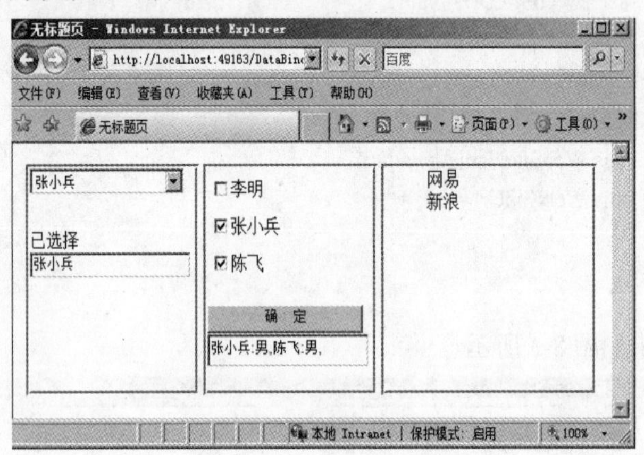

图 8-4　事件处理运行效果

8.3　GridView 控 件

GridView 是一个功能强大的数据绑定控件，主要用于以表格的形式呈现、编辑关系数据集。对应于关系数据集的结构，GridView 控件以列为单位组织其所呈现的数据，除了普通的文本列，还提供了多种不同的内置列样式，例如按钮列、图像列、复选框形式的数据列等，可以通过设置 GridView 控件的绑定列属性以不同的样式呈现数据，也可以通过模板列自定义列的显示样式。

在数据绑定时，通常将访问关系数据库得到的结果集作为 GridView 控件的数据源，GridView 控件对其所呈现的数据集提供内置的编辑、修改、更新、删除以及分页和排序功能，但是若要使用控件的内置数据处理功能，则需要使用 ASP.NET 提供的数据源控件(如

SqlDataSource 和 ObjectDataSource)，否则就需要手动编写事件处理程序来实现相应的功能。虽然采用数据源控件来连接数据库并处理数据更加方便，但手动编写代码却更加灵活，并且在编写代码的过程中可以更深入地了解 GridView 控件的运行方式，因而也更具有参考意义，因此本节的例子将采用查询数据库得到的 DataTable 对象作为控件数据源，然后通过编写事件程序的方式来实现数据处理功能，而在下一节中将采用数据源控件绑定 FormView 控件并使用内置的数据处理功能。

本节将从以下 3 方面介绍 GridView 控件的用法：

- 基本的数据绑定方式
- 各种绑定列和模板列的灵活运用
- 数据的分页和排序

8.3.1　GridView 的数据绑定

下面的例子将演示如何进行 GridView 的数据绑定，其基本的数据绑定方式与列表控件类似，首先设置数据源，然后调用 DataBind()方法。本例将在一个 GridView 控件中呈现关系数据集，因此需要访问数据库获取作为控件数据源的结果集，数据库继续沿用第七章的 student 数据库，数据库的访问方式在上一章已经详细介绍过，这里不再赘述。

【例 8-3】演示如何为 GridView 控件绑定数据源。

(1) 在 DataBinding 网站中新建一个名为 GridViewBingding_1.aspx 的页面，并在页面上添加一个 GridView 控件，如图 8-5 所示。

Column0	Column1	Column2
abc	abc	abc
abc	abc	abc
abc	abc	abc
abc	abc	abc
abc	abc	abc

Label

图 8-5　GridViewBingding_1.aspx 设计页面

对应页面的代码如下：

```
<div>
    <asp:GridView ID="GridView1" runat="server"> </asp:GridView>
    <asp:Label ID="Label1" runat="server" Text="Label"></asp:Label><br />
</div>
```

(2) 为页面后台类添加数据绑定代码，如下。

```
protected void Page_Load(object sender, EventArgs e)
{
    //查询 student 数据库获取结果集 ds
    string sqlconnstr =
```

```
ConfigurationManager.ConnectionStrings["ConnectionString"].ConnectionString;
            DataSet ds = new DataSet();
            using (SqlConnection sqlconn = new SqlConnection(sqlconnstr))
            {
                SqlDataAdapter sqld = new SqlDataAdapter("select * from student", sqlconn);
                sqld.Fill(ds, "tabstudent");
            }
            //以数据集中名为 tabstudent 的 DataTable 作为数据源，为控件绑定数据
            GridView1.DataSource = ds.Tables["tabstudent"].DefaultView;
            GridView1.DataBind();
            //label 中显示运行状态
            Label1.Text = "查找成功";
    }
```

(3) 页面运行效果如图 8-6 所示。

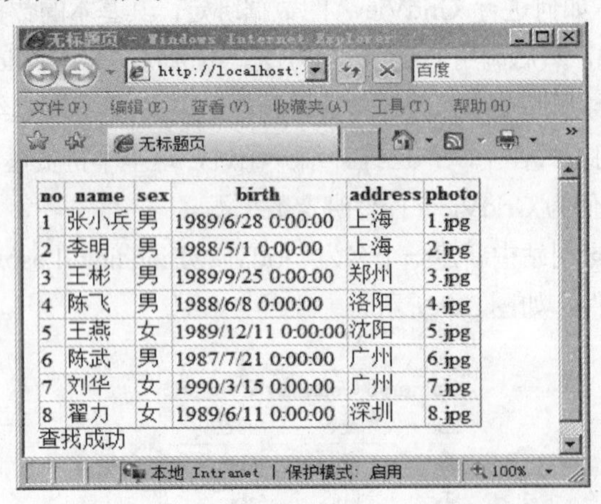

图 8-6　GridViewBingding_1.aspx 数据绑定效果

8.3.2　设定 GridView 的绑定列和模板列

GridView 的数据绑定方式非常简单，只用几句简单的代码就可以将数据集以表格的形式呈现出来，但这种方式的呈现效果很简陋。事实上，我们可以通过设置 GridView 控件的绑定列属性使其呈现不同的列样式，实现数据的编辑和修改，或者编辑模板列定制所需的列样式和功能。

下面的例子将演示如何为 GridView 控件设置绑定列、调整数据呈现效果、实现数据的编辑和修改功能，以及如何通过定义列模板使其呈现自定义样式。在开始实例之前，我们先来看看 GridView 提供了哪些内置的绑定列样式，如何在 VS 2008 中设置他们以及如何自定义模板列样式。

在 VS 2008 中，可以通过便捷任务面板进行列的配置，如图 8-7 所示，单击 GridView 右上角的小箭头打开面板。

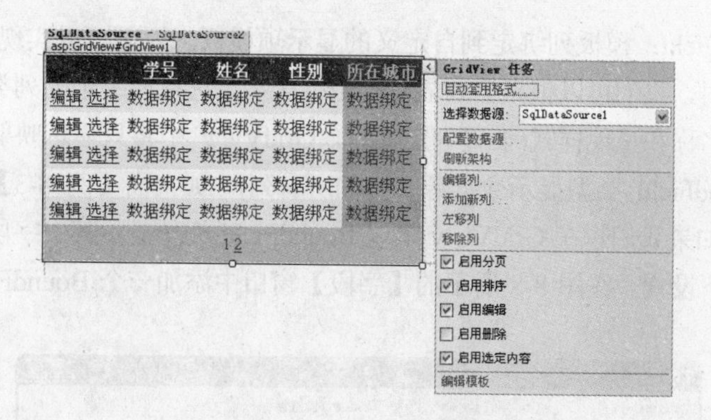

图 8-7 GridView 便捷任务面板

可以看到，面板上包含【自动套用格式】选项，通过【自动套用格式】可以为 GridView 控件应用一些内置的表格呈现样式。这里我们着重看看【编辑列】和【编辑模板】选项，其中【编辑列】选项用于设置表格的绑定列属性，而【编辑模板】选项用于编辑模板列中的显示项的样式。单击上图的【编辑列】选项打开设置 GridView 列样式的【字段】对话框，如图 8-8 所示。

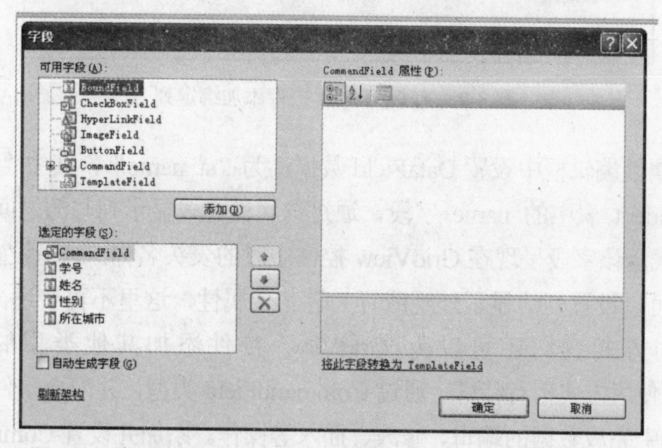

图 8-8 用于编辑 GridView 各个数据列样式的【字段】对话框

图中左上角【可用字段】列表列出了可用的绑定列类型，单击【添加】按钮即可设置 GridView 控件中显示的列及其类型。共有 7 种类型，如下：

- BoundField：以文字形式呈现数据的普通绑定列类型。
- CheckBoxField：以复选框形式呈现数据，绑定到该类型的列数据应该具有布尔值。
- HyperLinkField：以链接形式呈现数据，绑定到该类型的列数据应该是指向某个网站或网上资源的地址。
- ImageField：以图片形式呈现数据。
- ButtonField：按钮列，以按钮的形式呈现数据或进行数据的操作。例如删除记录的按钮列。
- CommandField：系统内置的一些操作按钮列，可以实现对记录的编辑、修改、删除等操作。

● TemplateField：模板列绑定到自定义的显示项模板，因而可以实现自定义列样式。

在实际应用时，我们可以根据需要显示的数据类型，选择要绑定的列类型并设置其映射到数据集的字段名称和呈现样式(设置绑定列后，GridView 中将只显示映射列数据，否则系统将默认以 BoundField 类型显示数据源表中的所有列)。如上面【例 8-3】中作为数据源的 student 表数据，如果我们想在 GridView 中以 BoundField 类型显示其中字段名为“姓名”的列，则可以作如下设置。在图 8-8 所示的【字段】窗口中添加一个 BoundField 列，如图 8-9 所示。

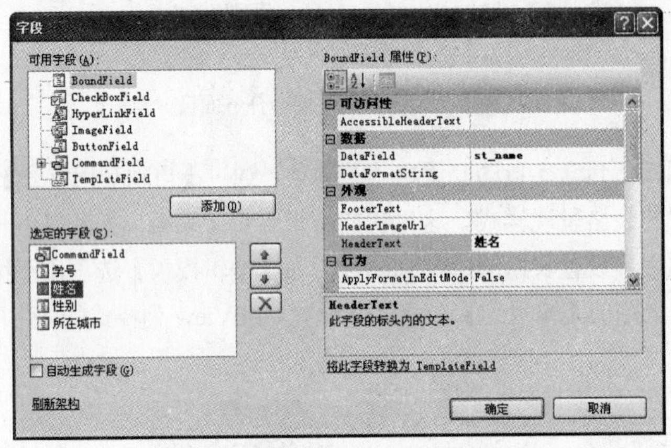

图 8-9　为 GridView 控件添加绑定列

在右方字段属性编辑框中设置 DataField 数据性为“st_name”，其中“st_name”对应于作为数据源的 student 表中的 name 字段，通过该属性完成显示列与源之间的数据映射，而 HeaderText 属性表示该字段呈现在 GridView 控件中时的表头名称，这里设置为“姓名”。在属性编辑框中还可以设置列的显示外观或行为等其他属性，这里不再赘述。

通过类似的方式我们还可以为 GridView 控件添加其他类型的绑定列，这里 CommandField 的使用方式稍有特殊。通过 CommandField 类型，并配合事件处理程序我们就可以在 GridView 中完成数据的编辑、修改、插入等操作。添加并设置 CommandField 类型的方式如下：展开 CommandField，如图 8-10 所示。

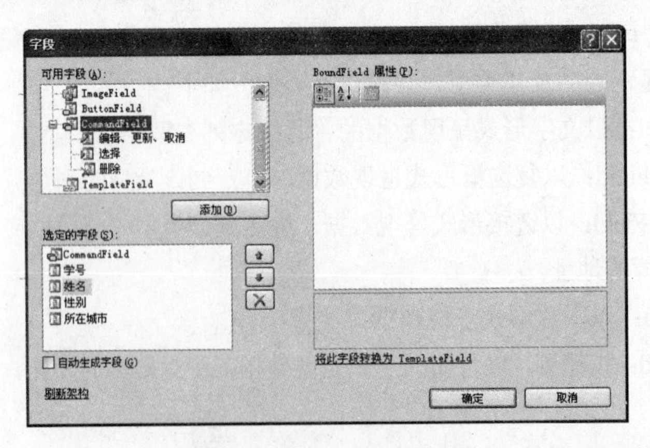

图 8-10　CommandField 类型

可见 CommandField 有 3 种类型可以选择，不同的类型意味着在 CommandField 列显示不同的命令按钮，例如选择【编辑、更新、取消】，列样式如图 8-11 所示。

asp:GridView#GridView1

姓名	
数据绑定	编辑
数据绑定	编辑
数据绑定	编辑
数据绑定	编辑
数据绑定	编辑

图 8-11 添加【编辑、更新、取消】列

运行时单击【编辑】按钮，列中的【编辑】按钮将会被替换为两个按钮【更新】和【取消】，因此，列的运行时实际上包含了 3 个命令按钮，单击按钮所发生的行为需要通过设置相应的事件程序完成，由于 CommandField 类型是一种控件内置的用于编辑数据的绑定类型，因此其事件在 GridView 控件的属性窗口中设置，GridView 控件的属性窗口设置事件列表如图 8-12 所示。

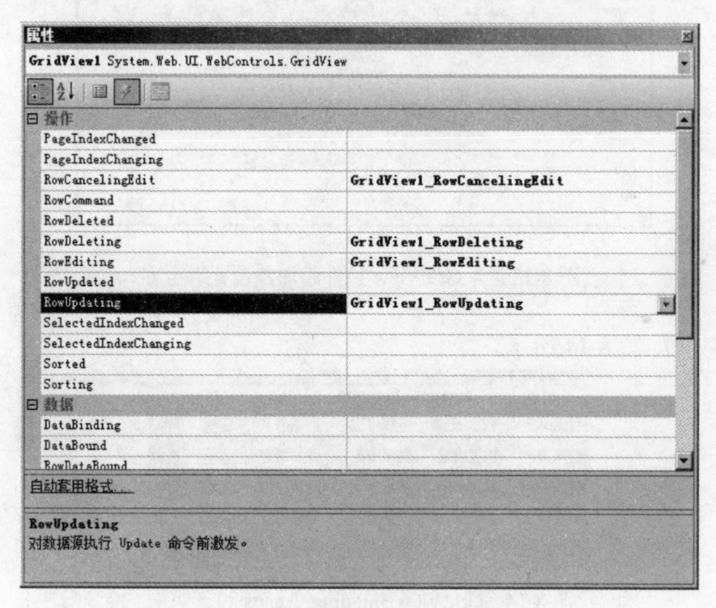

图 8-12 GridView 的事件编辑窗口

其中的 RowEditing、RowUpdating、RowDeleting、RowCancelingEdit 事件分别在编辑、更新、删除、取消按钮被单击时触发。通过为这些事件添加相应的处理程序即可完成数据的编辑和修改功能。

对于 TemplateField 类型，需要先编辑模板来定义列中各个项的显示样式，然后根据自定义模板绑定模板列，系统将根据模板中定义的样式呈现数据。GridView 中自定义模板的方式与 DataList 或 Repeater 控件的模板定义方式类似，将在后续章节介绍。

下面的例子演示了为 GridView 控件设置绑定列来显示 student 表中的数据的完整过程，本例中将包含四个 BoundField 列，一个 CommandField 列和一个 ButtonField 列，我们将为各个命令按钮添加事件处理程序完成数据的编辑、更新和删除功能。

【例 8-4】演示为 GridView 控件设置绑定列。

(1) 在 DataBinding 网站中新建一个名为 GridViewBingding_2.aspx 的页面，在页面上添加一个 GridView 控件，为其添加如下绑定列并设置数据映射，如图 8-13 所示。

- 学号列：BoundField 类型，绑定字段 no。
- 姓名列：BoundField 类型，绑定字段 name。
- 出生日期列：BoundField 类型，绑定字段 birth。
- 地址列：BoundField 类型，绑定字段 address。
- 编辑列：CommandField 类型，子类型为编辑、更新、取消，实现数据的编辑和更新。
- 删除按钮列：ButtonField 类型，实现记录的删除。

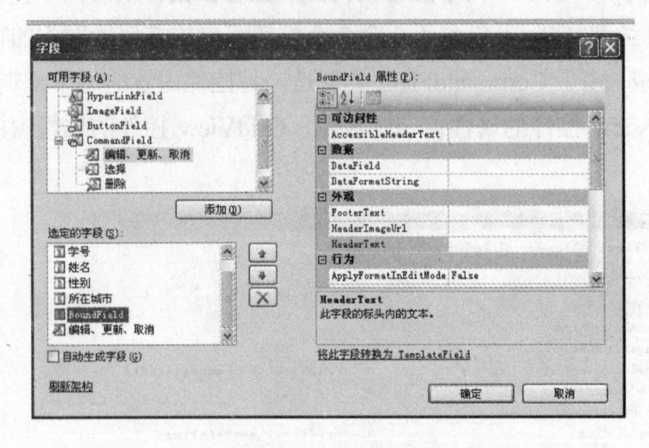

图 8-13　为 GridView 控件添加并设置绑定列

页面设计效果如图 8-14 所示。

asp:GridView#GridView1

学号	姓名	出生日期	地址		
数据绑定	数据绑定	数据绑定	数据绑定	编辑	删除
数据绑定	数据绑定	数据绑定	数据绑定	编辑	删除
数据绑定	数据绑定	数据绑定	数据绑定	编辑	删除
数据绑定	数据绑定	数据绑定	数据绑定	编辑	删除
数据绑定	数据绑定	数据绑定	数据绑定	编辑	删除

图 8-14　GridViewBingding_2.aspx 设计页面

页面的代码如下：

```
    <div>
        <asp:GridView ID="GridView1" runat="server" AutoGenerateColumns="False"
OnRowCancelingEdit="GridView1_RowCancelingEdit"
            OnRowEditing="GridView1_RowEditing" OnRowUpdating="GridView1_RowUpdating"
            DataKeyNames="no" OnRowDeleting="GridView1_RowDeleting" Height="185px"
            Width="478px">
            <Columns>
                <asp:BoundField DataField="no" HeaderText="学号" ReadOnly="True" />
                <asp:BoundField DataField="name" HeaderText="姓名" />
                <asp:BoundField DataField="birth" HeaderText="出生日期" />
```

```
                <asp:BoundField DataField="address" HeaderText="地址" />
                <asp:CommandField InsertVisible="False" ShowEditButton="True" />
                <asp:ButtonField ButtonType="Button" CommandName="delete" Text="删除" />
            </Columns>
        </asp:GridView>
    </div>
```

(2) 在页面后台类中添加如下代码，实现数据绑定。

```
    protected void Page_Load(object sender, EventArgs e)
    {
        if (!Page.IsPostBack) bindgrid();
    }
    void bindgrid()
    {
//查询 student 数据库获取结果集 ds
        string sqlconnstr =
ConfigurationManager.ConnectionStrings["ConnectionString"].ConnectionString;
        DataSet ds = new DataSet();
        using (SqlConnection sqlconn = new SqlConnection(sqlconnstr))
        {
          SqlDataAdapter sqld = new SqlDataAdapter("select no,name,birth,address from student",
          sqlconn);
          sqld.Fill(ds, "tabstudent");
        }
//以数据集中名为 tabstudent 的 DataTable 作为数据源，为控件绑定数据
       GridView1.DataSource = ds.Tables["tabstudent"].DefaultView;
       GridView1.DataBind();
    }
```

(3) 为命令按钮列绑定事件处理方法，如图 8-15 所示。

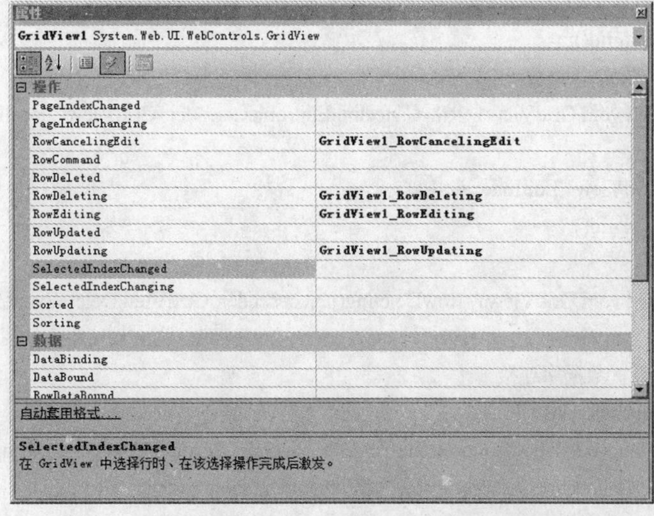

图 8-15　为命令事件设置事件处理方法

(4) 在页面后台类的事件处理方法中添加如下代码。

```
protected void GridView1_RowEditing(object sender, GridViewEditEventArgs e)
{
    GridView1.EditIndex = e.NewEditIndex;
    bindgrid();
}
protected void GridView1_RowUpdating(object sender, GridViewUpdateEventArgs e)
{
  string sqlconnstr =
       ConfigurationManager.ConnectionStrings["ConnectionString"].ConnectionString; ;
    SqlConnection sqlconn = new SqlConnection(sqlconnstr);
       //提交行修改
    sqlconn.Open();
    SqlCommand Comm = new SqlCommand();
    Comm.Connection = sqlconn;
    Comm.CommandText = "update student set name=@name,birth=@birth,address=@address
          where no=@no";
    Comm.Parameters.AddWithValue("@no",
          GridView1.DataKeys[e.RowIndex].Value.ToString());
    Comm.Parameters.AddWithValue("@name",
        ((TextBox)GridView1.Rows[e.RowIndex].Cells[1].Controls[0]).Text);
    Comm.Parameters.AddWithValue("@birth",
        ((TextBox)GridView1.Rows[e.RowIndex].Cells[2].Controls[0]).Text);
    Comm.Parameters.AddWithValue("@address",
          ((TextBox)GridView1.Rows[e.RowIndex].Cells[3].Controls[0]).Text);
    Comm.ExecuteNonQuery();
    sqlconn.Close();
    sqlconn = null;
    Comm = null;
    GridView1.EditIndex = -1;
    bindgrid();
}
protected void GridView1_RowCancelingEdit(object sender, GridViewCancelEditEventArgs e)
{
    GridView1.EditIndex = -1;
    bindgrid();
}
protected void GridView1_RowDeleting(object sender, GridViewDeleteEventArgs e)
{
    //设置数据库连接
   string sqlconnstr =
ConfigurationManager.ConnectionStrings["ConnectionString"].ConnectionString; ;
    SqlConnection sqlconn = new SqlConnection(sqlconnstr);
    sqlconn.Open();
```

```
//删除行处理
String sql = "delete from student where no='" +
  GridView1.DataKeys[e.RowIndex].Value.ToString() + "'";
SqlCommand Comm = new SqlCommand(sql, sqlconn);
Comm.ExecuteNonQuery();
sqlconn.Close();
sqlconn = null;
Comm = null;
GridView1.EditIndex = -1;
bindgrid();        }
```

(5) 页面运行效果如图 8-16 所示。

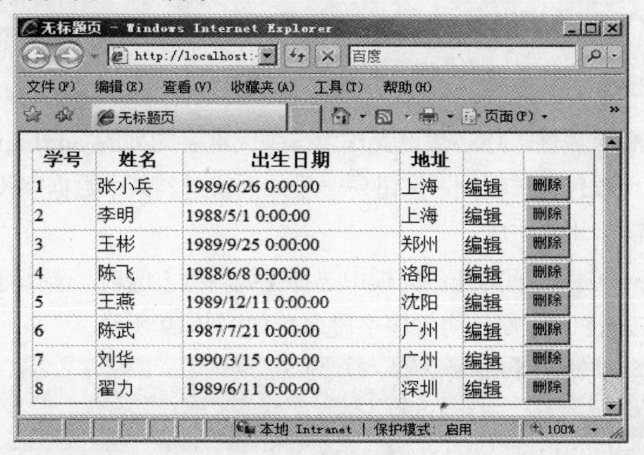

图 8-16　GridViewBingding_2.aspx 运行效果

(6) 单击【编辑】按钮后，出现编辑和更新界面，如图 8-17 所示。

学号	姓名	出生日期	地址		
1	张小兵	1989/6/26 0:00:00	上海	更新 取消	删除
2	李明	1988/5/1 0:00:00	上海	编辑	删除
3	王彬	1989/9/25 0:00:00	郑州	编辑	删除
4	陈飞	1988/6/8 0:00:00	洛阳	编辑	删除
5	王燕	1989/12/11 0:00:00	沈阳	编辑	删除
6	陈武	1987/7/21 0:00:00	广州	编辑	删除
7	刘华	1990/3/15 0:00:00	广州	编辑	删除
8	翟力	1989/6/11 0:00:00	深圳	编辑	删除

图 8-17　GridViewBingding_2.aspx 的编辑效果

8.3.3　GridView 的排序

GridView 控件提供了用于实现排序功能的接口，通过设置相关属性并实现排序事件的处理程序就可以完成排序功能。我们将在【例 8-4】提供的界面的基础上实现排序功能。

【例 8-5】演示为 GridView 控件实现排序。

(1) 在【例 8-4】中的 GridViewBingding_2.aspx 页面中设置 GridView 控件的属性 AllowSorting=True，如图 8-18 所示。

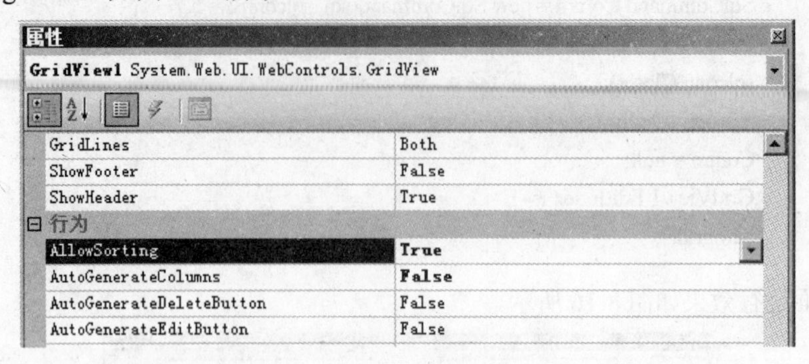

图 8-18　设置 AllowSorting 属性

除了 AllowSorting 属性，还必须设置作为排序关键字的列的 SortExpression 属性，这是因为，GridView 中可以包含按钮列，按钮列一般并不映射到某个数据字段，而排序必须以某个字段作为排序关键字才能完成。

(2) 在 GridView 控件的便捷任务面板中选择【编辑列】选项，选择可以作为排序关键字的列，设置其 SortExpression 属性为排序字段名，如图 8-19 所示。

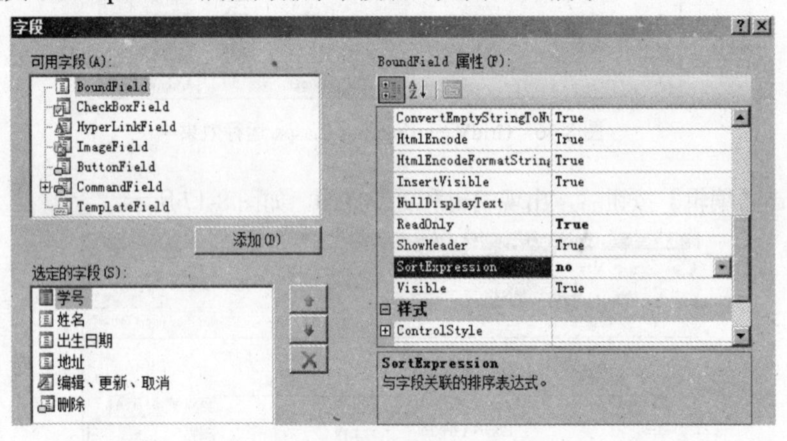

图 8-19　设置 SortExpression 属性

这时，作为排序关键字的列的列名变为超链接样式，如图 8-20 所示。

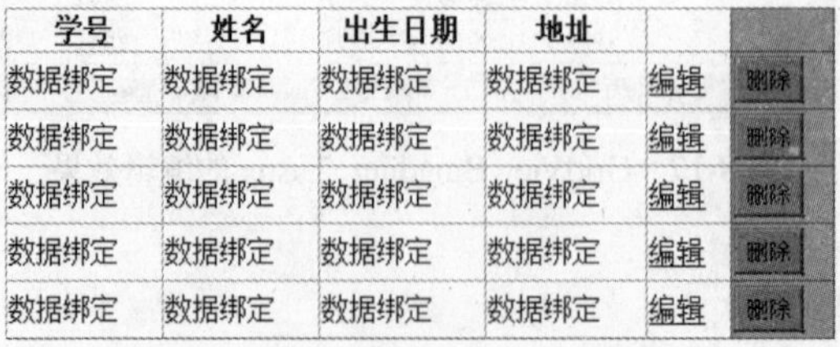

学号	姓名	出生日期	地址		
数据绑定	数据绑定	数据绑定	数据绑定	编辑	删除
数据绑定	数据绑定	数据绑定	数据绑定	编辑	删除
数据绑定	数据绑定	数据绑定	数据绑定	编辑	删除
数据绑定	数据绑定	数据绑定	数据绑定	编辑	删除
数据绑定	数据绑定	数据绑定	数据绑定	编辑	删除

图 8-20　设置排序属性后的控件样式

(3) 为 GridView 控件设置排序事件处理方法，如图 8-21 所示。

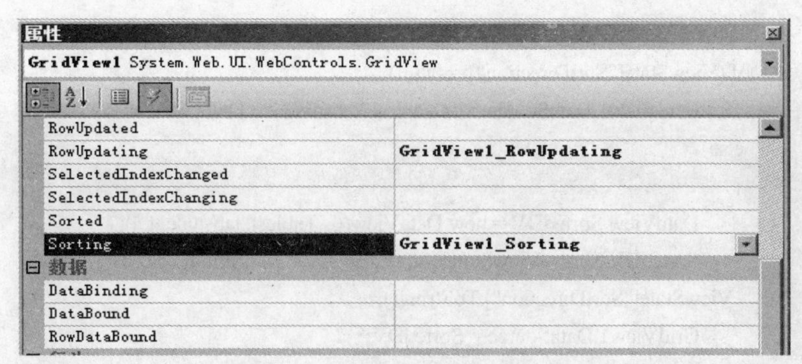

图 8-21　为控件设置排序事件处理方法

GridView 的排序功能通过响应排序事件在后台生成已排序的数据源，然后重新绑定数据来完成，因此，需要在事件响应代码中获取排序字段名和排序方式(升序、降序)，然后据此对数据源进行排序后重新绑定数据。

(4) 为排序事件处理方法添加如下代码，代码中用一个 ViewState["SortDirection"]来记录当前的排列顺序，用一个 ViewState["SortExpression"]记录作为排序关键字的字段名，然后重新绑定数据。

```
protected void GridView1_Sorting(object sender, GridViewSortEventArgs e)
{
    if(ViewState["SortDirection"] == null) ViewState["SortDirection"] = "DESC";
    if (ViewState["SortDirection"] .ToString() == "ASC")
        ViewState["SortDirection"] = "DESC";
    else
        ViewState["SortDirection"] = "ASC";
    ViewState["SortExpression"] = e.SortExpression;
    this.bindgrid();
}
```

添加 bindgrid()代码如下，使其根据 ViewState["SortDirection"]的值生成排序后的 DataView 对象作为数据源。

```
void bindgrid()
    {
        string sqlconnstr =
ConfigurationManager.ConnectionStrings["ConnectionString"].ConnectionString; ;
        DataSet ds = new DataSet();
        using (SqlConnection sqlconn = new SqlConnection(sqlconnstr))
        {
            SqlDataAdapter sqld = new SqlDataAdapter("select no,name,birth,address from student",
          sqlconn);
            sqld.Fill(ds, "tabstudent");
        }
        //判断是否已经进行排序，如果是则按照 ViewState 中存储的信息生成排序后的 DataView
```

```
            对象
            if (ViewState["SortDirection"] == null)
                GridView1.DataSource = ds.Tables["tabstudent"].DefaultView;
            else
            {
                DataView SortedDV = new DataView(ds.Tables["tabstudent"]);
                SortedDV.Sort = ViewState["SortExpression"].ToString() + " " +
             ViewState["SortDirection"].ToString();
                GridView1.DataSource = SortedDV;
            }
            GridView1.DataBind();
        }
```

(5) 排序效果如图 8-22 所示。

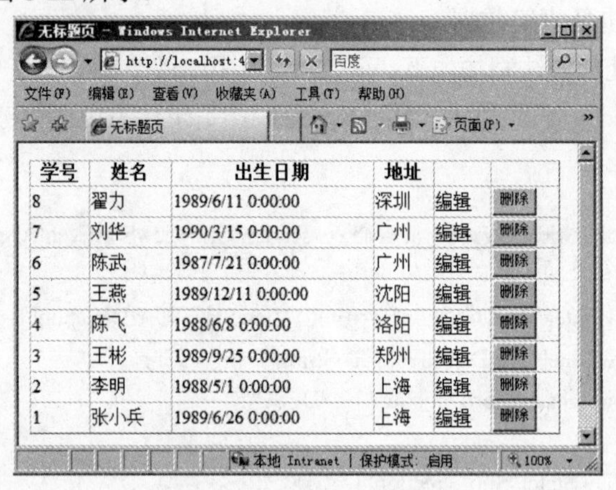

学号	姓名	出生日期	地址		
8	翟力	1989/6/11 0:00:00	深圳	编辑	删除
7	刘华	1990/3/15 0:00:00	广州	编辑	删除
6	陈武	1987/7/21 0:00:00	广州	编辑	删除
5	王燕	1989/12/11 0:00:00	沈阳	编辑	删除
4	陈飞	1988/6/8 0:00:00	洛阳	编辑	删除
3	王彬	1989/9/25 0:00:00	郑州	编辑	删除
2	李明	1988/5/1 0:00:00	上海	编辑	删除
1	张小兵	1989/6/26 0:00:00	上海	编辑	删除

图 8-22　GridView 排序效果

8.3.4　GridView 的分页

GridView 控件提供了内置的分页功能，绑定数据后只要设置分页相关的属性，即可自动完成分页功能，我们只需在分页导航按钮的单击事件处理方法中添加代码，设置当前要显示的页索引并重新绑定数据即可。

【例 8-6】演示为 GridView 控件实现分页。

(1) 在 DataBinding 网站中新建一个名为 GridViewBingding_3.aspx 的页面，在页面上添加一个 GridView 控件，并添加用于显示分页信息的 Label 控件，页面设计如图 8-23 所示。

Column0	Column1	Column2
abc	abc	abc
abc	abc	abc
abc	abc	abc
下一页>>		

Label Label
Label

图 8-23　GridViewBingding_3.aspx 设计页面

(2) 页面的代码如下。

```
<div>
        <asp:GridView ID="GridView1" runat="server" AllowPaging="True"
    OnPageIndexChanging="GridView1_PageIndexChanging"
            PageSize="3" OnDataBound="GridView1_DataBound">
            <PagerSettings Mode="NextPrevious" NextPageText="下一页&gt;&gt;"
            PreviousPageText="&lt;&lt;上一页" />
        </asp:GridView>
        <asp:Label ID="Label2" runat="server" Text="Label"></asp:Label>
         
        <asp:Label ID="Label1" runat="server" Text="Label"></asp:Label><br />
        <asp:Label ID="Label3" runat="server" Text="Label"></asp:Label><br />
</div>
```

(3) 在后台类中添加数据绑定代码，如下。

```
    protected void Page_Load(object sender, EventArgs e)
    {
        if (!Page.IsPostBack) bindgrid();
    }
    void bindgrid()
    {
//查询 student 数据库获取结果集 ds
        string sqlconnstr =
ConfigurationManager.ConnectionStrings["ConnectionString"].ConnectionString;
        DataSet ds = new DataSet();
        using (SqlConnection sqlconn = new SqlConnection(sqlconnstr))
        {
          SqlDataAdapter sqld = new SqlDataAdapter("select no,name,birth,address from student",
        sqlconn);
          sqld.Fill(ds, "tabstudent");
        }
//以数据集中名为 tabstudent 的 DataTable 作为数据源，为控件绑定数据
        GridView1.DataSource = ds.Tables["tabstudent"].DefaultView;
        GridView1.DataBind();
}
```

(4) 打开 GridView 数据属性设置窗口，为其设置分页相关属性，如图 8-24 所示。

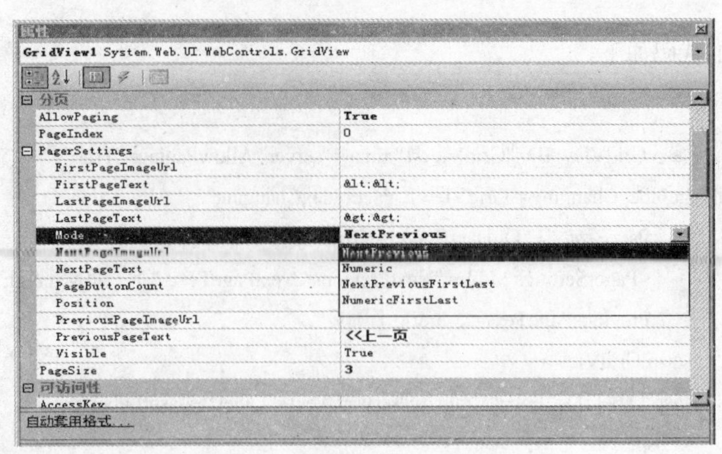

图 8-24　GridView 分页属性设置

分页的设置主要有以下 3 个属性：

- AllowPaging：设置是否打开分页功能
- PageIndex：当前显示的页所引
- PageSize：设置每页包含的最大项数

除了上述 3 个分页属性，还可以展开 PageSettings 子项，在其中设置分页模式、分页按钮的显示文本等分页后的控件样式。其中 Mode 属性用于设置分页模式，共有 4 种可选模式，这里我们选择 NextPrevieus 模式。

(5) 设置完分页属性后，就可以为页导航按钮设置分页事件处理按钮，如图 8-25 所示。

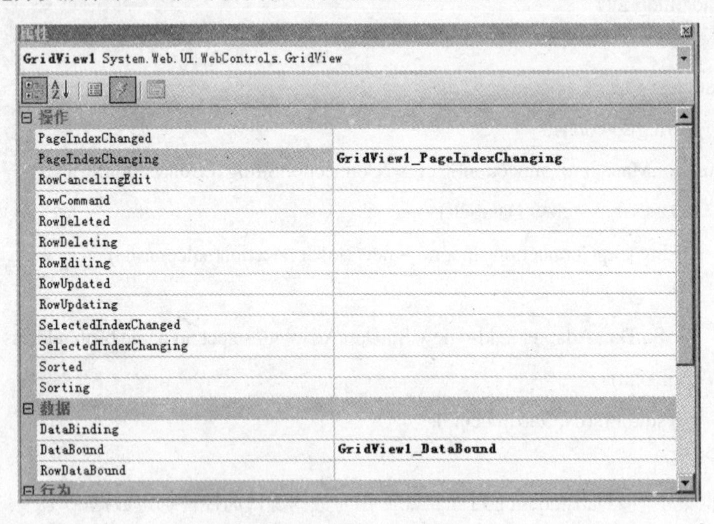

图 8-25　设置分页事件处理方法

图中为 PageIndexChanging 事件设置了事件处理方法，该事件在分页导航按钮被单击时触发，并返回导航按钮所指示的，也就是控件中要显示的页的索引，在其事件处理方法中根据该索引设置要显示的页并重新绑定数据即可完成分页。另外，还设置了 DataBound 事件的处理方法，用于在分页时重新绑定数据后，设置 Label 控件显示分页信息：总页数和当前页数。

(6) 为事件处理程序添加如下代码。

```
protected void GridView1_PageIndexChanging(object sender, GridViewPageEventArgs e)
{
    //设置要显示的页的索引并重新绑定数据
    GridView1.PageIndex = e.NewPageIndex;
    bindgrid();
}
protected void GridView1_DataBound(object sender, EventArgs e)
{
    //分页数据绑定前设置当前页信息
    Label2.Text = "共" + (GridView1.PageCount).ToString() + "页";
    Label1.Text = "第" + (GridView1.PageIndex + 1).ToString() + "页";
    Label3.Text = string.Format("总页数：{0}，当前页：{1}", GridView1.PageCount,
GridView1.PageIndex + 1);
}
```

(7) 程序运行效果如图 8-26 所示。

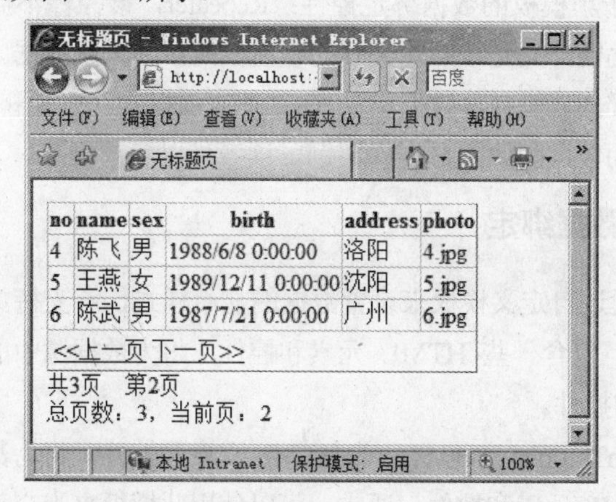

图 8-26　GridViewBingding_3.aspx 运行效果

8.4 DataList 和 FormView 控件

本节将介绍另外两种较为复杂的数据绑定控件: DataList 和 FormView 控件，与 GridView 一样，这两种服务器控件也用于呈现关系数据库集，但它们不像 GridView 控件那样以固定的表格样式显示数据，而必须以自定义模板的方式定制数据的呈现样式，这与 GridView 的自定义模板列非常类似(因此我们在上一节并没有详细介绍 GridView 模板列用法)。DataList 和 FormView 控件以项为单位组织和呈现数据(GridView 以列为单位)，每一项对应于关系数据集中的一条记录(行)，通过定义和设置不同的项模板来定制每一项的显示样式，绑定数据后，控件将按照项模板重复显示数据源的每条记录。呈现数据时，这 3 种控件对项的显示布局各不相同。DataList 控件提供了两种页面布局：Table 和 Flow，在 Table 模式下，在一个行列表中重复每个数据项，可以通过相关属性控制其按行显示或按列显示并设置行(列)中包含的最大项数；Flow 模式下，在一行或者一列中重复显示数据项。FormView 控件默认每页显示一个数据项，通过分页导航访问每条记录。

在 DataList 和 FormView 控件中可以实现对关系数据集的编辑、更新、插入、删除和分页等数据处理功能。DataList 和 FormView 控件针对数据源控件提供了内置的数据处理功能，只需某些配置即可自动完成，而针对其他类型的数据源公开特定的属性和事件通过编写代码来实现。

通过上节对 GridView 控件的详细介绍，我们可以看出，复杂数据绑定控件的用法主要有以下 3 个方面：

- 数据的绑定与呈现
- 数据的编辑、修改、添加和删除
- 数据的分页和排序

下面通过实例分别加以介绍，由于 3 种控件的用法类似，我们只针对 DataList 控件实现数据的呈现与绑定，针对 FormView 控件实现数据的编辑、增、删、改及分页功能。

另外还有一种基于项模板的数据绑定控件：Repeater，该控件不提供任何内置的显示布局和内置的数据处理功能，只是按照定义好的项模板简单地重复数据。由于 Repeater 控件，通常只是用于以同一样式重复显示数据记录，而其项模板样式的定义和使用方法与 FormView 和 DataList 控件极为相似，因此不再提供实例，读者可以自行演练。

8.4.1 DataList 的数据绑定

DataList 控件中通过自定义模板来设置数据的显示样式，它支持如下模板类型：

- ItemTemplate：包含一些 HTML 元素和控件，将为数据源中的每一行呈现一次这些 HTML 元素和控件。
- AlternatingItemTemplate：包含一些 HTML 元素和控件，将为数据源中的每两行呈现一次这些 HTML 元素和控件。通常，可以使用此模板来为交替行创建不同的外观，例如指定一个与在ItemTemplate属性中指定的颜色不同的背景色。
- SelectedItemTemplate：包含一些元素，当用户选择DataList控件中的某一项时将呈现这些元素。通常，可以使用此模板来通过不同的背景色或字体颜色直观地区分选定的行，还可以通过显示数据源中的其他字段来展开该项。
- EditItemTemplate：指定当某项处于编辑模式时的布局。此模板通常包含一些编辑控件，如TextBox控件。
- HeaderTemplate 和FooterTemplate：包含在列表的开始和结束处分别呈现的文本和控件。
- SeparatorTemplate：包含在每项之间呈现的元素。典型的示例是一条直线(使用 HR 元素)。

通常根据不同的需要定义不同类型的项模板，DataList 控件根据项的运行时状态自动加载相应的模板显示数据，例如当某一项被选定后将会以SelectedItemTemplate模板呈现数据，编辑功能被激活时将以EditItemTemplate模板呈现数据。

下面我们通过【例 8-7】说明如何通过设置模板为 DataList 控件定义数据的呈现样式并完成数据绑定。

【例 8-7】DataList 控件的数据绑定。

(1) 在 DataBinding 网站中新建一个名为 DataListBingding.aspx 的页面，在页面上添加一个 DataList 控件。

(2) 编辑 DataList 控件，并设置项模板，进行显示字段影射。

在 VS2008 环境中使用 DataList 控件的快捷任务面板进入模板的编辑页面，如图 8-27 所示。

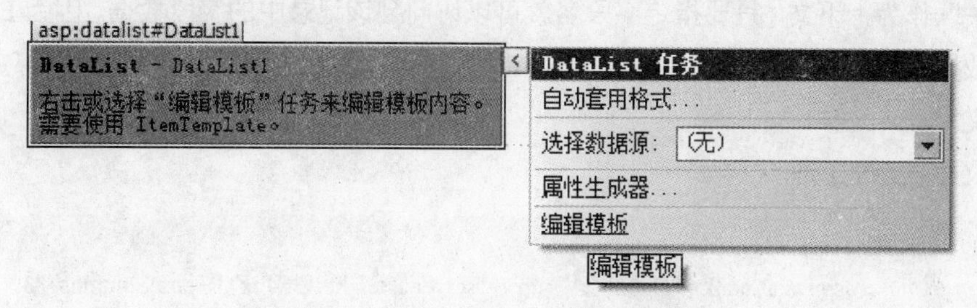

图 8-27　打开 DataList 的模板编辑器

单击【编辑模板】按钮后进入模板编辑界面，如图 8-28 所示。

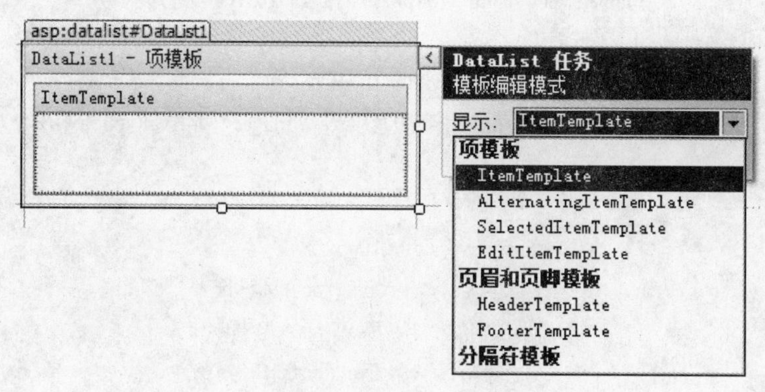

图 8-28 模板编辑界面

在本例中只实现 DataList 控件的数据绑定，所以只简单地定义一个 ItemTemplate 即可，单击模板类型后编辑 ItemTemplate 模板样式如图 8-29 所示。

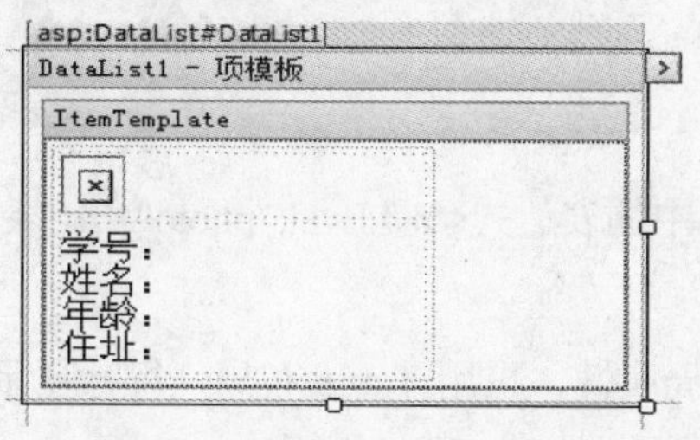

图 8-29　ItemTemplate 模板样式

ItemTemplate 模板样式中，包含一个两行一列的 HTML Table，第一行显示图片，第二行显示记录中的其他字段。回顾一下 GridView 控件，在设置绑定列时需要同时设置绑定列到数据字段之间的数据映射，DataList 控件中的项模板显示数据源每条记录中的各个字段，也需要将模板中的显示控件影射到相应字段，才能在数据绑定后在模板项中显示正确的数据。数据影射通过绑定表达式完成，在项模板中各个显示控件的页面代码中添加如下绑定表达式：<%# Eval("XXX") %>，其中 Eval 方法用于读取数据绑定后当前显示项中所呈现的数据项(某条记录)的相应字段数据，Eval 方法的参数“XXX”用于指定记录中要显示的字段名。我们可以这样来理解<%# Eval("XXX") %>表达式，当在后台代码中为某种数据绑定控件(如这里的 DataList)设置数据源并进行数据绑定后，运行时数据源中的记录就会自动与显示项关联，有这种关联作为上下文，只要指定字段名就可以访问到该记录中的字段数据。因为 Eval 方法需要在数据上下文中读取数据，所以，<%# Eval("XXX") %>表达式只能用在数据绑定控件的模板定义中。

定义模板后的页面代码如下：

```
<div>
    <asp:DataList ID="DataList1" runat="server" Height="354px" RepeatColumns="3"
        HorizontalAlign="Justify" RepeatDirection="Horizontal">
        <ItemTemplate>
            <table style="width: 154px; height: 111px">
                <tr>
                    <td style="width: 100px">
                        <img alt="照片" src='./image/<%# Eval("photo") %>' /></td>
                </tr>
                <tr>
                    <td style="width: 100px">
                        学号：<%# Eval("no") %><br />
                        姓名：<%# Eval("name") %><br />
                        年龄：<%# Eval("birth") %><br />
                        住址：<%# Eval("address") %></td>
                </tr>
            </table>
        </ItemTemplate>
    </asp:DataList>
</div>
```

项模板第一行图片控件中的表达式<%# Eval("photo") %>表示读取数据源记录中的 photo 字段值作为图片名称。

(3) 设置 DataList 的布局属性，采用 Table 布局，每行显示 5 项，按行显示，如图 8-30 所示。

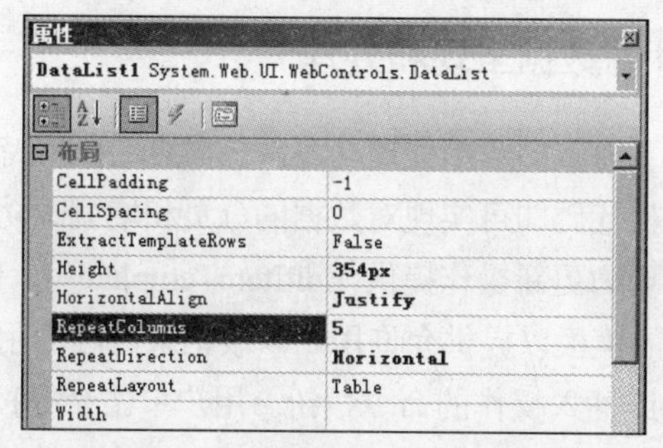

图 8-30　设置 DataList 布局属性

(4) 在页面后台类中添加数据绑定代码，如下。

```
protected void Page_Load(object sender, EventArgs e)
{
    if (!Page.IsPostBack) listbind();
}
void listbind()
{
    string sqlconnstr =
ConfigurationManager.ConnectionStrings["ConnectionString"].ConnectionString; ;
    DataSet ds = new DataSet();
    using (SqlConnection sqlconn = new SqlConnection(sqlconnstr))
    {
        SqlDataAdapter sqld = new SqlDataAdapter("select * from student", sqlconn);
        sqld.Fill(ds, "tabstudent");
    }
    //以数据集中名为 tabstudent 的 DataTable 作为数据源，为控件绑定数据
    DataList1.DataSource = ds.Tables["tabstudent"].DefaultView;
    DataList1.DataBind();
}
```

(5) 页面的运行效果如图 8-31 所示。

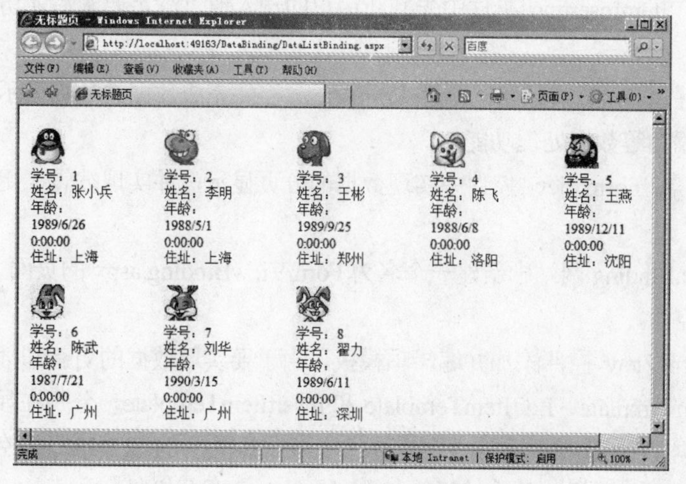

图 8-31　DataListBinding.aspx 页面运行效果

8.4.2 FormView 控件的数据呈现和处理

FormView 控件提供了内置的数据处理功能，只需绑定到支持这些功能的数据源控件，并进行配置，无需编写任何代码即可实现对数据的分页和增删改功能。要使用 FormView 控件内置的增删改功能，需要为更新操作提供 EditItemTemplate 和 InsertItemTemplate 模板，FormView 控件显示指定的模板以提供允许用户修改记录内容的用户界面。每个模板都包含用户可以单击以执行编辑或插入操作的命令按钮。用户单击命令按钮时，FormView 控件使用指定的编辑或插入模板重新显示绑定记录以允许用户修改记录。插入或编辑模板通常包括一个允许用户显示空白记录的“插入”按钮或保存更改的“更新”按钮。用户单击“插入”或“更新”按钮时，FormView 控件将绑定值和主键信息传递给关联的数据源控件，该控件执行相应的更新。例如，SqlDataSource 控件使用更改后的数据作为参数值来执行 SQL Update 语句。

由于 FormView 控件的各个项通过自定义模板来呈现，因此，控件并不提供内置的实现某一功能(如删除)的特殊按钮类型，而是通过按钮控件的 CommandName 属性与内置的命令相关联。FormView 控件提供如下命令类型(区分大小写)：

- Edit：引发此命令控件转换到编辑模式，并用已定义的 EditItemTemplate 呈现数据。
- New：引发此命令控件转换到插入模式，并用已定义的 InsertItemTemplate 呈现数据。
- Update：此命令将使用用户在 EditItemTemplate 界面中输入的值在数据源中更新当前所显示的记录。引发 ItemUpdating 和 ItemUpdated 事件。
- Insert：此命令用于将用户在 InsertItemTemplate 界面中输入的值在数据源中插入一条新的记录。引发 ItemInserting 和 ItemInserted 事件。
- Delete：此命令删除当前显示的记录。引发 ItemDeleting 和 ItemDeleted 事件。
- Cancel：此命令在更新或插入操作中取消操作和放弃用户输入值，然后控件会自动转换到 DefaultMode 属性指定的模式。

在命令所引发的事件中，我们可以执行一些额外的操作，例如对于 Update 和 Insert 命令，因为 ItemUpdating 和 ItemInserting 事件是在更新或插入数据源之前触发的，所以可以在 ItemUpdating 和 ItemInserting 事件中先判断用户的输入值，满足要求后才访问数据库，否则取消操作。

下面通过【例 8-8】演示如何使用 FormView 控件完成数据的分页显示，并实现编辑、更新、删除、添加等数据处理功能。

【例 8-8】在 FormView 控件中实现数据的分页显示，并实现编辑、更新、删除和添加操作。

(1) 在 DataBinding 网站中新建一个名为 FormViewBinding.aspx 的页面，在页面上添加一个 FormView 控件。

(2) 为 FormView 控件添加并编辑项模板，由于要实现数据的更新和插入操作，需要三种项模板：ItemTemplate、EditItemTemplate 和 InsertItemTemplate，分别在显示、更新和插入状态下呈现数据。在 FormView 控件中也提供了模板编辑界面(如 DataList 控件)，这里我们直接在页面代码中进行编辑，首先编辑 EditItemTemplate 页面代码，如下：

```
<EditItemTemplate>
      <table style="width:100%;">
            <tr>
                  <td width="40%"><asp:Label ID="Label1" runat="server" Text="学号"
   Width="100%"></asp:Label> </td>
         <td width="60%"><asp:Label ID="noLabel1" runat="server" Text='<%# Eval("no") %>' /></td>
            </tr>
            <tr>
                  <td width="40%"><asp:Label ID="Label2" runat="server" Text="姓名"
         Width="100%"></asp:Label> </td>
<td width="60%"><asp:TextBox ID="nameTextBox" runat="server" Text='<%# Bind("name") %>' /></td>
            </tr>
            <tr>
                  <td width="40%"><asp:Label ID="Label3" runat="server" Text="生日"
         Width="100%"></asp:Label> </td>
<td width="60%"> <asp:TextBox ID="birthTextBox" runat="server" Text='<%# Bind("birth") %>' /></td>
            </tr>
                  <tr>
<td width="40%"><asp:Label ID="Label4" runat="server" Text="地址" Width="100%"></asp:Label> </td>
<td width="60%"><asp:TextBox ID="addressTextBox" runat="server" Text='<%# Bind("address") %>' ></td>
                  </tr>
                  <tr>
                        <td width="40%"> </td>
                        <td width="60%" align="center">
                        <asp:LinkButton ID="UpdateButton" runat="server" CausesValidation="True"
         CommandName="Update" Text="更新" />
                        <asp:LinkButton ID="UpdateCancelButton" runat="server" CausesValidation="False"
         CommandName="Cancel" Text="取消" />
                        </td>
                  </tr>
            </table>
</EditItemTemplate>
```

编辑状态模板中用一个 Label 控件和一个 TextBox 控件代表数据源中的一个字段，其中，TextBox 控件为绑定字段，共四行，对应于数据源记录中的四个字段。与 DataList 控件不同，TextBox 控件的绑定表达式为<%# Bind("address") %>，表达式标记中调用了 Bind 方法(DataList 中使用 Eval 方法)，Bind 方法构成与数据源的双向影射，通过双向影射配合数据源控件可以完成控件内置的更新操作(仅对数据源控件有效)。而 DataList 控件中使用的 Eval 方法为单向影射不能更新数据。

用于数据显示的 ItemTemplate 和用于插入的 InsertItemTemplate 与之类似，这里不再赘述。

(3) 配置完各个项模板之后，为 FormView 控件配置分页，由于分页功能是内置的，只需要设置 FormView 控件的分页属性即可，如图 8-32 所示。

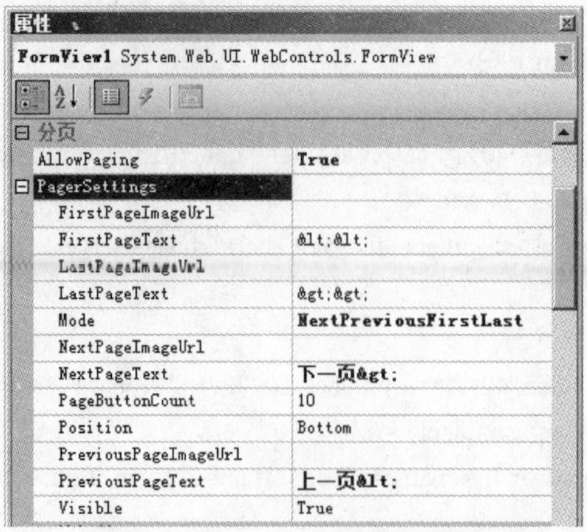

属性

FormView1 System.Web.UI.WebControls.FormView

分页	
AllowPaging	True
PagerSettings	
FirstPageImageUrl	
FirstPageText	<<
LastPageImageUrl	
LastPageText	>>
Mode	NextPreviousFirstLast
NextPageImageUrl	
NextPageText	下一页>
PageButtonCount	10
Position	Bottom
PreviousPageImageUrl	
PreviousPageText	上一页<
Visible	True

图 8-32　为 FormView 设置分页属性

(4) 调整 FormView 控件的外观，设置页眉模板 HeaderTemplate，完成整个页面的设计，完整的 FormView 控件设计代码如下：

```
<asp:FormView ID="FormView1" runat="server" DataKeyNames="no"
DataSourceID="SqlDataSource1" AllowPaging="True" CellPadding="4"    ForeColor="#333333"
Width="231px">
<PagerSettings Mode="NextPreviousFirstLast" NextPageText="下一页&amp;gt;"
PreviousPageText="上一页&amp;lt;" />
<FooterStyle BackColor="#990000" Font-Bold="True" ForeColor="White" />
<RowStyle BackColor="#FFFBD6" ForeColor="#333333" />
<EditItemTemplate>
   <table style="width:100%;">
      <tr>
         <td width="40%"><asp:Label ID="Label1" runat="server" Text="学号"
Width="100%"></asp:Label> </td>
         <td width="60%"><asp:Label ID="noLabel1" runat="server" Text='<%# Eval("no") %>' /></td>
      </tr>
      <tr>
         <td width="40%"><asp:Label ID="Label2" runat="server" Text="姓名"
Width="100%"></asp:Label> </td>
<td width="60%"><asp:TextBox ID="nameTextBox" runat="server" Text='<%# Bind("name") %>' /></td>
      </tr>
      <tr>
<td width="40%"><asp:Label ID="Label3" runat="server" Text="生日" Width="100%"></asp:Label> </td>
<td width="60%"> <asp:TextBox ID="birthTextBox" runat="server" Text='<%# Bind("birth") %>' /></td>
     </tr>
      <tr>
<td width="40%"><asp:Label ID="Label4" runat="server" Text="地址" Width="100%"></asp:Label> </td>
<td width="60%"><asp:TextBox ID="addressTextBox" runat="server" Text='<%# Bind("address") %>' ></td>
      </tr>
      <tr>
```

```
                <td width="40%"> </td>
                <td width="60%" align="center">
<asp:LinkButton ID="UpdateButton" runat="server" CausesValidation="True" CommandName="Update"
Text="更新" />
<asp:LinkButton ID="UpdateCancelButton" runat="server" CausesValidation="False"
CommandName="Cancel" Text="取消" />
                </td>
          </tr>
            </table>
              </EditItemTemplate>
              <InsertItemTemplate>
                <table style="width:100%;">
                  <tr>
<td width="40%"><asp:Label ID="Label2" runat="server" Text="姓名" Width="100%"></asp:Label> </td>
<td width="60%"><asp:TextBox ID="nameTextBox" runat="server" Text='<%# Bind("name") %>' /></td>
                  </tr>
                  <tr>
<td width="40%"><asp:Label ID="Label3" runat="server" Text="生日" Width="100%"></asp:Label> </td>
     <td width="60%"><asp:TextBox ID="birthTextBox" runat="server" Text='<%# Bind("birth") %>' /></td>
                </tr>
                <tr>
<td width="40%"><asp:Label ID="Label4" runat="server" Text="地址" Width="100%"></asp:Label> </td>
<td width="60%"><asp:TextBox ID="addressTextBox" runat="server" Text='<%# Bind("address") %>' ></td>
               </tr>
               <tr>
                      <td width="40%"> </td>
                      <td width="60%" align="center">
<asp:LinkButton ID="InsertButton" runat="server" CausesValidation="True"   CommandName="Inert"
Text="插入" />
<asp:LinkButton ID="InsertCancelButton" runat="server" CausesValidation="False"
CommandName="Cancel" Text="取消" />
                      </td>
               </tr>
                  </table>
                  </InsertItemTemplate>
                  <ItemTemplate>
                    <table style="width:100%;">
                       <tr>
<td width="40%"><asp:Label ID="Label1" runat="server" Text="学号" Width="100%"></asp:Label> </td>
       <td width="60%"><asp:Label ID="noLabel" runat="server" Text='<%# Eval("no") %>' /></td>
                       </tr>
                       <tr>
<td width="40%"><asp:Label ID="Label2" runat="server" Text="姓名" Width="100%"></asp:Label> </td>
        <td width="60%"><asp:Label ID="nameLabel" runat="server" Text='<%# Bind("name") %>' /></td>
```

```
                    </tr>
                    <tr>
<td width="40%"><asp:Label ID="Label3" runat="server" Text="生日" Width="100%"></asp:Label> </td>
<td width="60%"><asp:Label ID="birthLabel" runat="server" Text='<%# Bind("birth") %>' /></td>
                    </tr>
                    <tr>
<td width="40%"><asp:Label ID="Label4" runat="server" Text="地址" Width="100%"></asp:Label> </td>
    <td width="60%"><asp:Label ID="addressLabel" runat="server" Text='<%# Bind("address") %>' /></td>
                   </tr>
                   <tr>
                       <td width="40%"> </td>
                       <td width="60%" align="right">
 <asp:LinkButton ID="NewButton" runat="server" CausesValidation="True"   CommandName="New"
Text="新建" />
    <asp:LinkButton ID="EditButton" runat="server" CausesValidation="False" CommandName="Edit"
Text="更新" />
   <asp:LinkButton ID="DeleteButton" runat="server" CausesValidation="False" CommandName="Delete"
Text="删除" />
                       </td>
                   </tr>
               </table>
        </ItemTemplate>
    <PagerStyle BackColor="#FFCC66" ForeColor="#333333" HorizontalAlign="Center" />
    <HeaderStyle BackColor="#990000" Font-Bold="True" ForeColor="White" />
            <HeaderTemplate>
                学生详细信息
            </HeaderTemplate>
    </asp:FormView>
```

页面设计外观如图 8-33 所示。

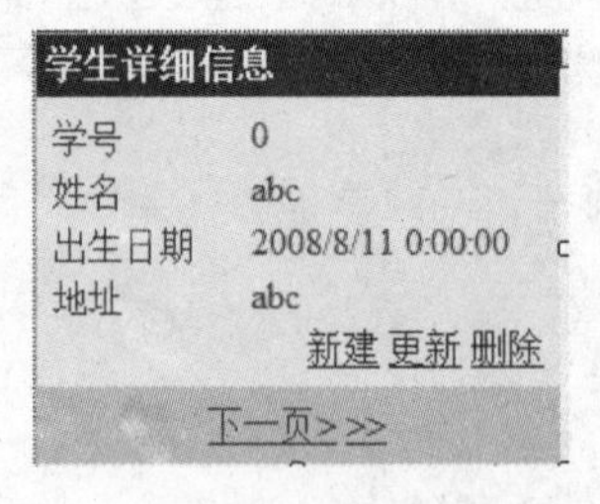

图 8-33　FormViewBinding 页面设计效果

页面设计完成后为控件创建并配置数据源控件，需要在数据源控件中配置用于实现增删改查功能的查询语句以支持 FormView 控件中的相应命令按钮。

(5) 在页面上添加一个 SqlDataSource 数据源控件，过程如下。

首先为数据源控件配置数据库连接，仍然使用前面的 mydatabase.mdf，如图 8-34 所示。

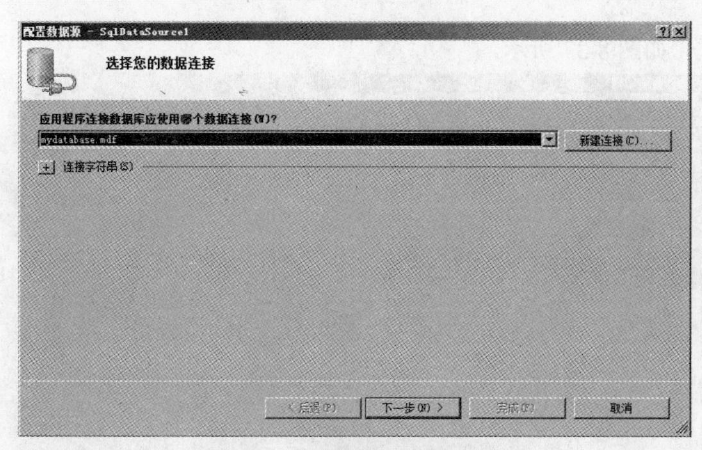

图 8-34　为数据源控件配置连接

单击【下一步】按钮配置连接字符串，因为我们的连接字符串已经添加到 web.config 文件中，因此可以跳过。

然后为数据源配置查询语句，如图 8-35 所示。

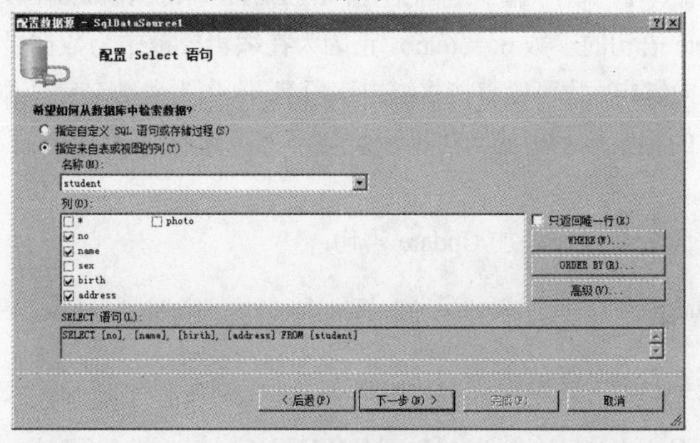

图 8-35　配置查询

完成后为 SqlDataSource 数据源控件配置更新、插入和删除语句。

首先打开数据源控件的【属性】窗口，在其数据属性部分设置 DeleteCommandType 属性，该属性支持两种枚举值：Text 和 StoredProcedure，前者使用 Sql 语句实现删除操作，后者用数据库中的存储过程实现，本例中设置为 Text，如图 8-36 所示。

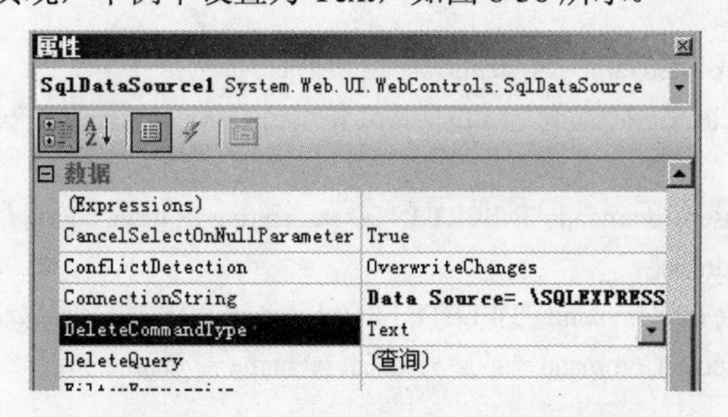

图 8-36　为 SqlDataSource 控件配置属性

然后添加 Sql 语句完成删除操作，通过 DeleteQuery 属性打开删除命令的【命令和参数编辑器】对话框，如图 8-37 所示。

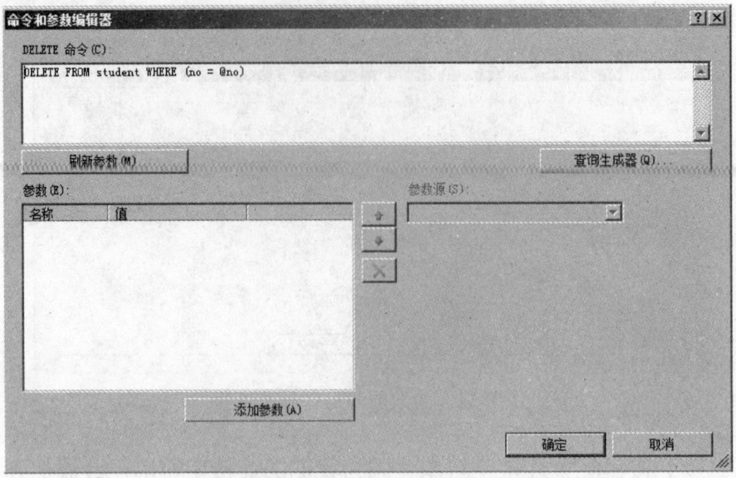

图 8-37　【命令和参数编辑器】对话框

在【DELETE 命令】一栏中输入删除语句：DELETE FROM student WHERE (no = @no)。这里需要注意 Delete 语句的参数 no = @no，正因为在编辑模板中为数据显示项和数据源记录字段之间建立了双向绑定，才可以直接将绑定字段名 no 作为参数名完成删除操作，系统将自动获取编辑模板中的相应显示项的当前显示值(对于插入和更新操作是输入值)作为参数执行 Sql 语句。

用同样的方法为更新操作添加 Update 语句：

```
UPDATE student SETname = @name,birth=@birth,address=@address where no=@no
```

为插入操作添加 Insert 语句：

```
INSERT INTO student(name, birth, address) VALUES (@name,@birth,@address)
```

上述设置将会在页面前台生成如下 SqlDataSource 控件的定义代码：

```
<asp:SqlDataSource ID="SqlDataSource1" runat="server"
            ConnectionString="Data
Source=.\SQLEXPRESS;AttachDbFilename=|DataDirectory|\mydatabase.mdf;Integrated Security=True;User
Instance=True"
            ProviderName="System.Data.SqlClient"
            SelectCommand="SELECT [no], [name], [birth], [address] FROM [student]"

            InsertCommand="INSERT INTO student(name, birth, address) VALUES
(@name,@birth,@address)"
            DeleteCommand="DELETE FROM student WHERE (no = @no)"
            UpdateCommand="update student set name = @name,birth=@birth,address=@address
where no=@no">
    </asp:SqlDataSource>
```

(6) 到此，我们已全部完成了 FormView 控件的设计，可以运行查看其效果，如图 8-38

和 8-39 所示。

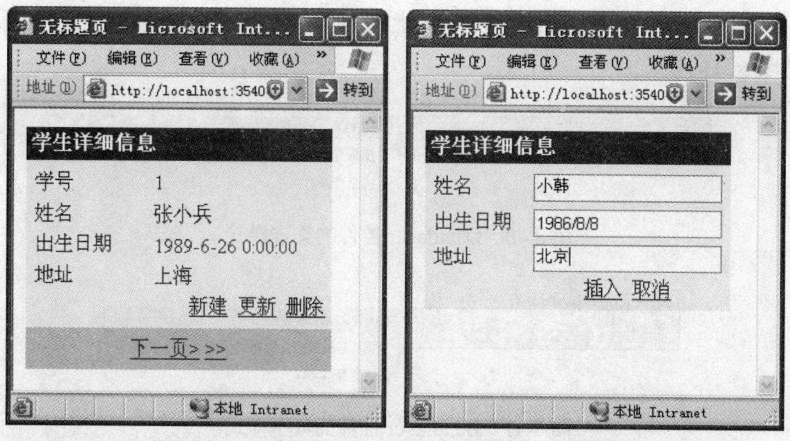

图 8-38　FormViewBinding.aspx 的显示和插入界面

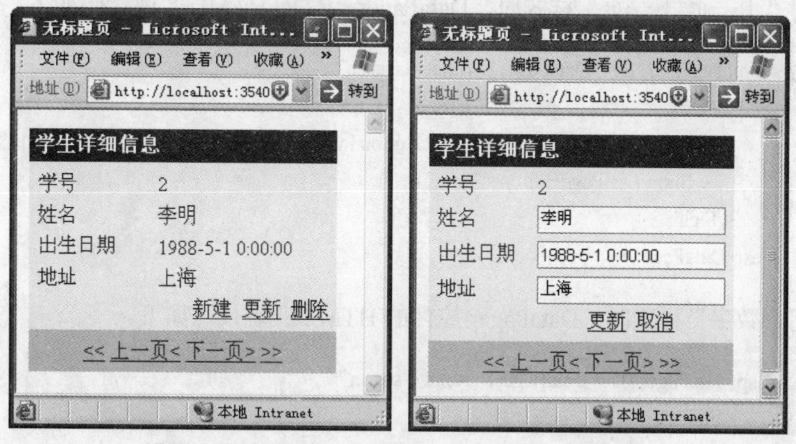

图 8-39　FormViewBinding.aspx 的显示和更新界面

8.5　DataPager 控件

DataPager 控件通过实现 IPageableItemContainer 接口实现了控件的分页功能。在 ASP.NET 3.5 中，ListView 控件适合使用 DataPager 控件进行分页操作。要在 ListView 中使用 DataPager 控件只需要在 LayoutTemplate 模板中加入 DataPager 控件即可。DataPage 与 ListView 一起使用，可以为数据源中的数据编页码，以小块的方式将数据提供给用户，而不是一次显示所有记录。将 DataPager 与 ListView 控件关联后，分页是自动完成的。将 DataPager 与 ListView 控件关联有如下两种方法：

(1) 可以在 ListView 控件的 LayoutTemplate 模板中定义它。此时，DataPager 将明确它将给哪个控件提供分页功能。

(2) 在 ListView 控件外部定义它。这种情况下，需要将 DataPager 的 PagedControlID 属性设置为有效 ListView 控件的 ID。如果想将 DataPager 控件放到页面的不同地方，例如 Footer

或 SideBar 区域，也可以在 ListView 控件的外部进行定义。

DataPager 控件包括两种样式：一种是“上一页/下一页”样式，第二种是“数字”样式，如图 8-40 和图 8-41 所示。

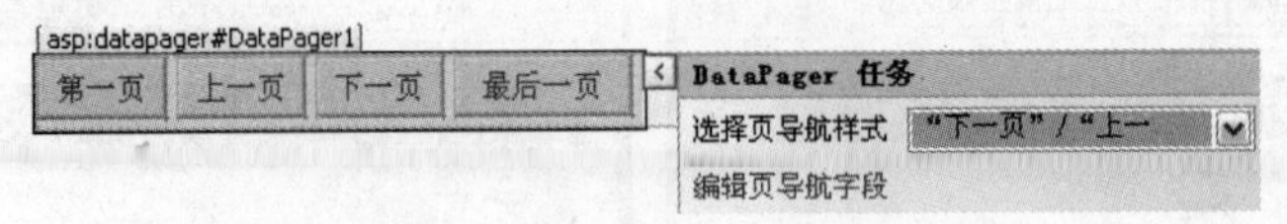

图 8-40　DataPager 控件的文本样式

图 8-41　DataPager 控件的数字样式

当使用“上一页/下一页”样式时，DataPager 控件的 HTML 实现代码如下。

```
<asp:DataPager ID="DataPager1" runat="server">
    <Fields>
        <asp:NextPreviousPagerField ButtonType="Button" ShowFirstPageButton="True"
        ShowLastPageButton="True" />
    </Fields>
</asp:DataPager>
```

当使用“数字”样式时，DataPager 控件的 HTML 实现代码如下。

```
<asp:DataPager ID="DataPager1" runat="server">
    <Fields>
        <asp:NextPreviousPagerField ButtonType="Button" ShowFirstPageButton="True"
        ShowNextPageButton="False" ShowPreviousPageButton="False" />
        <asp:NumericPagerField />
        <asp:NextPreviousPagerField ButtonType="Button" ShowLastPageButton="True"
        ShowNextPageButton="False" ShowPreviousPageButton="False" />
    </Fields>
</asp:DataPager>
```

除了默认的方法来显示分页样式，还可以通过向 DataPager 中的 Fields 中添加 TemplatePagerField 的方法来自定义分页样式。在 TemplatePagerField 中添加 PagerTemplate，在 PagerTemplate 中添加任何服务器控件，这些服务器控件都可以通过实现 TemplatePagerField 的 OnPagerCommand 事件来实现自定义分页。

8.6　DetailsView 控件

DetailsView 控件可以一次显示一条数据记录。当需要深入研究数据库文件中的某一条记录时，DetailsView 控件就可以大显身手了。DetailsView 经常在主控/详细方案中与 GridView 控件配合使用。用户使用 GridView 控件来选择列，用 DetailsView 控件显示相关的数据。

DetailsView 控件依赖于数据源控件的功能执行诸如更新、插入和删除记录等任务。DetailsView 控件不支持排序，该控件可以自动对其关联数据源中的数据进行分页，但前提是数据由支持 ICollection 接口的对象表示或基础数据源支持分页。DetailsView 控件提供了用于在数据记录之间导航的用户界面(UI)。若要启用分页行为，需要将 AllowPaging 属性设置为 true。多数情况下，上述操作的实现无需编写代码。

【例 8-9】使用 DetailsView 控件和 GridView 控件设计主控/详细方案，实现数据绑定、对数据源数据的分页显示、选择、编辑、插入和删除操作。具体步骤如下：

(1) 创建网站 DataBindControl，添加一个名为 DetailsView.aspx 的页面。

(2) 添加数据库文件 StudentDB.mdf, 创建表 studentinfo，表结构如图 8-42 所示。

列名	数据类型	允许 Null
st_id	varchar(11)	☐
st_name	varchar(12)	☑
st_sex	varchar(2)	☑
st_birthday	datetime	☑
st_city	varchar(20)	☑
		☐

图 8-42　表 studentinfo

(3) 在 Web.config 中添加代码，如下：

```
<connectionStrings>
   <add name="StudentDBDataContext" connectionString="Data
Source=.\SQLEXPRESS;AttachDbFilename=|DataDirectory|\StudentDB.mdf;Integrated
Security=True;User Instance=True"
      providerName="System.Data.SqlClient" />
  </connectionStrings>
```

(4) 在 DetailsView.aspx 页面的【设计】视图中添加一个 SqlDataSource 控件 SqlDataSource1，并设置其连接的数据库为 StudentDB，当指定 Select 查询时，选择“*”来查询所有列。

(5) 在 DetailsView.aspx 页面的【设计】视图中添加一个 GridView 控件 GridView1，在【GridView 任务】中的【选择数据源】下拉列表中选择 SqlDataSource1，在【自动套用格式】中的【选择架构】列表中选择【彩色型】架构来显示和处理数据。选中菜单中的【启用选定内容】。设置 GridView 控件的 DataKeyNames 属性为“st_id”。这样就可以把 GridView 控件的选择值与第二个 SqlDataSource 关联起来。GridView 控件支持一个 SelectedValue 属性，该属性指示 GridView 中当前选择的行。SelectedValue 求值为 DataKeyNames 属性中指定的第一个字段的值。通过将 AutoGenerateSelectButton 设置为 true，或者通过向 GridView 控件的 Columns 集合添加 ShowSelectButton 设置为 true 的 CommandField 可以启用用于 GridView 控件上的选择用户界面。然后 GridView 控件的 SelectedValue 属性可以与数据源中的

ControlParameter 关联，以用于查询详细记录。自动生成的代码如下。

```
<asp:GridView ID="GridView1" runat="server" AutoGenerateColumns="False" DataKeyNames="st_id"
        DataSourceID="SqlDataSource1" CellPadding="4" ForeColor="#333333"
            GridLines="None" AllowPaging="True" PageSize="5">
        <FooterStyle BackColor="#990000" Font-Bold="True" ForeColor="White" />
        <RowStyle BackColor="#FFFBD6" ForeColor="#333333" />
    <Columns>
        <asp:CommandField ShowSelectButton="True" />
        <asp:BoundField DataField="st_id" HeaderText="学号" ReadOnly="True"
            SortExpression="st_id" />
        <asp:BoundField DataField="st_name" HeaderText="姓名"
            SortExpression="st_name" />
        <asp:BoundField DataField="st_sex" HeaderText="性别"
            SortExpression="st_sex" />
        <asp:BoundField DataField="st_birthday" HeaderText="生日"
            SortExpression="st_birthday" />
        <asp:BoundField DataField="st_city" HeaderText="所在城市"
            SortExpression="st_city" />
    </Columns>
        <PagerStyle BackColor="#FFCC66" ForeColor="#333333" HorizontalAlign="Center" />
        <SelectedRowStyle BackColor="#FFCC66" Font-Bold="True" ForeColor="Navy" />
        <HeaderStyle BackColor="#990000" Font-Bold="True" ForeColor="White" />
        <AlternatingRowStyle BackColor="White" />
</asp:GridView>
```

(6) 在 DetailsView.aspx 的【设计】视图中再添加一个 SqlDataSource 数据源控件，其 ID 默认为“SqlDataSource2”，设置其连接的数据库为 StudentDB，当指定 Select 查询时，选择“*”来查询所有的字段。单击【WHERE】按钮添加 Where 子句，在【添加 Where 子句】对话框中，将【列】、【运算符】、【源】和【控件 ID】分别选择为“st_id”、“=”、“Control”和“GridView1”，如图 8-48 所示。单击【配置 Select 语句】对话框中的【高级】按钮，在弹出的对话框中选中【生成 INSERT、UPDATE 和 DELETE 语句】复选框，这样就可以启用 DetailsView 控件的插入、更新和删除功能了。自动生成的代码如下。

```
<asp:SqlDataSource ID="SqlDataSource2" runat="server"
        ConnectionString="<%$ ConnectionStrings:StudentDBConnectionString %>"
        SelectCommand="SELECT * FROM [studentinfo] WHERE ([st_id] = @st_id)">
        <SelectParameters>
            <asp:ControlParameter ControlID="GridView1" Name="st_id"
                PropertyName="SelectedValue" Type="String" />
        </SelectParameters>
</asp:SqlDataSource>
```

(7) 在 DetailsView.aspx 的【设计】视图中添加一个 DetailsView 控件 DetailsView1，在

【DetailsView 任务】中选择数据源为“SqlDataSource2”。在【自动套用格式】对话框中的【选择架构】列表中选择【石板】架构的样式来显示和处理数据如图 8-43。

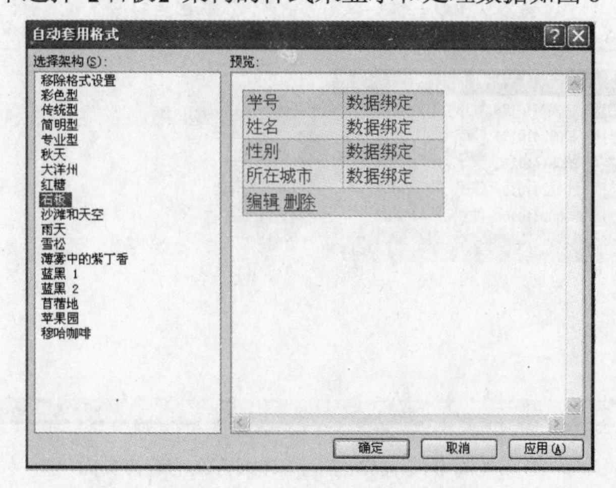

图 8-43　【自动套用格式】对话框

自动生成的代码如下：

```
<asp:DetailsView ID="DetailsView1" runat="server"
        AutoGenerateRows="False" BackColor="White" BorderColor="#3366CC"
        BorderStyle="None" BorderWidth="1px" CellPadding="0" DataKeyNames="st_id"
        DataSourceID="SqlDataSource2" Height="50px" Width="193px">
        <FooterStyle BackColor="#99CCCC" ForeColor="#003399" />
        <RowStyle BackColor="White" ForeColor="#003399" />
        <PagerStyle BackColor="#99CCCC" ForeColor="#003399" HorizontalAlign="Left" />
        <Fields>
            <asp:BoundField DataField="st_id" HeaderText="学号" ReadOnly="True"
                SortExpression="st_id" />
            <asp:BoundField DataField="st_name" HeaderText="姓名"
                SortExpression="st_name" />
            <asp:BoundField DataField="st_sex" HeaderText="性别"
                SortExpression="st_sex" />
            <asp:BoundField DataField="st_city" HeaderText="所在城市"
                SortExpression="st_city" />
            <asp:CommandField ShowDeleteButton="True" ShowEditButton="True" />
        </Fields>
        <HeaderStyle BackColor="#003399" Font-Bold="True" ForeColor="#CCCCFF" />
        <EditRowStyle BackColor="#009999" Font-Bold="True" ForeColor="#CCFF99" />
    </asp:DetailsView>
```

(8) 保存网站，运行程序，在运行过程中，可以单击 GridView 网格中的【选择】链接，此时，DetailsView 控件中该显示该记录的全部数据项，如图 8-44 所示。单击 DetailsView 控件中的【编辑】按钮将显示如图 8-45 所示的页面。

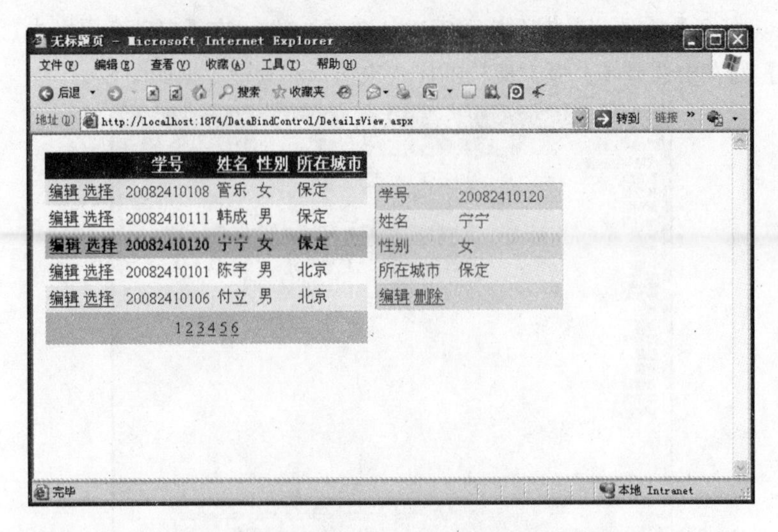

图 8-44　浏览器中的主控/详细方案的选择页面

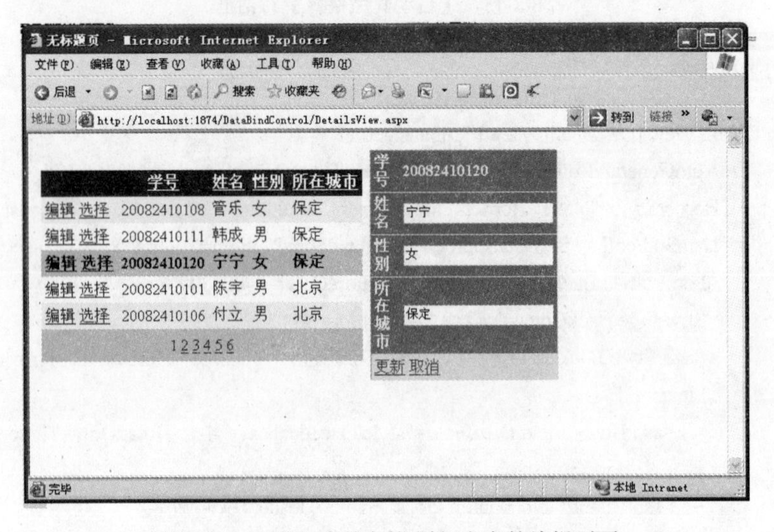

图 8-45　浏览器中的主控/详细方案的编辑页面

从本例可以看出，在设计主控/详细视图的网页时，并不需要编写代码，就可以实现非常复杂的数据浏览、编辑、插入、更新和删除操作。这就是 ASP.NET 数据控件带来的便利，使得 Web 数据库编程成为非常简单的任务。

8.7　本 章 小 结

本章介绍了 ASP.NET 中的绑定数据和数据源相关的控件，在 ASP.NET 中，这些控件强大的功能让开发变得更加简单。正是因为这些数据源控件和数据绑定控件，让开发人员在页面开发时，无需更多的操作即可实现强大的功能，解决了传统的 ASP 难以解决的问题。重点介绍了单值和列表控件的数据绑定，数据绑定控件：GridView、DatList、FormView、Datapager、

DetailsView，以及使用数据绑定控件对数据进行更新、删除等操作。

数据操作无论是在 Web 开发还是在 Win Form 开发中，都是经常使用的，数据控件能够极大地简化开发人员对数据的操作，让开发更加迅速。

8.8 上机练习

8.8.1 上机目的

熟悉 ASP.NET 中的数据绑定，掌握使用 GridView、DataList、FormView 和 DetailsView 控件进行数据显示和处理的方法。

8.8.2 上机内容和要求

1. 项目一

(1) 新建名字为“DataBinding_ Exercise”的网站。

(2) 在网站中建立用于数据绑定的数据库(可参考本章使用的实例数据库 student，或直接使用第七章中的 MyDatabase_ Exercis)。

(3) 添加一个网页，利用 GridView 控件实现数据的分页显示。

(4) 添加一个网页，利用 DataList 控件实现数据的分页显示。

(5) 添加一个网页，利用 FormView 控件实现数据的插入、修改和删除操作，FormView 界面及布局自定义。

(6) 添加一个页面，利用 DetailsView 控件实现对某一记录的编辑、修改和删除。

2. 项目二

(1) 在 VS2008 中，创建一个 SQL Server 数据库 Users，其中包含一个表 Users，其字段和类型如下表所示。

字段名称	数据类型	大小	说明
UserNo	文字	6	用户编号
UserName	文字	30	用户姓名
UserPower	文字	4	用户权限
UserPhone	文字	11	用户电话号码
UserClass	文字	10	用户类别

(2) 创建 ASP.NET 程序，使用 LinqDataSource 控件连接到 Users 数据库，使用 GridView 控件显示表 Users 中的数据记录，表格提供排序和分页显示功能，每页显示 5 条记录数据。

(3) 创建 ASP.NET 程序，使用 SqlDataSource 控件连接到 Users 数据库，使用 ListView 和 DetailsView 控件实现主控/详细显示 Users 数据表，并且提供数据表的编辑功能。

第9章 ASP.NET AJAX

Ajax 是 Web 2.0 的关键技术，Ajax 能够提升用户体验，更加方便地与 Web 应用程序进行交互。ASP.NET AJAX 采用异步编程方式，与前面学习的同步编程模式有所不同，其最大的特点是提供对客户端脚本的自动管理，利用 ASP.NET AJAX 服务器控件，程序员可以使用 ASP.NET 3.5 中现有的各种控件实现局部页面更新的效果。

本章首先介绍 ASP.NET AJAX 的基本知识，然后详细介绍 ASP.NET AJAX 的主要服务器控件的使用方法，最后介绍 ASP.NET AJAX Control Extenders 扩展控件。

本章的学习目标：

- 了解 ASP.NET AJAX 的基本知识
- 掌握 ASP.NET AJAX 主要控件的用法
- 了解 ASP.NET AJAX Control Extenders 扩展控件

9.1 ASP.NET AJAX 概述

在 C/S 模式的应用程序的开发过程中，很容易做到无“刷新”样式控制，因为 C/S 应用程序往往是安装在本地的，所以 C/S 应用程序能够维持客户端状态，对于状态的改变能够及时捕捉。Web 2.0 不是一个具体的事物，而是一个阶段。在这个阶段中，是以用户为中心，主动为用户提供互联网信息。在 Web 2.0 中，互联网将成为一个平台，在该平台上将实现可编程、可执行的 Web 应用。

Ajax 是一种用于浏览器的技术，它可以在浏览器和服务器之间使用异步通信机制进行数据通信，从而允许浏览器向服务器请求获取少量信息而不是刷新整个页面。

9.1.1 Ajax 简介

Ajax(Asynchronous JavaScript and XML)技术是由 Jesse James Garrett 提出的，是综合异步通信、JavaScript 以及 XML 等多种网络技术的新的编程方式。如果从用户看到的实际效果来看，也可以形象地称之为无页面刷新技术。

Ajax 技术的主要内容包括：基于 Web 标准 XHTML+CSS 的表示；使用 DOM(Document Object Model)进行动态显示及交互；使用 XML 和 XSLT 进行数据交换及相关操作；使用 XMLHttpRequest 进行异步数据检索；使用 JavaScript 将所有的东西绑定在一起。

Ajax 技术的最大优点就是能在不更新整个页面的前提下维护数据。这使得 Web 应用程序能够更为迅捷地回应用户动作，并避免了在网络上发送那些没有改变过的信息。

2005 年，Microsoft 公司在专业开发人员大会上宣布将在 ASP.NET 上实现 Ajax 功能(开发代号为“Atlas”），主要是为了充分利用客户端 JavaScript、DHTML 和 XMLHttpRequest 对象。目的是帮助开发人员创建更具交互性的支持 Ajax 的 Web 应用程序。直到 2007 年 1 月，Microsoft 公司才真正推出了具有 Ajax 风格的、方便的异步编程模型，这就是 ASP.NET AJAX 1.0。同时，为了与其他的 Ajax 技术区分，Microsoft 公司用大写的 AJAX，并在其前面加上 ASP.NET。

ASP.NET AJAX 1.0 是以可以在 ASP.NET 2.0 之上安装的、单独一个下载的形式发布的。从. NET Framework 3.5 开始，所有这些特性都成为 ASP.NET 所固有的，这意味着在构建或部署应用时，开发人员不再需要下载和安装单独的 ASP.NET AJAX 安装文件。

当在 VS 2008 中创建针对.NET Framework 3.5 的新 ASP.NET 网站时，VS 2008 会自动在 web.config 文件中添加适当的 AJAX 注册设置，而且核心 ASP.NET AJAX 服务器控件会出现在【工具箱】中。

对于 Web 开发来说，ASP.NET AJAX 从基础框架的实现，到客户端与服务器的通信，都发生了翻天覆地的变化。相对于 ASP.NET 来说，ASP.NET AJAX 是一种更为成熟的 Web 开发技术。

归纳来看，Ajax 风格的 Web 应用程序具有如下优点。

- 减轻服务器的负担。因为 Ajax 的根本理念是“按需取数据”，所以，最大限度地减少了冗余请求和响应对服务器造成的负担。
- 不对整页页面刷新。首先，“按需取数据”的模式减少了数据的实际读取量。其次，即使要读取比较大的数据，也不会让用户看到“白屏”现象。由于 Ajax 是用 XMLHttpRequest 发送请求得到服务器端应答数据，在不重新载入整个页面的情况下，用 JavaScript 操作 DOM 实现局部更新的，所以在读取数据的过程中，用户面对的不是白屏，而是原来的页面状态(或者正在更新的信息提示状态)，只有接收到全部数据后才更新相应部分的内容，而这种更新也是瞬间的，用户几乎感觉不到。
- 把以前的一些由服务器承担的工作转移到客户端处理，这样，可以充分利用客户端闲置的处理能力，减轻了服务器和带宽的负担。
- 基于标准化并被广泛支持的技术，不需要插件，也不需要下载小程序。
- 使 Web 中的界面与应用分离，也可以说是数据与呈现分离。

9.1.2　Ajax 与传统 Web 技术的区别

相对于传统的 Web 开发技术，AJAX 提供了更好的用户体验，提供了较好的 Web 应用交互的解决方案，也减少了网络带宽。Ajax 的核心是 JavaScript 对象 XmlHttpRequest。XmlHttpRequest 使得开发人员可以使用 JavaScript 向服务器提出请求并处理响应，而不会影响客户端的信息通信。

与传统的 Web 技术不同，Ajax 采用的是异步交互处理技术。Ajax 的异步处理可以将用户提交的数据在后台进行处理，这样，数据在更改时可以不用重新加载整个页面而只是刷新页面的局部。

传统 Web 工作模式当服务器处理数据时，用户一直处于等待状态。为了解决这一问题，在用户浏览器和服务器之间设计一个中间层——即 Ajax 层就能够解决这一问题，Ajax 改变了传统的 Web 客户端和服务器的“请求——等待——请求——等待”的模式，通过使用 Ajax 应用向服务器发送和接收需要的数据，从而不会产生页面的刷新。Ajax Web 应用无需安装任何插件，也无需在 Web 服务器中安装任何应用程序。随着 Ajax 的发展和客户端浏览器的发展，几乎所有的浏览器都能够支持 Ajax。Ajax 的工作原理是：客户端浏览器在运行时首先加载一个 Ajax 引擎(该引擎由 JavaScript 编写)；Ajax 引擎创建一个异步调用的对象，向 Web 服务器发出一个 HTTP 请求；服务器端处理请求，并将处理结果以 XML 的形式返回；Ajax 引擎接收返回的结果，并通过 JavaScript 语句显示在浏览器上。

传统的 Web 应用和 Ajax 应用模型如图 9-1 所示。

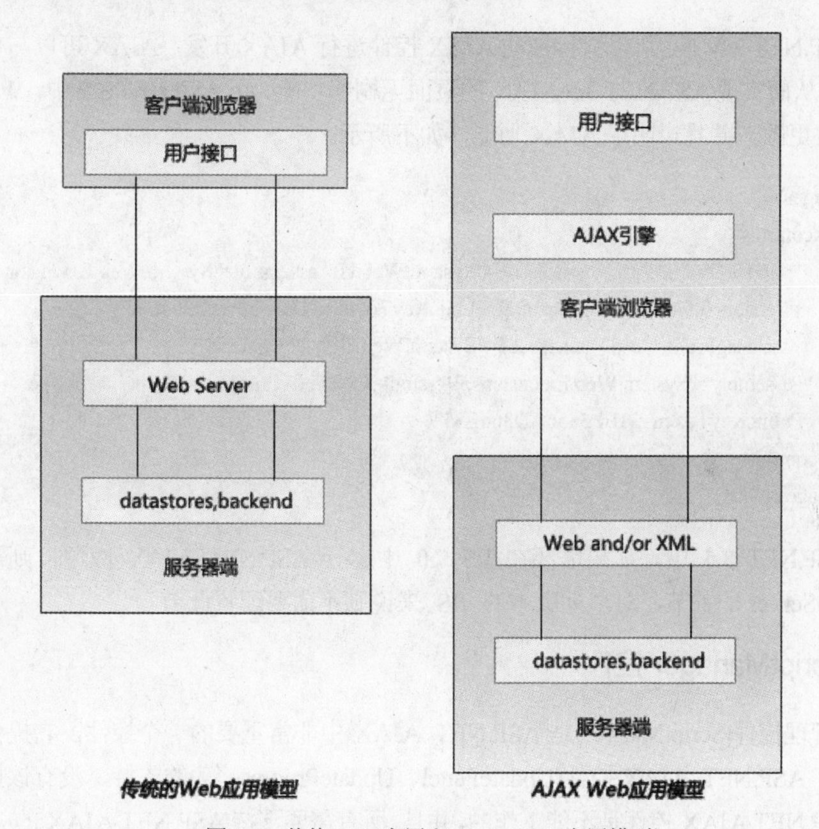

图 9-1　传统 Web 应用和 AJAX Web 应用模型

9.2　ASP.NET 3.5 AJAX 控件

在 ASP.NET 3.5 中，AJAX 已经成为.NET 框架的原生功能。创建 ASP.NET 3.5 Web 应用程序就能够直接使用 AJAX 功能，如图 9-2 所示为 ASP.NET 3.5 AJAX 控件。

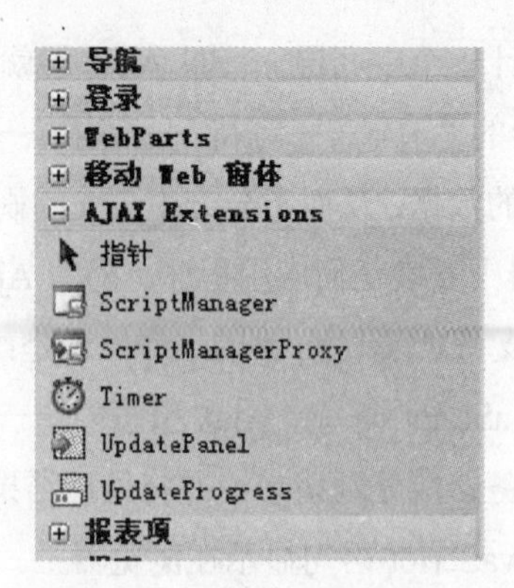

图 9-2　ASP.NET 3.5 AJAX 控件

在 ASP.NET 3.5 中，可以直接拖动 AJAX 控件进行 AJAX 开发。AJAX 可以与普通控件一同使用，从而实现 ASP.NET 3.5 AJAX 的页面无刷新功能。在 ASP.NET 3.5 中，Web.config 文件已经被更改，并且声明了 AJAX 功能，如下所示。

```
<pages>
  <controls>
    <add tagPrefix="asp" namespace="System.Web.UI" assembly="System.Web.Extensions,
    Version=3.5.0.0, Culture=neutral, PublicKeyToken=31BF3856AD364E35"/>
    <add tagPrefix="asp" namespace="System.Web.UI.WebControls"
    assembly="System.Web.Extensions, Version=3.5.0.0, Culture=neutral,
   PublicKeyToken=31BF3856AD364E35"/>
  </controls>
</pages>
```

在 ASP.NET 3.5 中，如果需要在 IIS 7.0 中运行 ASP.NET AJAX 应用，则需要配置 System.webServer 配置节，对早期版本的 IIS 来说则不需要配置此节。

9.2.1　ScriptManager 控件

脚本管理控件(ScriptManger)是 ASP.NET AJAX 中非常重要的一个控件，它提供处理页面上的所有 ASP.NET AJAX 控件(UpdatePanel、UpdateProgress 等)的支持，没有该控件的存在其他 ASP.NET AJAX 控件是不能工作的，并且，所有需要支持 ASP.NET AJAX 的 ASP.NET 页面上只能有一个 ScriptManager 控件。另外，ScriptManager 控件还可以生成相关的客户端代理脚本以便能够在客户端脚本中访问 Web Service。创建 ScriptManager 控件的代码如下所示。

```
<asp:ScriptManager ID="ScriptManager1" runat="server">
</asp:ScriptManager>
```

ScriptManger 控件用于整个页面的局部更新管理，其常用属性如下：

- AllowCustomErrorRedirect：指明在异步回发过程中是否进行自定义错误重定向。
- AsyncPostBackTimeout：指定异步回发的超时时间，默认为 90 秒。

- EnablePageMethods：是否启用页面方法，默认值为 False。
- EnablePartialRendering：在支持的浏览器上为 UpdatePanel 控件启用异步回发。默认值为 True。
- LoadScriptsBeforeUI：指定在浏览器中呈现 UI 之前是否应加载脚本引用。
- ScriptMode：指定 ScriptManager 发送到客户端的脚本的模式，有 4 种模式：Auto、Inherit、Debug、Release，默认值为 Auto。
- ScriptPath：设置所有的脚本块的根目录，作为全局属性，包括自定义的脚本块或者引用第三方的脚本块。如果在 Scripts 中的<asp:ScriptReference />标签中设置了 Path 属性，它将覆盖该属性。

在 AJAX 应用中，ScriptManger 控件基本上不需要配置就能够使用。因为 ScriptManger 控件通常需要同其他 AJAX 控件搭配使用，在 AJAX 应用程序中，ScriptManger 控件就相当于一个总指挥官，这个总指挥官只进行指挥，而不进行实际的操作。

1. ScriptManager 的使用

下面是一个简单的 ASP.NET AJAX 示例，实现将 TextBox 控件中的值，传递给一个 Label 控件的 Font.Size 属性。

【例 9-1】简单的 ASP.NET AJAX 示例。

(1) 创建名称为“ScriptManagerExample”的网站。

(2) 在 ScriptManagerExample 网站中添加一个名为“Example.aspx”的“Web 窗体”页面。

(3) 将控件 ScriptManager 和 UpdatePanel 拖放到 Example.aspx 的【设计】视图中，创建一个 ScriptManager 控件和一个 UpdatePanel 控件用于 AJAX 应用开发。在 UpdatePanel 控件中，包含一个 Label 标签和一个 TextBox 文本框，当文本框中的内容被更改时，就会触发 TextBox1_TextChanged 事件，代码如下所示。

```
<script language="c#" runat="server">
    protected void TextBox1_TextChanged(object sender, EventArgs e)
    {
        try
        {
            Label1.Font.Size = FontUnit.Point(Convert.ToInt32(TextBox1.Text));    //改变字体大小
        }
        catch
        {
            Response.Write("错误");                                    //抛出异常
        }
    }
</script>
<html>
<head>
    <title>ScriptManager 使用示例</title>
```

```
</head>
  <body>
    <form id="form1" runat="server">
    <div>
        <asp:ScriptManager ID="ScriptManager1" runat="server">
        </asp:ScriptManager>
        <asp:UpdatePanel ID="UpdatePanel1" runat="server">
            <ContentTemplate>
                <asp:Label ID="Label1" runat="server" Text="测试 ASP.NET AJAX 控件"
                    Font-Size="12px"></asp:Label><br /><br />
                <asp:TextBox ID="TextBox1" runat="server" AutoPostBack="True"
                    Ontextchanged="TextBox1_TextChanged"></asp:TextBox>
                字体的大小(px)
            </ContentTemplate>
        </asp:UpdatePanel>
    </div>
    </form>
</body>
</html>
```

保存文件，运行结果如图 9-3 和图 9-4 所示。

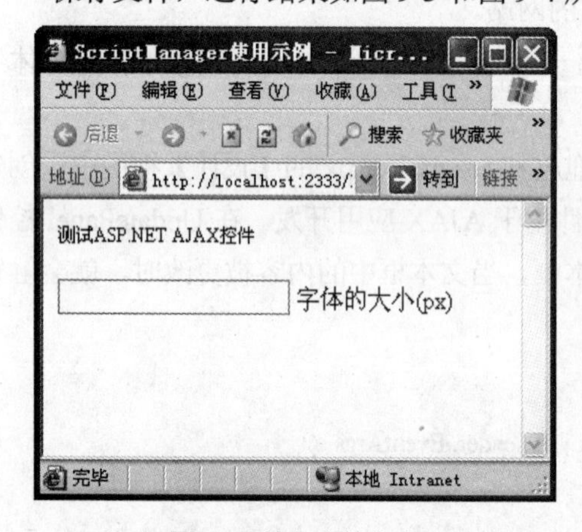

图 9-3　输入字符大小

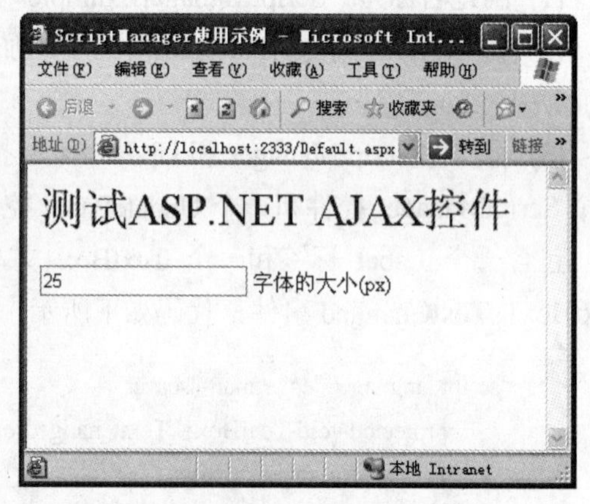

图 9-4　调整字体大小后的效果

2. 捕获异常

当页面回传发生异常时，将会触发 AsyncPostBackError 事件，示例代码如下。

```
protected void ScriptManager1_AsyncPostBackError(object sender, AsyncPostBackErrorEventArgs e)
{
    ScriptManager1.AsyncPostBackErrorMessage = "回传发生异常:" + e.Exception.Message;
}
```

AsyncPostBackError 事件的触发依赖于 AllowCustomErrorsRedirct 属性、AsyncPostBackErrorMessage 属性和 Web.config 中的<customErrors>配置节。其中，AllowCustomErrorsRedirct

属性指明在异步回发过程中是否进行自定义错误重定向，而 AsyncPostBackErrorMessage 属性则指明当服务器上发生未处理异常时要发送到客户端的错误消息。示例代码如下所示。

```
protected void Button1_Click(object sender, EventArgs e)
{
    throw new ArgumentException();          //抛出异常
}
```

上述代码当单击按钮控件时，将抛出一个异常，ScriptManger 控件能够捕获异常并输出异常，运行代码后，系统会提示异常“回传发生异常:值不在预期范围内”。

9.2.2 UpdatePanel 控件

UpdatePanel 控件是 ASP.NET AJAX 中的重要一个控件，它可以用来创建局部更新的 Web 应用程序。有了 UpdatePanel 控件，开发者不需要编写任何客户端脚本，只需在页面上添加 UpdatePanel 控件和 ScriptManager 控件就可以自动实现局部更新。

UpdatePanel 控件的工作依赖于 ScriptManager 控件和客户端 PageRequestManager 类 (Sys.WebForms.PageRequestManager，可以参考其他相关资料)，当 ScriptManager 允许页面局部更新时，它会以异步的方式回传给服务器，与传统的整页回传方式不同的是，只有包含在 UpdatePanel 控件中的页面部分才会被更新，在从服务器返回 XHTML 之后，PageRequestManager 会通过操作 DOM 对象来替换需要更新的代码片段。UpdatePanel 控件的工作过程如图 9-5 所示。

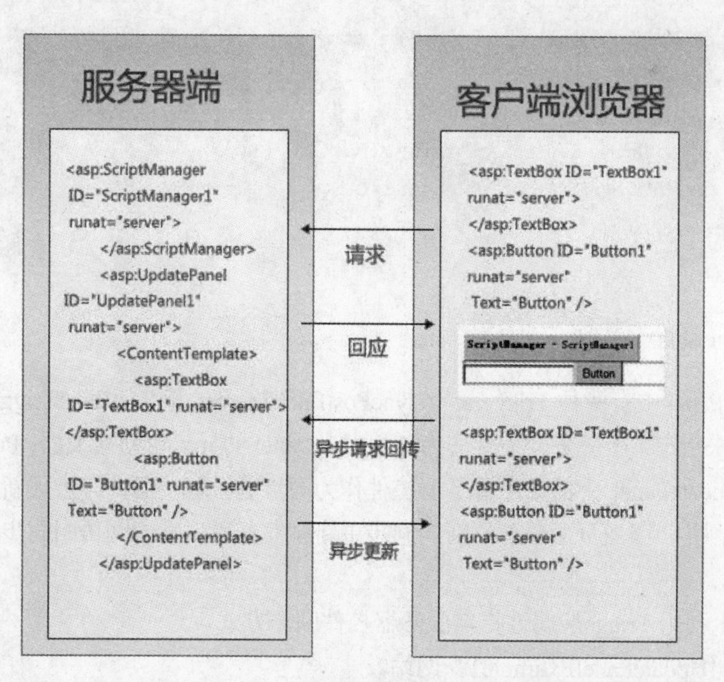

图 9-5 UpdatePanel 控件的工作过程

从图 9-5 可以看出，当客户端向服务器第 1 次发出请求时，服务器返回整个页面。除此之外，均通过异步回传方式对页面进行局部更新。UpdatePanel 控件的常用属性如表 9-1 所示。

表 9-1　UpdatePanel 控件的常用属性

属　性	说　明
ContenteTemplate	定义 UpdatePanel 的内容。
Triggers	定义控件的服务器事件为异步或同步触发器。
ChildrenAsTriggers	当 UpdateMode 属性为 Conditional 时，UpdatePanel 中的子控件的异步回送是否会引发 UpdatePanle 的更新。
RenderMode	表示 UpdatePanel 最终呈现的 HTML 元素。Block(默认)表示<div>，Inline 表示<span>。
UpdateMode	表示 UpdatePanel 的更新模式，有两个选项：Always 和 Conditional。Always 是不管有没有 Trigger，其他控件都将更新该 UpdatePanel；Conditional 表示只有当前 UpdatePanel 的 Trigger 或 ChildrenAsTriggers 属性为 true 时，当前 UpdatePanel 中控件引发的异步回送或者整页回送，或是服务器端调用 Update()方法才会引发更新该 UpdatePanel。

ContenteTemplate 和 Triggers 都是 UpdatePanel 控件的重要属性。

1. ContentTemplate 属性

ContenteTemplate 属性用于定义 UpdatePanel 的内容，其内容可以包括其他控件或 HTML 元素。例如，在 UpdatePanel 中放置一个 Label 控件和一个 Image 控件，代码如下：

```
…
<asp:UpdatePanel ID="UpdatePanel1" runat="server">
    <ContentTemplate>
        <asp:Label ID="Label1" runat="server" Text="Label"> </asp:Label>
        <asp:Image ID="Image1" runat="server" />
    </ContentTemplate>
</asp:UpdatePanel>
…
```

2. Triggers 属性

在 UpdatePanel 中有两种 Triggers：AsyncPostBackTrigger 和 PostBackTrigger。AsyncPost BackTrigge 用来指定某个服务器控件作为该 UpdatePanel 的异步更新触发器；PostBackTrigger 用来指定在 UpdatePanel 中的某个服务器控件作为同步更新触发器；异步更新触发器所引发的回传叫异步回传，引发页面局部更新。同步更新触发器所引发的回传叫同步回传，引发传统的整页回传。

【例 9-2】利用 Triggers 属性指定服务器控件回传方式。

(1) 创建“UpdatePanelExample1”网站。

(2) 在 Default.aspx 的【源】视图中增加 Triggers 标记，指定 Button1 控件为同步触发器，Button2 控件为异步触发器。代码如下：

```
<asp:ScriptManager ID="ScriptManager1" runat="server">
```

```
</asp:ScriptManager>
<asp:UpdatePanel ID="UpdatePanel1" runat="server">
    <ContentTemplate>
        <asp:Label ID="Label1" runat="server" Text="当前时间："></asp:Label>
        <asp:Label ID="Label2" runat="server" Text="Label"></asp:Label>
        <br /> <br />
        <asp:Button ID="Button1" runat="server" Text="Button1" onclick="Button1_Click" />
        <br />
    </ContentTemplate>
    <Triggers>
         <asp:PostBackTrigger ControlID="Button1" />
         <asp:AsyncPostBackTrigger ControlID="Button2"   />
  </Triggers>
 </asp:UpdatePanel>
<br />
<asp:Button ID="Button2" runat="server" Text="Button2" onclick="Button2_Click" />
```

(3) 在 Default.aspx.cs 文件中添加如下代码：

```
 protected void Button2_Click(object sender, EventArgs e)
{
    this.Label2.Text = DateTime.Now.ToString();
}
protected void Button1_Click(object sender, EventArgs e)
{
    this.Label2.Text = DateTime.Now.ToString();
}
```

(4) 程序运行结果如图 9-6 所示。

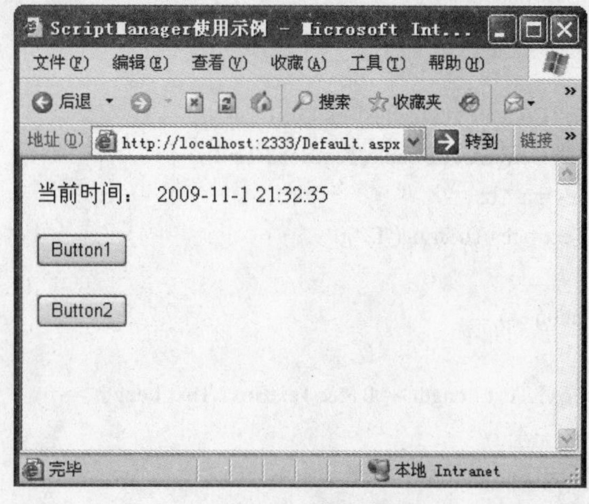

图 9-6 运行结果

此时可以看到，虽然【Button1】按钮在 UpdatePanel 内部，但实现的却是整个页面的更新，而在 UpdatePanel 外面的【Button2】按钮却实现了 UpdatePanel 控件的局部更新，这就是

Triggers 属性指定回传方式的结果。

当发生 UpdatePanel 控件异步更新错误时，默认情况下会弹出一个错误对话框。如果设计者觉得不符合用户习惯，可以通过 ScriptManager 控件的 OnAsyncPostBackError 事件和 AsyncPostBackErrorMessage 属性捕捉和设置回传时的错误消息。

【例 9 3】将异步更新中的错误消息发送给客户端。

(1) 创建“UpdatePanelExample2”网站。

(2) 在 Default.aspx 的【设计】视图中，放置一个 ScriptManager 控件和一个 UpdatePanel 控件。

(3) Default.aspx 页面【源】视图中的代码如下：

```
<asp:ScriptManager ID="ScriptManager1" runat="server"
            onasyncpostbackerror="ScriptManager1_AsyncPostBackError">
</asp:ScriptManager>
<asp:UpdatePanel ID="UpdatePanel1" runat="server">
<ContentTemplate>
      <asp:TextBox ID="TextBox1" runat="server" Width="80px"></asp:TextBox>
  <asp:Label ID="Label1" runat="server" Text="*" ></asp:Label>
      <asp:TextBox ID="TextBox2" runat="server" Width="80px"></asp:TextBox>
      <asp:Label ID="Label2" runat="server" Text="="></asp:Label>
      <asp:Label ID="Label3" runat="server" Text="Label"></asp:Label> <br /> <br />
      <asp:Button ID="Button1" runat="server" Text="计算" onclick="Button1_Click" />
  </ContentTemplate>
</asp:UpdatePanel>
```

(4) 为按钮添加事件处理程序，代码如下：

```
protected void Button1_Click(object sender, EventArgs e)
{
    try
    {
        Double a = Convert.ToDouble(TextBox1.Text);
        Double b = Convert.ToDouble(TextBox2.Text);
        Double res = a * b;
        Label3.Text = res.ToString("f2");
    }
    catch (Exception ex)
    {
        if (TextBox1.Text.Length >= 0 && TextBox2.Text.Length >= 0)
        {
            ex.Data["ExtraInfo"] = "这两个数无法相乘";
        }
        throw ex;
    }
}
```

```
protected void ScriptManager1_AsyncPostBackError(object sender, AsyncPostBackErrorEventArgs e)
{
    if (e.Exception.Data["ExtraInfo"] != null)
    {
        ScriptManager1.AsyncPostBackErrorMessage = e.Exception.Data["ExtraInfo"].ToString();
    }
    else
    {
        ScriptManager1.AsyncPostBackErrorMessage = e.Exception.Message;
    }

}
```

(5) 运行结果如图 9-7 和 9-8 所示。

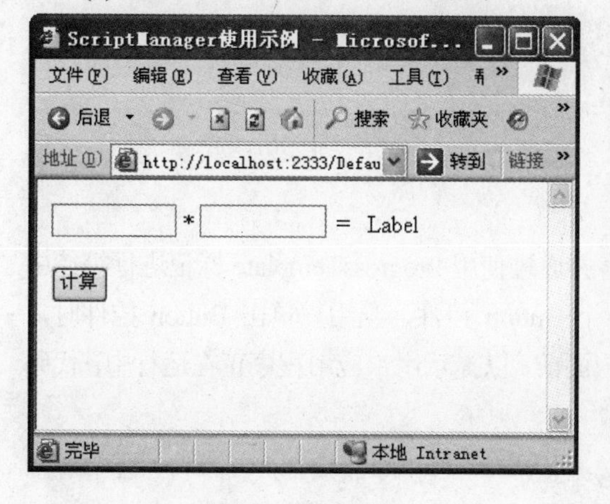

图 9-7　运行网站

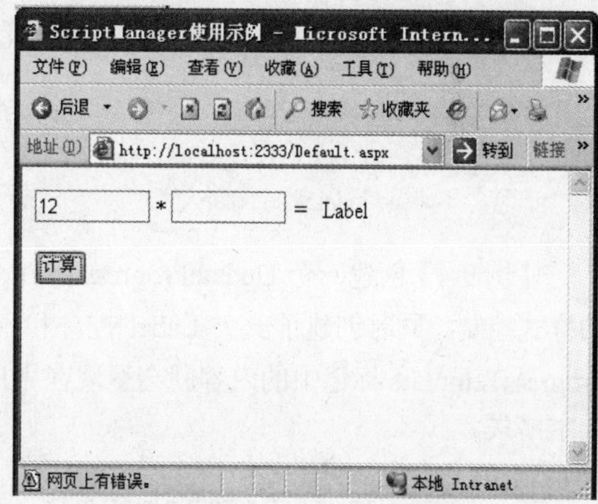

图 9-8　乘法有一为空提示“网页上有错误”

9.2.3　UpdateProgress 控件

UpdateProgress 控件通常与 UpdatePanel 控件联合使用，即在 UpdatePanel 异步更新过程中，显示提示信息。这些信息可以是一段文字、进度条或者各种动画。当异步更新完成时，提示信息自动消失。

使用 ASP.NET AJAX 常常会给用户造成疑惑。例如，当用户进行评论或留言时，页面并没有刷新，而是进行了局部刷新，这时，用户很可能不清楚到底发生了什么，以至于用户很可能会进行重复操作，甚至会产生非法操作。

UpdateProgress 控件就用于解决这个问题，当服务器端与客户端进行异步通信时，可以使用 UpdateProgress 控件告诉用户现在正在执行中。例如当用户进行评论时，用户单击按钮提交表单，系统应该提示“正在提交中，请稍后”，这样就让用户知道应用程序正在运行中。这种方法不仅能够让用户更少地出现操作错误，能够提升用户体验的友好度。UpdateProgress 控件的常用属性如下：

- AssociateUpdatePanelID：设置哪个 UpdatePanel 控件产生的回送会显示 UpdateProgress 的内容。
- DisplayAfter：当引发回送后多少毫秒会显示 UpdateProgress 控件的内容。
- DynamicLayout：设置 UpdateProgress 控件的显示方式。设置为 true 表示当 UpdateProgress 控件不显示的时候不占用空间(默认)。设置为 false 表示当 UpdateProgress 控件不显示的时候仍然占用空间。

如果没有设定 UpdateProgress 控件的 AssociateUpdatePanelID 属性，则任何一个异步更新都会使UpdateProgress控件显示出来。相反，如果将UpdateProgress控件的AssociateUpdatePanelID属性设置为某个 UpdatePanel 控件的 ID，那么只有该 UpdatePanel 控件引发的异步更新才会使相关联的 UpdateProgress 控件显示出来。

UpdateProgress 控件的 HTML 代码如下所示：

```
<asp:UpdateProgress ID="UpdateProgress1" runat="server">
    <ProgressTemplate>
        正在操作中，请稍后 ...<br />
    </ProgressTemplate>
</asp:UpdateProgress>
```

【例 9-4】创建一个 UpdateProgress 控件，并通过使用 ProgressTemplate 标记进行等待中的样式控制。同时创建了一个 Label 控件和一个 Button 控件，当用户单击 Button 控件时，ProgressTemplate 标记中的内容就会呈现在用户面前，以提示用户应用程序正在运行中，代码如下所示。

```
<script language="c#" runat="server">
    protected void Button1_Click(object sender, EventArgs e)
    {
        System.Threading.Thread.Sleep(3000);                    //挂起 3 秒
        Label1.Text = DateTime.Now.ToString();                  //获取时间
    }
</script>
<html>
<head>
<body>
    <form id="form1" runat="server">
    <div>
    <asp:ScriptManager ID="ScriptManager1" runat="server">
    </asp:ScriptManager>
    <asp:UpdatePanel ID="UpdatePanel1" runat="server">
        <ContentTemplate>
        <asp:UpdateProgress ID="UpdateProgress1" runat="server">
            <ProgressTemplate>
                正在操作中，请稍后 ...<br />
            </ProgressTemplate>
```

```
            </asp:UpdateProgress>
                <asp:Label ID="Label1" runat="server" Text="Label"></asp:Label>
                <asp:Button ID="Button1" runat="server" Text="Button" Onclick="Button1_Click" />
            </ContentTemplate>
        </asp:UpdatePanel>
        </div>
        </form>
</body>
</html>
```

上述代码使用了 System.Threading.Thread.Sleep 方法指定系统线程挂起 3000 毫秒，也就是说，当用户进行操作后，在 3 秒的时间内会呈现“正在操作中，请稍后…”的字样，当 3000 毫秒过后，就会执行下面的方法，运行结果如图 9-9 和图 9-10 所示。

图 9-9　正在操作中

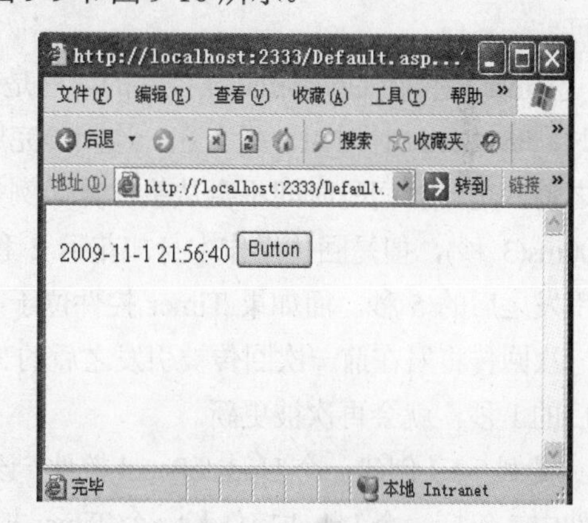

图 9-10　操作完毕后

在用户单击后，如果服务器和客户端之间的通信需要较长时间的更新，则等待提示语会出现，提示用户正在操作中。如果服务器和客户端之间交互的时间很短，那么基本上看不到 UpdateProgress 控件的显示。UpdateProgress 控件在大量的数据访问和数据操作中能够提高用户友好度，并避免错误的发生。

9.2.4　Timer 控件

在 C/S 应用程序开发中，Timer 控件是最常用的控件之一，使用 Timer 控件能够进行时间控制。Timer 控件被广泛的应用在 Windows WinForm 应用程序开发中，Timer 控件能够在一定的时间间隔内触发某个事件，例如每隔 5 秒就执行某个事件。

但是在 Web 应用中，由于 Web 应用是无状态的，所以开发人员很难通过编程方法实现 Timer 控件，虽然 Timer 控件可以通过 JavaScript 实现，但是这样也是以复杂的编程和大量的性能要求为代价的，这样就造成了 Timer 控件的使用困难。在 ASP.NET AJAX 中，AJAX 提供了一个 Timer 控件，用于执行局部更新，使用 Timer 控件能够控制应用程序在一段时间内进行事件刷新。Timer 控件的常用属性和事件如下：

● Interval 属性：用于指定间隔时间。
● Tick 事件：指定间隔到期后触发。
● Enabled 属性：用于表示是否允许 tick 事件。

Interval 属性用来决定每隔多长时间引发回传，其设置值的单位为毫秒，默认值为 60000 毫秒，也就是 60 秒。需要注意的是：将 Timer 控件的 Interval 属性设置成较小的值会使回送频率增加，从而使 Web 服务器的流量大增，对整体资源耗用与效率都会造成不良的影响。因此，尽量在确实需要的时候才使用 Timer 控件来定时更新页面上的内容。

当 Timer 控件的 Interval 属性所设置的间隔时间到达而进行回传时，就会在服务器上引发 Tick 事件，执行定时操作。

另外一个常用的属性就是 Enabled，用户可以将 Enabled 属性设置为 false，以便让 Timer 控件停止计时，当需要让 Timer 控件再次开始计时的时候，只需将 Enabled 属性设置成 True 即可。

Timer 控件在 UpdatePanel 控件的内外是有区别的。当 Timer 控件在 UpdatePanel 控件内部时，JavaScript 计时组件只有在一次回传完成后才会重新建立。也就是说，直到网页回传完成之前，定时器间隔时间不会从头计算。例如，用户设置 Timer 控件的 Interval 属性值为 3000ms(3 秒)，但是回传操作本身却花了 2 秒才完成，则下一次的回传将发生在前一次回传被引发之后的 5 秒。而如果 Timer 控件位于 UpdatePanel 控件之外，则当回传正在处理时，下一次回传将发在前一次回传被引发之后的 3 秒。也就是说，UpdatePanel 控件的内容被更新之后的 1 秒，就会再次被更新。

【例 9-5】创建一个 UpdatePanel 控件，该控件用于控制页面的局部更新。在 UpdatePanel 控件中，包括一个 Label 控件和一个 Timer 控件，Label 控件用于显示时间，Timer 控件用于每 1000 毫秒执行一次 Timer1_Tick 事件，示例代码如下。

```
<script language="c#" runat="server">
protected void Page_Load(object sender, EventArgs e)                    //页面打开时执行
        {
            Label1.Text = DateTime.Now.ToString();                      //获取当前时间
        }
        protected void Timer1_Tick(object sender, EventArgs e)          //Timer 控件计数
        {
            Label1.Text = DateTime.Now.ToString();                      //遍历获取时间
        }
</script>
<html>
<head>
<body>
    <form id="form1" runat="server">
    <div>
        <asp:ScriptManager ID="ScriptManager1" runat="server">
        </asp:ScriptManager>
        <asp:UpdatePanel ID="UpdatePanel1" runat="server">
```

```
                <ContentTemplate>
                    <asp:Label ID="Label1" runat="server" Text="Label"></asp:Label>
                    <asp:Timer ID="Timer1" runat="server" Interval="1000" Ontick="Timer1_Tick">
                    </asp:Timer>
                </ContentTemplate>
            </asp:UpdatePanel>
        </div>
        </form>
    </body>
    </html>
```

上述代码在页面呈现时，将当前时间传递并呈现到 Label 控件中，Timer 控件用于每隔一秒进行一次刷新，并将当前时间传递并呈现在 Label 控件中，这样，就形成了一个可以自动计数的时间，初始状态如图 9-11 所示，随后每隔一秒会自动显示新的时间。

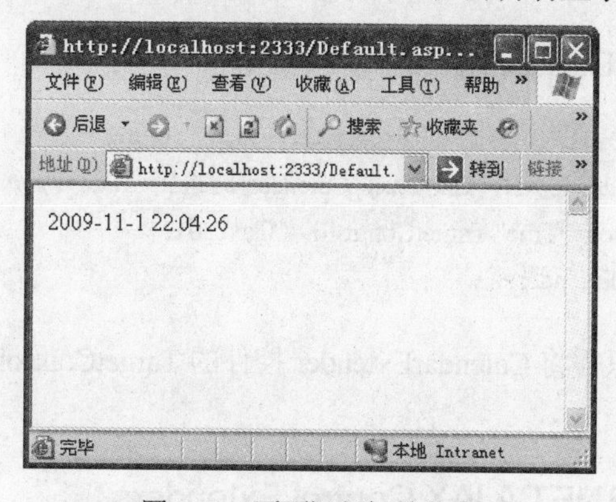

图 9-11　页面运行初始状态

Timer 控件能够通过简单的方法让开发人员无需通过复杂的 JavaScript 编程就实现时间控制。但是，Timer 控件会占用大量的服务器资源，如果不停地进行客户端服务器的信息通信操作，很容易造成服务器过载。

9.3　ASP.NET AJAX Control Extenders 扩展控件

ASP.NET AJAX Control Extenders 是一些派生自 System.Web.UI.ExtenderControl 基类的控件，通常后缀为 Extender，扩展控件必须和被其控制的控件组合才能发挥作用。

利用扩展控件可以为页面中已存在的控件添加其他功能(一般都是 AJAX 或者 JavaScript 支持)。它们使得开发者可以优美地封装控件行为，也使得为应用程序添加更丰富的功能变得非常简单。

如图 9-12 所示，利用 CalendarExtender 日期扩展控件，可以使 TextBox 控件录入日期更加方便、直观，而且增加了 AJAX 功能。

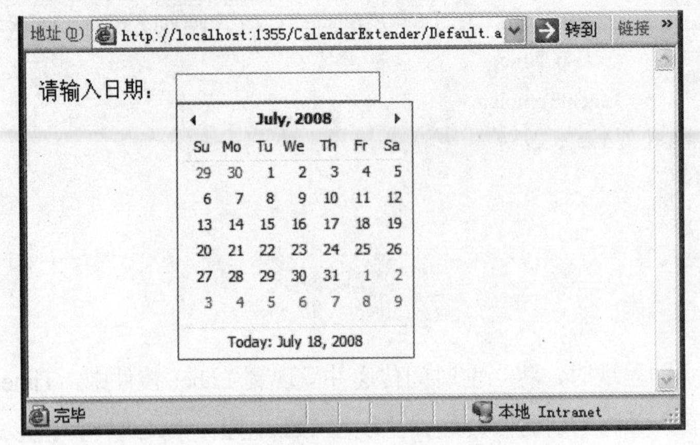

图 9-12　TextBox 和 CalendarExtender 组合

TextBox 和 CalendarExtender 组合的代码如下：

```
<asp:TextBox ID="TextBox1" runat="server"></asp:TextBox>
<cc1:CalendarExtender ID="TextBox1_CalendarExtender" runat="server"
        Enabled="True" TargetControlID="TextBox1">
</cc1:CalendarExtender>
```

从代码可以看出，只需将 CalendarExtender 控件的 TargetControlID 属性指向 TextBox 控件的 ID 即可。

9.3.1　如何使用 ASP.NET AJAX Control Extenders

ASP.NET AJAX Control Toolkit 是一个非常好的扩展控件工具包，是由 Microsoft 公司和其他开发人员共同开发的，其中包括四十多个免费的扩展控件，而且一直都在增加，开发人员可以轻松地下载并添加到 VS2008 的工具箱中。

1. 添加扩展控件到 VS2008 的工具箱

在 VS2008 工具箱中，添加扩展控件的步骤如下：

(1) 从 Microsoft 公司网站上，下载 ASP.NET AJAX Control Toolkit For .NET3.5 工具包；

(2) 将该工具包解压缩；

(3) 在 VS2008 的工具箱中，新建一个名为“AJAX Control Toolkit”的选项卡；

(4) 在解压后的工具包中找到 AJAXControlToolkit.dll 文件，将其拖放到 VS2008 工具箱的【AJAX Control Toolkit】选项卡中。

这样，扩展控件就会出现在 VS2008 的工具箱中，如图 9-13 所示。

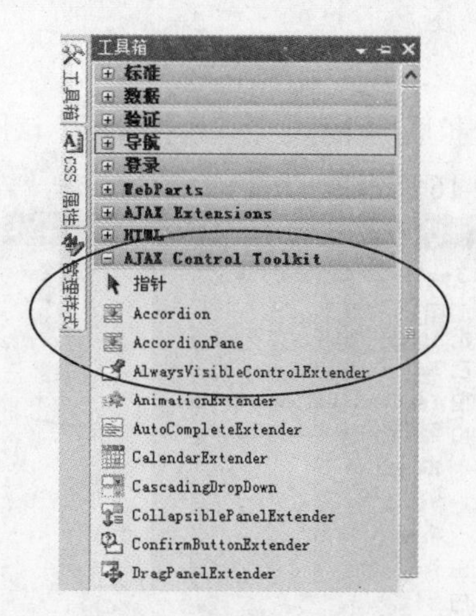

图 9-13　VS2008 的工具箱

2. 绑定扩展控件到某个已存在的控件

扩展控件被添加到 VS2008 工具箱后，再选择控件时，将会出现一个新的【添加扩展程序】任务选项在被选择的控件上，如图 9-14 所示。

如果单击【添加扩展程序】任务选项，将会弹出如图 9-15 所示的对话框，它包含了所有可以选择的扩展控件，选择扩展控件后，单击【确定】按钮就完成了扩展控件的绑定。

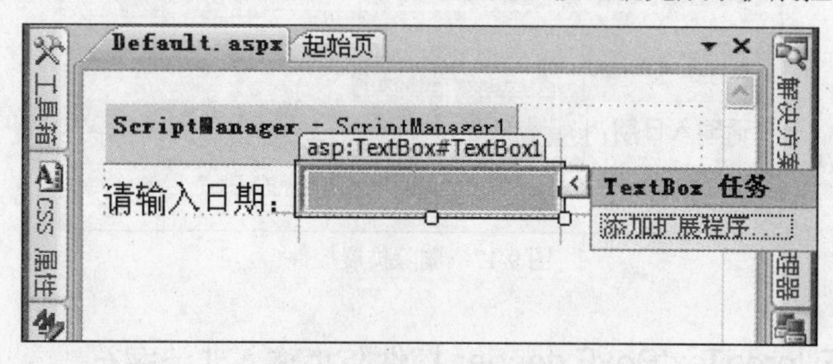

图 9-14　添加扩展控件

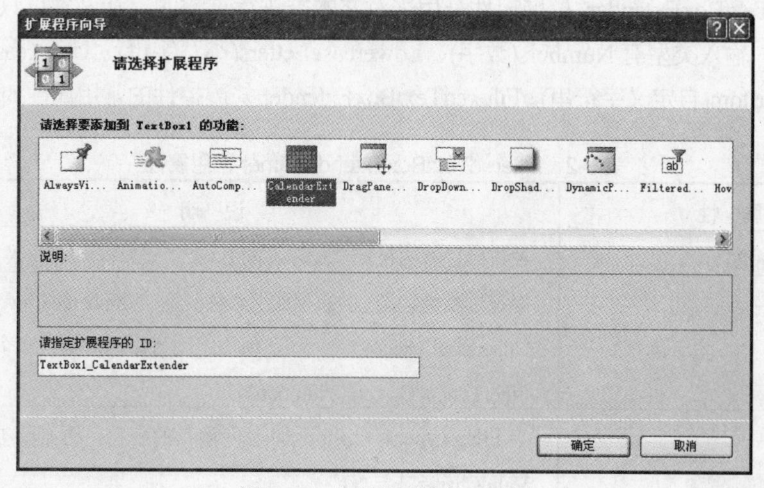

图 9-15　选择扩展控件对话框

3. 合并属性窗格

在 VS2008 中，当将一个扩展控件绑定到一个控件后，该控件的【属性】窗口也会扩展显示扩展控件的属性，如图 9-16 所示。

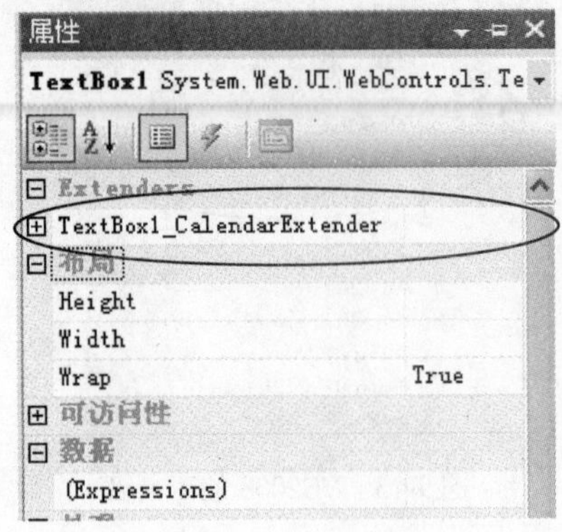

图 9-16　扩展显示属性窗格

4. 删除绑定的扩展控件

如果想删除某个控件的扩展控件，只需从控件的任务选项中选择【删除扩展程序】选项即可，如图 9-17 所示。

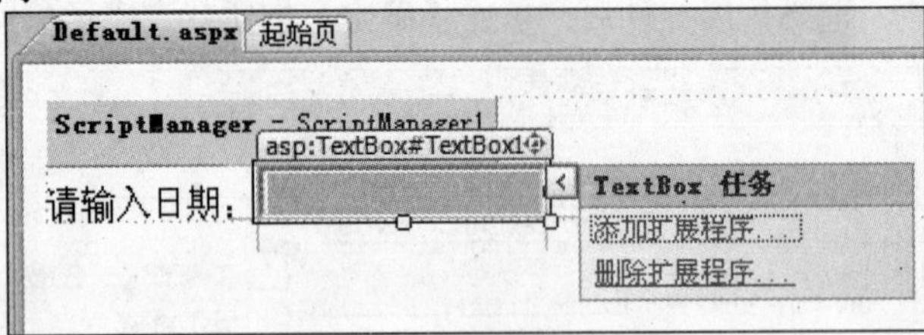

图 9-17　删除扩展控件

9.3.2　使用 FilteredTextBoxExtender 控件防止输入非法字符

FilteredTextBoxExtender 扩展控件是用来对文本框进行过滤的，让文本框只能对设定的值进行输入。输入类型有 Numbers(数字)、LowercaseLetters(小写字母)、UppercaseLetters (大写字母)和 Custom(自定义字符串)。FilteredTextBoxExtender 扩展控件的常用属性如表 9-2 所示。

表 9-2　FilteredTextBoxExtenderTimer 常用属性

属　性	说　明
TargetControlID	要进行过滤的目标 TextBox 的 ID
FilterType	字符过滤类型，提供的有如下 4 种类型：Numbers、LowercaseLetters、UppercaseLetters、Custom，他们之间可以同时指定多个类型，如：FilterType="Custom, Numbers"
ValidChars	当 FilterType 为 Custom 时允许输入的字符，否则将被忽略，如：ValidChars="+-=/*()."

下面通过具体的示例演示 FilteredTextBoxExtender 扩展控件的用法。

【例 9-6】演示 FilteredTextBoxExtender 扩展控件的用法。

(1) 创建名称为“FilteredTextBoxExtender”的网站。

(2) 在 Default.aspx 的【设计】视图中，放置一个 ScriptManager 控件、一个 TextBox 控件和一个 Label 控件。

(3) 单击 TextBox 控件的【添加扩展程序】任务选项，绑定 FilteredTextBoxExtender 扩展控件。

(4) 该页面设计如图 9-18 所示。

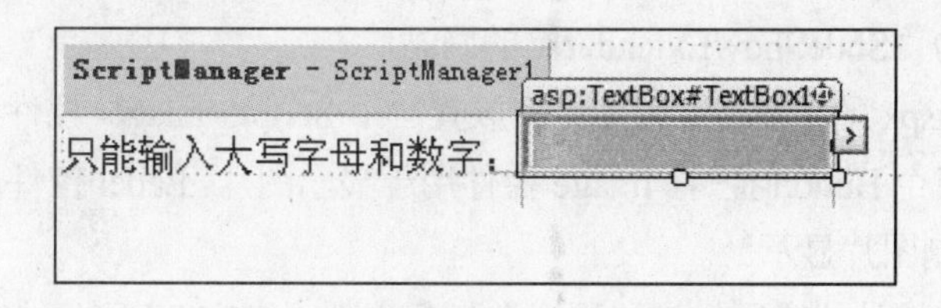

图 9-18　Default.aspx 的设计页面

对应【源】视图中的部分代码如下：

```
<%@ Register assembly="AjaxControlToolkit" namespace="AjaxControlToolkit" tagprefix="cc1" %>
•••
    <asp:ScriptManager ID="ScriptManager1" runat="server">
    </asp:ScriptManager>
    <asp:Label ID="Label1" runat="server" Text="只能输入大写字母和数字："></asp:Label>
    <asp:TextBox ID="TextBox1" runat="server"></asp:TextBox>
    <cc1:FilteredTextBoxExtender ID="TextBox1_FilteredTextBoxExtender"
runat="server" Enabled="True" FilterType="Numbers,UppercaseLetters" TargetControlID="TextBox1">
    </cc1:FilteredTextBoxExtender>
```

(5) 运行程序，可以看到 TextBox 控件只允许输入大写字母和数字。

由于使用文本框过滤是在客户端进行的，所以使用 FilteredTextBoxExtender 扩展控件的网页中必须包含 ScriptManager 控件。

9.3.3　使用 SlideShowExtender 控件播放幻灯片

SlideShowExtender 扩展控件用于控制 Image 控件，它可以很方便地实现自动和手动播放图片功能。由于播放图片是在客户端进行的，所以，使用 SlideShowExtender 扩展控件的网页中必须包含 ScriptManager 控件。

SlideShowExtender 扩展控件的常用属性如下：

- TargetControlID：该控件的目标扩展控件。
- ImageDescriptionLabelID：对显示的图片进行说明的 Label 控件。
- Loop：是否为图片进行循环放映。
- NextButtonID：控制显示下一张图片的按钮。

- PlayButtonID：控制进行播放或停止的按钮。
- PlayButtonText：当 Image 中的图片在放映时，PlayButtonID 按钮显示的文本。
- PreviousButtonID：控制显示前一张图片的按钮。
- StopButtonText：当 Image 中的图片停止放映时，PlayButtonID 按钮显示的文本。
- PlayInterval：播放每幅图片的间隔，单位为毫秒，默认 3000 毫秒(3 秒)
- SlideShowServiceMethod：进行幻灯片式放映时加载图片的方法。

下面通过具体的示例演示 SlideShowExtender 扩展控件的用法。

【例 9-7】演示 SlideShowExtender 扩展控件的用法。

(1) 创建名称为“SlideShowExtender”的网站。

(2) 在 Default.aspx 的【设计】视图中，放置一个 ScriptManager 控件、一个 Image 控件、一个 Label 控件和三个 Button 控件。Image 控件用于显示图片，Label 控件用于显示图片说明，Button 控件用于控制图片显示。

(3) 单击 Image 控件的【添加扩展程序】任务选项，绑定 SlideShowExtender 扩展控件。

(4) 该页面【源】视图中的部分代码如下：

```
<%@ Register assembly="AjaxControlToolkit" namespace="AjaxControlToolkit" tagprefix="cc1" %>
•••
        <asp:ScriptManager ID="ScriptManager1" runat="server">
        </asp:ScriptManager>
        <asp:Image ID="Image1" runat="server"
                Height="300"
                Style="border: 1px solid black;width:auto"
                ImageUrl="~/images/Blue hills.jpg"
                AlternateText="Blue Hills image" />
        <asp:Label runat="server" ID="imageDescription" ></asp:Label><br /><br />
        <asp:Button runat="Server" ID="prevButton" Text="前一个"  />
        <asp:Button runat="Server" ID="playButton" Text="开始"  />
        <asp:Button runat="Server" ID="nextButton" Text="后一个"  />

        <cc1:SlideShowExtender  ID="slideshowextend1" runat="server"
                TargetControlID="Image1"
                SlideShowServiceMethod="GetSlides"
                AutoPlay="true"
                ImageDescriptionLabelID="imageDescription"
                NextButtonID="nextButton"
                PlayButtonText="开始"
                StopButtonText="停止"
                PreviousButtonID="prevButton"
                PlayButtonID="playButton"
                Loop="true" PlayInterval="2000">
        </cc1:SlideShowExtender>
```

(5) 添加后台代码如下：

```
[System.Web.Services.WebMethod]
[System.Web.Script.Services.ScriptMethod]
public static AjaxControlToolkit.Slide[] GetSlides()
{
    return new AjaxControlToolkit.Slide[] {
            new AjaxControlToolkit.Slide("images/Blue hills.jpg", "", "Go Blue"),
            new AjaxControlToolkit.Slide("images/Sunset.jpg", "", "Setting sun"),
            new AjaxControlToolkit.Slide("images/Winter.jpg", "", "Wintery..."),
            new AjaxControlToolkit.Slide("images/Water lilies.jpg", "", "Lillies in the water"),
            new AjaxControlToolkit.Slide("images/VerticalPicture.jpg", "", "Portrait style icture")};
}
```

GetSlides 方法创建了一个 AjaxControlToolkit.Slide 类型的数组，该数组包含了所有要播放的图片，SlideShowExtender 控件调用 GetSlides 方法，得到这些图片，并将其在 Image 控件中依次显示出来。

(6) 运行程序观看效果。

9.3.4　使用 AlwaysVisibleControlExtender 固定位置显示控件

AlwaysVisibleControlExtender 扩展控件使其被控制的控件显示在页面的固定位置上，常用于漂浮在网页两边，跟随着滚动条滚动的悬浮广告等。AlwaysVisibleControlExtender 是一个非常简单的扩展控件，不用编码只需简单的设置就可以使用。

AlwaysVisibleControlExtender 扩展控件的常用属性如下：

- TargetControlID：目标控件 ID，要浮动的控件。
- HorizontalOffset：距离浏览器的水平边距，默认值 0px。
- HorizontalSide：水平停靠方向，默认值 Left。
- VerticalOffset：距离浏览器的垂直边距，默认值 0px。
- VerticalSide：垂直停靠方向，默认值 Top。
- ScrollEffectDuration：滚动效果的延迟时间？单位为秒，默认值 0.1。

下面通过具体的示例演示 AlwaysVisibleControlExtender 扩展控件的用法。

【例 9-8】演示 AlwaysVisibleControlExtender 扩展控件的用法。

(1) 创建名称为“AlwaysVisibleControlExtender”的网站。

(2) 在 Default.aspx 的【设计】视图中，放置一个 ScriptManager 控件和一个 Panel 控件。在 Panel 控件中添加一个 ImageButton 控件。

(3) 单击 Panel 控件的【添加扩展程序】任务选项，绑定 AlwaysVisibleControlExtender 扩展控件。

(4) 该页面【源】视图中的部分代码如下：

```
<%@ Register assembly="AjaxControlToolkit" namespace="AjaxControlToolkit" tagprefix="cc1" %>
...
```

```
<asp:ScriptManager ID="ScriptManager1" runat="server">
</asp:ScriptManager>
<asp:Panel ID="Panel1" runat="server"     Width="150px" height="120px" >
    <asp:ImageButton ID="ImageButton1" runat="server" ImageUrl="~/1.jpg" />
</asp:Panel>
<cc1:AlwaysVisibleControlExtender ID="uvcc" runat="server"
        TargetControlID="Panel1"
        VerticalOffset="10"
        HorizontalOffset="10"
        ScrollEffectDuration=".1" />
```

(5) 按【Ctrl+F5】组合键运行程序，效果如图 9-19 所示，上下移动浏览器的滚动条，可以看到，图片始终保持在页面的左上角位置。

图 9-19　程序运行效果

ASP.NET AJAX Control Toolkit 是一个免费开源的工具包，包含了许多新的 Web 服务器控件，随着控件数量的逐渐增加，会给 Web 应用程序开发带来更大的方便。

9.4　本章小结

本章介绍了 Ajax 的基础知识以及 ASP.NET AJAX 控件，这是微软的客户端异步无刷新页面技术，在 ASP.NET 3.5 中，已经包含了此技术框架。使用 AJAX 技术能够实现页面无刷新和异步数据处理，让页面中的其他元素不会随着“客户端——服务器”的通信再次刷新，这样不仅能够减少客户端与服务器之间的通信带宽，也能够提高 Web 应用的速度。

Ajax 是由一些老技术组合在一起的，这些技术包括 XML、JavaScript、DOM 等，Ajax 不需要在服务器端安装任何插件或应用程序框架，只需要浏览器支持 JavaScript 就能够实现 Ajax 技术的部署和实现。尽管 Ajax 包括如上诸多优点，但是 Ajax 也有一些缺点，就是对多媒体的支持还没有 Flash 那么好，并且不能很好地支持移动设备。另外，Ajax 也增加了服务器负担，如果在服务器中大量使用 AJAX 控件的话，有可能造成服务器假死，熟练和高效地编写 Ajax 应用对 AJAX Web 应用程序开发是非常有好处的。

9.5 上机练习

9.5.1 上机目的

进一步熟悉 ASP.NET AJAX 技术，掌握 ASP.NET AJAX 服务器控件和扩展控件的使用方法。

9.5.2 上机内容和要求

(1) 新建名字为“AJAX_ Exercise”的网站。

(2) 添加一个网页，当单击 Button 控件时，局部更新 Image 控件中的图片，同时利用 UpdateProgress 控件提示更新信息。

(3) 建立母版页和内容页，要求在内容页中每 2 秒钟局部更新一次 Label 控件的当前时间。

(4) 添加一个网页，在两个 UpdatePanel 控件中各放置一个显示时间的 Label 控件，当单击 UpdatePanel 外面的 Button 控件时，只有其中一个 UpdatePanel 控件局部刷新。

(5) 添加一个网页，使用 SlideShowExtender 扩展控件，自动播放 Image 控件中的图片。

(6) 2 设计 1 个页面，实现下面的功能。

- 页面开始运行时，要求不刷新整个页面。
- 当用户在用户名右边的文本框中输入注册用户名，然后将焦点离开该文本框时，系统自动检测用户名是否为“abc”，并在文本框右边显示刚输入的注册名是否可用。如果用户名为“abc”，提示“该用户名已存在”，否则提示“该用户名可用”。
- 当用户单击【注册】按钮时，如果注册用户名已经存在或者用户名为空，则弹出一个对话框，提示信息“用户名不合法！”。

第10章 LINQ 技 术

LINQ，即语言集成查询(language-integrated query)，是一种与.NET Framework 中使用的编程语言紧密集成的新查询语言，是.NET 的新特性。它使得程序员可以像用 SQL 查询数据库的数据那样从.NET 编程语言中查询数据。事实上，LINQ 语法部分模仿了 SQL 语言，从而使熟悉 SQL 的编程人员更容易上手。

本章介绍了 LINQ 语言及其语法，以及在 ASP.NET 项目中使用 LINQ 数据的许多方法。LINQ 是一门非常有用的技术，本章只是简单地概述了一些常用的内容。

本章的学习目标：

- 了解 LINQ 的基本概念和几个主要的独立技术
- 掌握如何将表生成实体类
- 了解 DataContext 类
- 掌握如何使用 LINQ to SQL，利用 LINQ 技术完成数据的基本查询、添加、删除和修改

10.1 LINQ 基本概念

LINQ 可以像用 SQL 查询数据库的数据那样从.NET 编程语言中查询数据。LINQ 技术主要包括以下几个独立技术：

- 使用 LINQ to Objects 查询和处理集合对象中的数据。
- 使用 LINQ to SQL(DLinq)查询和操作 SQL Server 数据库的数据。
- 使用 LINQ to DataSet 查询和处理 DataSet 对象中的数据。
- 使用 LINQ to XML(XLinq)查询、创建、修改和删除 XML 文档。

它们分别查询和处理对象数据(如集合等)、关系数据(如 SQL Server 数据库等)、DataSet 对象数据和 XML 结构(如 XML 文件)数据。使用 LINQ 可以大量减少查询或操作数据库或数据源中的数据的代码，并在一定程度上避免了 SQL 注入，提供了应用程序的安全性。借助于 LINQ 技术，我们可以使用一种类似 SQL 的语法来查询任何形式的数据。目前为止，LINQ 所支持的数据源有 SQL Server、XML 以及内存中的数据集合。开发人员也可以使用其提供的扩展框架添加更多的数据源，例如 MySQL、Amazon，甚至是 Google Desktop。

10.1.1 LINQ to Objects

LINQ to Objects 是指用 LINQ 操作内存中对象的集合的方法。使用 LINQ to Objects 的首要条件就是要查询的对象是某种类型的集合。LINQ to Object 可以从任何实现了 Ienumerable<T>

接口的对象中查询数据。IEnumerable<T>接口的对象在 LINQ 中叫做序列。在.NET 框架中，几乎所有的泛型类型的集合都实现了 IEnumerable<T>接口。通过 LINQ to Objects 进行查询的集合类型有数组、泛型列表、泛型字典、字符串等。

10.1.2　LINQ to ADO.NET

ADO.NET 是.NET Framework 的一部分，它允许访问数据、数据服务(像 SQL Server)和其他许多不同的数据源。使用 LINQ to ADO.NET，可以查询与数据库相关的信息集，包括 LINQ to Entities、LINQ to DataSet 和 LINQ to SQL。LINQ to Entities 是 LINQ to SQL 的超集，比 LINQ to SQL 有更丰富的功能，是 Micosoft ORM 解决方案，允许开发人员使用实体(Entities)声明性地指定商业对象(business object)的结构，并且使用 LINQ 进行查询。不过，对于大多不同类型的应用程序来说，LINQ to SQL 足够了。本章也会着重介绍 LING to SQL。

- LINQ to SQL

LINQ to SQL 允许在.NET 项目中编写针对 Microsoft SQL Server 数据库的面向对象的查询。LINQ to SQL 实现将查询转换为 SQL 语句，然后该 SQL 语句被发送到数据库执行一般的操作。LINQ to SQL 在.NET 应用程序和 SQL Server 数据库之间创建了一个层。LINQ to SQL 设计器做了大部分的工作，提供了可在应用程序中使用的精简对象模型的访问。用于以对象形式管理关系数据，并提供了丰富的查询功能。本章将着重介绍 LINQ to SQL 技术的使用。

- LINQ to DataSet

LINQ to DataSet 可以方便快速地查询 DataSet 中的对象，可以使用与 LINQ to Objects 相同的语法查询 DataSet。LINQ to DataSet 和 LINQ to SQL 都属于 ADO.NET，增强了 ADO.NET 的功能和可用性。使用 LINQ to DataSet 可以更快更容易地查询在 DataSet 对象中缓存的数据。具体而言，开发人员能够使用编程语言本身而不是通过使用单独的查询语言来编写查询，LINQ to DataSet 可以简化查询。

10.1.3　LINQ to XML

LINQ to XML(XLinq)不仅包括 LINQ to Objects 功能，还可以查询和创建 XML 文档。采用高效、易用的内存中的 XML 工具在宿主编程语言中提供 XPath/XQuery 功能等。LINQ to XML 最重要的优势是它与 Language-Integrated Query (LINQ)的集成。由于实现了这一集成，可以对内存 XML 文档编写查询，以检索元素和属性的集合。LINQ to XML 在查询功能上(尽管不是在语法上)与 XPath 和 XQuery 具有可比性。LINQ to XML 提供了改进的 XML 编程接口，这一点可能与 LINQ to XML 的 LINQ 功能同样重要。通过 LINQ to XML，对 XML 编程时，可以实现任何预期的操作，包括：

- 从文件或流加载 XML。
- 将 XML 序列化为文件或流。
- 使用函数构造从头开始创建 XML。
- 使用类似 XPath 的轴查询 XML。
- 使用 Add、Remove、ReplaceWith 和 SetValue 等方法对内存 XML 树进行操作。

- 使用 XSD 验证 XML 树。
- 使用这些功能的组合，可以将 XML 树从一种形状转换为另一种形状。

10.1.4 LINQ 相关的命名空间

LINQ 开发为开发人员提供了便利，可以让开发人员以统一的方式对 IEnumerable<T>接口的对象、数据库、数据集以及 XML 文档进行访问。从整体上来说，LINQ 是这一系列访问技术的统称，对于不同的数据库和对象都有自己的 LINQ 名称，例如 LINQ to SQL、LINQ to Objects 等等。当使用 LINQ 操作不同的对象时，可能使用不同的命名空间。常用的命名空间有如下几个。

- System.Data.Linq：该命名空间包含支持与 LINQ to SQL 应用程序中的关系数据库进行交互的类。
- System.Data.Linq.Mapping：该命名空间包含用于生成表示关系数据库的结构和内容的 LINQ to SQL 对象模型的类。
- System.Data.Linq.SqlClient：该命名空间包含与 SQL Server 进行通信的提供程序类，以及包含查询帮助器方法的类。
- System.Linq：该命名空间提供支持使用语言集成查询 (LINQ)进行查询的类和接口。
- System.Linq.Expression：该命名空间包含一些类、接口和枚举，它们使语言级别的代码表达式能够表示为表达式树形式的对象。
- System.Xml.Linq：包含 LINQ to XML 的类，LINQ to XML 是内存中的 XML 编程接口。

LINQ 中常用的命名空间为开发人员提供了 LINQ 到数据库和对象的简单的解决方案，开发人员通过这些命名空间提供的类可以进行数据查询和整理，这些命名空间统一了相应的对象的查询方法，如数据集和数据库都可以使用类似的 LINQ 语句进行查询操作。

10.2 LINQ tO SQL

在 Linq to Sql 推出之前，我们只是把 sql 语句形成一个 string，然后通过 ADO.NET 传给 Sql Server，再返回结果集。这样做的缺陷是，若 Sql 语句有问题，只有到运行时才知道，而且并不是所有的人都懂数据库。而 Linq to Sql 语句是在编译期间就做检查。这样，当哪里出了问题，可以及时更改，而不是到了运行时才发现问题。最后，Linq to Sql 是针对对象操作的，是“面向对象”的。

Linq to Sql 是在 ADO.NET 和 C# 2.0 的基础上实现的。Linq to Sql 在一切围绕数据的项目内都可以使用。特别是在项目中缺少 Sql Server 方面的专家时，Linq to Sql 的强大功能可以帮且快速地完成项目。Linq to Sql 的推出，让人们从烦琐的技术细节中解脱出来，而去更加关注项目的逻辑。Linq to Sql 的出现，大大降低了数据库应用程序开发的门槛，其实质是事先为程序员构架了数据访问层，势必将加快数据库应用程序的开发进度。Linq to Sql 解放了众多程序员，让他们把更多的精力放到业务逻辑以及编码上，而非数据库。对于初学者来说，Linq to Sql 可以让他们迅速进入数据库应用程序开发领域，节约了培训成本。本节将着重讲解 LINQ to SQL 技术是如何操作数据库的。

10.2.1　IEnumerable 和 IEnumerable<T>接口

IEnumerable 和 IEnumerable<T>接口在.NET 中是非常重要的接口，它允许开发人员定义 foreach 语句功能的实现并支持非泛型方法的简单迭代，IEnumerable 和 IEnumerable<T>接口是.NET Framework 中最基本的集合访问器，这两个接口对于 LINQ 的理解是非常重要的。在面向对象的开发过程中，常常需要创建若干对象，并进行对象的操作和查询，在创建对象前，首先需要声明一个类为对象提供描述，示例代码如下：

```
using System;
using System.Collections.Generic;
using System.Linq;                          //使用 LINQ 命名控件
using System.Text;
namespace IEnumeratorSample
//定义一个 Person 类
        class Person
        {
            public string Name;                          //定义 Person 的名字
            public string Age;                           //定义 Person 的年龄
            public Person(string name, string age)       //为 Person 初始化(构造函数)
            {
                Name = name;                             //配置 Name 值
                Age = age;                               //配置 Age 值
            }
        }
```

上述代码定义了一个 Person 类并抽象了 Person 类的属性，这些属性包括 Name 和 Age。Name 和 Age 属性分别用于描述 Person 的名字和年龄，用于数据初始化。初始化之后的数据就需要创建一系列 Person 对象，通过这些对象的相应属性能够进行对象的访问和遍历，示例代码如下：

```
class Program
{
    static void Main(string[] args)
    {
        Person[] per = new Person[2]                 //创建并初始化 2 个 Person 对象
        {
            new Person("guojing","21"),              //通过构造函数构造对象
            new Person("muqing","21"),               //通过构造函数构造对象
        };
        foreach (Person p in per)                    //遍历对象
```

```
                Console.WriteLine("Name is " + p.Name + " and Age is " + p.Age);
            Console.ReadKey();
        }
    }
}
```

上述代码创建并初始化了两个 Person 对象，并通过 foreach 语法进行对象的遍历。但是，上述代码是在数组中进行查询的，就是说，如果要创建多个对象，则必须创建一个对象数组，如上述代码中的 Per 变量，而如果需要直接对对象的集合进行查询，则不能够实现查询功能。例如增加一个构造函数，该构造函数用户构造一组 Person 对象，示例代码如下：

```
private Person[] per;
public Person(Person[] array)
{//重载构造函数,迭代对象
    per = new Person[array.Length];                    //创建对象
    for (int i = 0; i < array.Length; i++)             //遍历初始化对象
    {
        per[i] = array[i];                                  //数组赋值
    }
}
```

上述构造函数动态的构造了一组 People 类的对象，那么应该也能够使用 foreach 语句进行遍历，示例代码如下：

```
Person personlist = new Person(per);                           //创建对象
foreach (Person p in personlist)                               //遍历对象
{
    Console.WriteLine("Name is " + p.Name + " and Age is " + p.Age);
}
```

在上述代码的 foreach 语句中，直接在 Person 类的集合中进行查询，系统则会报错“ConsoleApplication1.Person”不包含“GetEnumerator”的公共定义，因此，foreach 语句不能作用于“ConsoleApplication1.Person”类型的变量，因为 Person 类并不支持 foreach 语句进行遍历。为了让相应的类能够支持 foreach 语句执行遍历操作，则需要实现 IEnumerable 接口，示例代码如下：

```
public IEnumerator GetEnumerator()                             //实现接口中的方法
    {
        return new GetEnum(_people);
    }
```

为了让自定义类型能够支持 foreach 语句，必须对 Person 类的构造函数进行编写并实现接口，示例代码如下：

```
    class Person:IEnumerable                      //派生自 IEnumerable,同样定义一个 Personl 类
```

```
    {
        public string Name;                              //创建字段
        public string Age;                               //创建字段
        public Person(string name, string age)           //字段初始化
        {
            Name = name;                                          //配置 Name 值
            Age = age;                                            //配置 Age 值
        }
        public IEnumerator GetEnumerator()                      //实现接口
        {
            return new PersonEnum(per);                         //返回方法
        }
    }
```

上述代码重构了 Person 类并实现了 IEnumerable 接口，接口中的 GetEnumerator 方法实现的具体方法如下所示：

```
    class PersonEnum : IEnumerator                          //实现 foreach 语句内部,并派生
    {
        public Person[] _per;                                          //实现数组
        int position = -1;                                                //设置“指针”
        public PersonEnum(Person[] list)
        {
            _per = list;                                                  //实现 list
        }
        public bool MoveNext()                                         //实现向前移动
        {
            position++;                                                   //位置增加
            return (position < _per.Length);                           //返回布尔值
        }
        public void Reset()                                            //位置重置
        {
            position = -1;                                             //重置指针为-1
        public object Current                                          //实现接口方法
        {
            get
            {
                try
                {
                    return _per[position];                             //返回对象
                }
                catch (IndexOutOfRangeException)                  //捕获异常
                {
                    throw new InvalidOperationException();         //抛出异常信息
                }
```

```
            }
        }
    }
}
```

上述代码实现了 foreach 语句的功能，当开发 Person 类初始化后就可以直接使用 Person 类对象的集合进行 LINQ 查询，示例代码如下：

```
static void Main(string[] args)
{
    Person[] per = new Person[2]                    //同样初始化并定义 2 个 Person 对象
    {
        new Person("guojing","21"),                 //构造创建新的对象
        new Person("muqing","21"),                  //构造创建新的对象
    };
    Person personlist = new Person(per);            //初始化对象集合
    foreach (Person p in personlist)                //使用 foreach 语句
        Console.WriteLine("Name is " + p.Name + " and Age is " + p.Age);
    Console.ReadKey();
}
```

从上述代码中可以看出，初始化 Person 对象时初始化的是一个对象的集合，在该对象的集合中可以通过 LINQ 直接进行对象的操作，这样既封装了 Person 对象，也能够让编码更加易读。在.NET Framework 3.5 中，LINQ 支持数组的查询，开发人员不必自己手动创建 IEnumerable 和 IEnumerable<T>接口以支持某个类型的 foreach 编程方法，但是 IEnumerable 和 IEnumerable<T>是 LINQ 中非常重要的接口，在 LINQ 中也大量使用 IEnumerable 和 IEnumerable<T>进行封装，示例代码如下：

```
public static IEnumerable<TSource> Where<TSource>
(this IEnumerable<TSource> source,Func<TSource, Boolean> predicate)        //内部实现
    {
        foreach (TSource element in source)                   //内部遍历传递的集合
        {
            if (predicate(element))
                yield return element;                                      //返回集合信息
        }
    }
```

上述代码为 LINQ 内部的封装，从代码可以看出，在 LINQ 内部也大量地使用了 IEnumerable 和 IEnumerable<T>接口实现 LINQ 查询。IEnumerable 原本就是.NET Framework 中最基本的集合访问器，而 LINQ 是面向关系(有序 N 元组集合)的，自然也就是面向 IEnumerable<T>的，所以，了解 IEnumerable 和 IEnumerable<T>对 LINQ 的理解是有一定帮助的。

10.2.2　IQueryProvider 和 IQueryable<T>接口

IQueryable 和 IQueryable<T>也是 LINQ 中非常重要的接口，在 LINQ 查询语句中，IQueryable 和 IQueryable<T>接口为 LINQ 查询语句进行解释和翻译工作，开发人员能够通过重写 IQueryable 和 IQueryable<T>接口以实现用不同的方法进行不同的 LINQ 查询语句的解释。

IQueryable<T>继承自 IEnumerable<T>和 IQueryable 接口，在 IQueryable 中包括两个重要的属性：Expression 和 Provider。Expression 和 Provider 分别表示获取与 IQueryable 的实例关联的表达式目录树和获取与数据源关联的查询提供程序，Provider 作为其查询的翻译程序，实现 LINQ 查询语句的解释。通过 IQueryable 和 IQueryable<T>接口，开发人员可以自定义 LINQ Provider。

注意：Provider 可以看做是一个提供者，用于提供 LINQ 中某个语句的解释工具，在 LINQ 中通过编程的方法能够实现自定义 Provider。

在 IQueryable 和 IQueryable<T>接口中，还需要用到另外一个接口，这个接口就是 IQueryProvider，该接口用于分解表达式，实现 LINQ 查询语句的解释工作，这个接口也是整个算法的核心。IQueryable<T>接口在 MSDN 中的定义如下：

```
public interface IQueryable<T> : IEnumerable<T>, IQueryable, IEnumerable
{
}
public interface IQueryable : IEnumerable
{//获取元素类型
    Type ElementType { get; }
    //获取表达式
    Expression Expression { get; }
    //获取提供者
    IQueryProvider Provider { get; }
}
```

上述代码定义了 IQueryable<T>接口的规范，用于保持数据源和查询状态，IQueryProvider 在 MSDN 中的定义如下：

```
public interface IQueryProvider
{//创建可执行对象
  IQueryable CreateQuery(Expression expression);
 //创建可执行对象
IQueryable<TElement> CreateQuery<TElement>(Expression expression);
  //计算表达式
object Execute(Expression expression);
  //计算表达式
TResult Execute<TResult>(Expression expression);
}
```

IQueryProvider 用于 LINQ 查询语句的核心算法的实现，包括分解表达式和表达式计算等。为了能够创建自定义 LINQ Provider，可以编写接口的实现，示例代码如下：

```
public IQueryable<TElement> CreateQuery<TElement>(Expression expression)
{//声明表达式
    query.expression = expression;
    //返回 query 对象
    return (IQueryable<TElement>)query;
}
```

上述代码用于构造一个可用来执行表达式计算的 IQueryable 对象，在接口中可以看到需要实现两个相同的执行表达式的 IQueryable 对象，另一个则是执行表达式对象的集合，其实现代码如下：

```
public IQueryable CreateQuery(Expression expression)
{//返回表达式的集合
    return CreateQuery<T>(expression);
}
```

作为表达式解释和翻译的核心接口，则需要通过算法实现相应的 Execute 方法，示例代码如下：

```
public TResult Execute<TResult>(Expression expression)
{
    var exp = expression as MethodCallExpression;                    //创建表达式对象
    var data = ((exp.Arguments[0] as ConstantExpression).Value as MyQuery<T>).Data;
    var func = (exp.Arguments[1] as UnaryExpression).Operand as Expression
    <System.Func<T, bool>>;
    var lambda = Expression.Lambda<Func<T, bool>>(func.Body, func.Parameters[0]);
    var r = data.Where(lambda.Compile());                              //编译表达式
    return (TResult)r.GetEnumerator();
}
```

上述代码通过使用 lambda 表达式进行表达式的计算，实现了 LINQ 中查询的解释功能。在 LINQ 中，对于表达式的翻译和执行过程都是通过 IQueryProvider 和 IQueryable<T>接口来实现的。IQueryProvider 和 IQueryable<T>实现用户表达式的翻译和解释，在 LINQ 应用程序中，通常无需通过 IQueryProvider 和 IQueryable<T>实现自定义 LINQ Provider，因为 LINQ 已经提供了强大表达式查询和计算功能。了解 IQueryProvider 和 IQueryable<T>接口有助于了解 LINQ 内部是如何执行的。

10.2.3 DataContext 类

DataContext 类是 LINQ to SQL 框架的主入口点，是 System.Data.Linq 命名空间下的重要类型，用于把查询句法翻译成 SQL 语句，DataContext 是通过数据库连接映射的所有实体的源。DataContext 同时把数据从数据库返回给调用方和把实体的修改写入数据库。DataContext 的用途是将对对象的请求转换成要对数据库执行的 SQL 查询，然后将查询结果汇编成对象。DataContext 通过实现与标准查询运算符(如 Where 和 Select)相同的运算符模式来实现 语言集成查询(LINQ)。

DataContext 提供了以下一些常用的功能：

- 以日志形式记录 DataContext 生成的 SQL。
- 执行 SQL 语句(包括查询和更新语句)。
- 创建和删除数据库。
- 实体对象的识别。

要操作数据库上除了 DataContext 还需要数据库每个表所对应的实体类。VS 2008 提供了自动将数据表生成实体类的功能，接下来以 student 表为例，说明如何产生 student 表的实体类。

(1) 启动 VS2008，新建一个名为“WebSite1”的 ASP.NET 网站，并将数据库添加到项目中(沿用第 7 章的数据库)。

(2) 右击项目名，从弹出的快捷菜单中选择【添加新项】命令，选择【LINQ to SQL 类】模板，在【名称】文本框中输入一个新名字，以 student 表为例，起名为 student.dbml，如图 10-1 所示。

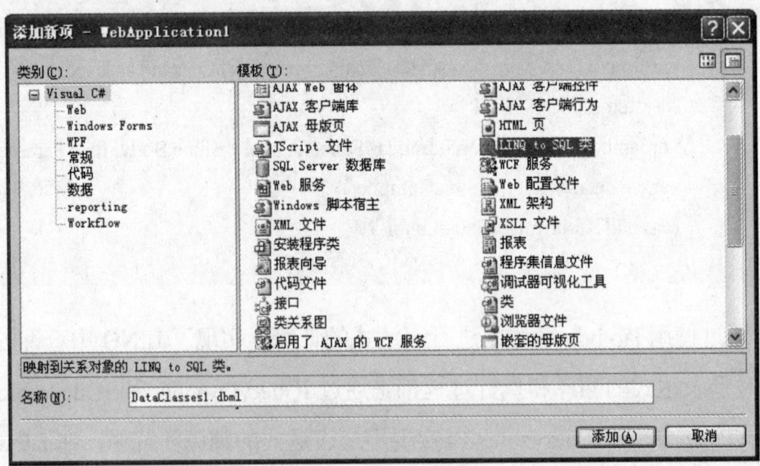

图 10-1　创建 student.dbml

(3) 创建完以后打开 student.dbml 文件。

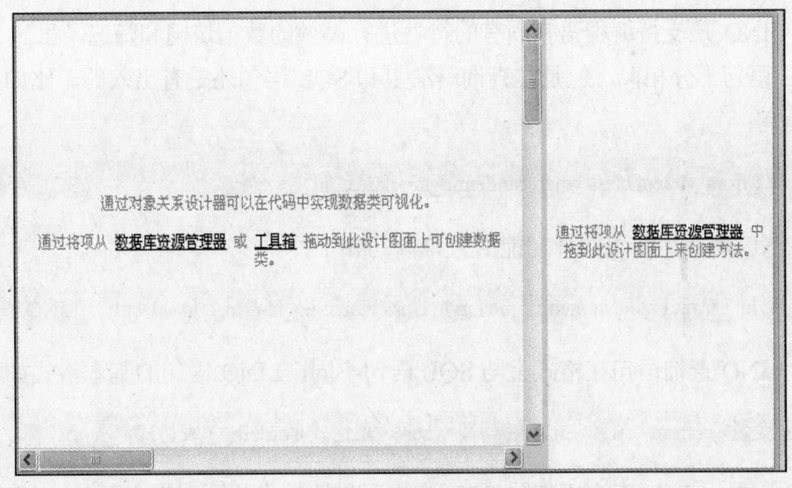

图 10-2　student.dbml

(4) 打开【数据库资源管理器】窗口，找到表 student 并选中 student 表名，将其拖入 student.dbml 中，如图 10-3 所示。

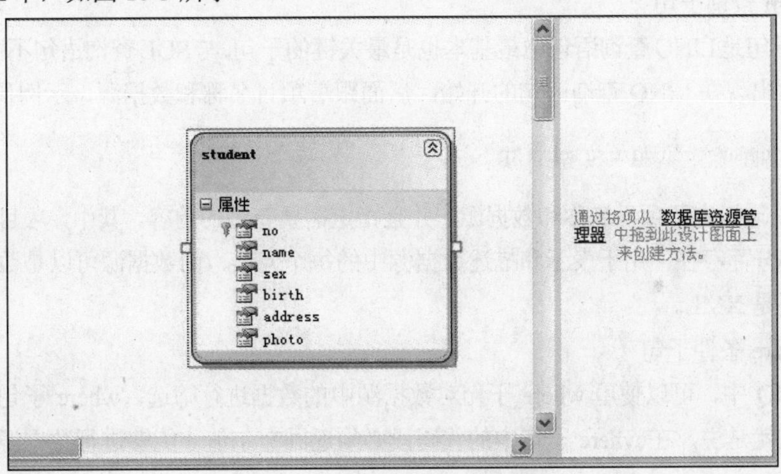

图 10-3　生成 student 的实体类

做完以上 4 步后，系统将自动为 student 表生成实体类。

系统自动添加一个 DBML 文件，并创建两个附加的资源文件，以 student 为例，这 3 个文件分别为：

- student.dbml：定义数据库的框架。
- student.dbml.layout：定义每个表在设计视图中的布局。
- student.designer.cs：包含自动生成的类。

10.2.4　基本查询操作

和 SQL 命令中的 select 作用相似，但位置不同，查询表达式中的 select 及所接子句是放在表达式的最后并返回子句中的变量也就是结果；Select/Distinct 操作包括简单用法、筛选形式、Distinct 形式等。LINQ 查询语句能够将复杂的查询应用简化成为一个简单的查询语句，不仅如此，LINQ 还支持编程语言固有的特性进行高效的数据访问和筛选。虽然 LINQ 在写法上和 SQL 语句十分相似，但是在查询语法上和 SQL 语句还是有出入的，比如：如下一条 SQL 查询语句：

```
select * from student,class where student.c_id=class.c_id                    //SQL 查询语句
```

对于 LINQ 而言，实现同样功能的查询语句如下：

```
var mylq = from l in lq.student from cl in lq.class where l.c_id==cl.c_id select l;  //LINQ 查询语句
```

可见，LINQ 查询语句在格式上与 SQL 语句不同，LINQ 语句的基本格式如下：

```
var <变量> = from <项目> in <数据源> where <表达式> orderby <表达式>
```

从结构上看，LINQ 查询语句与 SQL 查询语句比较大的区别就在于 SQL 查询语句中的 select 关键字在语句的前面，而在 LINQ 查询语句中 select 关键字在语句的后面，在其他方面则没有太大的区别，对于熟悉 SQL 查询语句的人来说非常容易上手。

- from 查询子句

from 子句是 LINQ 查询语句中最基本也是最关键的子句，与 SQL 查询语句不同的是，from 关键字必须出现在 LINQ 查询语句的开始。后面跟着项目名称和数据源，示例代码如下：

```
var linqstr = from lq in str select lq;                          //form 子句
```

from 语句指定了项目名称和数据源，并且指定需要查询的内容，其中，项目名称作为数据源的一部分而存在，用于表示和描述数据源中的每个元素，而数据源可以是数组、集合、数据库甚至是 XML。

- where 条件子句

在 LINQ 中，可以使用 where 子句对数据源中的数据进行筛选。where 子句指定了筛选的条件，也就是说，在 where 子句中的代码段必须返回布尔值才能够进行数据源的筛选，示例代码如下：

```
var linqstr = from l in MyList where l.Length > 5 select l;          //where 子句
```

LINQ 查询语句可以包含一个或多个 where 子句，而每个 where 子句可以包含一个或多个布尔变量或表达式。

- select 选择子句

select 子句同 from 子句一样，是 LINQ 查询语句中必不可少的关键字，示例代码如下：

```
var linqstr = from lq in str select lq;                                   //选择子句
```

上述代码中包括 3 个变量，分别是 linqstr、lq、str。其中 str 是数据源，linqstr 是数据源中满足查询条件的集合，而 lq 也是一个集合，这个集合来自数据源。在 LINQ 查询语句中必须包含 select 子句，如果不包含 select 子句则系统会抛出异常(除特殊情况外)。select 语句指定了返回到集合变量中的元素是来自哪个数据源的。

● group 分组子句

在 LINQ 查询语句中，group 子句用于对 from 语句执行查询的结果进行分组，并返回分组后的对象序列。group 子句支持将数据源中的数据进行分组，但进行分组前，数据源必须支持分组操作才可使用 group 语句进行分组处理。

● orderby 排序子句

LINQ 语句不仅支持对数据源的查询和筛选，还支持排序操作以提取用户需要的信息。orderby 是一个词组，不能分开。示例查询语句如下：

```
var st = from s in inter where (s * s) % 2 == 0 orderby s descending select s;        //LINQ 条件查询
```

下面分别举例说明这几种形式的命令如何使用，数据库沿用第 7 章的 student 数据库。首先，在网站中新建一个名为 GridView.aspx 的页面，并在页面上添加一个 GridView 控件。如果要用到 LINQ 技术，就要用到 System.Data.Linq 和 System Linq，这两个引用有时需要手动添加，如图 10-4 和 10-5 所示。

在【解决方案资源管理器】中右击网站名称，从弹出的快捷菜单中选择【添加引用】命令，图 10-4 所示，在【.NET】选项卡中找到 System.Core 和 System.Data.Linq，选中后，单击【确定】按钮，如图 10-5 所示。

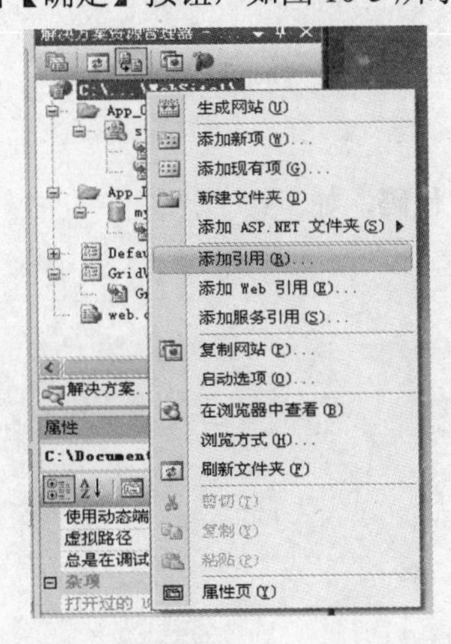

图 10-4　选择【添加引用】命令

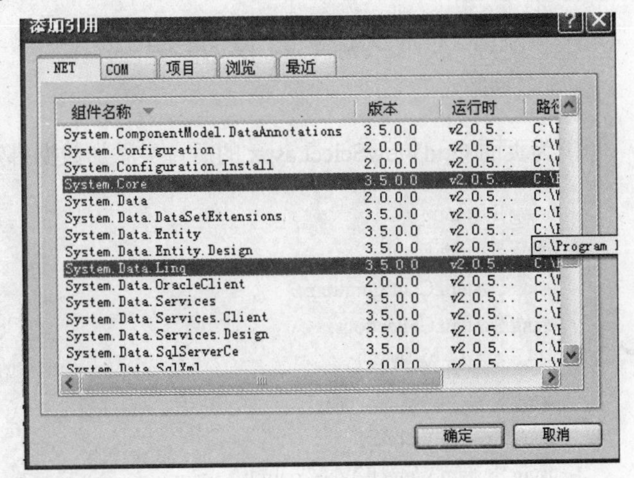

图 10-5　选中要添加的引用

1. 简单形式

【例 10-1】演示简单形式的查询。

主要查询语句如下：

```
GridView1.DataSource = from student in dcs
select student.name;
```

从 student 表中将所有学生姓名查询出来。

(1) 在 WebSite1 网站中新建一个名为 GridViewSelect.aspx 的 web 页，并在页面上添加控件，如图 10-6 所示。

Column0	Column1	Column2
abc	abc	abc
abc	abc	abc
abc	abc	abc
abc	abc	abc
abc	abc	abc

Label

图 10-6　GridViewSelect.aspx 设计页面

在页面中添加了如下控件：

- 一个 GridView：用于显示查询出的结果。
- 一个 Label：用于显示运行状态。

页面代码如下：

```
<div>
        <asp:GridView ID="GridView1" runat="server">
        </asp:GridView>
        <asp:Label ID="Label1" runat="server" Text="Label"></asp:Label><br />
    </div>
```

(2) 为页面 GridViewSelect.aspx 的后台类添加数据绑定代码，如下：

```
using System;
using System.Data;
using System.Configuration;
using System.Collections;
using System.Web;
using System.Web.Security;
using System.Web.UI;
using System.Web.UI.WebControls;
using System.Web.UI.WebControls.WebParts;
using System.Web.UI.HtmlControls;
using System.Data.SqlClient;
using System.Linq;
using System.Data.Linq;
public partial class adapter1 : System.Web.UI.Page
{
        protected void Page_Load(object sender, EventArgs e)
            {     //获取对象 DataContext 对象，指定连接
        string connstr =
ConfigurationManager.ConnectionStrings["ConnectionString"].ConnectionString;
        DataContext dc = new DataContext(connstr);
        //获取 student 表
```

```
Table<student> dcs = dc.GetTable<student>();
        //绑定到 GridView 控件
  GridView1.DataSource = from student in dcs
select student.name;
        GridView1.DataBind();
        //label 中显示运行状
        Label1.Text = "查找成功";
            }
}
```

(3) 程序运行效果如图 10-7 所示。

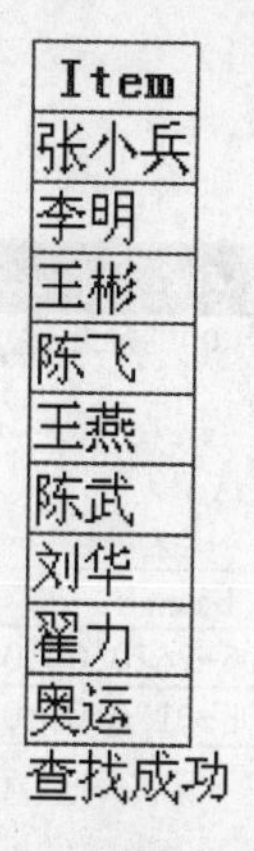

图 10-7　GridViewSelect.aspx 输出效果

2. 筛选形式

【例 10-2】演示筛选的查询数据库。

结合 where 子句的使用，起到过滤作用。主要语句如下：

```
GridView1.DataSource = from student in dcs
where student.address== "上海"
select student;
```

将地址是上海的学生筛选出来。

(1) 在 WebSite1 网站中新建一个名为 GridViewSelect_1.aspx 的 web 页，并在页面上添加控件(和 GridViewSelect.aspx 页面一样)。

(2) 为页面 GridViewSelect_1.aspx 的后台类添加数据绑定代码，如下：

```
using System.Linq;
using System.Data.Linq;
……
public partial class adapter1 : System.Web.UI.Page
{
    protected void Page_Load(object sender, EventArgs e)
    {    //获取对象 DataContext 对象，指定连接
```

```
            string connstr =
ConfigurationManager.ConnectionStrings["ConnectionString"].ConnectionString;
            DataContext dc = new DataContext(connstr);
            //获取 student 表
    Table<student> dcs = dc.GetTable<student>();
           //绑定到 GridView 控件
     GridView1.DataSource = from student in dcs where student.address== "上海" select student;
            GridView1.DataBind();
            //label 中显示运行状
            Label1.Text = "查找成功";
        }
    }
```

(3) 程序运行效果如图 10-8 所示。

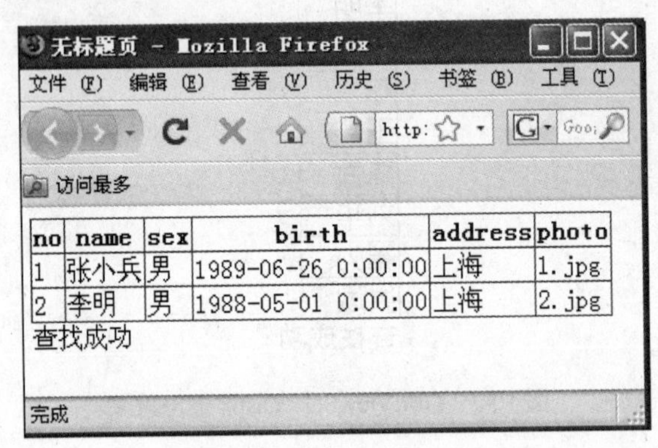

图 10-8　GridViewSelect_1.aspx 输出效果

3. Distinct 形式

【例 10-3】演示使用 Distinct。

语句描述：查询学生覆盖的城市：

```
GridView1.DataSource = (from student in dcs select student.address).Distinct();
```

(1) 在 WebSite1 网站中新建一个名为 GridViewSelect_2.aspx 的 web 页，并在页面上添加控件(和 GridViewSelect.aspx 页面一样)。

(2) 为页面 GridViewSelect_2.aspx 的后台类添加数据绑定代码，如下：

```
using System.Linq;
using System.Data.Linq;
……
public partial class adapter1 : System.Web.UI.Page
{
    protected void Page_Load(object sender, EventArgs e)
    {   //获取对象 DataContext 对象，指定连接
        string connstr =
```

```
ConfigurationManager.ConnectionStrings["ConnectionString"].ConnectionString;
                DataContext dc = new DataContext(connstr);
                //获取 student 表
        Table<student> dcs = dc.GetTable<student>();
              //绑定到 GridView 控件
            GridView1.DataSource = (from student in dcs select student.address).Distinct();
                GridView1.DataBind();
                //label 中显示运行状
                Label1.Text = "查找成功";
            }
        }
```

(3) 程序运行效果如图 10-9 所示。

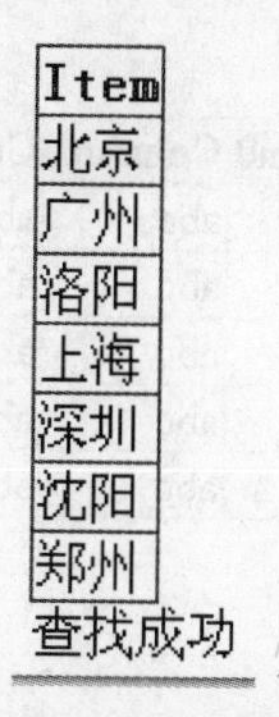

Item
北京
广州
洛阳
上海
深圳
沈阳
郑州
查找成功

图 10-9　GridViewSelect_2.aspx 输出效果

下面总结 LINQ to SQL 查询语句中常用的函数和关键字，如表 10-1 所示。

表 10-1　LINQ to SQL 查询语句中常用的函数和关键字

Where	过滤；延迟
Select	选择；延迟
Distinct	查询不重复的结果集；延迟
Count	返回集合中的元素个数，返回 INT 类型；不延迟
LongCount	返回集合中的元素个数，返回 LONG 类型；不延迟
Sum	返回集合中数值类型元素之和，集合应为 INT 类型集合；不延迟
Min	返回集合中元素的最小值；不延迟
Max	返回集合中元素的最大值；不延迟
Average	返回集合中的数值类型元素的平均值。集合应为数字类型集合，其返回值类型为 double；不延迟
Aggregate	根据输入的表达式获取聚合值；不延迟

数据库中的每个表如 student 表示为一个可借助 GetTable 方法(通过使用实体类来标识它)使用的 Table 集合。虽然数据连接已经确定并建立，但事实上，在一个查询执行之前，没有任何数据会被接收，这称为延迟执行，这种行为在很多时候将提高效率。LINQ to SQL 查询

仅仅在代码需要获取实际数据时才被执行。在那一时刻，一条相应的 SQL 命令被执行并且建立了相应的对象，它使查询能够很好地被评估并且仅当需要输出结果的情况下才执行 SQL 命令。如果当即执行将有大量的往返损耗与不必要的对象化的开销，浪费资源。

10.2.5　基本更改操作

LINQ to SQL 更改数据库和查询数据库数据一样简单，同样使用 DataContext 对象，可以使用标准方法添加、删除和修改。下面分别就更改数据库操作，举几个简单的例子。

1. 添加数据

【例 10-4】演示如何通过 LINQ to SQL 在数据库中添加数据。

(1) 在 WebSite1 网站中新建一个名为 GridViewInsert.aspx 的 web 页，并在页面上添加控件。页面设计如图 10-10 所示。

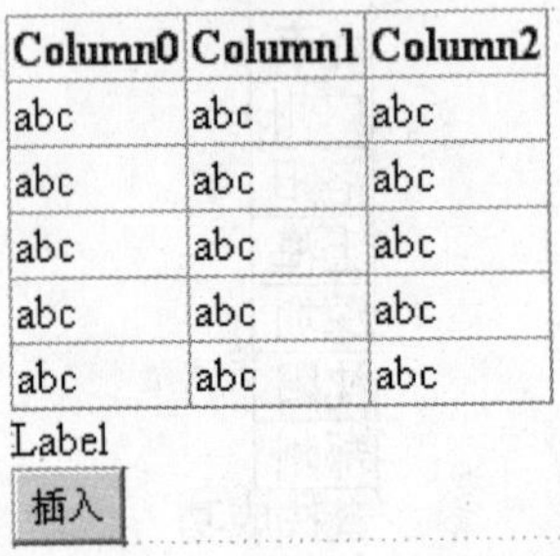

Column0	Column1	Column2
abc	abc	abc
abc	abc	abc
abc	abc	abc
abc	abc	abc
abc	abc	abc

Label

插入

图 10-10　GridViewInsert.aspx 设计页面

在页面中添加如下控件：

- 一个 GridView：用于显示查询和修改后的结果。
- 一个 Label|：用于显示运行状态。
- 一个 Button：用于单击发送添加数据的按钮。

页面代码如下：

```
<asp:GridView ID="GridView1" runat="server"> </asp:GridView>
<asp:Label ID="Label1" runat="server" Text="Label"></asp:Label><br />
<asp:Button ID="Button1" runat="server" OnClick="Button1_Click" Text="插入" />
```

(2) 为页面 GridViewInsert.aspx 的后台类添加数据绑定代码，如下：

```
using System;
using System.Data;
using System.Configuration;
using System.Collections;
using System.Web;
using System.Web.Security;
using System.Web.UI;
using System.Web.UI.WebControls;
using System.Web.UI.WebControls.WebParts;
```

```
using System.Web.UI.HtmlControls;
using System.Data.SqlClient;
using System.Linq;
using System.Data.Linq;
public partial class adapter1 : System.Web.UI.Page
{
            studnetDataContext sdc;
            //查询数据
             protected void Page_Load(object sender, EventArgs e)
            {
                  GridView1.DataSource = GetQuery();
                  GridView1.DataBind();
                  //label 中显示运行状
                  Label1.Text = "查找成功";
             }
             //查询数据库数据
        protected IQueryable<student> GetQuery()
        {
             sdc = new studnetDataContext();
             var query = from student in sdc.student select student;
             //label 中显示运行状
             Label1.Text = "插入成功";
             return query;
        }
        protected void Button1_Click(object sender, EventArgs e)
        {
             sdc = new studnetDataContext();
             student newstu = new student();
              newstu.address = "武汉";
              newstu.name = "小明";
               newstu.sex = "男";
              newstu.photo = "9.jpg";
              //这里使用 InsertOnSubmit 将新创建的对象添加到集合中
              sdc.student.InsertOnSubmit(newstu);
              //向数据库提交更改
              sdc.SubmitChanges();
              //再次绑定
              GridView1.DataSource =GetQuery();
              GridView1.DataBind();
             }
}
```

(3) 运行结果，图 10-11 为单击按钮前，数据库表 student 中的数据，图 10-12 为单击【插入】按钮后，修改数据库后的查询结果。

no	name	sex	birth	address	photo
1	张小兵	男	1989-06-26 0:00:00	上海	1.jpg
2	李明	男	1988-05-01 0:00:00	上海	2.jpg
3	王彬	男	1989-09-25 0:00:00	郑州	3.jpg
4	陈飞	男	1988-06-08 0:00:00	洛阳	4.jpg
5	王燕	女	1989-12-11 0:00:00	沈阳	5.jpg
6	陈武	男	1987-07-21 0:00:00	广州	6.jpg
7	刘华	女	1990-03-15 0:00:00	广州	7.jpg
8	翟力	女	1989-06-11 0:00:00	深圳	8.jpg
16	奥运		2008-08-08 0:00:00	北京	

查找成功

插入

图 10-11　修改前数据查询结果

no	name	sex	birth	address	photo
1	张小兵	男	1989-06-26 0:00:00	上海	1.jpg
2	李明	男	1988-05-01 0:00:00	上海	2.jpg
3	王彬	男	1989-09-25 0:00:00	郑州	3.jpg
4	陈飞	男	1988-06-08 0:00:00	洛阳	4.jpg
5	王燕	女	1989-12-11 0:00:00	沈阳	5.jpg
6	陈武	男	1987-07-21 0:00:00	广州	6.jpg
7	刘华	女	1990-03-15 0:00:00	广州	7.jpg
8	翟力	女	1989-06-11 0:00:00	深圳	8.jpg
16	奥运		2008-08-08 0:00:00	北京	
19	小明	男		武汉	9.jpg

插入成功

插入

图 10-12　修改后数据查询结果

图 10-12 比图 10-11 多了一行数据，说明数据插入成功。

2. 删除数据

【例 10-5】演示如何通过 LINQ to SQL 在数据库中删除数据。

(1) 在 WebSite1 网站中新建一个名为 GridViewDelete.aspx 的 web 页，并在页面上添加控件，布局如图 10-13 所示。

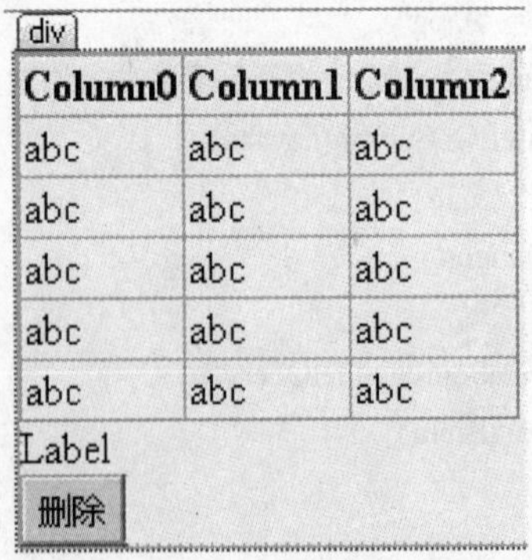

div

Column0	Column1	Column2
abc	abc	abc
abc	abc	abc
abc	abc	abc
abc	abc	abc
abc	abc	abc

Label

删除

图 10-13　GridViewSelect.aspx 设计页面

在页面中添加如下控件：

- 一个 GridView：用于显示查询和修改后的结果。
- 一个 Label：用于显示运行状态。
- 一个 Button：用于单击发送删除数据的按钮。

页面代码如下：

```
<asp:GridView ID="GridView1" runat="server"> </asp:GridView>
<asp:Label ID="Label1" runat="server" Text="Label"></asp:Label><br />
<asp:Button ID="Button1" runat="server" OnClick="Button1_Click" Text="删除" />
```

(2) 为页面 GridViewDelete.aspx 的后台类添加数据绑定代码，如下：

```
using System;
using System.Data;
using System.Configuration;
using System.Collections;
using System.Web;
using System.Web.Security;
using System.Web.UI;
using System.Web.UI.WebControls;
using System.Web.UI.WebControls.WebParts;
using System.Web.UI.HtmlControls;
using System.Data.SqlClient;
using System.Linq;
using System.Data.Linq;
public partial class adapter1 : System.Web.UI.Page
{
    studnetDataContext sdc;
    //查询数据
    protected void Page_Load(object sender, EventArgs e)
    {
        GridView1.DataSource = GetQuery();
        GridView1.DataBind();
        //label 中显示运行状
        Label1.Text = "查找成功";
    }
    //查询数据库数据
    protected IQueryable<student> GetQuery()
    {
        sdc = new studnetDataContext();
        var query = from student in sdc.student select student;
        //label 中显示运行状
        Label1.Text = "删除成功";
        return query;
    }
```

```
    protected void Button1_Click(object sender, EventArgs e)
    {
        sdc = new studnetDataContext();
        IQueryable<student> query = from student in sdc.student
                                    where student.address == "北京"
                                    select student;
         //这里使用 DeleteOnSubmit 对象删除
        foreach (student srod in query)
        {
            sdc.student.DeleteOnSubmit(srod);
        }
        //sdc.student.DeleteOnSubmit(query);
         //向数据库提交更改
         sdc.SubmitChanges();
         //再次绑定
         GridView1.DataSource =GetQuery();
         GridView1.DataBind();


    }
}
```

(3) 图 10-12 为单击按钮前，数据库表 student 中的数据(在【例 10-4】操作完基础上删除表中记录)，图 10-14 为单击【删除】按钮后，修改数据库后的查询结果。运行结果，是将地址为北京的学生的记录删除。

no	name	sex	birth	address	photo
1	张小兵	男	1989-06-26 0:00:00	上海	1.jpg
2	李明	男	1988-05-01 0:00:00	上海	2.jpg
3	王彬	男	1989-09-25 0:00:00	郑州	3.jpg
4	陈飞	男	1988-06-08 0:00:00	洛阳	4.jpg
5	王燕	女	1989-12-11 0:00:00	沈阳	5.jpg
6	陈武	男	1987-07-21 0:00:00	广州	6.jpg
7	刘华	女	1990-03-15 0:00:00	广州	7.jpg
8	翟力	女	1989-06-11 0:00:00	深圳	8.jpg
19	小明	男		武汉	9.jpg

删除成功

删除

图 10-14　删除后的数据查询记录

操作完后，将 no 为 16 的学生记录删除。

3. 修改数据

如要更改某一数据库项，首先要检索该项，然后直接在对象模型中编辑它。在修改了该对象之后，调用 DataContext 对象的 SubmitChanges 方法以更新数据库。

【例 10-6】演示如何通过 LINQ to SQL 在数据库中修改数据。

(1) 在 WebSite1 网站中新建一个名为 GridViewUpdate.aspx 的 web 页，并在页面上添加控件。在页面中添加了如下控件：

- 一个 GridView：用于显示查询和修改后的结果。
- 一个 Label：用于显示运行状态。
- 一个 Button：用于单击发送修改数据的按钮。

页面代码如下：

```
<asp:GridView ID="GridView1" runat="server"> </asp:GridView>
<asp:Label ID="Label1" runat="server" Text="Label"></asp:Label><br />
<asp:Button ID="Button1" runat="server" OnClick="Button1_Click" Text="修改" />
```

(2) 为页面 GridViewDelete.aspx 的后台类添加数据绑定代码，如下：

```
using System.Linq;
using System.Data.Linq;
……
public partial class adapter1 : System.Web.UI.Page
{

        studnetDataContext sdc;
        //查询数据
         protected void Page_Load(object sender, EventArgs e)
         {
         GridView1.DataSource = GetQuery();
         GridView1.DataBind();
         //label 中显示运行状
         Label1.Text = "查找成功";
    }
    //查询数据库数据
    protected IQueryable<student> GetQuery()
    {
        sdc = new studnetDataContext();
        var query = from student in sdc.student select student;
        //label 中显示运行状
        Label1.Text = "修改成功";
        return query;
    }
    protected void Button1_Click(object sender, EventArgs e)
    {
        sdc = new studnetDataContext();
      foreach (student srod in GetQuery())
        {
            if (srod.sex == "男") srod.sex = "M";
```

```
            else srod.sex = "F";
        }
        //向数据库提交更改
        sdc.SubmitChanges();
        //再次绑定
        GridView1.DataSource =GetQuery();
        GridView1.DataBind();
    }
}
```

(3) 图 10-14 为单击按钮前，数据库表 student 中的数据(在【例 10-5】操作完基础上修改表中记录)，图 10-15 为单击【修改】按钮后，修改数据库后的查询结果。运行结果，是将描述学生性别的字段男改为大写字母“M”代替，字段女用大写字母“F“代替。

no	name	sex	birth	address	photo
1	张小兵	M	1989-06-26 0:00:00	上海	1.jpg
2	李明	M	1988-05-01 0:00:00	上海	2.jpg
3	王彬	M	1989-09-25 0:00:00	郑州	3.jpg
4	陈飞	M	1988-06-08 0:00:00	洛阳	4.jpg
5	王燕	F	1989-12-11 0:00:00	沈阳	5.jpg
6	陈武	M	1987-07-21 0:00:00	广州	6.jpg
7	刘华	F	1990-03-15 0:00:00	广州	7.jpg
8	翟力	F	1989-06-11 0:00:00	深圳	8.jpg
19	小明	M		武汉	9.jpg

修改成功

修改

图 10-15　删除后的数据查询记录

操作完以后，将 sex 变为英文字母表示。

10.3　本 章 小 结

LINQ 通过扩展 C#和 Visual Basic 语法来允许本地语法(相比 SQL 或者 XPath 而言)进行内联查询。LINQ 没有取代现有的数据访问技术，而是扩充了现有的数据查询技术，使其更容易实现查询。本章首先介绍了 LINQ 的基本概念和几个主要的独立技术，接着讲解了如何将表生成实体类和对了解 DataContext 类，最后着重介绍了如何使用 LINQ to SQL，利用 LINQ 技术完成数据的基本查询、添加、删除和修改。

10.4　上 机 练 习

10.4.1　上机目的

熟悉 LINQ 技术，掌握 LINQ to SQL 进行对数据库的查询、插入、删除和修改。

10.4.2　上机内容和要求

(1) 新建名为“LinqToSql_ Exercise”的网站。

(2) 在网站中建立用于数据绑定的数据库(可参考本章使用的实例数据库 student，或直接使用第 7 章实验中的 MyDatabase_ Exercis)。

(3) 生成数据库表的实体类。

(4) 添加一个页面，用 LINQ to SQL 实现数据库的查询、插入、删除和修改。

第11章 开 发 实 例

在电子商务迅猛发展的今天，越来越多的企业认识到建立网站的必要性。网站是展示自己产品和提升企业形象的网络平台。但是，如何有效地发布产品信息、服务信息和企业信息，在各种资源调配上做到管理有序，这些都是对企业网络平台的重大挑战。

本章将介绍一个典型的企业网站。通过本章的学习，读者将对企业网站有一个系统认识。在此基础上，调研某一个企业的自身需求，便可以制作实用的企业网站。

本章的学习目标：

- 进一步熟悉 ASP.NET 编程技术
- 掌握 Web 控件使用方法
- 如何让 ADO.NET 编程更加简洁
- 熟悉网站的制作过程

11.1 系 统 设 计

结合中小企业的实际情况。在需求分析的基础上，给出如下设计：概念结构设计、数据库设计和功能设计。

11.1.1 需求分析

企业网站的栏目和功能各不相同。通过对中小企业的调查分析，开发小组认为中小企业网站主要的栏目和功能应该包括：

- 企业简介，让用户了解企业文化、理念、历史和规模；
- 联系方式，让用户可以及时与企业沟通；
- 企业新闻，让用户了解企业最新的活动、发展动态和优惠措施等；
- 产品与服务，介绍产品的图片、规格、型号、价格、功能等信息，介绍企业所提供的各项服务；
- 同时提供网站后台管理功能。

11.1.2 概念结构设计

系统的 E-R 图(图中省略了实体和联系的属性)如图 11-1 所示，每个实体及其属性如下：

新闻信息：流水号、新闻标题、新闻内容、新闻类别、添加时间、阅读次数；

新闻类别：流水号、新闻类别；

产品：流水号、产品名称、产品价格、产品图片、产品类别、产品介绍；

产品类别：流水号、产品类别；

用户：用户名、密码、真实姓名、电话、地址、邮编；

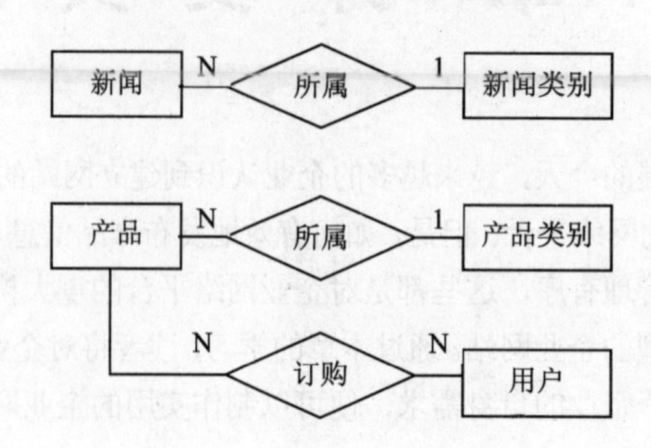

图 11-1　E-R 图

11.1.3　数据库设计

在图 11-1 所示的 E-R 图中，共有 5 个实体、一个多对多联系和两个一对多联系。由于每个实体可以用一张表表示，每个多对多联系可以用一张表表示，而一对多的联系不需要创建新表，所以，把 E-R 图可以转换成数据库的 6 张表。

这 6 张表分别是新闻信息表、新闻类别表、产品表、产品类别表、订单表和用户表。表的结构如表 11-1 至表 11-6 所示。

表 11-1　新闻信息表

列　名	数 据 类 型	长　度	说　明
流水号	Bigint	8	主键
新闻标题	Nvarchar	50	
新闻内容	Ntext	16	
新闻类别	Nvarchar	10	外键
添加时间	smalldatetime	4	
阅读次数	Int	4	默认为 0

表 11-2　新闻类别表

列　名	数 据 类 型	长　度	说　明
流水号	Bigint	8	主键
新闻类别	Nvarchar	50	

表 11-3　产品表

列　　名	数 据 类 型	长　　度	说　　明
流水号	Bigint	8	主键
产品名称	Nvarchar	50	
产品价格	Int	4	
产品图片	Varchar	50	图片文件名
产品类别	Varchar	10	外键
产品介绍	Ntext	16	

表 11-4　产品类别表

列　　名	数 据 类 型	长　　度	说　　明
流水号	Bigint	8	主键
产品类别	Nvarchar	10	

表 11-5　用户表

列　　名	数 据 类 型	长　　度	说　　明
用户名	Nvarchar	20	主键
密码	Nvarchar	10	
真实姓名	Nvarchar	50	
电话	Nvarchar	50	
地址	Nvarchar	50	
邮编	Nvarchar	6	
管理员标志	Bit	1	默认 0，表示一般用户

表 11-6　订单表

列　　名	数 据 类 型	长　　度	说　　明
流水号	Bigint	8	主键
产品流水号	Bigint	8	
订购数量	Int	4	
用户名	Nvarchar	20	
订购日期	Datetime	8	
处理标志	Bit	1	默认 0，表示未处理

11.1.4　功能设计

网站功能包括：产品、新闻、修改注册信息、联系我们、订购产品、产品管理、产品添加、新闻管理、新闻添加、订单管理等，如图 11-2 所示。

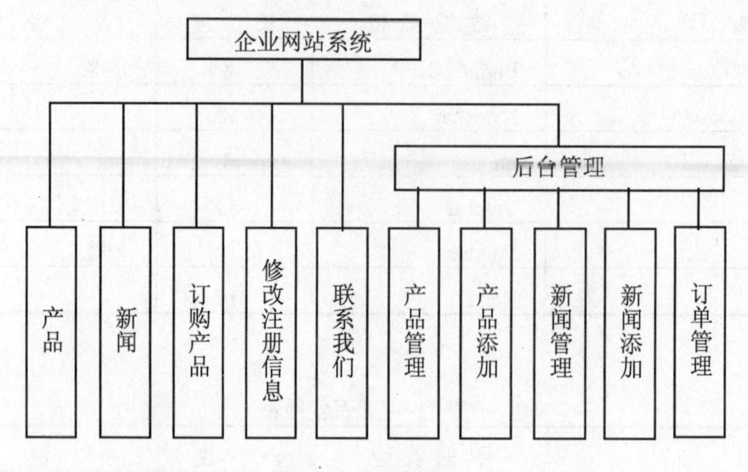

图 11-2　功能设计

11.2　程序设计

首先启动 VS 2008，新建网站。在【解决方案资源管理器】窗口中，用鼠标右键单击网站名，从弹出的快捷菜单中选择【添加新项】命令，在弹出的对话框中选择【SQL Server 数据库】模板，创建名称为“实例数据库.mdf”的数据库。最后，在数据库中建立表 11-1 至表 11-6 所示数据表。

下面详细介绍程序设计。

11.2.1　设置数据库连接信息

Web.Config 是 Web 应用程序或者网站的配置文件。虽然 Web.Config 也是个文本文件，但和网页有所不同，用户不能用浏览器浏览 Web.Config 文件。

每个访问数据库的网页都需要与数据库连接，如果把数据库连接信息放到每个网页中，那么修改数据库连接信息将非常烦琐。因此，通常把数据库连接信息放在 Web.Config 配置文件中。

在 Web.Config 配置文件中设置数据库连接信息，添加语句如下：

```
<connectionStrings>
<add name="ConnectionString" connectionString="Data Source=.\SQLEXPRESS;
AttachDbFilename=|DataDirectory|\实例数据库.MDF;Integrated
Security=True;UserInstance=True"/>
</connectionStrings>
```

对上述代码做几点说明：

(1) Data Source 表示 SQL Server 2005 服务器名称，“.\SQLEXPRESS”是本地 SQL Server

2005 Express 版默认的服务器名称。

(2) AttachDbFilename 表示数据库的路径和文件名；

(3) “|DataDirectory|”表示网站默认数据库路径。

11.2.2 访问数据库公共类

本节将编写一个 BaseClass.cs 类，负责数据库数据的操作。

1. BaseClass.cs 类的创建

在【解决方案资源管理器】窗口中，用鼠标右键单击网站名，从弹出的快捷菜单中选择【添加新项】命令，在弹出的对话框中选择【类】模板，更改名称为“BaseClass .cs”，如图 11-3 所示。

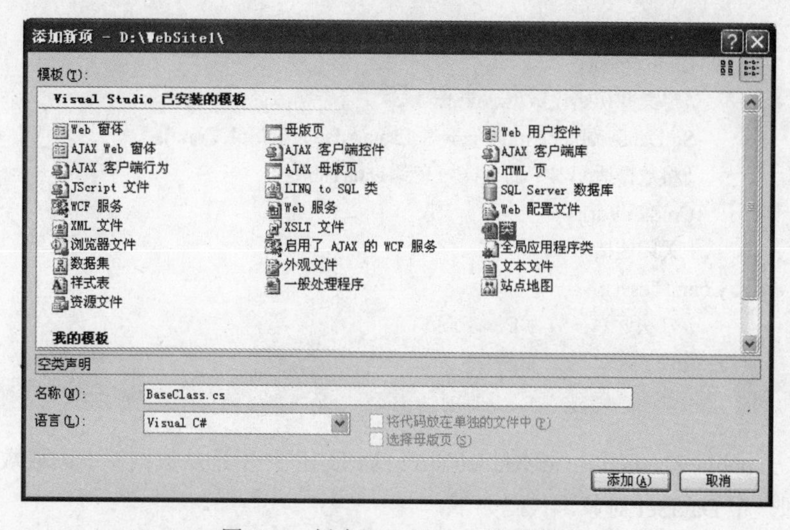

图 11-3　创建 BaseClass.cs 类对话框

2. BaseClass.cs 的主要代码及其解释

(1) BaseClass 类被包含在 GROUP.Manage 命名空间中，以后需要使用 BaseClass 类的页面，必须在页面开头使用 using GROUP.Manage 语句引用该命名空间。BaseClass 类的类结构代码如下：

```
namespace GROUP.Manage
{ //命名空间开始
    public class BaseClass: System.Web.UI.Page
{ //类定义开始
            String strConn; //类变量
            public BaseClass()  //构造函数
        {
            //在构造函数中，取数据库连接串
strConn = ConfigurationManager.ConnectionStrings["ConnectionString"].ConnectionString;
            }
```

```
            …几个方法的定义
        } //类定义结束
    } //命名空间结束
```

(2) 方法 public DataTable ReadTable(String strSql)用来从数据库中读取数据，并返回一个 DataTable 对象，代码如下：

```
public DataTable ReadTable(String strSql)
{
    //创建一个 DataTable
    DataTable dt=new DataTable();
    //定义新的数据连接控件并初始化
    SqlConnection Conn = new SqlConnection(strConn);
    //打开连接
    Conn.Open();
    //定义并初始化数据适配器
    SqlDataAdapter Cmd = new SqlDataAdapter(strSql, Conn);
    //将数据适配器中的数据填充到 DataTable 中
    Cmd.Fill(dt);
    //关闭连接
    Conn.Close();
    //方法返回参数为 DataTable
    return dt;
}
```

(3) 方法 public DataSet ReadDataSet(String strSql)也是用来从数据库中读取数据，所不同的是它返回一个 DataSet 对象，代码如下：

```
public DataSet ReadDataSet(String strSql)
{
    //创建一个数据集 DataSet
    DataSet ds=new DataSet();
    //定义新的数据连接控件并初始化
    SqlConnection Conn = new SqlConnection(strConn);
    //打开连接
    Conn.Open();
    //定义并初始化数据适配器
    SqlDataAdapter Cmd = new SqlDataAdapter(strSql, Conn);
    //将数据填充到数据集 DataSet 中
    Cmd.Fill(ds);
    //关闭连接
    Conn.Close();
    //方法返回参数为 DataSet
    return ds;
}
```

(4) 方法 public DataSet GetDataSet(String strSql, String tableName)和 ReadDataSet 几乎完全相同，只是多了一个 tableName 参数，代码如下：

```
public DataSet GetDataSet(String strSql, String tableName)
{
        //创建一个数据集 DataSet
        DataSet ds = new DataSet();
        //定义新的数据连接控件并初始化
        SqlConnection Conn = new SqlConnection(strConn);
        //打开连接
        Conn.Open();
        //定义并初始化数据适配器
        SqlDataAdapter Cmd = new SqlDataAdapter(strSql, Conn);
        //将数据填充到数据集 DataSet 中
        Cmd.Fill(ds, tableName);
    //关闭连接
        Conn.Close();
        //方法返回参数为 DataSet
        return ds;
}
```

(5) 方法 public SqlDataReader readrow(String sql)用来执行 SQL 查询，并返回一个 Reader 对象，代码如下：

```
public SqlDataReader readrow(String sql)
{
      //连接数据库
        SqlConnection Conn = new SqlConnection(strConn);
        Conn.Open();
        //定义并初始化 Command 控件
        SqlCommand Comm = new SqlCommand(sql, Conn);
        //创建 Reader 控件，并添加数据记录
        SqlDataReader Reader = Comm.ExecuteReader();
        //如果 Reader 不为空,返回 Reader，否则返回 null
        if (Reader.Read())
    {
            Comm.Dispose();
            return Reader;
    }
    else
    {
            Comm.Dispose();
        return null;
    }
}
```

(6) 方法 public string Readstr(String strSql, int flag)返回查询结果第一行某一个字段的值，代码如下：

```
public string Readstr(String strSql, int flag)
{
//创建一个数据集 DataSet
DataSet ds=new DataSet();
String str;
    //定义新的数据连接控件并初始化
    SqlConnection Conn = new SqlConnection(strConn);
    //打开连接
    Conn.Open();
    //定义并初始化数据适配器
    SqlDataAdapter Cmd = new SqlDataAdapter(strSql, Conn);
    //将数据填充到数据集 DataSet 中
    Cmd.Fill(ds);
    // 取出 DataSet 中第一行第“flag”列的数据
  str=ds.Tables[0].Rows[0].ItemArray[flag].ToString();
//关闭连接
Conn.Close();
    //返回数据
  return str;
  }
```

(7) 方法 public void execsql(String strSql)用来执行 SQL 更新语句，代码如下：

```
 public void execsql(String strSql)
 {
//定义新的数据连接控件并初始化
    SqlConnection Conn = new SqlConnection(strConn);
//定义并初始化 Command 控件
    SqlCommand Comm = new SqlCommand(strSql, Conn);
    //打开连接
Conn.Open();
//执行命令
Comm.ExecuteNonQuery();
//关闭连接
  Conn.Close();
 }
```

11.2.3　母版页

添加母版页，名称为“MasterPage.master”。在母版页中添加一个 ScriptManager 控件，这是非常重要的。因为很多页面都用到了 ASP.NET AJAX 无页面刷新技术，直接把该控件放到母版页中，其他用到该母版页的页面就不需要单独添加 ScriptManager 控件了。

母版页上有几个主要的 div，分别设置标题图片、导航、内容和底部信息。新建一个样式文件 StyleSheet.css，定义网站的主要样式。母版页设计的最终效果如图 11-4 所示。

部分 HTML 代码如下：

```
<asp:ScriptManager ID="ScriptManager1" runat="server">
</asp:ScriptManager>
<div id="maindiv">
<div id="HeadDiv"> <br /> <br /> <br /> <br /> <br />
    您是第<strong style="font-size: 14pt; color: #ffcc66;"><%=Application["counter"]%></strong>
位访问者！ <br />  </div>
<div id="MenuDiv">
    | <asp:HyperLink ID="HyperLink2" runat="server" NavigateUrl="~/Default.aspx">首页
      </asp:HyperLink>
    | <asp:HyperLink ID="HyperLink3" runat="server" NavigateUrl="~/about.aspx">关于公司
      </asp:HyperLink>
    | <asp:HyperLink ID="HyperLink4" runat="server" NavigateUrl="~/shownews.aspx?id=%">
新闻
        </asp:HyperLink>
    | <asp:HyperLink ID="HyperLink5" runat="server" NavigateUrl="~/showpros.aspx?id=%">产
品
        </asp:HyperLink>
    | <asp:HyperLink ID="HyperLink6" runat="server" NavigateUrl="~/address.aspx">联系我们
        </asp:HyperLink> |  </div>
<div id="ContentDiv" style="background-color: #ffffff;">

    <asp:ContentPlaceHolder ID="ContentPlaceHolder1" runat="server">
    </asp:ContentPlaceHolder>      </div>
    <div id="EndimageDiv">    </div>
     <div id="EndDiv">
        <asp:HyperLink ID="HyperLink1" runat="server" NavigateUrl="~/admin_default.aspx"
Target="_blank">管理入口</asp:HyperLink><br />
                CopyRight &copy; 2008-2009 xingkongsoft All Right Reserved.<br />
                星空软件研究室 版权所有 E-mail:xingkongsoft@163.com
       </div>
  </div>
```

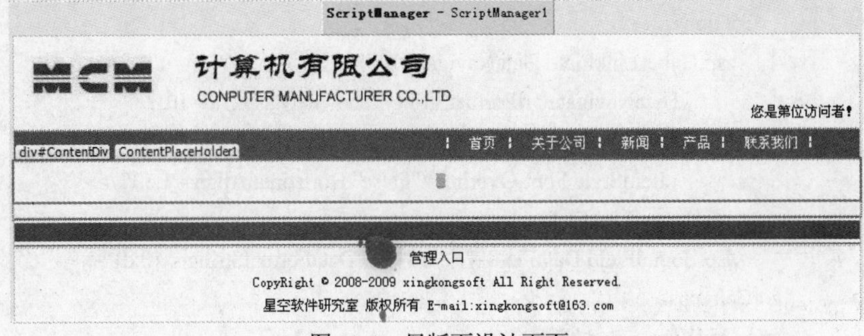

图 11-4　母版页设计页面

该网站只设计一个母版页，在实际工作中，也可以根据需要为不同的栏目设计各自的母版页，展现不同的栏目个性。

11.2.4　默认主页

该网站的默认主页 Default.aspx 如图 11-5 所示。

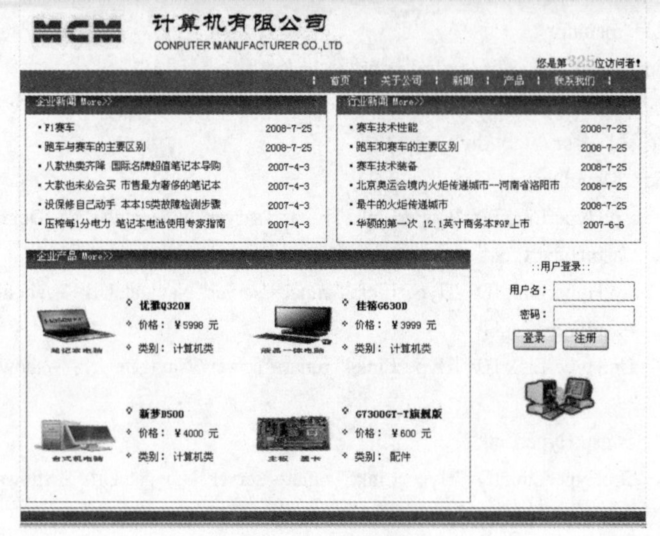

图 11-5　默认主页

1. Default.aspx 的 HTML 主要代码

Default.aspx 的主要控件包括：用于显示行业和企业新闻的两个 GridView 控件，一个展现企业产品的 DataList 控件，还有用于用户登录和注册的用户控件。主要代码如下：

```
<div    class="divtabletop" style="width: 356px;height: 19px" > ::企业新闻
    <asp:HyperLink ID="HyperLink3" runat="server" NavigateUrl="shownews.aspx?id=企业新闻
        ">More>></asp:HyperLink></div>
<div   class="divtablebody"   style="width: 356px; height: 135px">
    <asp:GridView ID="GridView1" runat="server" Height="131px" PageSize="6"
ShowHeader="False"
        Width="336px" GridLines="None" AutoGenerateColumns="False"
        Font-Overline="False" CssClass="font" Font-Italic="False">
        <Columns>
            <asp:HyperLinkField DataNavigateUrlFields="流水号"
                DataNavigateUrlFormatString="shownew.aspx?id={0}"
                DataTextField="新闻标题" DataTextFormatString="&#183;{0}">
                <ItemStyle Font-Overline="False" HorizontalAlign="Left" />
            </asp:HyperLinkField>
            <asp:BoundField DataField="添加时间" DataFormatString="{0:d}" />
        </Columns>
    </asp:GridView>     </div>
```

```
...
<div    class="divtabletop" style="width: 357px;height:19px" >::行业新闻
        <asp:HyperLink ID="HyperLink2" runat="server" NavigateUrl="shownews.aspx?id=业内
新闻
                ">More>></asp:HyperLink> </div>
<div class="divtablebody"    style="width: 357px;height:135px" >
          <asp:GridView ID="GridView2" runat="server" Height="131px" PageSize="6"
               ShowHeader="False" Width="336px" GridLines="None"
AutoGenerateColumns="False"
                CssClass="font">
            <Columns>
                <asp:HyperLinkField DataNavigateUrlFields="流水号"
                        DataNavigateUrlFormatString="shownew.aspx?id={0}"
                        DataTextField="新闻标题" DataTextFormatString="&#183;{0}">
                        <ItemStyle Font-Overline="False" HorizontalAlign="Left" />
                </asp:HyperLinkField>
                <asp:BoundField DataField="添加时间" DataFormatString="{0:d}" />
            </Columns>
          </asp:GridView>    </div>
    ...
<div class="divtabletop" style="width:524px; height: 19px" >::企业产品
      <asp:HyperLink ID="HyperLink1" runat="server"
NavigateUrl="showpros.aspx?id=%">More>>
      </asp:HyperLink>   </div>
<div    class="divtablebody" style="width:524px;height: 265px" >
      <asp:DataList ID="DataList1" runat="server" Height="248px" RepeatColumns="2"
         RepeatDirection="Horizontal"    Width="512px" Font-Names="宋体" Font-Size="12px">
         <ItemTemplate>
         <table border="0" cellpadding="0" cellspacing="0" style="font-size: 12px; font-family: 宋
体" >
         <tr> <td align="center" rowspan="2" valign="middle" >
          <a href='showpro.aspx?id=<%# DataBinder.Eval(Container.DataItem, "流水号")%> '>
          <img height="60" src='image/<%# DataBinder.Eval(Container.DataItem, "产品图片")%>'
           width="100" style="border-top-style: none; border-right-style: none; border-left-style:
none;
               border-bottom-style: none" alt="a" /></a></td>
        <td valign="middle" style="width: 150px; height: 22px;" align="left">
         <img height="15" src="image/dot_1.gif" style="width: 25px" alt="d" /><a
          href='showpro.aspx?id=<%# DataBinder.Eval(Container.DataItem, "流水号")%>
'><strong><%# DataBinder.Eval(Container.DataItem, "产品名称")%></strong></a></td> </tr>
        <tr>    <td style="width: 150px; height: 53px" align="left">
        <img height="11" src="image/dot_1.gif" width="24" alt="b" />价格：   ￥<%#
          DataBinder.Eval(Container.DataItem, "产品价格")%>  元<br /> <br />
          <img height="11" src="image/dot_1.gif" width="24" alt="c" />类别：
```

```
            <a href='showpros.aspx?id=<%# DataBinder.Eval(Container.DataItem, "产品类别")%>'>
            <%# DataBinder.Eval(Container.DataItem, "产品类别")%> </a> </td> </tr>
        </table>
    </ItemTemplate>
</asp:DataList> </div>
    ...
<uc1:Userlogin id="Userlogin1_1" runat="server"></uc1:Userlogin>
```

2. Default.aspx.cs 的主要代码及其解释

(1) 创建公共类 BaseClass 的实例对象，目的是使用操作数据库的方法。

```
BaseClass BaseClass1 = new BaseClass();
```

(2) 每次加载时显示企业新闻、业内新闻和产品信息。

```
protected void Page_Load(object sender, EventArgs e)
{
    string strsql;
    //定义查询企业新闻 SQL 语句，返回前 6 条记录
    strsql = "SELECT top 6 流水号,新闻标题,添加时间  FROM 新闻信息 where 新闻类别='
企业新闻' order by 流水号 desc ";
    //把结果返回到 DataTable 中
    DataTable dt = BaseClass1.ReadTable(strsql);
    //指定 GridView 数据源
    GridView1.DataSource = dt;
    // GridView 显示数据
    GridView1.DataBind();
    //定义查询业内新闻 SQL 语句，返回前 6 条记录
    strsql = "SELECT top 6 流水号,新闻标题,添加时间  FROM 新闻信息 where 新闻类别='
业内新闻' order by 流水号 desc ";
    //把结果返回到 DataTable 中
    dt = BaseClass1.ReadTable(strsql);
    //指定 GridView 数据源
    GridView2.DataSource = dt;
    // GridView 显示数据
    GridView2.DataBind();
    //定义查询产品信息 SQL 语句，返回前 4 条记录
    strsql = "select top 4 * from 产品 order by 流水号 ";
    //把结果返回到 DataTable 中
    dt = BaseClass1.ReadTable(strsql);
    //指定 GridView 数据源
    DataList1.DataSource = dt;
    // GridView 显示数据
    DataList1.DataBind();
}
```

11.2.5　新闻列表

单击图 11-5 所示窗口中的企业新闻或者业内新闻的【More>>】链接，进入 shownews.aspx 页面，显示全部的企业新闻或者业内新闻，效果如图 11-6 所示。

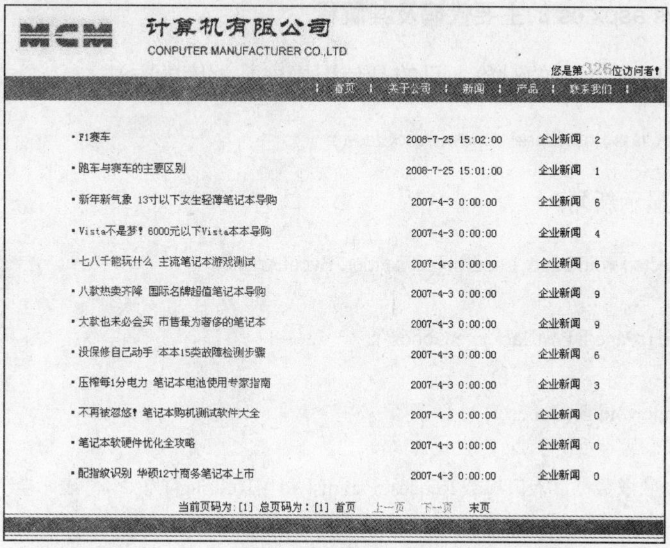

图 11-6　新闻列表

1. shownews.aspx 的 HTML 主要代码

页面使用 GridView 控件显示新闻列表。

```
        <asp:GridView ID="GridView1" runat="server" AutoGenerateColumns="False" GridLines="None"
                Height="121px" PageSize="6" ShowHeader="False" Width="452px">
        <Columns>
          <asp:HyperLinkField DataNavigateUrlFields="流水号"
              DataNavigateUrlFormatString="shownew.aspx?id={0}"
              DataTextField="新闻标题" DataTextFormatString="&#183;{0}" HeaderText="新闻标题">
                <ItemStyle Font-Overline="False" HorizontalAlign="Left" />
          </asp:HyperLinkField>
          <asp:BoundField DataField="添加时间" HeaderText="添加时间" />
          <asp:BoundField DataField="新闻类别" HeaderText="新闻类别" />
          <asp:BoundField DataField="阅读次数" HeaderText="阅读次数" />
        </Columns>
        </asp:GridView> <br />
        当前页码为:[<asp:Label ID="LabelPage" runat="server" Text="1"></asp:Label>] 总页码
为：[<asp:Label ID="LabelTotalPage" runat="server" Text=""></asp:Label>]
        <asp:LinkButton   ID="LinkButtonFirst" runat="server" OnClick="LinkButtonFirst_Click">首页
</asp:LinkButton>  
        <asp:LinkButton   ID="LinkButtonPrev" runat="server" OnClick="LinkButtonPrev_Click">上一
页</asp:LinkButton>  
        <asp:LinkButton   ID="LinkButtonNext" runat="server" OnClick="LinkButtonNext_Click">下一
```

```
页</asp:LinkButton>  
            <asp:LinkButton   ID="LinkButtonLast" runat="server" OnClick="LinkButtonLast_Click">末页
</asp:LinkButton>
```

2. shownews.aspx.cs 的主要代码及其解释

创建公共类 BaseClass 的对象，目的是使用操作数据库的方法。

```
            BaseClass BaseClass1 = new BaseClass();
```

每次加载时显示新闻。

```
            protected void Page_Load(object sender, EventArgs e)
            {
                if (!Page.IsPostBack) getGoods();
            }
            private void getGoods()
            {
                //获取数据，入口参数 Request.Params["id"].ToString()为“%”表示全部新闻，为“业内新
闻”表示行业新闻，为“企业新闻”表示企业新闻
                string strsql = "select   * from  新闻信息  where  新闻类别  like '" +
Request.Params["id"].ToString() + "' order by   流水号  desc";
                DataTable dt = BaseClass1.ReadTable(strsql);
                //实现分页
                PagedDataSource objPds = new PagedDataSource();
                objPds.DataSource = dt.DefaultView;
                objPds.AllowPaging = true;
                objPds.PageSize = 12;
                int CurPage = Convert.ToInt32(this.LabelPage.Text);
                objPds.CurrentPageIndex = CurPage - 1;
                if (objPds.CurrentPageIndex < 0)
                {
                    objPds.CurrentPageIndex = 0;
                }
                //只有一页时禁用上页、下页按钮
                if (objPds.PageCount == 1)
                {
                    LinkButtonPrev.Enabled = false;
                    LinkButtonNext.Enabled = false;
                }
                else//多页时
                {
                    //为第一页时
                    if (CurPage == 1)
                    {
                        LinkButtonPrev.Enabled = false;
```

```
                LinkButtonNext.Enabled = true;
            }
            //是最后一页时
            if (CurPage == objPds.PageCount)
            {
                LinkButtonPrev.Enabled = true;
                LinkButtonNext.Enabled = false;
            }
        }
        this.LabelTotalPage.Text = Convert.ToString(objPds.PageCount);
        GridView1.DataSource = objPds;
        GridView1.DataBind();
    }
    //首页
    protected void LinkButtonFirst_Click(object sender, EventArgs e)
    {
        this.LabelPage.Text = "1";
        getGoods();
    }
    //上一页
    protected void LinkButtonPrev_Click(object sender, EventArgs e)
    {
        this.LabelPage.Text = Convert.ToString(int.Parse(this.LabelPage.Text) - 1);
        getGoods();
    }
    //下一页
    protected void LinkButtonNext_Click(object sender, EventArgs e)
    {
        this.LabelPage.Text = Convert.ToString(int.Parse(this.LabelPage.Text) + 1); ;
        getGoods();
    }
    //末页
    protected void LinkButtonLast_Click(object sender, EventArgs e)
    {
        this.LabelPage.Text = this.LabelTotalPage.Text;
        getGoods();
    }
```

11.2.6 产品列表

单击图 11-5 所示窗口中企业产品栏目的【More>>】链接，进入 showpros.aspx 页面。产品列表效果如图 11-7 所示。

图 11-7　产品列表页面

1. showpros.aspx 的 HTML 主要代码

页面使用 DataList 控件显示产品列表。

```
<asp:DataList ID="DataList1" runat="server" Height="200px"
            OnSelectedIndexChanged="DataList1_SelectedIndexChanged1"
            RepeatColumns="2" RepeatDirection="Horizontal" Width="532px">
    <ItemTemplate>
    <table border="0" cellpadding="0" cellspacing="0">
     <tr> <td align="center" rowspan="2" valign="middle">
     <a href='showpro.aspx?id=<%# DataBinder.Eval(Container.DataItem, "流水号")%> '>
     <img alt="a" height="60" src='image/<%# DataBinder.Eval(Container.DataItem, "产品图片")%>'
style="border-top-style: none; border-right-style: none; border-left-style: none;   border-bottom-style: none"
width="100" /></a></td>
     <td align="left" style="width: 150px; height: 22px;" valign="middle">
     <img alt="d" height="15" src="image/dot_1.gif" style="width: 25px" /><a
href='showpro.aspx?id=<%# DataBinder.Eval(Container.DataItem, "流水号")%> '><strong><%#
DataBinder.Eval(Container.DataItem, "产品名称")%></strong></a></td> </tr>
    <tr> <td align="left" style="width: 150px; height: 53px">
     <img alt="b" height="11" src="image/dot_1.gif" width="24" />价格：  ￥<%#
DataBinder.Eval(Container.DataItem, "产品价格")%>元<br />
    <img alt="c" height="11" src="image/dot_1.gif" width="24" />类别：
    <a href='showpros.aspx?id=<%# DataBinder.Eval(Container.DataItem, "产品类别")%>'>
         <%# DataBinder.Eval(Container.DataItem, "产品类别")%> </a> </td> </tr>
    </table>
    </ItemTemplate>
    </asp:DataList><br />
    当前页码为:[<asp:Label ID="LabelPage" runat="server" Text="1"></asp:Label>] 总页码
```

```
为：[<asp:Label ID="LabelTotalPage" runat="server" Text=""></asp:Label>]
        <asp:LinkButton  ID="LinkButtonFirst" runat="server" OnClick="LinkButtonFirst_Click">首页
</asp:LinkButton>  
        <asp:LinkButton  ID="LinkButtonPrev" runat="server" OnClick="LinkButtonPrev_Click">上一
页</asp:LinkButton>  
        <asp:LinkButton  ID="LinkButtonNext" runat="server" OnClick="LinkButtonNext_Click">下一
页</asp:LinkButton>  
        <asp:LinkButton  ID="LinkButtonLast" runat="server" OnClick="LinkButtonLast_Click">末页
</asp:LinkButton>
```

2. showpros.aspx.cs 的主要代码及其解释

创建公共类 BaseClass 的对象，目的是使用操作数据库的方法。

```
        BaseClass BaseClass1 = new BaseClass();
```

每次加载时显示新闻。

```
        protected void Page_Load(object sender, EventArgs e)
        {
            if (!Page.IsPostBack) getGoods();
        }
        private void getGoods()
        {
            //获取数据 入口参数 Request.Params["id"].ToString()为"%"表示全部产品，否则为具体
类型
            string strsql = "select  * from 产品 where 产品类别 like '" + Request.Params["id"].ToString()
+ "' order by  流水号";
            DataTable dt = BaseClass1.ReadTable(strsql);
            //实现分页
            PagedDataSource objPds = new PagedDataSource();
            objPds.DataSource = dt.DefaultView;
            objPds.AllowPaging = true;
            objPds.PageSize =8;
            int CurPage = Convert.ToInt32(this.LabelPage.Text);
            objPds.CurrentPageIndex = CurPage - 1;
            if (objPds.CurrentPageIndex < 0)
            {
                objPds.CurrentPageIndex = 0;
            }
            //只有一页时禁用上页、下页按钮
            if (objPds.PageCount == 1)
            {
                LinkButtonPrev.Enabled = false;
                LinkButtonNext.Enabled = false;
            }
```

```
        else//多页时
        {
            //为第一页时
            if (CurPage == 1)
            {
                LinkButtonPrev.Enabled = false;
                LinkButtonNext.Enabled = true;
            }
            //是最后一页时
            if (CurPage == objPds.PageCount)
            {
                LinkButtonPrev.Enabled = true;
                LinkButtonNext.Enabled = false;
            }
        }
        this.LabelTotalPage.Text = Convert.ToString(objPds.PageCount);
        DataList1.DataSource = objPds;
        DataList1.DataBind();
    }
    //首页
    protected void LinkButtonFirst_Click(object sender, EventArgs e)
    {
        this.LabelPage.Text = "1";
        getGoods();
    }
    //上一页
    protected void LinkButtonPrev_Click(object sender, EventArgs e)
    {
        this.LabelPage.Text = Convert.ToString(int.Parse(this.LabelPage.Text) - 1);
        getGoods();
    }
    //下一页
    protected void LinkButtonNext_Click(object sender, EventArgs e)
    {
        this.LabelPage.Text = Convert.ToString(int.Parse(this.LabelPage.Text) + 1); ;
        getGoods();
    }
    //末页
    protected void LinkButtonLast_Click(object sender, EventArgs e)
    {
        this.LabelPage.Text = this.LabelTotalPage.Text;
        getGoods();
    }
```

11.2.7　用户登录用户控件

为方便起见，将用户登录对话框做成了用户控件，如图 11-8 所示。用户登录后出现右边的信息，系统为注册用户提供了订单管理等功能。

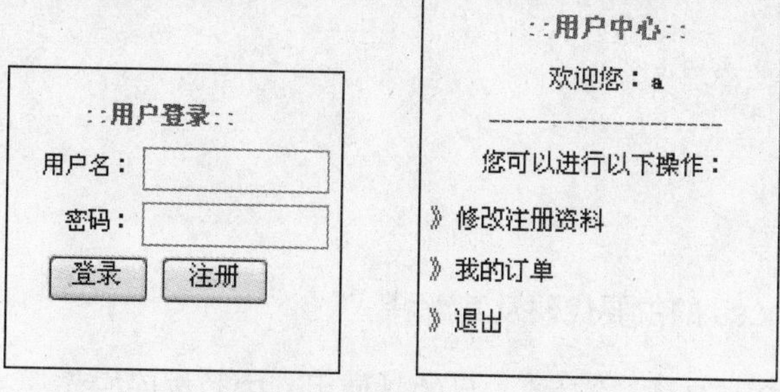

图 11-8　用户登录对话框

1. Userlogin.ascx 的 HTML 主要代码

该用户控件采用了上下两个 div 层，分别存放如图 11-8 所示的左边和右边的信息。通过 div 的 Visible 属性控制显示内容。

```
<div id="div1" runat="server"   style="width: 100%; height: 100px;">
<table style="font-size: 12px; font-family: 宋体;">
  <tr> <td colspan="2" style="width: 180px; height: 21px;" align="center"> ::用户登录::</td>
</tr>
  <tr> <td style="width: 80px" align="right"> 用户名：</td>
       <td style="width: 83px"> <asp:TextBox ID="TextBox1" runat="server"
Width="90"></asp:TextBox></td> </tr>
  <tr> <td style="width: 80px" align="right">  密码：</td>
       <td style="width: 83px"> <asp:TextBox ID="TextBox2" runat="server" Width="90"
TextMode="Password"></asp:TextBox></td> </tr>
  <tr> <td style="width: 180px" colspan="2" align="center">
       <asp:Button ID="Button1" runat="server" Text="登录" Width="53px"
OnClick="Button1_Click" />
       <asp:Button ID="Button2" runat="server" Text="注册" Width="56px"
OnClick="Button2_Click" /></td> </tr>
</table>
</div>
<div id="div2" runat="server"   style="width: 100%; height: 130px; ">
  <table style="width: 100% ;font-size: 12px; font-family: 宋体;">
  <tr> <td style="width: 180px" align="center"> ::用户中心::</td>   </tr>
  <tr> <td style="width: 180px; height: 55px;" align="center"> 欢迎您：<asp:Label ID="Label1"
runat="server">Label</asp:Label><br /> <br />  您可以进行以下操作：</td>   </tr>
  <tr> <td style="width: 120px; height: 89px; text-align: center; " align="center">
       <table style="font-size: 12px; font-family: 宋体;">
       <tr> <td style="width: 120px" align="left"> 》<a href="useredit.aspx">修改注册资料
</a></td>
```

```
            </tr>
            <tr> <td style="width: 120px; height: 20px;" align="left"> 》 <a href="userorder.aspx">我
的订单</a></td> </tr>
            <tr> <td style="width: 120px; height: 20px;" align="left"> 》 <a href="exit.aspx">退出
</a></td>
        </tr> </table>
        </td> </tr>
    </table>
    </div>
```

2. Userlogin.ascx.cs 的主要代码及其解释

(1) 创建公共类 BaseClass 的对象，目的是使用其中数据库操作的方法。

```
BaseClass BaseClass1 = new BaseClass();
```

(2) 加载时判断用户是否登录，决定显示如图 11-8 所示左边还是右边的信息。

```
protected void Page_Load(object sender, EventArgs e)
{
    div1.Visible = false;
    div2.Visible = false;
    if (Session["name"] != null)
    {
        Label1.Text = Session["name"].ToString();
        div2.Visible = true;
    }
    else
    {
        div1.Visible = true;
    }
}
```

(3) 单击【登录】按钮触发 Button1_Click 事件，添加如下代码。

```
protected void Button1_Click(object sender, EventArgs e)
{
    //管理员标志=0，表示普通用户。管理员标志=1，表示管理员。
    string strsql = "select * from 用户 where 管理员标志=0 and 用户名 ='" + TextBox1.Text +
"' and 密码 ='" + TextBox2.Text + "'";
    DataSet ds = new DataSet();
    ds = BaseClass1.GetDataSet(strsql, "username");
    if (ds.Tables["username"].Rows.Count == 0)
    {
        string scriptString = "alert('" + "用户名不存在或密码错误，请确认后再登录！" + "');";
        Page.ClientScript.RegisterClientScriptBlock(this.GetType(), "warning", scriptString,
```

```
true);
        }
        else
        {
                Session["name"] = TextBox1.Text;
                Label1.Text = "<b>" + Session["name"].ToString() + "</b>";
                div1.Visible = false;
                div2.Visible = true;
        }
}
```

(4) 单击【注册】按钮触发 Button2_Click 事件，添加如下代码。

```
protected void Button2_Click(object sender, EventArgs e)
{
        Response.Write("<script>window.location='userreg.aspx';</script>");
}
```

11.2.8 用户注册页面

单击如图 11-8 所示用户登录对话框中的【注册】按钮，进入注册用户信息页面，如图 11-9 所示。

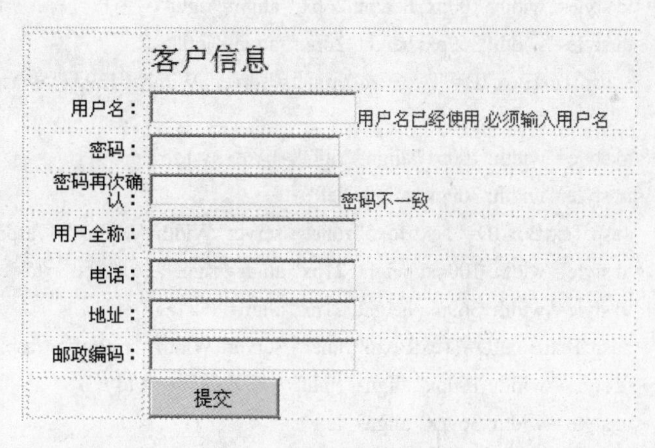

图 11-9 用户注册对话框

1. Userlogin.ascx 的 HTML 主要代码

用户注册页面使用了 3 个验证控件 RequiredFieldValidator、CustomValidator 和 CompareValidator。RequiredFieldValidator 和 CustomValidator 控制用户名不能为空，并且不能已经使用。CompareValidator 验证控件用来比较第一次输入的密码和再次确认密码是否一致。

```
<table style="width: 413px">
  <tr> <td style="width: 100px; height: 36px;"> </td>
        <td style="width: 369px; font-size: 20px; height: 36px;" align="left">客户信息</td> </tr>
  <tr> <td style="width: 100px" align="right">     用户名：</td>
```

```
        <td style="width: 369px" align="left">
            <asp:TextBox ID="TextBox1" runat="server" Width="139px"></asp:TextBox>
            <asp:CustomValidator ID="CustomValidator1" runat="server"
    ControlToValidate="TextBox1"
                ErrorMessage="用户名已经使用"
    OnServerValidate="CustomValidator1_ServerValidate" ValidateEmptyText="True"
    Display="Dynamic" Width="86px"></asp:CustomValidator>
            <asp:RequiredFieldValidator ID="RequiredFieldValidator1" runat="server"
    ErrorMessage="必须输入用户名"
    ControlToValidate="TextBox1"></asp:RequiredFieldValidator></td> </tr>
     <tr> <td style="width: 100px" align="right"> 密码：</td>
        <td style="width: 369px" align="left">
      <asp:TextBox ID="TextBox2" runat="server" TextMode="Password"></asp:TextBox></td>
    </tr>
     <tr> <td style="width: 100px" align="right">  密码再次确认：</td>
        <td style="width: 369px" align="left">
          <asp:TextBox ID="TextBox3" runat="server" TextMode="Password"></asp:TextBox>
          <asp:CompareValidator ID="CompareValidator1" runat="server"
    ControlToCompare="TextBox2"
      ControlToValidate="TextBox3" ErrorMessage="密码不一致
    "></asp:CompareValidator></td></tr>
      <tr> <td style="width: 100px; height: 26px;" align="right"> 用户全称：</td>
          <td style="width: 369px; height: 26px;" align="left">
            <asp:TextBox ID="TextBox4" runat="server" Width="139px"></asp:TextBox></td>
    </tr>
      <tr> <td style="width: 100px" align="right">电话：</td>
          <td style="width: 369px" align="left">
            <asp:TextBox ID="TextBox5" runat="server" Width="139px"></asp:TextBox></td> </tr>
      <tr> <td style="width: 100px; height: 21px" align="right">  地址：</td>
          <td style="width: 369px; height: 21px" align="left">
            <asp:TextBox ID="TextBox6" runat="server" Width="139px"></asp:TextBox></td> </tr>
      <tr> <td style="width: 100px" align="right"> 邮政编码：</td>
          <td style="width: 369px" align="left">
          <asp:TextBox ID="TextBox7" runat="server" Width="139px"></asp:TextBox></td> </tr>
      <tr> <td style="width: 100px"> </td>
          <td style="width: 369px" align="left">
<asp:Button ID="Button1" runat="server" OnClick="Button1_Click" Text="提交" Width="87px" /></td>
</tr> </table>
```

2. Userlogin.ascx.cs 的主要代码及其解释

(1) 创建公共类 BaseClass 的对象，目的是使用数据库操作的方法。

```
BaseClass BaseClass1 = new BaseClass();
```

(2) 验证用户名是否已经使用，触发 CustomValidator1_ServerValidate 事件，添加如下代码。

```
protected void CustomValidator1_ServerValidate(object source, ServerValidateEventArgs args)
{
    //args.Value 为需要验证的用户名
    string strsql = "select * from 用户 where 用户名 ='" + args.Value.ToString() + "'";
    DataSet ds = new DataSet();
    ds = BaseClass1.GetDataSet(strsql, "username");
    // args.IsValid 是否通过验证的返回值
    if (ds.Tables["username"].Rows.Count > 0)
    {
        args.IsValid = false;
    }
    else
    {
        args.IsValid = true;
    }
}
```

(3) 单击【提交】按钮触发 Button1_Click 事件，添加如下代码。

```
protected void Button1_Click(object sender, EventArgs e)
{
  if (CustomValidator1.IsValid == true)
    {
        string strsql;
        strsql = "insert into 用户 (用户名,密码,真实姓名,电话,地址,邮编) values ('" +
TextBox1.Text + "','" + TextBox2.Text + "','" + TextBox4.Text + "','" + TextBox5.Text + "','" + TextBox6.Text
+ "','" + TextBox7.Text + "')";
        BaseClass1.execsql(strsql);
        Response.Write("<script>alert(\"注册成功！\");</script>");
        Session["name"] = TextBox1.Text;
        Response.Redirect("Default.aspx");
    }
}
```

11.2.9 产品订单

当单击图 11-7 页面中产品标题或产品图片时，将显示如图 11-10 所示的产品详细信息。如果用户已经登录，单击图 11-10 中的【订购>>】链接时，出现产品订单页面，如图 11-11 所示。

图 11-10　产品详细信息

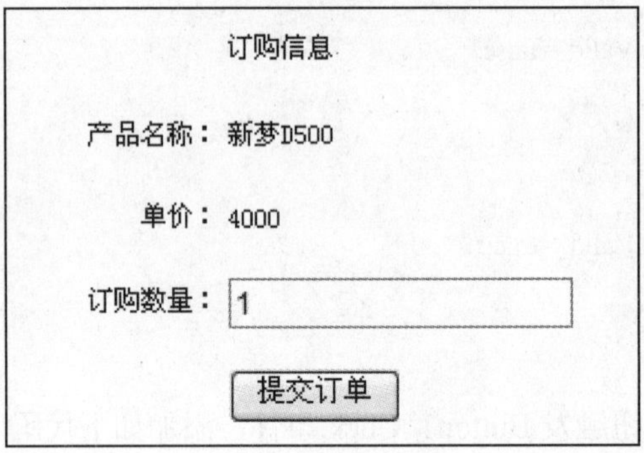

图 11-11　产品订单

1. order.aspx 的 HTML 主要代码

```
<table>
<tr> <td style="width: 134px; height: 36px"> </td>
    <td align="left" style="width: 220px; height: 36px">  订购信息</td> </tr>
<tr> <td align="right" style="width: 134px; height: 33px"> 产品名称：</td>
    <td align="left" style="width: 220px; height: 33px">
  <asp:Label ID="Label1" runat="server" Text="Label"></asp:Label></td> </tr>
<tr> <td align="right" style="width: 134px; height: 30px"> 单价：</td>
    <td style="width: 220px; height: 30px" align="left">
  <asp:Label ID="Label2" runat="server" Text="Label"></asp:Label></td> </tr>
<tr> <td align="right" style="width: 134px; height: 36px">  订购数量：</td>
    <td style="width: 220px; height: 36px" align="left">
   <asp:TextBox ID="TextBox1" runat="server"></asp:TextBox></td></tr>
<tr> <td style="width: 134px; height: 38px"></td>
    <td align="left" style="width: 220px; height: 38px">
<asp:Button ID="Button1" runat="server" Text="提交订单" OnClick="Button1_Click" /></td></tr>
</table>
```

2. order.aspx.cs 的主要代码及其解释

(1) 创建公共类 BaseClass 的对象，目的是使用操作数据库的方法。

```
BaseClass BaseClass1 = new BaseClass();
```

(2) 如果用户已经登录，输入订货数量，否则提示用户登录。

```
protected void Page_Load(object sender, EventArgs e)
{
    // 判断用户是否登录
    if (Session["name"] == null)
    {
        Response.Write("<script>alert(\"请登录！\");</script>");
        Response.Redirect("default.aspx");
    }
    // 首次加载初始化
    if (!Page.IsPostBack)
    {
        // Request.QueryString["id"]为页面入口参数，表示所订产品
        string strsql = "select 产品名称,产品价格 from 产品 where 流水号 =" +
Request.QueryString["id"];
        DataTable dt = new DataTable();
        dt = BaseClass1.ReadTable(strsql);
        Label1.Text = dt.Rows[0].ItemArray[0].ToString();
        Label2.Text = dt.Rows[0].ItemArray[1].ToString();
        TextBox1.Text = "1";
    }
}
```

(3) 单击【提交订单】按钮时触发 Button1_Click 事件，添加如下代码。

```
protected void Button1_Click(object sender, EventArgs e)
{
    string strsql;
    strsql = "insert into 订单 (产品流水号,订购数量,用户名,订购日期) values (" +
Request.QueryString["id"] + "," + TextBox1.Text + ",'" + Session["name"].ToString() + "',convert(datetime,'" +
DateTime.Today.ToShortDateString() + "',120))";
    BaseClass1.execsql(strsql);
    Response.Write("<script>alert(\"提交成功，您还可以选购其他商品！\");</script>");
    Response.Redirect("showpros.aspx?id=%");
}
```

11.2.10 管理员登录页面

各页面的底部几乎都有【管理入口】链接，单击该链接将进入管理员的登录页面，如图

11-12 所示。

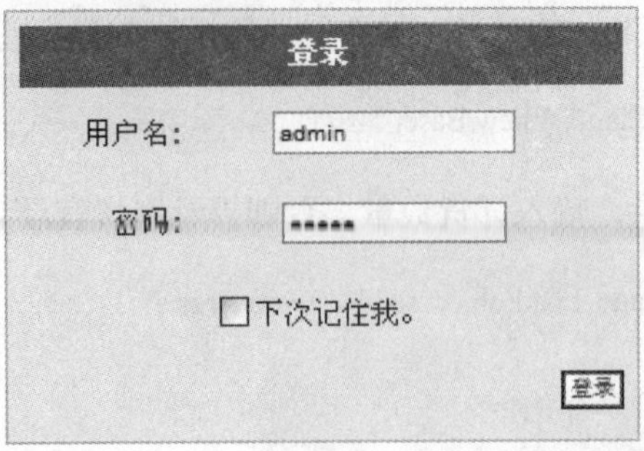

登录
用户名：admin
密码：
□下次记住我。
登录

图 11-12　管理员登录页面

1. login.aspx 的 HTML 主要代码

图 11-12 所示的登录对话框实际上就是一个 Login 控件，通过设置控件属性达到满意的效果。HTML 代码如下：

```
<asp:Login ID="Login1" runat="server" BackColor="#EFF3FB" BorderColor="#B5C7DE"
     BorderPadding="4" BorderStyle="Solid" BorderWidth="1px" Font-Names="Verdana"
     Font-Size="0.8em" ForeColor="#333333" Height="180px" Width="275px"
OnAuthenticate="Login1_Authenticate1">
    <TitleTextStyle BackColor="#507CD1" Font-Bold="True" Font-Size="0.9em"
ForeColor="White" />
    <InstructionTextStyle Font-Italic="True" ForeColor="Black" />
    <TextBoxStyle Font-Size="0.8em" />
    <LoginButtonStyle BackColor="White" BorderColor="#507CD1" BorderStyle="Solid"
BorderWidth="1px" Font-Names="Verdana" Font-Size="0.8em" ForeColor="#284E98" />
</asp:Login>
```

2. login.aspx.cs 的主要代码及其解释

登录页面的代码比较简单，在用户登录时触发 Login1_Authenticate1 事件，此事件用来判断该用户是否合法。默认管理员名称及密码均为“admin”，其代码如下：

```
protected void Login1_Authenticate1(object sender, AuthenticateEventArgs e)
{
    //定义 SQL 查询语句
    string strsql = "select * from 用户 where 用户名 ='" + Login1.UserName.ToString() + "' and
密码 ='" + Login1.Password.ToString() + "' ";
    //创建 DataTable
    DataTable dt = new DataTable();
    //调用 ReadTable 方法获取查询结果
    dt = BaseClass1.ReadTable(strsql);
    //判断是否有符合条件的记录
    if (dt.Rows.Count > 0)
```

```
        {
            //将合法的用户名放到Session对象中，表示用户已经登录
            Session["admin"] = Login1.UserName.ToString();
            //跳转到后台管理页面 admin_default.aspx
            Response.Redirect("admin_default.aspx");
        }
    }
```

11.2.11　后台管理页面

管理员登录成功后，进入如图 11-13 所示的后台管理页面。该页面提供了新闻管理、新闻添加、产品管理、产品添加和订单管理等功能。

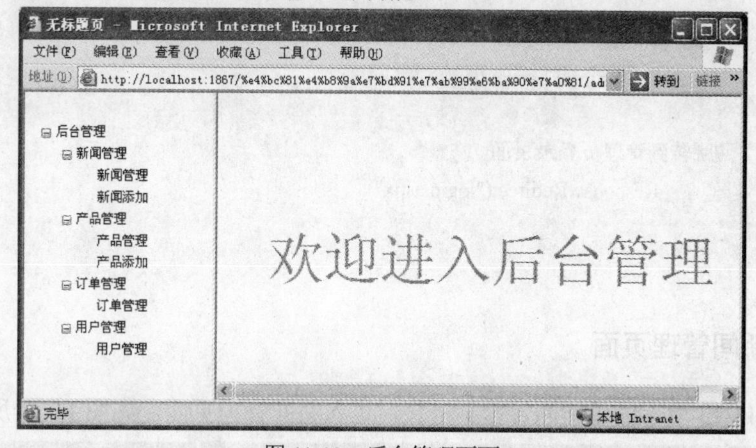

图 11-13　后台管理页面

1. admin_default.aspx 的 HTML 主要代码

页面中有一个 TreeView 控件和一个框架集，TreeView 控件显示管理功能，框架集用于相应管理页面的显示。

```
<asp:TreeView ID="TreeView1" runat="server" Height="264px"
OnSelectedNodeChanged="TreeView1_SelectedNodeChanged"   Width="60px">
 <Nodes>
   <asp:TreeNode Text="后台管理" Value="后台管理">
   <asp:TreeNode Text="新闻管理" Value="新闻管理">
   <asp:TreeNode Text="新闻管理" Value="新闻管理"></asp:TreeNode>
   <asp:TreeNode Text="新闻添加" Value="新闻添加"></asp:TreeNode> </asp:TreeNode>
   <asp:TreeNode Text="产品管理" Value="产品管理">
   <asp:TreeNode Text="产品管理" Value="产品管理"></asp:TreeNode>
   <asp:TreeNode Text="产品添加" Value="产品添加"></asp:TreeNode> </asp:TreeNode>
   <asp:TreeNode Text="订单管理" Value="订单管理">
   <asp:TreeNode Text="订单管理" Value="订单管理"></asp:TreeNode></asp:TreeNode>
   <asp:TreeNode Text="用户管理" Value="用户管理">
   <asp:TreeNode Text="用户管理" Value="用户管理"></asp:TreeNode>
```

```
            </asp:TreeNode> </asp:TreeNode>
    </Nodes>
</asp:TreeView>
<iframe style="width: 100%; height: 100%;" id="iframe1" runat="server" frameborder="0">
</iframe>
```

2. admin_default.aspx.cs 的主要代码及其解释

每次后台管理页面加载时，检查管理员是否登录，如果没有登录，就跳转到管理员登录页面。

```
protected void Page_Load(object sender, EventArgs e)
{
//判断是否登录？
    if (Session["admin"] == null)
    {
    //跳转到管理员登录页面
            Response.Redirect("login.aspx");
    }
}
```

11.2.12　新闻管理页面

单击图 11-13 所示的【新闻管理】链接，进入新闻管理页面，如图 11-14 所示。

新闻标题	新闻类别	阅读次数	添加时间	
• 预装Vista系统 华硕A8H52笔记本降2千	[业内新闻]	[3]	2007-1-20 0:00:00	删除
• 只谈性价比 神舟近期降价促销本本一览	[业内新闻]	[1]	2007-1-5 0:00:00	删除
• 送40G硬盘还降价 惠普nx6330仅9999元	[业内新闻]	[4]	2007-1-20 0:00:00	删除
• 联想新品旭日上市 双核仅售6200元	[业内新闻]	[0]	2007-2-7 0:00:00	删除
• 将遭抢购 五款人气最旺的低价本推荐	[业内新闻]	[1]	2007-5-2 0:00:00	删除
• 不仅仅为了游戏 双核独显笔记本推荐	[业内新闻]	[2]	2007-5-5 0:00:00	删除
下一页				

图 11-14　新闻管理页面

1. delnews.aspx 的 HTML 主要代码

页面中使用了一个 GridView 控件，该控件增加了“删除”列，用于删除过期的新闻。代码如下：

```
<asp:GridView ID="GridView1" runat="server" AutoGenerateColumns="False"
BackColor="White"
...
<Columns>
<asp:HyperLinkField DataNavigateUrlFields="流水号"
```

```
        DataNavigateUrlFormatString="showpro.aspx?id={0}"
        DataTextField="产品名称" DataTextFormatString="&#183;{0}" HeaderText="产品名称"
Target="main">   <ItemStyle HorizontalAlign="Left" />
</asp:HyperLinkField>
<asp:BoundField DataField="产品类别" DataFormatString="[{0}]" HeaderText="产品类别" />
<asp:BoundField DataField="产品价格" DataFormatString="{0}元" HeaderText="产品价格" />
<asp:BoundField DataField="产品图片" HeaderText="产品图片" />
<asp:CommandField ShowCancelButton="False" ShowDeleteButton="True" />
</Columns>
...
</asp:GridView>
```

2. delnews.aspx.cs 的主要代码及其解释

(1) 加载时判断管理员是否已经登录。

```
protected void Page_Load(object sender, EventArgs e)
{
    if (Session["admin"] == null)
    {
        // 跳转到登录页面
        Response.Redirect("login.aspx");
    }
    //显示所有新闻
    bindgrig();
}
```

(2) 单击【删除】按钮时触发 GridView1_RowDeleting 事件，代码如下。

```
protected void GridView1_RowDeleting(object sender, GridViewDeleteEventArgs e)
{
    //定义删除语句
String strsql = "delete from  新闻信息  where  流水号=" +
GridView1.DataKeys[e.RowIndex].Value.ToString() + "";
    //执行 SQL 命令
    BaseClass1.execsql(strsql);
    //重新显示新闻
    bindgrig();
}
```

(3) bindgrig()是自定义函数，用于检索新闻，显示到 GridView 控件上。

```
void bindgrig()
{
    //定义 SQL 检索语句
    string strsql = "select   * from  新闻信息   order by   流水号  ";
```

```
    //创建 DataTable，并返回数据
     DataTable dt = BaseClass1.ReadTable(strsql);
    //设置 GridView 数据源
     GridView1.DataSource = dt;
    //显示数据
     GridView1.DataBind();
}
```

(4) 单击【上一页】、【下一页】按钮时，触发 GridView1_PageIndexChanging 事件，添加如下代码。

```
protected void GridView1_PageIndexChanging(object sender, GridViewPageEventArgs e)
{
        GridView1.PageIndex = e.NewPageIndex;
        bindgrig();
}
```

11.2.13　产品添加页面

单击图 11-13 所示的【产品添加】链接，进入产品添加页面，如图 11-15 所示。

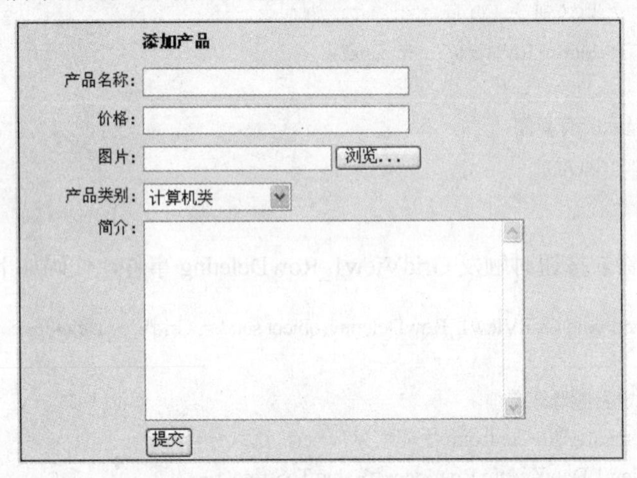

图 11-15　产品添加页面

1. addpro.aspx 的 HTML 主要代码

该页面主要包括如下控件：TextBox、FileUpload 和 DropDownList 等控件。代码如下：

```
<strong>添加产品</strong>
…
产品名称 <asp:TextBox ID="TextBox1" runat="server" Width="209px"></asp:TextBox>
…
价格 <asp:TextBox ID="TextBox3" runat="server" Width="209px"></asp:TextBox></td></tr>
图片 <asp:FileUpload ID="FileUpload1" runat="server" />
产品类别 <asp:DropDownList ID="DropDownList1" runat="server" Width="120px">
```

```
            </asp:DropDownList>
    简介 <asp:TextBox ID="TextBox2" runat="server" Height="150px" TextMode="MultiLine"
    Width="300px"></asp:TextBox>
    <asp:Button ID="Button1" runat="server" Text="提交" OnClick="Button1_Click" /></td> </tr>
```

2. addpro.aspx.cs 的主要代码及其解释

(1) 每次加载时判断管理员是否已经登录，第一次加载时初始化产品类别下拉列表框。

```
protected void Page_Load(object sender, System.EventArgs e)
{
    if (Session["admin"] == null)
    {
        Response.Redirect("login.aspx");
    }
    // 判断是否第一次加载
    if (!Page.IsPostBack)
    {
      // 第一次加载初始化下拉列表框
      DataTable dt = new DataTable();
      string strsql = "select * from 产品类别";
      dt = BaseClass1.ReadTable(strsql);
      DropDownList1.DataSource = dt;
      DropDownList1.DataTextField = "产品类别";
      DropDownList1.DataValueField = "产品类别";
      DropDownList1.DataBind();
    }
}
```

(2) 单击【提交】按钮时触发 Button1_Click 事件，添加如下代码。

```
protected void Button1_Click(object sender, EventArgs e)
{
      string strsql;
      //定义 SQL 插入语句
      strsql = "insert into 产品 (产品名称,产品价格,产品图片,产品类别,产品介绍) values ('" +
TextBox1.Text + "','" + TextBox3.Text + "','" + FileUpload1.FileName + "','" +
DropDownList1.SelectedValue + "','" + TextBox2.Text + "')";
      //执行 SQL 插入语句
      BaseClass1.execsql(strsql);
      //上传产品图片
      if (FileUpload1.HasFile == true)
      {
          FileUpload1.SaveAs(Server.MapPath(("~/image/") + FileUpload1.FileName));
      }
      //提示提交成功
```

```
        Response.Write("<script>alert(\"产品添加成功！\");</script>");
        //清空产品名称、价格、图片和简介文本编辑器
        TextBox1.Text = "";
        TextBox2.Text = "";
        TextBox3.Text = "";
    }
```

11.2.14　订单管理页面

单击图 11-13 所示的【订单管理】链接，进入订单管理页面，如图 11-16 所示。订单管理提供了两个功能：一个是删除过期订单，另一个是编辑订单的处理标志。

产品号	用户名	订购数量	订购日期			
3	chen	2	2008-8-2 0:00:00	☐是否处理	编辑	删除
8	chen	1	2008-8-2 0:00:00	☐是否处理	编辑	删除
7	chen	1	2008-8-2 0:00:00	☐是否处理	编辑	删除
4	chen	1	2008-8-2 0:00:00	☐是否处理	编辑	删除
1	chen	1	2008-8-2 0:00:00	☐是否处理	编辑	删除
5	aa	1	2008-4-26 0:00:00	☑是否处理	编辑	删除

图 11-16　订单管理页面

1. delorder.aspx 的 HTML 主要代码

该页面使用了 GridView 控件。代码如下：

```
<asp:GridView ID="GridView1" runat="server" AllowPaging="True"
AutoGenerateColumns="False"
…
  <Columns>
    <asp:BoundField DataField="产品流水号" HeaderText="产品号" ReadOnly="True" />
    <asp:BoundField DataField="用户名" HeaderText="用户名" ReadOnly="True" />
    <asp:BoundField DataField="订购数量" HeaderText="订购数量" ReadOnly="True" />
    <asp:BoundField DataField="订购日期" HeaderText="订购日期" ReadOnly="True" />
    <asp:CheckBoxField DataField="处理标志" Text="是否处理" />
    <asp:CommandField ShowEditButton="True" />
    <asp:CommandField ShowCancelButton="False" ShowDeleteButton="True" />
  </Columns>
…
</asp:GridView>
```

2. delorder.aspx.cs 的主要代码及其解释

(1) 加载时判断管理员是否已经登录。

```
protected void Page_Load(object sender, EventArgs e)
```

```
{
    if (Session["admin"] == null)
    {
        Response.Redirect("login.aspx");
    }
    if (!Page.IsPostBack)
    {
        bindgrig();
    }
}
```

(2) 单击【删除】按钮时触发 GridView1_RowDeleting 事件，添加如下代码。

```
protected void GridView1_RowDeleting(object sender, GridViewDeleteEventArgs e)
{
    String strsql = "delete from 订单 where 流水号=" +
                    GridView1.DataKeys[e.RowIndex].Value.ToString() + "";
    BaseClass1.execsql(strsql);
    bindgrig();
}
```

(3) 在编辑状态下，单击【更新】按钮时触发 GridView1_ RowUpdating 事件，添加如下代码。

```
protected void GridView1_RowUpdating(object sender, GridViewUpdateEventArgs e)
{
        //提交行修改 (CheckBox)GridView1.Rows[e.RowIndex].FindControl("CheckBox1")
        string str;
        CheckBox ck = (CheckBox)GridView1.Rows[e.RowIndex].Cells[4].Controls[0];
        if (ck.Checked == true)
        {
            str = "1";
        }
        else
        {
            str = "0";
        }
        String strsql = "update 订单 set 处理标志=" + str + " where 流水号=" +
                        GridView1.DataKeys[e.RowIndex].Value.ToString() + "";
        BaseClass1.execsql(strsql);
        GridView1.EditIndex = -1;
        bindgrig();
}
```

(4) 在编辑状态下，单击【取消】按钮时触发 GridView1_ RowCancelingEdit 事件，添加如下代码。

```
protected void GridView1_RowCancelingEdit(object sender, GridViewCancelEditEventArgs e)
{
    GridView1.EditIndex = -1;
    bindgrig();
}
```

(5) bindgrig()是自定义函数，用于查询订单并显示到 GridView 控件上。

```
void bindgrig()
{
    string strsql = "select  * from  订单 order by  流水号 desc";
    DataTable dt = BaseClass1.ReadTable(strsql);
    GridView1.DataSource = dt;
    GridView1.DataBind();
}
```

(6) 单击【上一页】、【下一页】按钮时，触发 GridView1_PageIndexChanging 事件，添加如下代码。

```
protected void GridView1_PageIndexChanging(object sender, GridViewPageEventArgs e)
{
    GridView1.PageIndex = e.NewPageIndex;
    bindgrig();
}
```

(7) 单击【编辑】按钮时触发 GridView1_ RowEditing 事件，添加如下代码。

```
protected void GridView1_RowEditing(object sender, GridViewEditEventArgs e)
{
    GridView1.EditIndex = e.NewEditIndex;
    bindgrig();
}
```

11.2.15 用户管理页面

单击图 11-13 所示的【用户管理】链接，进入用户管理页面，如图 11-17 所示。

用户名	真实姓名	电话	地址	邮编	
a	试验				删除
北京科技	北京科技	010-22222222	北京市	100001	删除
北京制药	北京制药	010-2233299	北京市	100001	删除
科技公司	科技公司				删除
制造厂	制造厂	010-22222233	北京市	100001	删除

图 11-17　用户管理页面

1. delusers.aspx 的 HTML 主要代码

在页面中使用了 GridView 控件，该控件增加了“删除”列，用于删除不需要的用户。代码如下：

```
<asp:GridView ID="GridView1" runat="server" AutoGenerateColumns="False"
...
<Columns>
   <asp:BoundField DataField="用户名" HeaderText="用户名" ReadOnly="True" />
   <asp:BoundField DataField="真实姓名" HeaderText="真实姓名" ReadOnly="True" />
   <asp:BoundField DataField="电话" HeaderText="电话" ReadOnly="True" />
   <asp:BoundField DataField="地址" HeaderText="地址" ReadOnly="True" />
   <asp:BoundField DataField="邮编" HeaderText="邮编" />
   <asp:CommandField ShowCancelButton="False" ShowDeleteButton="True" />
</Columns>
 ...
</asp:GridView>
```

2. delusers.aspx.cs 的主要代码及其解释

(1) 每次加载时判断管理员是否已经登录。

```
protected void Page_Load(object sender, EventArgs e)
{
   if (Session["admin"] == null)
   {
         Response.Redirect("login.aspx");
   }
   bindgrig();
}
```

(2) bindgrig()为自定义函数，负责显示用户信息。

```
void bindgrig()
{
   string strsql = "select  用户名,真实姓名,电话,地址,邮编 from  用户 where 管理员标志=0";
     DataTable dt = BaseClass1.ReadTable(strsql);
     GridView1.DataSource = dt;
     GridView1.DataBind();
}
```

(3) 单击【删除】链接时触发 GridView1_RowDeleting 事件，添加如下代码。

```
protected void GridView1_RowDeleting(object sender, GridViewDeleteEventArgs e)
{
     //删除行处理
     String strsql = "delete from 用户 where 用户名='" +
```

```
                GridView1.DataKeys[e.RowIndex].Value.ToString() + "";
        BaseClass1.execsql(strsql);
        bindgrig();
    }
```

11.3　编译与发布

网站或 Web 应用程序设计开发完成以后，需要发布才能让用户访问。VS 2008 提供了发布网站的功能，该功能将网站编译为一组可以通过 IIS 直接执行的文件，然后将这些文件复制到目标 Web 服务器上。

需要注意的是：VS 2008 Express 速成版不具备发布的功能。虽然 VS 2008 Express 速成版具有安装简便、运行速度快及适合初学者学习等特点，但在实际开发过程中，建议安装其他版本的 VS 2008，比如，VS 2008 标准版、VS 2008 专业版以及 VS 2008 团队版等。

发布网站的步骤如下：

(1) 在【解决方案资源管理器】窗口中，用鼠标右键单击网站名，从弹出的快捷菜单中选择【发布网站】命令，在弹出的对话框中设置目标位置为“C:\xksoft”，如图 11-18 所示。

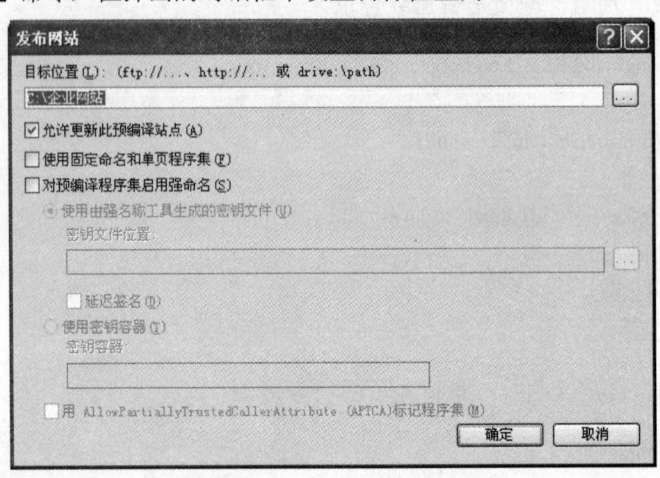

图 11-18　用户管理页面

(2) 单击【确定】按钮，VS 2008 开始编译网站，并将编译结果文件写入到指定的位置中。

(3) 选择【控制面板】|【管理工具】|【Internet 信息服务管理器】命令，打开 IIS 的设置窗口。

(4) 用鼠标右键单击【默认网站】，从弹出的快捷菜单中选择【新建】|【虚拟目录】命令，系统弹出【虚拟目录创建向导】对话框，输入虚拟目录别名为“xksoft”，选择刚才设置的发布目标位置，配置完成后如图 11-19 所示。

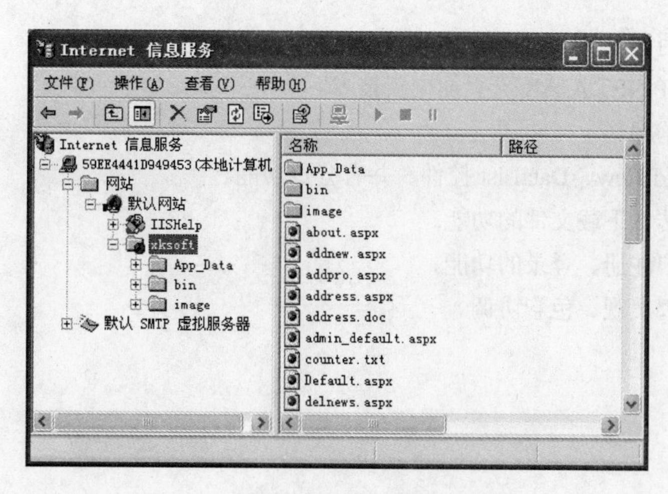

图 11-19 IIS 设置

(5) 打开浏览器，在地址栏输入 Http://localhost/xksoft/default.aspx，就可以看到如图 11-5 所示的效果。

如果需要将网站发布到互联网上，完成上面的步骤(1)、(2)后，将编译后的文件上传到互联网空间就可以了。用户可以通过该空间绑定的域名访问网站。

11.4 本章小结

本章列举了一个基于 ASP.NET 3.5 的网站实例，通过一个综合的例子将有关的知识贯穿在一起，详细地分析了网站的构架设计、数据层、应用层的实现。让读者有实际项目的体会，从而能够深刻地了解本书前面的知识并达到实战的能力。

11.5 上机练习

11.5.1 上机目的

通过实例练习，系统地复习本书各章节的内容，掌握网站或 Web 应用程序的设计开发方法，提高开发水平。

11.5.2 上机内容和要求

根据自己的兴趣设计开发一个网站，网站内容不限，可以是中小企业网站，班级网站，网上商店，网上书店，网上花店，也可以是展示自己的个人网站。无论选择什么样的内容，要求做到以下几点：

(1) 必须使用母版页。

(2) 应用 ASP.NET AJAX 无页面刷新技术。

(3) 使用数据库。

(4) 利用 GridView、DataList 控件，并有分页功能。

(5) 具有上传、下载文件的功能。

(6) 具有用户注册、登录的功能。

(7) 网页布局美观、色彩协调。

参 考 文 献

[1]. 陈华编著，Ajax 从入门到精通. 北京：清华大学出版社，2008

[2]. 陈伟，卫琳编著，ASP.NET 3.5 网站开发实例教程. 北京：清华大学出版社，2009

[3]. 胡静，韩英杰，陶永才编著，ASP.NET 动态网站开发教程. 北京：清华大学出版社，2009

[4]. (美)G.Andrew Duthie 著，Microsoft ASP.NET 程序设计. 北京:：清华大学出版社，2002

[5]. 前沿科技 编著，精通 CSS+DIV 网页样式布局. 北京：人民邮电出版社，2007

[6]. 林邦杰编著，深入浅出 C#程序设计. 北京：中国铁道出版社，2005

[7]. 刘振岩编著，基于.NET 的 Web 程序设计-ASP.NET 标准教程. 北京：电子工业出版社，2006

[8]. Christian Nagel 等著，李铭译. C#高级编程(第 6 版). 北京：清华大学出版社，2008

[9]. WatsonK.，NagelC 等著，齐立波译. C#入门经典(第 4 版). 北京：清华大学出版社，2008

[10]. 罗江华著，ASP.NET 3.5 编程循序渐进. 北京：机械工业出版社博文视点，2008

[11]. 戴上平，丁士锋著，ASP.NET 3.5 完全自学手册. 北京：机械工业出版社，2008

[12]. 谯谊，张军，王佩楷编著，ASP 动态网站设计经典案例. 北京：机械工业出版社，2005

[13]. Dave Crane，Bear Bibeault，Jord Sonneveld 著，贺师俊译. Ajax 实战:实例详解. 北京：人民邮电出版社，2008

[14]. (荷兰) Imar Spaanjaars 著，张云译. ASP.NET 3.5 入门经典-涵盖 C#和 VB.NET(第 5 版). 北京：清华大学出版社，2008

[15]. (荷兰) Daniel Solis 著，苏林，朱晔译. C#图解教程. 北京：人民邮电出版社，2009

[16]. 尚俊杰编著， ASP.NET 程序设计. 北京：清华大学出版社，2004

[17]. 李容著，完全手册 Visual C# 2008 开发技术详解. 北京：电子工业出版社，2008

[18]. (荷兰) Imar Spaanjaars 著，杨浩译. ASP.NET 3.5 高级编程(第 5 版). 北京：清华大学出版社，2008

[19]. 罗江华，朱永光著， .NET Web 高级开发. 北京：电子工业出版社博文视点，2008

[20]. 博思工作室著，ASP.NET 3.5 高级程序设计（第 2 版）. 北京：人民邮电出版社，2008

[21]. 陈轮，刘蕾著， ASP.NET 3.5 网络数据库开发实例自学手册. 北京：电子工业出版社，2008

[22]. (美)米凯利斯(Michaelis, M.)著，周靖译. C#本质论. 北京：人民邮电出版社，2008

[23]. 朱晔，肖逵，张大磊，王少葵，范睿等著， C#与.NET 3.5 高级程序设计. 北京：人民邮电出版社，2009

[24]. Stephen.Walther 著，谭振林，黎志，朱兴林，马士杰，姚琪琳译. ASP.NET3.5 揭秘

（卷 1）. 北京：人民邮电出版社，2009

[25]. 郑淑芬，赵敏翔编著，ASP.NET 3.5 最佳实践-使用 Visual C#. 北京：电子工业出版社，2009

[26]. 周礼编著， C#和.NET 3.0 第一步：适用 Visual Studio 2005 与 Visual Studio 2008. 北京：清华大学出版社，2008

[27]. (美)Robert W. Sebesta 编著， Web 程序设计(第 4 版). 北京：清华大学出版社，2008

[28]. 田原，沈成涛，李文波编著，ASP.NET 程序设计教程. 北京：清华大学出版社，2006

[29]. 马骏，党兰学，杜莹等编著，ASP.NET 网页设计与网站开发. 北京：人民邮电出版社，2007